**JIS使い方シリーズ**

# 新版 プラスチック材料
# 選択のポイント
### 第2版

編集委員長　山口　章三郎

日本規格協会

編集・執筆者名簿

| | | |
|---|---|---|
| 編集委員長 | 山口章三郎 | 工学院大学名誉教授 |
| 編集委員 | 今泉　勝吉 | 工学院大学名誉教授 |
| | | 財団法人建築保全センター保全技術研究所所長 |
| | 松原　　清 | 東海大学名誉教授 |
| | 元起　　巖 | 技術コンサルタント |
| 執　　筆 | 荒井　貞夫 | 設計工房アエオロ |
| | 関口　　勇 | 工学院大学教授 |
| | 楡木　　堯 | 財団法人ベターリビング筑波建築試験センター |
| | 本橋　健司 | 独立行政法人建築研究所材料研究グループ |

# まえがき

　セルロイドに始まったプラスチックは120年の歴史を経て，現在実用に供せられるもの50種余を数え，その国内年産額も約1 200万トン，容積では鉄鋼の77％に達するまでに発展してきた．40年以前においては，電気絶縁部と家庭用品などに限られていたその用途も，強化プラスチックあるいは複合プラスチック材料の開発で，船舶，構造物，建物材料に，また新しい幾多のエンジニアリングプラスチックは，歯車，軸受，ブレーキなどのしゅう動部及び一般機器材料に，強弱電気機器の著しい発達に伴う電気用品材料にと，その利用範囲は目覚ましく拡大されてきた．

　しかし，現在現場で活動している機械，電気，建築関係の設計技術者は，新しい化学的開発品であるプラスチック材料に対しては，在学時代にその専門的知識の素養を受けているものは少なく，これらを設計素材として選択利用するに当たって戸惑う状態にあることは見逃せない．

　日本規格協会では，機械設計技術者関係のために，JIS使い方シリーズとして「新機械製図マニュアル」，「鉄鋼材料の選択のポイント」などを単行本として出版し，好評を得ている．このシリーズの一つとして，プラスチック材料を用いる設計において，その選択のポイントを指示するような単行本は，現在，現場設計技術者が痛切に要望しているものであることは明らかである．しかし，プラスチック材料の利用面から見ると，機械設計技術者に限らないで，電気機器設計者，建築設計技術者にも同様な要望が当然考えられる．

　これらの観点から，新しい材料であるプラスチックに関して専門知識をもたない，これら現場設計技術者を中心として，材料技術者，セールスエンジニア，研究者，学生などに，JIS並びに代表的な国際的規格の観点に立って，プラスチック材料の大要を解説するとともに，数多いプラスチック材料から，目的に適したものを選択する指針を与えるガイドブックとなるように，というの

が本書編集の主旨である．

　したがって，本書はプラスチック一般の解説部と，機械材料，電気材料及び建築材料の各部門別に対しての各種設計データと解説から成り，それぞれの部門の設計におけるプラスチック材料選択のポイントを指示するような形となっている．いずれも手引書の内容をもったもので，更に詳しくは，それぞれの専門書又は該当規格によらねばならぬことはいうまでもない．

　上記の主旨で1976年に初版，1982年に改訂版が出たが，更に諸情勢の変化に対応して1991年に「新版プラスチック材料選択のポイント」として再改訂版が出版された．

　その後12年経過して，プラスチックの種類と生産量が増加するとともに，それに対する規格も増え，更にJISからISO（国際規格）への整合が進み，なおまたプラスチックの性能特性値を示す諸単位も従来のメートル方式からSI単位への転換が現実化される時期を迎えている．これらの変化に対応すべく，このたび「新版プラスチック材料選択のポイント　第2版」が再々改訂出版されることとなったのである．

2003年8月

編集委員長<br>
山口　章三郎

# 目　　次

まえがき

## 1. 総　　論

### 1.1 プラスチックの生産と用途 ……………………………(山口)…… 11
  1.1.1 プラスチックとは ……………………………………………… 11
  1.1.2 プラスチックの生産 …………………………………………… 12
  1.1.3 プラスチックの用途 …………………………………………… 14
### 1.2 プラスチックの分類 ……………………………………………… 14
  1.2.1 熱硬化性プラスチックと熱可塑性プラスチック ………… 14
    1.2.1.1 熱硬化性プラスチック ………………………………… 17
    1.2.1.2 熱可塑性プラスチック ………………………………… 21
  1.2.2 結晶性プラスチックと非晶性プラスチック ……………… 32
  1.2.3 単独重合体と共重合体 ………………………………………… 36
  1.2.4 その他の化学的分類 …………………………………………… 39
  1.2.5 充てん材とプラスチック複合材料 ………………………… 41
### 1.3 プラスチックの加工法と特徴 ………………………………… 44
  1.3.1 プラスチックの製造と加工工程 …………………………… 44
  1.3.2 圧縮成形法とトランスファ成形法 ………………………… 45
  1.3.3 射出成形法 ……………………………………………………… 48
  1.3.4 押出し成形法 …………………………………………………… 53
  1.3.5 その他の一次加工法 …………………………………………… 55
  1.3.6 二次加工法 ……………………………………………………… 59

## 1.4 プラスチックの物性の評価法 …… 61
- 1.4.1 一般物理的性質 …… 61
- 1.4.2 光学的性質 …… 66
- 1.4.3 熱的性質 …… 70
- 1.4.4 電気的性質 …… 75
- 1.4.5 機械的性質 …… 79
- 1.4.6 化学的性質 …… 103
- 1.4.7 耐久性 …… 109
- 1.4.8 成形加工性 …… 112

## 1.5 選択のポイント …… 113
- 1.5.1 用途のポイント …… 113
- 1.5.2 物性的ポイント …… 115
- 1.5.3 経済的ポイント …… 119
- 1.5.4 安全的ポイント …… 121
- 1.5.5 廃棄上の問題点 …… 123

# 2. 機械材料

## 2.1 はじめに …………(松原)…… 125

## 2.2 機械材料としての特徴 …… 126
- 2.2.1 各種材料とプラスチックの強さの比較 …… 126
- 2.2.2 ガラス強化プラスチックの機械的性質 …… 126
- 2.2.3 疲労強さ …… 130
- 2.2.4 衝撃試験 …… 132
- 2.2.5 動力学的性質 …… 134

## 2.3 熱可塑性プラスチックとその複合材 …………(荒井)…… 142
- 2.3.1 はん用プラスチック材料 …… 145

|     |       |                                                      |     |
| --- | ----- | ---------------------------------------------------- | --- |
|     | 2.3.2 | エンジニアリングプラスチック                         | 148 |
|     | 2.3.3 | スーパーエンジニアリングプラスチック（SEP）          | 154 |
|     | 2.3.4 | まとめ                                               | 158 |
| 2.4 | 熱硬化性プラスチックとその複合材（FRP）……（関口）| 158 |
|     | 2.4.1 | 概　要                                               | 158 |
|     | 2.4.2 | FRPの主な性質                                        | 160 |
|     | 2.4.3 | 強化繊維の形態と力学的特性                           | 162 |
|     | 2.4.4 | 成形材料                                             | 163 |
|     | 2.4.5 | 主な成形法                                           | 165 |
|     | 2.4.6 | 応用例                                               | 167 |
| 2.5 | 滑り摩擦の法則とプラスチックの特性……（松原）| 173 |
|     | 2.5.1 | 法則（クーロンの法則）と接触形態                     | 174 |
|     | 2.5.2 | 凝着結合部のせん断                                   | 176 |
|     | 2.5.3 | 静摩擦特性                                           | 180 |
|     | 2.5.4 | 動摩擦特性                                           | 185 |
| 2.6 | 摩耗の法則とプラスチックの特性                       | 188 |
|     | 2.6.1 | 摩耗の分類                                           | 199 |
|     | 2.6.2 | 凝着摩耗と材料力学的機構                             | 199 |
|     | 2.6.3 | 摩耗機構の解析                                       | 200 |
| 2.7 | 摩擦摩耗の試験法としゅう動材への応用                 | 203 |
|     | 2.7.1 | 基本的性質と試験法                                   | 203 |
|     | 2.7.2 | プラスチックの摩擦                                   | 207 |
|     | 2.7.3 | プラスチックの摩耗                                   | 209 |
|     | 2.7.4 | 主なプラスチック系しゅう動材料                       | 213 |
|     | 2.7.5 | しゅう動材としての材料の改質及び加工                 | 216 |
|     | 2.7.6 | プラスチック系しゅう動材の特徴                       | 219 |

## 2.8 機械部品への応用 ……………………………(関口)…… 222
　2.8.1 滑り軸受 …………………………………………… 223
　2.8.2 転がり軸受 ………………………………………… 232
　2.8.3 歯　　車 …………………………………………… 235
　2.8.4 カム，案内 ………………………………………… 241
　2.8.5 密封部品 …………………………………………… 241
　2.8.6 締結部品 …………………………………………… 243
　2.8.7 ブレーキ …………………………………………… 244

## 3. 電気・電子材料

## 3.1 電気・電子材料としての特徴 …………………(元起)…… 253
## 3.2 電気・電子材料の用途と性質 ………………………… 254
　3.2.1 電気絶縁材料の耐熱性区分 ……………………… 254
　3.2.2 燃　焼　性 ………………………………………… 256
　3.2.3 絶縁抵抗と絶縁破壊の強さ ……………………… 258
　3.2.4 誘電率と誘電体損 ………………………………… 260
　3.2.5 耐アーク性，耐トラッキング性 ………………… 261
　3.2.6 熱刺激電流（TSC）……………………………… 264
　3.2.7 機械特性 …………………………………………… 265
　3.2.8 耐薬品・環境応力き裂 …………………………… 269
## 3.3 電気・電子材料 ………………………………………… 271
　3.3.1 注型・成形・封止・保護材料 …………………… 271
　3.3.2 電線・ケーブル …………………………………… 276
　3.3.3 フィルム …………………………………………… 278
　3.3.4 積層板・積層管・積層棒 ………………………… 283
## 3.4 用途面からの選択のポイント ………………………… 286

## 4. 建築材料

- **4.1 最近の建築界の動向とプラスチック建材** ……………………(今泉)…… 289
  - 4.1.1 はじめに ……………………………………………………………… 289
  - 4.1.2 循環社会への建築パラダイムシフト ……………………………… 290
  - 4.1.3 一方通行の開発だったプラスチック建材 ………………………… 293
  - 4.1.4 生分解性系とバイオ系プラスチック ……………………………… 294
  - 4.1.5 新しい循環人工材料として ………………………………………… 295
- **4.2 建築材料・部品・部材選択のポイント** ………………………(楡木)…… 296
  - 4.2.1 建築の性能指向に対応した選択のポイント ……………………… 296
  - 4.2.2 建築関連法令及び最近のニーズに対応した選択のポイント ……… 301
- **4.3 工事別に見たプラスチック材料** ……………………………(今泉・楡木)… 311
  - 4.3.1 はじめに ……………………………………………………………… 311
  - 4.3.2 葺屋根工事 …………………………………………………………… 313
  - 4.3.3 屋根防水工事 ………………………………………………………… 324
  - 4.3.4 外装・サッシ工事 …………………………………………………… 338
  - 4.3.5 内装工事における床材料 …………………………………………… 356
  - 4.3.6 設備ユニット工事 …………………………………………………… 378
  - 4.3.7 断熱・保温工事 ……………………………………………………… 391
  - 1.3.8 プラスチック配管・ダクト工事 …………………………………… 396
  - 4.3.9 外構工事 ……………………………………………………………… 398
  - 4.3.10 改修工事 …………………………………………………………… 399
  - 4.3.11 その他の工事 ……………………………………………………… 408
- **4.4 室内空気汚染問題への対応** …………………………………(本橋)…… 417
  - 4.4.1 シックハウス問題 …………………………………………………… 417

  4.4.2 「住宅性能表示制度」及び「建築基準法」における
     室内空気汚染対策 ……………………………………………… 419
  4.4.3 室内空気汚染問題に対応した塗料 ……………………………… 420
  4.4.4 塗料から放散される揮発性有機化合物の測定 ………………… 424
**4.5　ま と め** ………………………………………………(今泉)…… 428

## プラスチック性能表
 熱硬化性プラスチック ………………………………………(山口)…… 432
 熱可塑性プラスチック …………………………………………………… 436

# 1. 総　　論

## 1.1　プラスチックの生産と用途

### 1.1.1　プラスチックとは

プラスチック（plastics）は，JIS K 6900（プラスチック—用語）で，次のように定義されている．

　"必須の構成成分として高重合体（high polymeric material）を含み，かつ完成製品への加工のある階段で流れによって形を与え得る材料．"

すなわち，次の二つの条件を兼ねた材料である．

(a)　高重合体を必須構成成分とする．

高重合体とは 10 000 以上の大きな分子量（large molecular weight）の重合体（polymeric material）（高分子物質ともいう．）で，これを主要必須構成成分とする．

通常のプラスチックは，この必須構成成分のほかに，木粉，パルプ，ガラス繊維，無機質材料などの充てん材とか，安定剤，着色剤，可塑材などが含まれて実用化されている．なお，高重合体にもその生成から区別すると，針葉樹などから浸出する自然の樹脂，セルロースを化学的に処理して再配列した再生高分子物質及び天然原料から人工によって化学的に合成，重合した合成高分子物質とがあり，現在第 3 番目の合成高分子によるものが最も多い．

(b)　製品への加工の段階で流動状態（可塑性：plasticity）になり，型などを用いて任意の一定の形状を与えることができること．ちなみに古くはプラスチックを"可塑物"と邦訳したこともある．

したがって，プラスチックは，その形態が固体，液体の別に関係がない．

また繊維，ゴム，塗料，接着剤などは，前記の二つの条件に適合するが，その形状，用途などが特別なためプラスチックと一応区別されている．

### 1.1.2 プラスチックの生産

1845年，Schönbein（スイス）によってニトリルセルロースの工業的製法が開発され，1869年，Wyatt（アメリカ）によってセルロイドが発明されて，再生高分子から成るプラスチックが出現した．1907年，Bakelandによって，合成高分子から成るプラスチックのフェノール樹脂［ベークライト[1]］が発明されて以後，94年後の2001年度のプラスチックの世界年産額は16 450万トンに余る大きな発展を招来しているが，これまでの地域別，プラスチック別の生産推移を考察してみよう．

表1.1.1は1951年から2001年までの世界主要生産4地域別の各年プラスチック生産量を示し，日本は1968年以来世界第2～3位の生産量を保持し，2000年の全世界との構成比率は8.78%である．

表1.1.2は2000年度における主要プラスチック18種，各国別の生産量を示し，10か国のいずれも，ポリエチレン，塩化ビニル樹脂，ポリプロピレン及びポリスチレンが主要四大プラスチックとなっている．

表1.1.3は1980, 1990, 2000年度における各国別の一人当たりの年間プラスチック消費量を上位21か国について示している．

我が国の1970年以後の各種プラスチック別年間生産量を示すと表1.1.4と

**表1.1.1** 世界各地域別プラスチック生産量推定[2]

単位 1 000 t

| 年度 \ 地域 | アジア | ヨーロッパ | 北アメリカ | 中南アメリカ | その他 | 合計 |
|---|---|---|---|---|---|---|
| 1951 | 23 | 362 | 915 | — | 5 | 1 305 |
| 1960 | 554 | 2 509 | 2 827 | — | 293 | 6 183 |
| 1970 | 5 128 | 11 495 | 9 160 | — | 4 245 | 30 028 |
| 1980 | 10 498 | 29 084 | 17 434 | 1 799 | 918 | 59 733 |
| 1985 | 13 851 | 34 025 | 23 590 | 3 088 | 1 218 | 75 772 |
| 1988 | 17 766 | 39 868 | 28 930 | 3 780 | 1 400 | 91 744 |
| 1991 | 26 647 | 39 068 | 30 802 | 4 152 | 1 356 | 102 025 |
| 1994 | 30 947 | 35 462 | 37 080 | 5 032 | 1 708 | 110 229 |
| 1998 | 46 532 | 46 013 | 46 907 | 7 833 | 1 830 | 149 115 |
| 2001 | 52 300 | 51 800 | 49 700 | 9 600 | 2 000 | 165 400 |

## 1.1 プラスチックの生産と用途

**表1.1.2** 主要国の樹脂別原材料生産量（2000年）[2)]

単位 1 000 t

| 樹脂名＼国名 | アメリカ | ドイツ | 日本 | 韓国 | フランス | ベルギー | 台湾 | カナダ | スペイン | イギリス |
|---|---|---|---|---|---|---|---|---|---|---|
| 塩化ビニル樹脂 | 6 550 | 1 600 | 2 410 | 1 184 | 1 260 | 360 | 1 389 | 631 | 393 | 460 |
| ポリスチレン（GP・HI） | 2 982 | 830 | 1 156 | 1 041 | 395 | 570 | 583 | 170 | 200 | 380 |
| ポリスチレン（FS） | # | # | 185 | # | 178 | 75 | 120 | # | # | @ |
| ABS, AS樹脂 | 720 | @ | 682 | 878 | @ | 100 | 1 140 | 33 | 76 | @ |
| 低密度ポリエチレン | 7 041 | 1 320 | 2 096 | 1 550 | 1 218 | 770 | 273 | 1 757 | 427 | @ |
| 高密度ポリエチレン | 6 335 | 1 080 | 1 246 | 1 670 | 511 | 920 | 306 | 887 | 400 | @ |
| ポリプロピレン | 7 138 | 1 460 | 2 721 | 2 347 | 1 390 | 1 620 | 564 | 387 | 669 | 340 |
| ポリエチレンテレフタレート | 3 188 | 300 | 699 | @ | 90 | 0 | @ | @ | 289 | 0 |
| ポリカーボネート | @ | @ | 354 | 48 | @ | 130 | @ | 0 | @ | @ |
| アクリル樹脂 | @ | @ | 222 | @ | 200 | @ | 67 | @ | 15 | @ |
| ポリアミド | 581 | @ | 258 | 185 | @ | 130 | @ | @ | 8 | @ |
| ユリア・メラミン樹脂 | 1 437 | @ | 362 | 28 | 220 | 85 | 68 | @ | 358 | @ |
| フェノール樹脂 | 1 974 | @ | 262 | 130 | 76 | 26 | @ | @ | 55 | @ |
| 不飽和ポリエステル | 884 | @ | 216 | 75 | 158 | 0 | 198 | 120 | 79 | @ |
| ポリウレタン | 2 888 | @ | 263 | 107 | @ | 676 | 148 | @ | 181 | @ |
| エポキシ樹脂 | 314 | @ | 243 | 124 | @ | 0 | @ | @ | 20 | @ |
| その他 | 3 362 | 8 940 | 1 361 | 103 | 808 | 222 | 449 | 278 | 470 | 1 481 |
| 合計 | 45 394 | 15 530 | 14 736 | 9 470 | 6 504 | 5 684 | 5 305 | 4 263 | 3 640 | 2 661 |

注 #：上段の数値に含まれる．@：その他に含まれる．

**表1.1.3** 国別一人当たり年間消費量[2)]

単位 kg

| 国名＼年度 | 1980 | 1990 | 2000 | 国名＼年度 | 1980 | 1990 | 2000 |
|---|---|---|---|---|---|---|---|
| アメリカ | 62.1 | 102.0 | 152 | 南アフリカ | 21.0 | 16.5 | 18 |
| 日本 | 57.2 | 92.4 | 91 | オーストリア | 71.5 | 117.9 | na |
| ドイツ | 98.4 | 137.0 | 160 | フィンランド | 122.1 | 81.0 | 91 |
| フランス | 52.2 | 68.0 | 86 | トルコ | na | 15.0 | 29 |
| ハンガリー | na | 35.9 | 68 | オーストラリア | 43.3 | 58.5 | na |
| イタリア | 50.1 | 74.4 | 120 | チリ | 7.4 | 15.4 | 33 |
| ベルギー | 54.7 | 154.0 | 180 | イスラエル | na | 55.8 | na |
| カナダ | 59.5 | 76.8 | 114 | スイス | 69.4 | 96.5 | na |
| イギリス | 34.8 | 62.9 | 79 | デンマーク | 56.2 | 100.0 | na |
| スペイン | 30.8 | 56.4 | 102 | ノルウェー | 49.4 | na | na |
| ブラジル | na | 9.5 | 23 | | | | |

注 na：欠資料．

1) J.H. Dubois (1972): Plastic history of U.S.A
2) プラスチックス, 1965–2002, Vol.26–53, No.6, p.1–17

なり，2001年では総量1 363万トン余り，総金額2兆4 927億円余りとなる．これは鉄鋼の年産約1億トンに対し，比重を1：7としての生産容積比率は95.3%となる．

また熱硬化性樹脂と熱可塑性樹脂の生産比率は，1980年の1：3.6に対し，2001年は1：10.6となり，熱可塑性樹脂の占める割合が著しく高くなっている．

### 1.1.3 プラスチックの用途

セルロイド，ベークライトに始まるプラスチックは，玩具，家庭用品及び電気絶縁材料として珍しくて新しい材料として限られた範囲に実用化されたが，その後新しいプラスチックの開発と改良とは，多量生産による価格の低廉化と相まって，まことに多くの利用面を開拓してきた．現在実用化され市場に出ている熱硬化性プラスチック12種と熱可塑性プラスチック31種の主な用途を一括して示すと表1.1.5となる．

## 1.2 プラスチックの分類

現在実用になっているプラスチックの種類はまことに多く，Modern Plastics Encyclopedia（1990）の性能表に表示されている単独重合体のプラスチックの数は46に達し，これに共重体のものと充てん材によるグレードの増加を含めると，その数倍の種類となる．このような多種のプラスチックを理解し，その使用の選択をするためには，適当な分類基準で分類し，区別することが便利である．ここではこれらを次の五つの分類基準に従い，更にそれを細分してみよう．

### 1.2.1 熱硬化性プラスチックと熱可塑性プラスチック

プラスチックをその性質から二分すると，熱硬化性プラスチック（thermosetting plastics）と熱可塑性プラスチック（thermoplastics）となる．分

## 1.2 プラスチックの分類

**表1.1.4** 我が国のプラスチック生産量推移（暦年）[2)]

単位 生産量：1 000 t，金額：100万円

| 年区分<br>樹脂名 | 1970 | 1980 | 1990 | 1995 | 1998 | 2001 数量 | 2001 金額 |
|---|---|---|---|---|---|---|---|
| フェノール樹脂 | 219.1 | 303 719 | 384 879 | 327 045 | 259 481 | 231 890 | 61 900 |
| ユリア樹脂 | 535.9 | 571 696 | 483 645 | 363 468 | 249 847 | 146 389 | 12 405 |
| メラミン樹脂 | 102.2 | 144 445 | 142 048 | 127 055 | 138 612 | 175 298 | 38 718 |
| 不飽和ポリエステル樹脂 | 114.1 | 182 431 | 273 181 | 265 211 | 214 921 | 194 040 | 48 728 |
| アルキド樹脂 | 94.5 | 134 040 | 168 369 | 135 192 | 113 381 | 96 673 | 33 416 |
| エポキシ樹脂 | ― | 59 363 | 156 725 | 193 880 | 203 730 | 191 796 | 62 806 |
| けい素樹脂 | 8.5 | 38 846 | 117 680 | 201 707 | 216 788 | ― | ― |
| ウレタンフォーム | 85.5 | 199 355 | 321 486 | 276 053 | 271 646 | 256 671 | 158 100 |
| **熱硬化性樹脂　小計** | ― | 1 633 895 | 2 048 013 | 1 889 611 | 1 668 406 | 1 292 757 | 416 073 |
| ポリエチレン（計） | 1 304.7 | 1 860 198 | 2 887 555 | 3 193 046 | 3 142 722 | 3 294 272 | 438 672 |
| 　　　　（低密度） | ― | 1 179 274 | 1 610 888 | 1 748 325 | 1 760 397 | 1 851 656 | |
| 　　　　（高密度） | ― | 680 924 | 1 102 814 | 1 238 454 | 1 168 040 | 1 239 728 | |
| 　　　　（EVA） | ― | ― | 173 853 | 206 267 | 214 285 | 202 888 | |
| ポリスチレン（計） | 668.4 | 791 107 | 1 419 896 | 1 480 456 | 1 356 010 | 1 225 156 | 145 866 |
| 　　　　（GP.HI） | ― | 646 078 | 1 207 339 | 1 276 712 | 1 162 396 | 1 052 663 | |
| 　　　　（F.S） | ― | 145 029 | 212 557 | 203 744 | 193 614 | 172 493 | |
| AS樹脂 | ― | 77 356 | 130 898 | 128 873 | 115 246 | 122 376 | 22 332 |
| ABS樹脂 | ― | 260 310 | 541 392 | 539 742 | 503 526 | 462 924 | 103 167 |
| ポリプロピレン | 581.0 | 927 170 | 1 942 054 | 2 501 858 | 2 520 378 | 2 696 202 | 360 499 |
| ポリブテン | ― | 26 565 | 21 182 | 39 734 | 30 585 | 29 297 | 6 799 |
| 石油樹脂 | 37.9 | 74 697 | 121 675 | 136 480 | 132 958 | 132 914 | 21 341 |
| メタクリル樹脂 | 55.2 | 104 112 | 206 340 | 203 954 | 205 346 | 211 476 | 78 459 |
| ポリビニルアルコール | 91.8 | 100 593 | 160 605 | 182 587 | 216 327 | 189 373 | 58 368 |
| 塩化ビニル樹脂 | 1 161.4 | 1 429 298 | 2 048 823 | 2 274 235 | 2 457 219 | 2 194 718 | 247 398 |
| 塩化ビニリデン樹脂 | 17.6 | 34 944 | 45 986 | 60 846 | 62 788 | 61 317 | 37 927 |
| ポリアミド系樹脂 | 16.2 | 67 964 | 168 427 | 201 179 | 224 559 | 232 080 | 93 904 |
| ふっ素樹脂 | 1.4 | 4 552 | 16 065 | 19 487 | 21 958 | 24 175 | 57 189 |
| ポリカーボネート | 13.5 | 32 642 | 114 283 | 227 081 | 317 042 | 370 248 | 146 620 |
| ポリアセタール | ― | ― | 124 373 | 138 621 | 134 264 | 116 149 | 47 800 |
| ポリエチレンテレフタレート | ― | ― | 454 639 | 614 774 | 641 981 | 662 122 | 103 307 |
| ポリブチレンテレフタレート | ― | ― | 50 893 | 65 789 | 61 328 | 64 252 | 23 084 |
| 変性ポリフェニレンエーテル | ― | ― | 68 125 | 75 358 | 83 440 | 60 346 | 25 741 |
| その他の熱可塑性樹脂 | ― | ― | 58 717 | 53 122 | 182 631 | 196 732 | 58 167 |
| **熱可塑性樹脂　小計** | ― | 5 791 508 | 10 581 928 | 12 137 222 | 12 410 308 | 12 346 129 | 2 076 640 |
| 合計 | 5 108.9 | 7 425 403 | 12 629 941 | 14 026 833 | 14 078 714 | 13 638 886 | 2 492 713 |

## 表1.1.5　プラスチック用途一覧表

| 分類 | | プラスチック材料名 | 略称 | 主な用途 |
|---|---|---|---|---|
| 熱硬化性 | | フェノール樹脂（木粉充てん） | PF | 電気機器，化粧板，一般電気絶縁材料，シェルモールド，接着剤 |
| | | ユリア樹脂（α-セルロース充てん） | UF | 接着剤，繊維加工，食器，機械部品，キャップ，雑貨 |
| | | メラミン樹脂（α-セルロース充てん） | MF | 化粧板，塗料，繊維加工，成形材料，紙加工 |
| | | 不飽和ポリエステル樹脂 | UP | FRP成形品，塗料，ボタン，化粧板，平波板，注型 |
| | | ジアリルフタレート樹脂（ガラス繊維充てん） | PDAP | 化粧板，成形材料，積層品，変性用 |
| | | エポキシ樹脂 | EP | 接着剤，塗料，電気絶縁材料，構造用材 |
| | | シリコーン樹脂（ガラス繊維充えん） | SI | 電気・エレクトロニクス部品，コーティング |
| | | アルキド樹脂 | ALK | 塗料，難燃成形材料 |
| | | ポリイミド | PI | 耐熱フィルム，ワニス，接着剤 |
| | | ポリアミノビスマレイミド | PABI | しゅう動部材料，機械，電子部品 |
| | | フラン樹脂 | — | 耐食用ライニング，積層成形品 |
| | | ウレタン樹脂 | PUR | フォーム |
| 熱可塑性 | 非晶性 | 塩化ビニル樹脂 | PVC | パイプ，波板，電線，レガー，フィルム，重合材料 |
| | | エチレン酢酸ビニル樹脂 | E/VAC | 接着剤，塗料バインダー，紙加工剤，繊維仕上げ |
| | | ポリビニルブチラール | PVB | 安全ガラス中間膜用，プリント配線用，接着剤 |
| | | ポリスチレン | PS | 射出成形品，雑貨，弱電機器，共重合用，シート |
| | | ABS樹脂 | ABS | 電気器具，車両，機械部品 |
| | | ポリメタクリル酸メチル（メタクリル樹脂） | PMMA | シート，看板用，照明カバー，建材，共重合用機械部品，雑貨 |
| | | ポリフェニレンオキシド（ノリル） | PPO | 自動車部品，耐熱性製品，電気電子部品，事務部品，給水部品 |
| | | ポリウレタン | PUR | （硬，軟あり），フォーム，自動車内装，機械部品，合成木材 |
| | | アイオノマー樹脂（サーリンA） | — | 射出成形品，容器，パイプ |
| | 結晶性 | セルロース系プラスチック | — | 塗料，フィルム，成形用 |
| | | ポリエチレン（高密度） | PE (HD) | 射出成形材料，雑貨，工業部品，発泡材，パイプ，ブロー成形品 |
| | | ポリプロピレン（低密度） | PE (LD) | フィルム，酢ビとの共重合材料，塗料，積層品 |
| | | ポリプロピレン | PP | 射出成形品，フィルム，袋，容器 |
| | | ポリアミド（ナイロン） | PA | 機械部品，電気通信部品，輸送機械部品，事務機械・スポーツ用品 |
| | | ポリカーボネート | PC | 電気電子部品，医療・食品用部品，雑貨，フィルム |
| | | ポリアセタール（ポリオキシメチレン） | POM | 射出成形品，機械部品，しゅう動部材料，パイプ，シート，雑貨 |
| | | ポリフェニレンサルファイド | PPS | 耐熱・耐薬品材料，しゅう動部材料 |
| | | 塩化ビニリデン樹脂 | PVDC | 繊維，ろ過布，網，フィルム，ラテックス |
| | | ポリエチレンテレフタレート | PETP | 射出成形，押出し成形，電線被覆，パイプ，発泡材 |
| | | ポリブチレン | PB | 機械的強度高く耐熱，耐ストレスクラッキング用，他とポリブレンド |
| | | ポリブチレンテレフタレート | PBTP | ガラス繊維強化タイプ，自動車用，電気電子用 |
| | | エチレン・ビニルアルコール樹脂 | EVOH | 電気用，自動車関係，時計関係，光学機械 |
| | | ポリフェニレンエーテル | PPE | 自動車用部品，精密事務機，シート |
| | | ポリフェニレンサルファイド | PPS | 電気用品，機械部品，化学機器，塗料，自動車部品 |
| | | ポリスルフォン | PSF | 食品産業機器，医療機器，自動車部品，電気・電子用 |
| | | ポリエーテルスルフォン | PESF | 電気・電子関係，自動車，機械，医療関係 |
| | | ポリアリレート | PAR | 電気関係，自動車関係，機械関係，医療器 |
| | | ポリメチルペンテン | PMP | 医療関係，理化学器，電子，食品容器 |
| | | ポリエーテル・エーテルケトン | PEEK | 自動車部品，精密部品，電線被覆，医療分析分野 |
| | | 液晶プラスチック | LCP | 超精密成形品，耐熱部品，高剛性部品 |
| | | ふっ素樹脂（四ふっ化エチレン） | PTFE | 化学装置用部品，電気材料，しゅう動部品，塗料，シール用 |

子構造から見ると前者は網状高分子（network polymer）又は三次元高分子であり，後者は線状高分子（linear or chain polymer）又は一次元高分子から成り，またその著しい物性の相違は，前者は加熱などによって一度架橋・重合して高分子となり，固化すると再び加熱しても流動状態とならないで固体にセット（set）されるが，後者は加熱と冷却によって流動状態と固体状態とが可逆的に変化することができるもので，それぞれの名称の由来を示している．さらにこれらについて分類詳述しよう[3]．

### 1.2.1.1 熱硬化性プラスチック

現用の熱硬化性プラスチックは，表1.1.5に示す12種があげられ，それらを次の2種に区別し，それぞれの分子構造を示すと次のとおりである．

**(1) ホルマリンを一方の原料とするもの**

**(a)** フェノール樹脂（phenol formaldehyde resin, phenolic resin, phenolics）[4]，PF

（フェノール）

フェノール類とホルムアルデヒドとの縮合により得られる重合体を主体とする樹脂の総称である．フェノール樹脂の中で特にクレゾール又はキシレノールを主原料としたものをクレゾール樹脂（cresol resin）又はキシレノール樹脂（xylenol resin）ということもある．上のような分子構造をもち，多く木粉，アスベストなどの各種充てん材を混入して実用的に用いられる．

---

3) JIS K 6900（プラスチック―用語）
4) JIS K 6915（フェノール樹脂成形材料）

**(b) ユリア樹脂**（urea formaldehyde resin）[5], UF

$$CO\begin{matrix} NH-CH-NH \\ | \\ NH-CH-NH \end{matrix}CO$$

（メチレン尿素）

アミノ樹脂の一種で，ユリア（尿素）とホルムアルデヒドとの縮合により得られる重合体を主体とする樹脂の総称である．ユリアの一部をメラミン・チオユリアで変性した共縮合体もある．ユリアを単独で使用した樹脂をユリア-ホルムアルデヒド樹脂，チオユリアを使用した樹脂をチオユリア-ホルムアルデヒド樹脂という．このプラスチックは$\alpha$セルロース（パルプ）などの充てん材を入れて実用化されているが，樹脂は接着剤として多く用いられる．

**(c) メラミン樹脂**（melamine formaldehyde resin）[6], MF

（メラミン）

アミノ樹脂の一種で，メラミンとホルムアルデヒドとの縮合により得られる重合体を主体とする樹脂をいう．メラミンの一部をユリア，グアナミンで変性した共縮合体もある．この樹脂も$\alpha$セルロースなどを充てんして実用プラスチックとしている．

**(d) アニリン樹脂**（anillin formaldehyde resin），AF

（アニリン）

アニリンとホルムアルデヒドを縮合して得られる樹脂で，普通他の樹脂と併用される．

## 1.2 プラスチックの分類

**(2) その他の熱硬化性プラスチック**

**(a) 不飽和ポリエステル樹脂**（unsaturated polyester resin）[7], UP

$$H\left[OCH_2CH_2O-\underset{\underset{CH}{\overset{\text{※}}{\|}}}{\overset{O}{\overset{\|}{C}}}-\underset{\underset{CH}{}}{\overset{O}{\overset{\|}{C}}}-O\right]_n H$$

（不飽和ポリエステルの一例，※：不飽和二重結合）

構造式のように，ポリエステル $(-C-O-O-)_n$ の一種で，重合体の主鎖に不飽和基をもつ不飽和ポリエステルに，これと重合する単量体（一般にビニルモノマー）を溶解した樹脂で，プラスチックとしては触媒（BPO）などとガラス繊維及び炭酸カルシウムを充てんして，常温又は加熱成形し，強化プラスチックの母材として多く用いられる．

**(b) ジアリルフタレート樹脂**（diallyl phthalate resin）[8], PDAP

（ジアリルフタレート）

アリル基（$CH_2=CHCH_2$）をもつ単量体を主体とする重合体のアリル樹脂（allyl resin）の一種で，DAPと略称され，ガラス繊維などを充てんして実用プラスチックとして，その耐熱性の高さが注目されている．

**(c) エポキシ樹脂**（epoxy resin）[9], EP

（エポキシ基）

---

5) JIS K 6916（ユリア樹脂成形材料）
6) JIS K 6917（メラミン樹脂成形材料）
7) JIS K 6919（繊維強化プラスチック用液状不飽和ポリエステル樹脂）
8) JIS K 6918（ジアリルフタレート樹脂成形材料）
9) JIS K 6929-1（プラスチック―エポキシ樹脂用硬化剤及び促進剤―第1部：指定分類）

末端にエポキシ基をもつ重合体で，アミン，酸などによって硬化する．この樹脂にエポキシ化合物とビスフェノール類又は多価アルコールとの反応により得られる樹脂と，不飽和基を過酸によりエポキシ化して得られるものとがある．その接着力の強いことと収縮率の小さいことが著しい特徴であるが，近年各種充てん材を入れたプラスチックとして工業的実用性を高めている．

**(d) アルキド樹脂（alkyd resin），ALK**

多塩基酸（acid）と多価アルコール（alcohol）の縮合によって得られるのでこの名があるが，ポリエチレンテレフタレート及び不飽和ポリエステルを除外した意味に用いられる．多塩基酸としてフタル酸，多価アルコールとしてグリセリンを用いたものをフタル酸樹脂と称し，変性して，塗料用に多く用いられ，またわずかにプラスチックとしても用いられる．

**(e) ポリイミド（polyimide），PI**

（ポリイミド）

1959年，デュポン社が初めて開発したもので，その後この種のものが各国でも開発され，スーパーエンプラ（エンジニアリングプラスチック）に数えられ，耐熱性が著しく高く，引張強さも大きく，耐熱絶縁材料，特殊しゅう動部などに，またワニス，接着剤，フィルム及び成形品として用いられる．

**(f) ポリアミノビスマレイミド（poly aminobismaleimide），PABI**

1960年代後半にフランスのローヌプーラン社で開発された高級エンプラで耐熱性が高く［HDT（荷重たわみ温度）：320°C］，電気的特性，耐薬性など各種特性に優れ，商品名をkerimid，そのコンパウンドをkinelと称している．

**(g) シリコーン樹脂**（silicone），SI

$$\left[\begin{array}{c} CH_3 \\ | \\ Si-O \\ | \\ C_6H_5 \end{array}\right]_n$$

（シリコーン樹脂）

シリコーンゴムは比較的早くから実用化され，樹脂は1955年頃から国産品が登場し，化学的には有機けい素化合物の高縮合体で，耐熱，耐寒性に優れ，耐薬品性，耐水性があり，化学的に安定で，ガラス繊維などを充てんして電気部品などに用いられている．

### 1.2.1.2 熱可塑性プラスチック

熱可塑性プラスチックは線状高分子から成り，高温になると流動状を呈し，低温になると固化することが可逆的に可能で，その中間的な状態における成形加工もできる．現在実用になっているこの種のプラスチックは40種を超えているが，比較的実用度の高いものについて次の (1)～(4) の4種の分類によって区別して，それぞれ大要を述べよう．

**(1) 広義のビニル系プラスチック**

次の構造式に該当するものをビニル系高分子と称するが，なお，その中で $R_1=R_2$ となるものをビニリデン系と称する．

$$\left[\begin{array}{cc} H & R_1 \\ | & | \\ C-C \\ | & | \\ H & R_2 \end{array}\right]_n$$

（ビニル系高分子）

**(a) ポリエチレン**（polyethylene）[10]，PE

$$\left[\begin{array}{cc} H & H \\ | & | \\ C-C \\ | & | \\ H & H \end{array}\right]_n$$

（ポリエチレン）

$R_1=R_2=H$ となるエチレンを主体とする重合体で，密度によって低密度ポリエチレン（low density polyethylene）と高密度ポリエチレン（high density polyethylene）に大別され，前者は多くフィルム，後者は三次元成形品として多く用いられる．ほかに特に分子量の大きい超高分子量ポリエチレン（PE-UHMW）[11] がある．

**(b) ポリプロピレン**（polypropylene）[12]，PP

$$\left[\begin{array}{cc} H & H \\ | & | \\ -C-C- \\ | & | \\ H & CH_3 \end{array}\right]_n$$

（ポリプロピレン）

$R_1=H$，$R_2=CH_3$ となるプロピレンを主体とする重合体で，現用のものはNattaによって開発された結晶性高融点のアイソタクチックポリマーである．

なお，1965年，ICI社（イギリス）で開発された $R_1=H, R_2=CH_2-CH\!<\!{CH_3 \atop CH_3}$ となるポリ4-メチルペンテン（**TPX**樹脂）はポリエチレン，ポリプロピレンとともに $-[-C_nH_{2n}-]-$ の形をもつオレフィン（poly olefine）系プラスチックと総称される．

**(c) ポリ塩化ビニル**（polyvinyl chloride）[13]〜[16]，PVC

$$\left[\begin{array}{cc} H & H \\ | & | \\ -C-C- \\ | & | \\ H & Cl \end{array}\right]_n$$

（ポリ塩化ビニル）

$R_2=Cl$ となる塩化ビニルを主体とする重合体の総称で塩化ビニル樹脂といい，充てん材の有無によって次の4種がある．

---

10) JIS K 6922［プラスチック—ポリエチレン（PE）成形用及び押出用材料，第1部及び第2部］
11) JIS K 6936［プラスチック—超高分子量ポリエチレン（PE-UHMW）成形用及び押出用材料，第1部及び第2部］
12) JIS K 6921［プラスチック—ポリプロピレン（PP）成形用及び押出用材料，第1部及び第2部］
13) JIS K 6720［プラスチック—塩化ビニルホモポリマー及びコポリマー（PVC），第1部及び第2部］
14) JIS K 6723（軟質ポリ塩化ビニルコンパウンド）

① 塩化ビニルホモポリマー及びコポリマー[13]
② 軟質ポリ塩化ビニルコンパウンド[14]
③ 無可塑ポリ塩化ビニル　PVC–U[15]
④ 可塑化ポリ塩化ビニル　PVC–P[16]

**(d)** ポリブテン（polybutene）[17]，PB

$$\begin{bmatrix} \text{H} & \text{H} \\ | & | \\ \text{C} - \text{C} \\ | & | \\ \text{H} & \text{CH}_2 \\ & | \\ & \text{CH}_3 \end{bmatrix}_n$$

（ポリブテン）

ブテン-1を重合して得られる結晶性樹脂で，上記の構造をもち，機械的強度，耐摩耗性が高く，他のポリオレフィンとブレンドして用いられる．

**(e)** ポリ塩化ビニリデン（polyvinylidene chloride）[14]，PVDC

$$\begin{bmatrix} \text{H} & \text{Cl} \\ | & | \\ \text{C} - \text{C} \\ | & | \\ \text{H} & \text{Cl} \end{bmatrix}_n$$

（ポリ塩化ビニリデン）

$R_1 = R_2 = Cl$ となる塩化ビニリデンを主体とする重合体の対称性，結晶性樹脂である．

**(f)** ポリ酢酸ビニル（polyvinyl acetate）[15]，PVAC

$$\begin{bmatrix} \text{H} & \text{H} \\ | & | \\ \text{C} - \text{C} \\ | & | \\ \text{H} & \text{O} \\ & | \\ & \text{C}=\text{O} \\ & | \\ & \text{CH}_3 \end{bmatrix}_n$$

（ポリ酢酸ビニル）

---

15) JIS K 6740［プラスチック―無可塑ポリ塩化ビニル（PVC–U）成形用及び押出用材料，第1部及び第2部］

$R_2 = -O-\overset{\overset{O}{\|}}{C}-CH_3$ となる酢酸ビニルを主体とする重合体で，主として接着剤，塗料，繊維処理剤などに用いられ，また塩化ビニル又はエチレンとの共重合体として用いられる．酢酸ビニル樹脂ともいう．

**(g) ポリビニルブチラール**（polyvinyl butyral）[17]，PVB

ポリビニルアセタールの一種で，ポリビニルアルコールの側鎖の水酸基の一部をホルムアルデヒドによってアセタール化した重合体をいう．

**(h) ポリスチレン**（polystyrene）[18]，PS

（ポリスチレン）

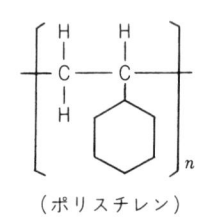

$R_2 = \bigcirc$ となるスチレン及びその誘導体を主体とする重合体で，早く開発された普及度の高い樹脂で，後述のように各種共重合体としても多く用いられる．

**(i) ポリメタクリル酸メチル**（polymethyl methacrylate）[19]，PMMA

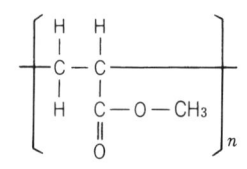

（ポリメタクリル酸メチル）

$R_2 = -\overset{\overset{O}{\|}}{C}-O-CH_3$ となるメタクリル酸メチルを主体とする重合体で，メタクリル樹脂ともいう．透明度が高く，装飾品，光学品に適する特徴がある．

---

16）JIS K 7366［プラスチック—可塑化ポリ塩化ビニル（PVC–P）成形用及び押出用材料，第1部及び第2部］

17）JIS K 6925［プラスチック—ポリブテン（PB）成形用及び押出用材料，第1部及び第2部］

18）JIS K 6923［プラスチック—ポリスチレン（PS）成形用及び押出用材料，第1部及び第2部］

1.2 プラスチックの分類

**(j) メタクリル酸メチル/アクリロニトリル/ブタジエン/スチレン樹脂**[20], MABS

上記4種のモノマーの共重合体で，1999年，ISOからJIS化された．

**(k) ポリアクリロニトリル（polyacrylonitrile），PAN**

$$\left[\begin{array}{cc} H & H \\ | & | \\ C-C \\ | & | \\ H & CN \end{array}\right]_n$$

（ポリアクリロニトリル）

$R_2=CN$ となるアクリロニトリルを主体とする重合体で，繊維としても重要な用途があるが，他の高分子との共重合体として広く用いられる．

**(2) 主鎖結合にN, O, S, ◯などをもつもの**

**(a) ポリアミド（ナイロン）（polyamide, Nylon）**[21]**, PA**

$$\left[\begin{array}{c} H \\ | \\ N \\ | \\ \end{array}\left(\begin{array}{c} H \\ | \\ C \\ | \\ H \end{array}\right)_n \begin{array}{c} O \\ \| \\ C \\ \end{array}\right]_{n'}$$

(a)

$$\left[\begin{array}{c} H \\ | \\ N \\ | \\ H \end{array}\left(\begin{array}{c} H \\ | \\ C \\ | \\ H \end{array}\right)_{n_1} \begin{array}{c} H \\ | \\ N-C \\ \| \\ O \end{array}\left(\begin{array}{c} H \\ | \\ C \\ | \\ H \end{array}\right)_{n_2} \begin{array}{c} O \\ \| \\ C \\ \end{array}\right]_{n'}$$

(b)

（ナイロン）

主鎖にアミド結合をもつ重合体で，ポリアミドのうち線状のものをナイロンといい，上図において $n, n_1, n_2$ の数によって下記の各種ナイロンがある．

---

19) JIS K 6717［プラスチック—ポリメタクリル酸メチル（PMMA）成形用及び押出用材料，第1部及び第2部］
20) JIS K 6938［プラスチック—メタクリル酸メチル／アクリロニトリル／ブタジエン／スチレン（MBAS）成形用及び押出用材料，第1部及び第2部］
21) JIS K 6920［プラスチック—ポリアミド（PA）成形用及び押出用材料，第1部及び第2部］

a) $\begin{cases} (n=5): \text{ナイロン} 6 \\ (n=10): \text{ナイロン} 11 \\ (n=11): \text{ナイロン} 12 \end{cases}$

b) $\begin{cases} (n_1=6, n_2=4): \text{ナイロン} 6/6 \\ (n_1=6, n_2=8): \text{ナイロン} 6/10 \\ (n_1=6, n_2=10): \text{ナイロン} 6/12 \end{cases}$

**(b)** ポリカーボネート（polycarbonate）[22]，PC

（ポリカーボネート）

主鎖にカーボネート結合をもつ重合体で，ビスフェノールAとホスゲンとの重縮合によって得られるものと，エステル交換法によるものとがあり，耐衝撃性が著しく高い特徴がある．

**(c)** ポリアセタール（polyacetal, polyoxymethylen），POM

（ポリアセタール）

主鎖にエーテル結合をもつ重合体で，ポリエーテル（polyether）の一種である．単独重合体及びエチレンオキシドとの共重合体とがある．ポリホルムアルデヒド（polyformaldehyde）又はポリオキシメチレンという．

**(d)** ポリエチレンテレフタレート（polyethylene terephthalate），PET
**(e)** ポリブチレンテレフタレート（polybutylene terephthalate），PBT

次の化学構造で $n_1=1$ のものがPETで，$n_1=2$ のものがPBTで，両者を飽和エステル樹脂PS（saturated polyesters）（又は熱可塑性ポリエステル）とい

---

22) JIS K 6719 ［プラスチック―ポリカーボネート（PC）成形用及び押出用材料，第1部及び第2部］

う[23]．前者は合成繊維テトロンとして有名で，またマイラーと称するフィルム及びボトル用とし，更にガラス繊維などを充てんして成形材料として実用化されている．後者は融点は少し低いが，バランスのとれたエンプラとして最近著しく実用化が広まっている．

$$\left\{ O-\left( \begin{array}{c} H \\ C \\ H \end{array} \begin{array}{c} H \\ C \\ H \end{array} \right)_{n_1} O-C(=O)-\bigcirc-C(=O) \right\}_n$$

**(f) ポリフェニレンエーテル**（polyphenylene ether）[24]，PPE

GE社によって開発された下記の構造をもつ樹脂で，ポリフェニレンオキシド又はポリフェニレンエーテルと称し，耐熱性と寸法安定性は高いが，流動性は少し低い．変性したNorylが実用化されている．

$$\left\{ \begin{array}{c} CH_2 \\ \bigcirc \\ CH_2 \end{array} O \right\}_n$$

（ポリフェニレンエーテル）

**(g) ポリフェニレンサルファイド**（polyphenylene sulfide），PPS

次の構造をもち，耐熱，耐薬品，耐燃性の高い樹脂で，フィリップ社で開発され，ライトンの商品名でガラス繊維を充てんしたものが実用化されている．

$$\left\{ \bigcirc-S \right\}_n$$

**(h) ポリスルフォン**（polysulfone），PSF

1966年，UCC社で開発された非晶性樹脂で下記の構造をもち，第一次転移点が300°C近くで，HDTも192°Cで，機械的特性値も高く，耐熱性，難燃性，耐薬品性が高い．

---

23) JIS K 6937［プラスチック—熱可塑性ポリエステル（SP）成形用及び押出用材料，第1部及び第2部］

24) JIS K 7313［プラスチック—ポリフェニレンエーテル（PPE）成形用及び押出用材料，第1部及び第2部］

28  1. 総　論

[構造式: ビスフェノールA型スルホン系ポリマー]

**(i)　ポリアミドイミド**（polyamideimide），PAI

次に示す構造をもつ樹脂で，Amoco chemical 社で開発され，射出成形もでき，後で熱処理による硬化工程を経て安定した重合体となる．引張強さも 180 MPa と著しく高く，他の特性も著しく高いが，射出成形温度が 370°C で，250°C 程度の 2 回にわたる硬化処理を必要とする成形性の難しさがある．

[構造式]

（アミド）　（イミド）

**(j)　ポリエーテルイミド**（polyetherimide），PEI

1982 年，GE 社で開発された非晶性熱可塑性ポリイミド樹脂の一種で，引張強さ 100 MPa，ガラス転移点 217°C，HDT が 200°C で，耐熱性も高く，射出成形が容易な高級エンプラである．

[構造式]

（ポリエーテルイミド）

**(k)　ポリエーテルスルフォン**（polyethersulfone），PESF

1972 年，ICI 社で開発された非晶性，耐熱，高強度の熱可塑性高級エンプラの一つである．引張強さ 86 MPa，HDT 203°C，連続使用温度 180°C，成形温度は 320～370°C で，ガラス繊維を 20～30% 充てんしたグレードもある．

$$-\!\!\left(\!\!\bigcirc\!\!-\!SO_2\!\!-\!\!\bigcirc\!\!-\!O\!\right)_{\!\!n}$$

（ポリエーテルスルフォン）

**(l) ポリウレタン（polyurethane），PUR**

次のようなウレタン結合をもつ重合体で，合成繊維に，またエラストマーとして射出成形品として実用化されている．

$$-\!\!\left(\!O-\!\!\overset{\overset{\displaystyle O}{\|}}{C}-N\!\!<\!\right)_{\!\!n}$$

（ポリウレタン）

**(m) ポリアリレート（polyarylate），PAR（Uポリマー）**

$$-\!\!\left(\!\!O\!\!-\!\!\bigcirc\!\!-\!\!\overset{\overset{\displaystyle CH_3}{|}}{\underset{\underset{\displaystyle CH_3}{|}}{C}}\!\!-\!\!\bigcirc\!\!-\!O\!-\!\overset{\overset{\displaystyle O}{\|}}{C}\!-\!\bigcirc\!\!-\!\overset{\overset{\displaystyle O}{\|}}{C}\!\right)_{\!\!n}$$

ユニチカ社（日本）で1975年に開発されたエンプラの一種で，上記の化学構造をもち，機械的，熱的特性に優れ，特に弾性変形領域が一般のプラスチックの数倍の広さをもつのが特徴である．

**(n) ポリメチルペンテン（polymethylpentene），PMP**

$$-\!\!\left(\!\!\overset{\overset{\displaystyle H}{|}}{\underset{\underset{\displaystyle H}{|}}{C}}\!\!-\!\!\overset{\overset{\displaystyle H}{|}}{\underset{\underset{\displaystyle H-\overset{\overset{\displaystyle H}{|}}{\underset{\underset{\displaystyle CH_3}{|}}{C}}-H}{|}}{C}}\!\!\right)_{\!\!n}$$

1968年，ICI社で開発され上記の化学構造をもつ非晶性熱可塑性樹脂である．比重が0.83と最も小さく，吸水率も0.01と小さく，熱的，電気的，耐薬品性も優れ，毒性もなくて，特異なエンプラとして注目される．

**(o) ポリエーテル・エーテルケトン**（polyether ether ketone），PEEK

1798年，ICI社で開発され，上記化学構造をもち，耐熱性，機械的強度，耐摩耗性及び耐薬品性が突出して優れたスーパーエンプラの一つで，ポリアミドイミドに匹敵している．融点が343°C，$\tau_g$ が143°C，引張強さが97〜224 MPaの高級性能を有している．

**(p) 液晶プラスチック**（liquid crystal polymer），LCP

溶融時に液晶性を示す成形材料で，高い流動性をもち，常温固体で高引張強さ，耐熱，耐薬品性の優れた高級エンプラである．セラニーズ社で開発して，国内ポリプラスチック社に導入された芳香性ポリエステルを骨格とするベクトラ（Vectra）を例にとると，引張強さ140〜175 MPa，HDT 152〜315°C，アイゾット衝撃値6〜44 kg·cm/cmの優れた性質をもつ．

**(q) アイオノマー樹脂**（サーリンA）（ionomer resin, Surlyn A）

分子鎖間が金属イオンによるイオン結合によって交差結合されている重合体がアイオノマー樹脂といわれている．それらの中の一つとして，デュポン社が開発したサーリンAの商品名のものが実用化されている．

**(3) ふっ素樹脂**（fluorocarbon resin）

ふっ素元素を含む単量体の重合体を一括してふっ素樹脂といい，実用化されているものに次の4種がある．

**(a) 四ふっ化エチレン樹脂**（polytetrafluoroethylene）[25]，PTFE

下図に示すように，エチレンのHがすべてFになったものの重合体で，比重が最も大きく，耐熱，耐薬品，耐候，耐湿性などが高く，潤滑特性も優れ，溶融粘度の著しく高い特異な樹脂で，代表的なふっ素樹脂である．

---

25) JIS K 6896（四ふっ化エチレン樹脂成形粉）

$$\left[ \begin{array}{cc} \underset{|}{F} & \underset{|}{F} \\ -C - C- \\ \overset{|}{F} & \overset{|}{F} \end{array} \right]_n$$

(ポリ四ふっ化エチレン)

**(b)** 三ふっ化エチレン樹脂（polychlorotrifluoroethylene），PCTFE

下図のようにFが3個とClが結合したモノマーの重合体で，溶融粘度は低い．

$$\left[ \begin{array}{cc} \underset{|}{F} & \underset{|}{F} \\ -C - C- \\ \overset{|}{F} & \overset{|}{Cl} \end{array} \right]_n$$

(三ふっ化エチレン)

**(c)** ふっ化ビニリデン樹脂（polyvinyliden fluoride）

エチレンの中の二つのHがFに代わったもので，比重は1.75〜1.78，引張強さは比較的大きい．

$$\left[ \begin{array}{cc} \underset{|}{H} & \underset{|}{F} \\ -C - C- \\ \overset{|}{H} & \overset{|}{F} \end{array} \right]_n$$

(ふっ化ビニリデン)

**(d)** ふっ化ビニル樹脂（polyvinyl fluoride）

次の構造をもつ重合体である．

$$\left[ \begin{array}{cc} \underset{|}{H} & \underset{|}{H} \\ -C - C- \\ \overset{|}{H} & \overset{|}{F} \end{array} \right]_n$$

(ふっ化ビニル)

**(4)** セルロース系樹脂（cellulosic plastics）

セルロースを再生してできるプラスチックにその処理方法によって次の5種がある．すなわち次の構造において$R_1=R_2=H$の場合がセルロースで，$R_1$, $R_2$によって次のような種別となる．

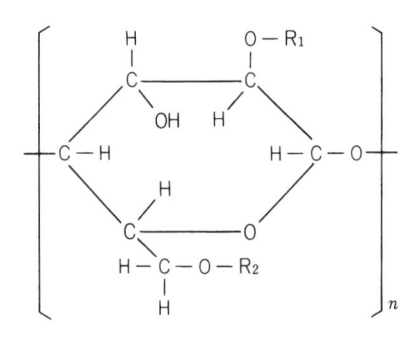

(セルロース系プラスチック)

**(a)** 硝酸セルロース［cellulose nitrate (CN)，セルロイド］

$R_1=R_2=-NO_2$

**(b)** 酢酸セルロース（cellulose acetate），CA

$$R_1=R_2=-\underset{\underset{O}{\|}}{C}-CH_3$$

**(c)** 酢酸酪酸セルロース（cellulose acetate butylate），CAB

$$R_1=-\underset{\underset{O}{\|}}{C}-CH_3,\quad R_2=-\underset{\underset{O}{\|}}{C}-CH_2-CH_2-CH_3$$

**(d)** プロピオン酸セルロース（cellulose propionate），CP

$$R_1=R_2=-\underset{\underset{O}{\|}}{C}-CH_2-CH_3$$

**(e)** エチルセルロース（ethyl cellulose），EC

$R_1=R_2=CH_2-CH_3$

## 1.2.2 結晶性プラスチックと非晶性プラスチック

高分子から成るプラスチックにおいて，結晶とは構成高分子が規則正しく配列していることをいう．しかしブロック状の架橋高分子である熱硬化性プラスチックは規則正しく配列する状態になりにくいので，一般に結晶的な構造ではなくて非晶性（amorphous）である．

しかし長い線状の高分子から成る熱可塑性プラスチックにおいては，構成高

## 1.2 プラスチックの分類

分子の形状によっては規則正しく配列することも可能となる．例えば，ポリエチレンの溶液を適当な温度に保持して固化すると図1.2.1のような単結晶を形成し，その構造は，図1.2.2のような折たたみ構造（fold structure）と称する結晶を構成する．このような結晶が集合したものは偏光顕微鏡によると図1.2.3，図1.2.4のような球晶（spherulite）となる．一般に線状高分子において主鎖を軸として左右対称的な対称性高分子は配列しやすいので結晶性となり，非対称のものは結晶形をとりにくい．

プラスチックの結晶は金属のように全体が100%の結晶をすることはなく，その何割かが結晶し，図1.2.3のように非晶部と混在している．全体と結晶部

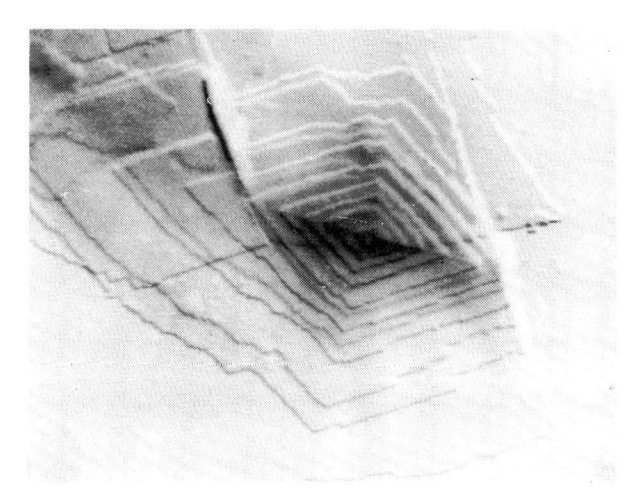

図1.2.1 ポリエチレンの単結晶の電顕写真[26]×3 000（×4/5）

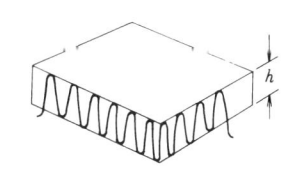

図1.2.2 単結晶の折たたみ構造

---

26) 山口章三郎，三輪明：工学院大研報，第34号7（1973.5）

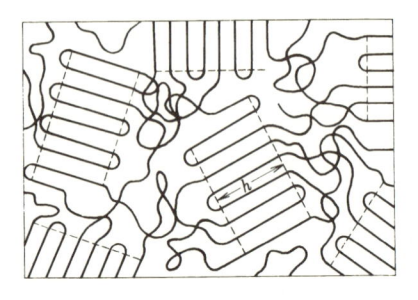

**図1.2.3** プラスチックの結晶部と非晶部の断面模形

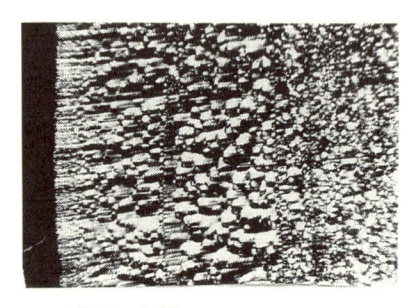

表面→内部
(a) 表面と直角方向断面
    （表面から0.2 mmまで）
    ×150（×1/4）

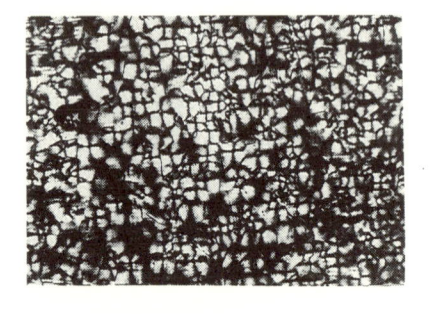

(b) 表面と並行断面
    （表面から0.25 mmのところ）
    ×245（×1/4）

(c) 表面と直角方向断面
    （表面から1 mmのところ）
    ×245（×1/4）

(d) 表面と直角方向断面
    （表面から3 mmのところ）
    ×245（×1/4）

**図1.2.4** ポリエチレン射出成形品の表面から内部に至る各部の偏光顕微鏡による球晶分布[27]

## 1.2 プラスチックの分類

との質量比率を結晶化度と称するが,樹脂の種類により20%から80%程度の結晶化度の範囲があり,また同じプラスチックでも冷却速度の相違により結晶化度は変化する.すなわち急冷するところは結晶化度が低く,徐冷するところは結晶が進んで高くなる.図1.2.4及び図1.2.5はポリエチレン射出成形品の表面から内部に至る球晶の大きさの分布状態を示す.すなわち結晶化度が高くなるほど球晶は成長して大きくなり,徐冷される内部ほど結晶化度は高くなることを示している.

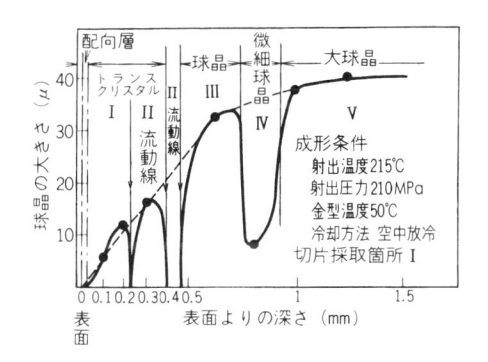

**図1.2.5** ポリエチレン射出成形品の表面から内部に至る球晶の大きさの分布状態分布[27]

実用化されている熱可塑性プラスチックを結晶性のものと非晶性のものとに区別すると,表1.1.5 (16ページ) に示すとおりとなる.

結晶性プラスチックと非晶性プラスチックの重要な性質の相違として次の3点があげられる.

① 非晶性プラスチックは透明で,結晶性プラスチックは一般に不透明である.ポリカーボネートのような例外はあるが,光の屈折率の異なる結晶部と非晶部を混在する結晶性プラスチックは光が乱反射して不透明となる.

② 結晶性プラスチックは融点直下の温度で結晶収縮をするため,成形収縮が大きい.溶融状態から固体状態に成形する場合,非晶性プラスチックは

---

27) 山口章三郎,大柳康:工学院大研報,第15号1 (1964.4)

主として熱膨張係数に相当する成形収縮だけであるが，結晶性プラスチックは無配列から規則配列になるための容積減少，すなわち結晶収縮が加わって全体として大きな成形収縮をするため，ひけによる寸法変化が大きい．
③ ガラス転移点が著しく異なる．一般に対称性高分子から成る結晶性プラスチックのガラス転移点は絶対温度で融点の約 1/2 で，常温より低いところにあり，常温ではガラス転移点以上のところにあるためもろくない．これに反し非対称性の非晶性プラスチックのガラス転移点は融点の約 2/3 で常温より高いところにあるため，一般に常温ではぜい性領域となり，著しくもろい性質となる．

### 1.2.3 単独重合体と共重合体

高分子（high polymer）は単量体（monomer）が重合（polymerization）してでき，その様式は次の形で表される．

$$M \times n = [M]_n = P \tag{1.2.1}$$

ここで $M$ はモノマー，$n$ は重合度，$P$ は重合体（polymer）である．$n$ の数が大きく（high order）なると分子量は 10 000 以上となり，巨大分子，すなわち高分子 [high（order の）polymer] となる．この [ ] の $M$ が単独のものを単独重合体（homopolymer）と称し，次のように 2 種以上のモノマー $M_1$, $M_2$ などが $[M_1n_1, M_2n_2, \cdots]_n$ のように繰返し単位 [ ] 中に共在しているものを共重合体（copolymer）という．この繰返し単位中における各モノマーのあり方によってブロック共重合，交互共重合，グラフト共重合及びランダム共重合などの区別がある．共重合体は金属における合金のようなところが見られるので，共重合プラスチックをプラスチックアロイ（plastic alloy）と呼ぶこともある．一種の単量体だけの重合体で得られない優れた特質を他の単量体と共重合することによって得られるという特徴があり，プラスチックの改質法として近年盛んに応用されている．

1.2.1 項における 43 種のプラスチックはいずれも単独重合体で純金属のようなものである．これらのプラスチックを組み合わせることによって無数に近い

共重合体ができるはずであるが,現在実用化されている共重合体を例示すると次のとおりである.

**(a) SAN樹脂**(styrene-acrylonitrile copolymer)[28], SAN

(スチレン)　(アクリルニトリル)

スチレンとアクリルニトリルの共重合体で,このままでも用いられるがABS樹脂の素材としても用いられる.

**(b) PS-I樹脂**(styrene-butadien copolymer)[29], PS-I

(スチレン)　(ブタジエン)

スチレンとブタジエン(ゴム)との共重合体で,超耐衝撃プラスチックとしても用いられるが,ABS樹脂の素材としても用いられる.

**(c) ABS樹脂**(acrylonitrile-butadien-styrene copolymer)[30], ABS

(アクリルニトリル)　(ブタジエン)　(スチレン)

スチレンの成形性,ブタジエンの耐衝撃性,アクリルニトリルの耐熱,耐薬

品性を併せもった代表的共重合体のエンプラとして広く用いられている.

**(d)** エチレン/酢酸ビニル（ethylene/vinylacetate copolymer）[31]，E/VAC

$$\left\{\begin{array}{c} H\ H \\ |\ \ | \\ C-C \\ |\ \ | \\ H\ H \end{array}\right\}_{n_1} \left\{\begin{array}{c} H\ H \\ |\ \ | \\ C-C \\ |\ \ | \\ H\ \ C=O \\ \ \ \ \ |\\ \ \ \ CH_3 \end{array}\right\}_{n_2}$$

（エチレン）（ビニルアセテート）

**(e)** プロピレン・エチレン樹脂（propylene-ethylene copolymer）

$$\left\{\begin{array}{c} H\ \ H \\ |\ \ \ | \\ C-C \\ |\ \ \ | \\ H\ CH_3 \end{array}\right\}_{n_1} \left\{\begin{array}{c} H\ H \\ |\ \ | \\ C-C \\ |\ \ | \\ H\ H \end{array}\right\}_{n_2}$$

（プロピレン）　（エチレン）

**(f)** エチレン・ビニルアルコール樹脂（ethylene-vinylalcohol copolymer），EVOH

下記の化学構造の共重合体で"ソアライト"とも呼ばれエンプラに属する.

$$\left\{\begin{array}{c} H\ H \\ |\ \ | \\ C-C \\ |\ \ | \\ H\ H \end{array}\right\}_{m} \left\{\begin{array}{c} H\ H \\ |\ \ | \\ C-C \\ |\ \ | \\ H\ OH \end{array}\right\}_{n}$$

（エチレン）（ビニルアルコール）

**(g)** VCP樹脂（vinyl chloride-propylene copolymer）

$$\left\{\begin{array}{c} H\ H \\ |\ \ | \\ C-C \\ |\ \ | \\ H\ Cl \end{array}\right\}_{n_1} \left\{\begin{array}{c} H\ \ H \\ |\ \ \ | \\ C-C \\ |\ \ \ | \\ H\ CH_3 \end{array}\right\}_{n_2}$$

（塩化ビニル）　（プロピレン）

**(h)** FEP樹脂（FEP fluorocarbon copolymer）

四ふっ化エチレンと六ふっ化エチレンの共重合体のふっ素樹脂である.

1.2 プラスチックの分類

(四ふっ化エチレン) (六ふっ化エチレン)

**(i) アセタール共重合樹脂** (acetal-copolymer)

(アセタール) (エチレン)

**(j) MM樹脂** (methylmethacrylate-methylstyrene copolymer)

$\begin{pmatrix}メチルメタ\\クリレート\end{pmatrix}$ $\begin{pmatrix}アルファメチ\\ルスチレン\end{pmatrix}$ $\begin{pmatrix}メチルメタク\\リレート\end{pmatrix}$

### 1.2.4 その他の化学的分類

**(1) 重合過程による分類**

単量体が重合して高分子になる過程によって分類すると次の3種となる.

① 縮重合体

---

28) JIS K 6927 [プラスチック—スチレン／アクリロニトリル (SAN) 成形用及び押出用材料, 第1部及び第2部]
29) JIS K 6926 [プラスチック—耐衝撃性ポリスチレン (PS–I) 成形用及び押出用材料, 第1部及び第2部]
30) JIS K 6934 [プラスチック—アクリロニトリル-ブタジエン-スチレン (ABS) 成形用材料及び押出用材料, 第1部及び第2部]
31) JIS K 6924 [プラスチック—エチレン/酢酸ビニル (E/VAC) 成形用及び押出用材料, 第1部及び第2部]

② 付加重合体
③ 組合せ重合体

重合過程において，重合体ができると同時に重合体以外の縮合物を生じるものが縮重合（condensation polymerization）であり，重合過程において，重合体以外のものを生じないですべて重合体となるのが付加重合（addition polymerization）で，これらの両重合が組み合わされて生じるのが組合せ重合である．一般に成形材料は既に高分子化合物となっている場合が多いが，ある種の成形材料（例えばフェノール成形材料）では初期重合しているが，なお，中・低分子程度のもので，加熱工程において溶融状態となるとともに架橋縮重合して高分子化合物となり固化するとともに縮合物を生じる．この縮合物は多くはガス状態であるが，これを成形品内に発生したままにしておくと気泡を生じることとなるので，適当に排出することが必要となる．付加重合体の場合，成形材料が初期重合のものでも成形加工中にガスを発生することがないので，重合による気泡の発生はない．例えば不飽和ポリエステル，エポキシ樹脂成形材料などである．

**(2) 立体配置の規則性による分類**

化学構造式による分子の構造は同じでも，図1.2.6において酸化ポリプロピレンの例で示すように，構成原子の立体配置が異なると，その物性も著しく異なることがある．この立体配置の規則性から分類すると次の3種となる．

① アイソタクチック重合体（isotactic polymer）

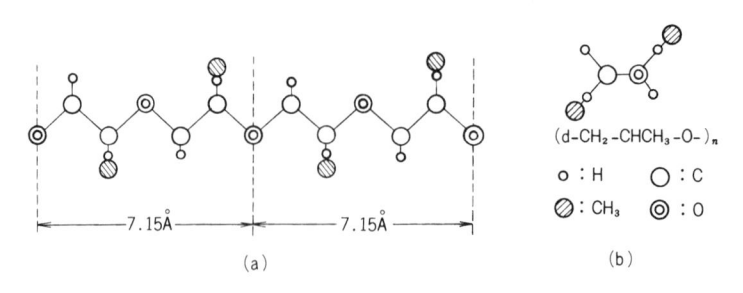

図1.2.6 酸化ポリプロピレンの立体配置図

② シンジオタクチック重合体（syndiotactic polymer）
③ アタクチック重合体（atactic polymer）

図 1.2.7 に示すように R 基の位置が最も規則正しいのがアイソタクチックで，次のものがシンジオタクチックで，最も不規則なのがアタクチックで，前者ほど結晶化しやすく，したがってその融点も高く，また機械的強度も大きい．その好例はポリプロピレンであり，アイソタクチックポリプロピレンの開発によって，ポリプロピレンがプラスチックとして実用化されたものである．

アイソタクチック　　　シンジオタクチック　　　アタクチック

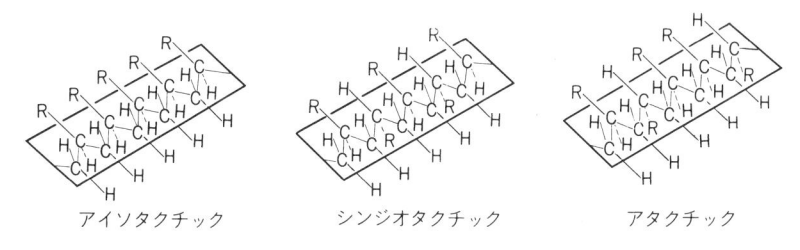

**図 1.2.7**　立体配置の規則性模型図

### 1.2.5　充てん材とプラスチック複合材料

ベークライトに始まる合成樹脂は，その実用化に対して特に熱硬化性プラスチックにおいては，プラスチック単体ではもろくて使用に耐えないので，木粉，パルプ，アスベスト繊維などの充てん材を用いることによって，その利用価値を見いだしている．なお，不飽和ポリエステルにガラス繊維を充てんしてできる FRP（ガラス繊維強化プラスチック）は，力学的強度を高める画期的な開発で，プラスチックにおける充てん材を用いることの意義を重大ならしめた．

しかし，熱可塑性プラスチックは充てん材を用いないで単体で用いても十分実用に耐え，また成形加工もそのほうが容易であるため，充てん材の必要性は比較的少なかった．しかし成形品の寸法精度と寸法安定性並びに強度向上などの点から，特に結晶性プラスチックにおいてガラス繊維などの充てん効果を見逃すことができないので FRTP（ガラス繊維強化熱可塑性プラスチック）の数多くの開発が見られ，いまや熱硬化性，熱可塑性を問わないで，プラスチック

はその特性を向上させるために充てん材による複合材をまず考えなければならない状態になっている．

前述のように50～70種の数多いプラスチックと各種数多い充てん材を組み合わせると無数に近いプラスチック複合材料が考えられる．まず，現在用いられるプラスチック用充てん材について述べよう．

**(1) 充てん材の種類**

プラスチックに用いる充てん材（filler）も次のように分類することができる．

**(a) 目的による分類** 充てんする目的は次の3種に分けられる．

① 増量充てん材
② 強化充てん材
③ 特性付与充てん材

増量充てん材とは価格を低下せしめるのを主目的とするもので，強化充てん材は力学的強度を向上させることを主目的とするものであり，特性付与充てん材は耐熱性，電気特性，潤滑性，難燃性，耐摩耗性，成形性などの各種特性を向上せしめるためのもので，表1.2.1は，これらの実例を一括して示したものである．

表1.2.1 充てん材・添加剤の分類表

| 増量材 | 強化材 | 特性付与材 | 添加剤 |
|---|---|---|---|
| 炭酸カルシウム | 木粉 | 石綿（耐熱性） | 揺変剤 |
| けい酸カルシウム | α繊維素 | 雲母（絶縁性） | 硬化剤 |
| 白陶土 | ガラス繊維 | 可塑剤（柔軟性） | 触媒 |
| アルミナ | 炭素繊維 | 二硫化モリブデン（潤滑性） | 滑剤 |
| 砂鉄 | ウイスカー | グラファイト（潤滑性） | 着色剤 |
| ベントナイト | 合成繊維 | カーボン（導電性） | 安定剤 |
| 滑石 | 石英粉 | ABS（耐衝撃性） | 酸化防止剤 |
| クレー | | | 紫外線吸収剤 |
| 焼せっこう | | | 帯電防止剤 |
| | | | 難燃剤 |
| | | | 発泡剤 |

## 1.2 プラスチックの分類

**(b) 形状による分類** 充てん材をその形状から大別すると次の3種になる．
① 粒状充てん材
② 繊維状充てん材
③ 布状充てん材

**(c) 材質による分類** 充てん材の種類は著しく多数であるが，これを無機

**表1.2.2** 各種充てん材とプラスチック成形品の特性への効果一覧表

| 充てん材の種類 | | 耐薬品性 | 耐熱性 | 電気絶縁性 | 耐衝撃性 | 引張強さ | 寸法安定性 | 剛性 | 硬さ | 潤滑性 | 導電性 | 熱伝導性 | 耐湿性 | 成形加工性 | 使用樹脂<br>P：熱可塑<br>S：熱硬化 |
|---|---|---|---|---|---|---|---|---|---|---|---|---|---|---|---|
| 無機質材料 | アルミナ（薄片） | ○ | ○ | | | | ○ | | | | | | | | S/P |
| | アルミナ微粉（水酸化） | | | ○ | | | | ○ | | | | | ○ | ○ | P |
| | アルミナ粉 | | | | | | | | | | ○ | ○ | | | S |
| | 石綿 | ○ | ○ | ○ | ○ | | ○ | ○ | | | | | | | S/P |
| | 青銅 | | | | | | | | | | | | | | S |
| | 炭酸カルシウム | | | | | | | | | | | | | ○ | S/P |
| | けい酸カルシウム（メタ） | | | | | | | | | | | | ○ | | S |
| | けい酸カルシウム | | | | | | | | | | | | | | S |
| | 白陶土 | ○ | | ○ | | | ○ | | ○ | | | | | | S/P |
| | 白陶土（焼） | ○ | | ○ | | | ○ | | | | | | ○ | | S/P |
| | 雲母 | | | ○ | | | | | | | | | | | S/P |
| | 二酸化モリブデン | | | | | | | | | | | | | | P |
| | シリカ（非晶性） | | | | | | | | | | | | ○ | ○ | S/P |
| | 滑石 | | | | | | | | | | | | | | S/P |
| | ガラス繊維 | ○ | ○ | | ○ | ○ | ○ | ○ | | | | | | | S/P |
| 有機質材料 | カーボンブラック | | ○ | | | ○ | | | | | ○ | ○ | | ○ | S/P |
| | カーボン繊維 | | | | | | | | | | | | | | S |
| | 石炭（粉） | ○ | | | | | | | | | | | | | S |
| | 繊維素 | | | | ○ | ○ | ○ | | ○ | | | | | | S/P |
| | α繊維素 | | | | ○ | ○ | ○ | | | | | | | | S |
| | 綿糸（マーセル化） | | | | | | | | | | | | | | S |
| | もみの皮 | | | | | | | | | | | | | ○ | S |
| | グラファイト | ○ | | | | | ○ | | | | | | | | S/P |
| | ジュート | | | | ○ | | | | | | | | | | S |
| | ナイロン糸（マーセル化） | ○ | ○ | | ○ | ○ | | ○ | | | | | ○ | | S/P |
| | オーロン糸 | | ○ | | ○ | ○ | | | | | | | ○ | | S/P |
| | レーヨン糸 | | | | ○ | | | | | | | | | | S |
| | サイザル麻糸 | ○ | | | ○ | | | | | | | | ○ | | S/P |
| | 四ふっ化エチレン繊維 | | | | | ○ | | | | ○ | | | | | S/P |
| | 木粉 | | | | ○ | | | | | | | | | | S |

質と有機質とに大別し，更に現用の各種充てん材と，それらのプラスチック成形品の各種特性に与える効果とを一括して示すと表 1.2.2 となる．

## 1.3 プラスチックの加工法と特徴

### 1.3.1 プラスチックの製造と加工工程

プラスチックの製造全工程は図 1.3.1 に示すように原料から成形材料までの樹脂製造工程と，この成形材料を所要の形状と寸法の品物に加工する成形加工工程とに大別できる．プラスチックは金属に比べて著しく低い温度で溶融可塑化されるため，金型を用いて容易に，また生産速度も早く，しかも表面平滑で光沢のある寸法精度の高い製品が成形できることが大きな特徴である．

プラスチックの成形加工法にも各種の方法が用いられているが，その大要を加工順序によって，成形材料（molding compound）から直接成形する一次加工と，一次加工品を素材として更に加工する二次加工に分類し，また成形品の形状から，線状一次元的な成形品，シート及び板状の二次元的な成形品，更に

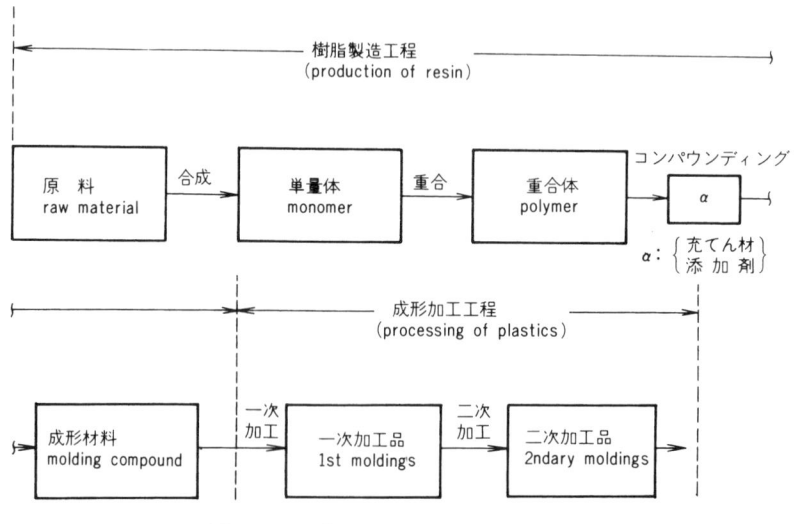

**図 1.3.1** プラスチックの製造全工程

ブロック状の三次元的な成形品に大別して，これらを経，緯で一括表示すると表 1.3.1 になる．

この中でプラスチックとしては，二次元加工と三次元加工とが主体を成すので，それらの一次加工と二次加工の各加工法別に概説しよう．

**表 1.3.1** プラスチックの成形加工法一括表

| | 第一次加工 | 第二次加工 |
|---|---|---|
| 一次元加工 | 1. 紡糸 { a. 湿式紡糸<br>b. 乾式紡糸<br>c. 溶融紡糸 } | 1. 紡績<br>2. 織布<br>3. 編物<br>4. その他の加工 |
| 二次元加工 | 1. 積層板成形<br>2. 成膜成形<br>3. カレンダー成形（シート） | 1. 切断，切削加工<br>2. プレス加工<br>3. 真空成形<br>4. 溶接，溶着 |
| 三次元加工 | 1. 圧縮成形<br>2. 移送成形<br>3. 射出成形<br>4. 流出成形<br>5. 押出成形<br>6. 焼成法<br>7. 注型法<br>8. 吹込成形<br>9. インフレーション成形<br>10. 溶液浸漬成形<br>11. 発泡成形<br>12. 反応射出成形（RIM） | 1. 切削<br>2. 溶接<br>3. 塗装<br>4. めっき |

## 1.3.2 圧縮成形法とトランスファ成形法

圧縮成形法（compression molding）は最初の合成樹脂ベークライトの成形加工に用いられた歴史的な方法で，その大要は図 1.3.2 に示すように，熱盤で加熱される上，下の金型間のキャビティに成形材料を入れて加熱し，加圧することで可塑化し，固化後，金型を分解して成形品を取り出す方式である．フェノール，ユリア，メラミン，ジアリルフタレート，シリコーン及び不飽和ポリ

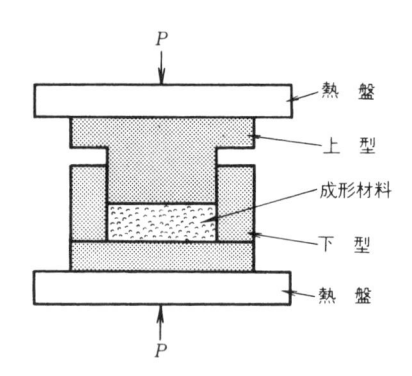

**図 1.3.2** 圧縮成形説明図

エステルの各熱硬化性樹脂成形材料の成形加工に用いられ，装置，操作とも簡単であるが，生産性が著しく低いことが欠点である．

なお，熱硬化性成形材料の可塑化流動特性は，フローテスターを用いてノズルから流出する樹脂量（$Q$）と加圧時間（$t$）との関係で表す図 1.3.3 に示す $Q$–$t$ 曲線で表される．図 1.3.4 はその一例で，フェノール成形材料の加圧力 30 MPa 一定とした場合の各温度における $Q$ と $t$ との関係を示し，A は流動開始点，B は最高流動点，C は固化点を示す．この成形材料は 150°C では加熱時間

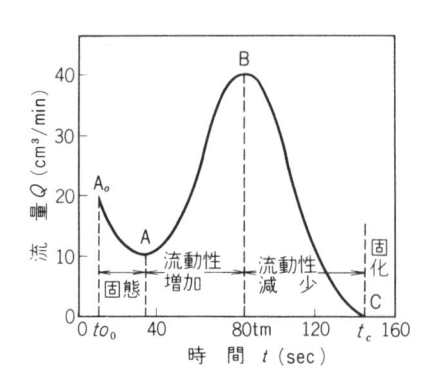

**図 1.3.3** フェノール成形材料のフローテスターによる一定温度に対する流量と加熱時間との関係（加圧力 30 MPa）

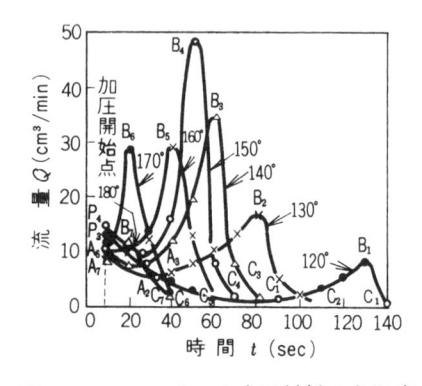

**図 1.3.4** フェノール成形材料の各温度に対する $Q$–$t$ 線図一例（ただし，$p$=30 MPa）

約 50 s で最高の流動性を示し，最高流動点 B 並びに固化点 C は，加熱温度が高いほど短い加熱時間で到達する．

前述の圧縮成形法において，特に成形品の厚みが大きくなると，熱伝導性の低い成形材料を可塑化及び固化するまでに多くの時間を要し，1 サイクル時間が 10 min 以上も要し，成形生産速度が低い．この生産速度を高めるためと，成形品の表面と内部との硬化の均一化のために考案されたのが図 1.3.5 に示すトランスファ成形 (transfer molding) である．すなわち成形材料は，固化成形品が分解した金型から取り出される工程中に，あらかじめ加熱筒中でもっぱら加熱，可塑化され，金型の準備ができ次第，プランジャで加圧されてゲートを通して加熱筒（ポット）A から金型キャビティ C 内に移送され圧縮成形されるものである．

なお，更に生産速度を高め，均一加熱を行うため，圧縮成形又はトランスファ成形における加熱を助けるため高周波電流を用いる高周波予熱を併用することも高級成形品に実用化されている．

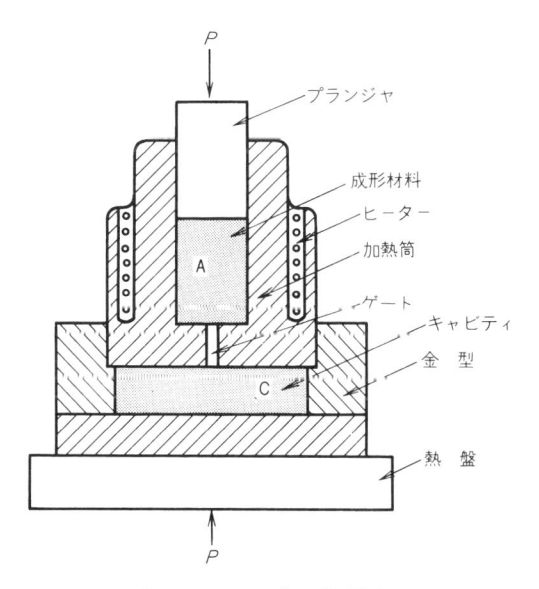

**図 1.3.5** トランスファ成形説明図

### 1.3.3 射出成形法
**(1) 射出成形法の特徴**

射出成形法（injection molding）はプラスチックの成形加工法の中で最も多く用いられ，しかも独特な特徴をもつ優れた成形法である．これは金属におけるダイキャスト法（die cast）にヒントを得て開発されたものであり，流動状態にした成形材料を所要の形状寸法に等しいキャビティ（cavity）をもつ金型内に流入，加圧，固化後，金型から取り出すものである．鋳造と前記ダイキャストと似た方法であるが，一般にプラスチックは溶融点が低く，金型材料と異質であり，次のような特徴をもっているため普及し，そのコストの低廉性と生産性の高さによって，プラスチックの需要を著しく高めている．

① 流動，可塑化が低温で可能なため，設備と経費が著しく少なくてすむ．
② 表面めっき又は研磨仕上げの鋼製金型を用いることができるため，寸法精度の高い光沢のある表面をもった成形品ができる．
③ 金型とプラスチックは熱膨張係数及び弾性率が著しく異なるため，成形品の型離れがよく，金型を傷つけることがない．
④ 流動化，固化が短時間にできるため，サイクル時間が短く生産性が高い．
⑤ 1個の金型で10万個以上の成形品ができるため，多数製品に1個の金型で足りる場合が多く，1個当たりの金型代が著しく低くなる．また鋳造のように一時に多数の型を準備するための広いスペースを必要としないので，生産設備所要面積が小さくてすむ．
⑥ 溶融の高温度が350℃以下であるため，金属加工におけるような高温に対する作業装備と安全性に対する設備が少なくてすむ．

**(2) 射出成形法の実際**

**(2.1) 射出成形工程** 成形材料から成形仕上がり品に至る射出成形工程は図1.3.6に示すとおりである．

図1.3.6のような工程による射出成形を実際には機械によって行っており，

1.3 プラスチックの加工法と特徴　　49

その大要を図1.3.7によって説明する．まず除湿，混和，予熱などの準備工程を経た成形材料はホッパーから一定割合で，射出成形機の加熱されたシリンダ中に供給され，シリンダ中で加熱可塑化され，ノズルを通しプランジャ又はスクリューによる加圧力で金型キャビティ内にゲートから射出注入賦形される［同図(a)］．キャビティ内の樹脂は冷却水で冷やされている金型内で冷却固化（熱硬化性材料では加熱金型で加熱固化）したところで，同図(b)のように金

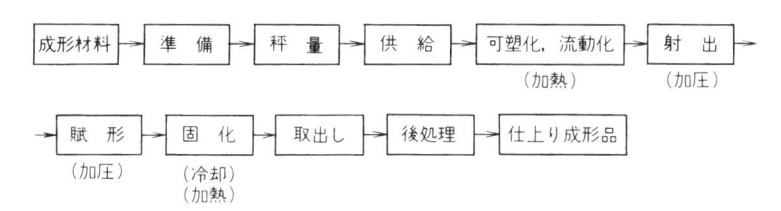

成形材料 → 準備 → 秤量 → 供給 → 可塑化，流動化（加熱）→ 射出（加圧）→ 賦形（加圧）→ 固化（冷却）（加熱）→ 取出し → 後処理 → 仕上り成形品

図 **1.3.6**　射出成形工程略図

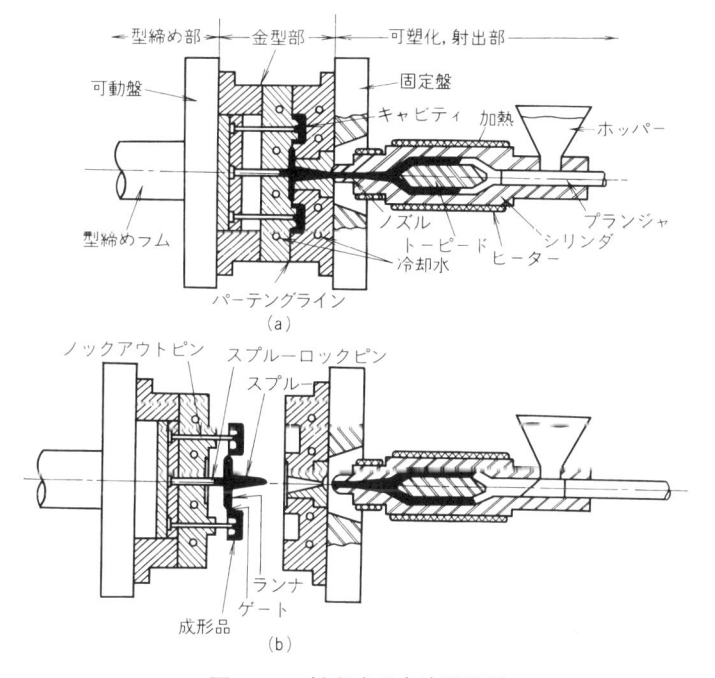

図 **1.3.7**　射出成形方法説明図

型が自動的に分離し，更に分離した金型のノックアウトピンで成形品が突き出されて金型から取り出される．取り出された成形品は不用のゲート，スプルー，ランナー部を取り除き，更に場合によっては熱処理，機械加工して仕上がり品とする．

以上の各工程を行う装置が射出成形機であるが，一般に金型は別個に考え，可塑化射出部と型締め部を一体としたものを射出成形機（injection molding machine）と称している．

なお，射出成形機は次のような種別がある．

**(a) 作動方向による分類** 横形（horizontal type）と縦形（vertical type）とがある．

**(b) 可塑化，射出方式による分類** プランジャ式（plunger type），スクリューインライン式（screw in line type），プリプラ式（preplasticizing type）の3種があり，図1.3.7はプランジャ式，図1.3.8はスクリューインライン式，図1.3.9は3種のプリプラ式を示す．

**(c) 型締め方式による分類** 液圧式，トグル式，ウエッジ式及びこれらの複合式の4種がある．

**(d) 駆動方式による分類** 機械式，油圧式，水圧式及び空気圧式の4種がある．

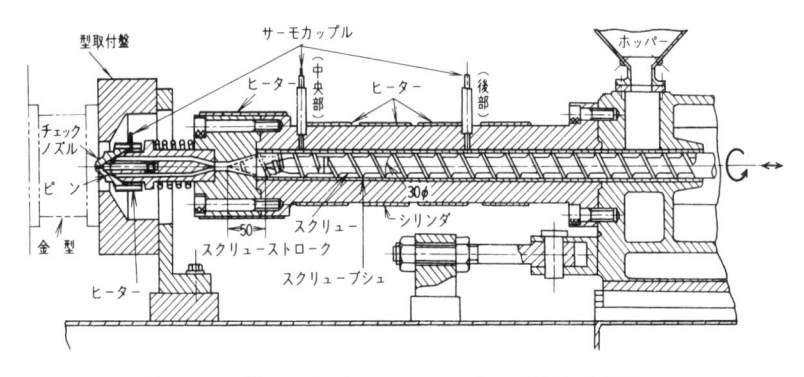

**図1.3.8** 横形スクリューインライン式射出成形機の構造（チェックノズル付）

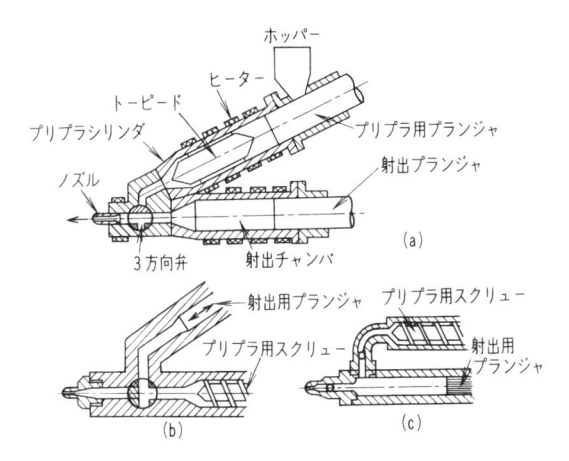

1.3 プラスチックの加工法と特徴　　51

図1.3.9　各種プリプラ式射出成形方式

**(e) 容量による分類**　射出成形機の容量は連続運転する場合の1回の最大射出量（オンス又はグラム），最大型締め圧力及び最大射出圧力で表される．

**(2.2) 射出成形条件と成形品物性**　射出成形は寸法精度の高い表面平滑光沢のあるブロック状の製品が生産性高く加工できることが特徴であるが，どのような成形材料もどんな成形条件でも可能なものではなく，それぞれの成形材料の成形性に対して適当な成形条件を選択して始めて，目的の成形品ができるものである．各種の射出成形条件が成形品の外観及び物性に与える影響を説明すると，次のとおりである．

**(a) 準備条件**　成形材料を射出成形機に供給する予備段階として，吸湿性材料に対しては加熱脱湿して成形品中の水蒸気による気泡の発生を防止したり，サイクル速度を高くするための予備加熱並びに各種混合物を入れる場合にあらかじめよく混和しておくような各種の準備条件の適否が成形品の良否に大きく影響することも多い．

**(b) 可塑化条件**　固体状態の成形材料を流動化する可塑化方法は射出成形機のシリンダ内で外部からの加熱によって行うが，この場合，能率よくまた均一な可塑化が必要で，古くはトーピドを用いる方法が多かったが，近年はスクリューによる方法が多い．トーピドの形状構造，スクリューの形状様式なども

成形材料の種類によって適当に選択することが必要である.

**(c) シリンダ温度と樹脂温度**　射出成形するときの樹脂の温度は重要な成形条件の一つであるが，プランジャ式射出成形機のシリンダ内壁温度は樹脂温度より高く，スクリュー式射出成形機ではスクリューによって混練されるため樹脂の温度がシリンダ内壁温度より高くなるが，射出温度としては樹脂自体の温度を標準とすることが適当である．この射出温度は樹脂の種類によってその適温は異なり，溶融温度以上であることはいうまでもないが，あまり温度が高いと加工中に熱劣化などを生じて帯色したり，その物性を低下せしめる．また，あまり温度が低いと流動性が悪く充てんが不十分になったり，サイクルが長くなったり，高射出圧力を要して，せん断応力が限界点以上になってゲートから異常流出（メルトフラクチャー）をしてフローマークなどが生じて成形品表面の円滑，光沢を損傷する[32]．

**(d) 射出圧力と金型内圧力**　射出成形において金型内に射出するシリンダ内の圧力を示す射出圧力は，ノズル，スプルー，ランナー，ゲートなどの細かい管状のところを通過させるため 50〜250 MPa の相当高い圧力が用いられ，金型内圧力は流路抵抗圧を差し引いた値で，トーピドを用いるものは射出圧力の 1/5〜2/3 程度，スクリューインラインでは 1/3〜4/5 程度となる．射出圧力が低いとサイクルが長くなり，またキャビティ内充てんが不十分になりやすい．また射出圧力があまり高いとメルトフラクチャーを生じたり，成形品の内部応力発生の原因となるが，樹脂の溶融時の圧縮性を利用して成形収縮（ひけ）の影響を緩和するためには金型内圧力が高いことが望ましい．しかし溶融粘度の低い材料は，金型のすき間から漏れ出るので金型内圧力の限界が制限される．

**(e) 金型温度**　溶融温度の低い成形材料では，金型温度は 30〜50°C の低い温度で高速冷却によってサイクルを短くすることができるが，一般に高温度溶融樹脂に対して金型温度が低いと成形品表面の光沢を失うことが多いので 100〜120°C 程度とすることを必要とするものも多い．金型温度が高いと成形

---

[32] 山口章三郎(1975)：プラスチックの成形加工, p.111, 実教出版社

収縮は一般に大きい.

**(f) 射出時間** 金型内へ射出加圧している時間を射出時間と称するが, この時間は短いほうがサイクルは短縮されるが, あまり短いとゲートがシールされる以前に圧力が取り去られ, 金型内の樹脂が逆流して大きなひけを生じる. シールされるまでは加圧することが必要である. シール時間はゲートの断面積に大きく影響される.

**(g) 射出速度** 射出成形機においては一般に射出速度を調節することができる装置を備えている. この場合, あまり速度を大きくしてノズル流出速度が著しく大きくせん断応力が高くなるとメルトフラクチャーを生じるので, 樹脂と成形品によって射出速度を適当に選択することを要する.

**(h) プログラム射出** 近年成形品の表面状態, 寸法精度をよくするため, 1サイクル中の射出速度及び射出圧力を数段に分けて変化させて射出するため小型コンピュータ (マイクロプロセッサ) を併用するプログラム射出成形法が実用化されている.

**(i) 取出し後の処理法** 金型から取り出して水冷すると表面は平面であるが内部に空洞が生じる場合があり, 徐冷すると内部に空洞はないが表面に大きいひけが生じて凹部が生じる. また結晶性プラスチックでは徐冷によって結晶化度が高くなり, 収縮率が大きくなる.

なお, 寸法の精度と安定性を確保するため, 使用中に生じる寸法変化をあらかじめ生ぜしめておくため, 取出し後100～140℃で1h程度熱処理する場合もある.

### 1.3.4 押出し成形法
**(1) 押出し成形の特徴**

押出し成形法 (extrusion) の原理は古くから利用されているが, 樹脂に応用されたのは, 1924年, 酢酸セルロースの溶剤を用いる押出しの試みが最初で, 1934年にスクリューによる酢酸セルロースの乾式押出しが初めて行われたのが, 今日の押出し成形の出発と考えられる.

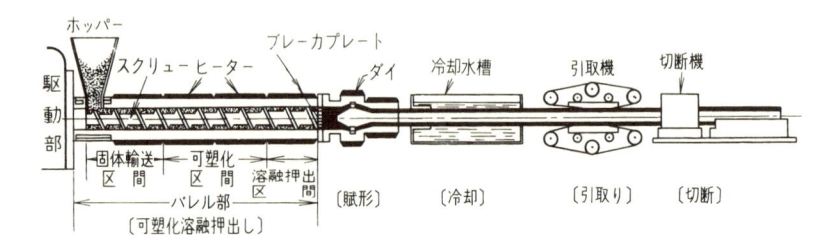

**図 1.3.10** 押出し成形説明図

すなわち図 1.3.10 に示すように，固形のプラスチック成形材料はホッパーから供給され，ヒータで加熱されるシリンダ（バレル）内のスクリューの回転によって混練，加熱，可塑化され，バレル先端のダイから一定速度で押し出される．成形品の断面はダイの形状によって決定され，一定形状の断面をもつ連続的な成形品ができる．一般にダイから出たところで冷却水槽を通って冷却固化し，引取機で送られ，所要の長さに切断される．図はパイプの押出し成形の一例を示す．

　押出し成形は一定断面形状の成形品を連続的に成形することができることが特徴であり，押出し速度を大きくすれば生産性は著しく高くなる．その形状に制限はあるが，均一な成形品ができやすいので，シート，板，棒，パイプなどの単純な断面をもつ成形品に多く用いられ，プラスチック成形生産量の中で，この方法によるものが最も多い．単純な断面のほか，I 形，アングル形及び各種複雑な断面をもつ成形品の押出し成形も開発され，それらは異形押出しと呼ばれている．現在では熱可塑性プラスチックの成形にのみ用いられるが，熱硬化性プラスチックに対する実用化は今後の問題である．

**(2) 押出し成形機**

　押出し成形を行う機械を押出し成形機（extruder）と称するが，これを大別するとスクリュー形と非スクリュー形とがあり，これらを更に細分すると次のようになる[33]．

---

33) 高分子学会編(1973)：プラスチック成形加工機要覧, p.9

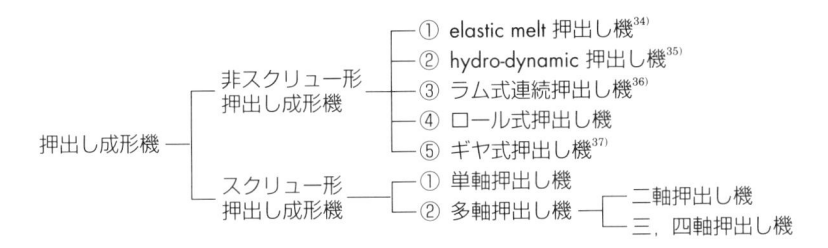

## 1.3 プラスチックの加工法と特徴

```
押出し成形機 ─┬─ 非スクリュー形  ─┬─ ① elastic melt 押出し機[34]
             │   押出し成形機     ├─ ② hydro-dynamic 押出し機[35]
             │                   ├─ ③ ラム式連続押出し機[36]
             │                   ├─ ④ ロール式押出し機
             │                   └─ ⑤ ギヤ式押出し機[37]
             └─ スクリュー形    ─┬─ ① 単軸押出し機
                 押出し成形機     └─ ② 多軸押出し機 ─┬─ 二軸押出し機
                                                      └─ 三，四軸押出し機
```

非スクリュー形は可塑化，混練するのにスクリューを用いないで，他の方法によるもので，いずれも比較的新しい考案であるが，特殊なもので一般化されていない．現在最も多く用いられているのはスクリュー形である．

### 1.3.5　その他の一次加工法
#### (1)　流出成形法

流出成形法（flow molding）は，比較的新しく開発された成形法で，射出成形の変形である．射出成形法が利用され始めた頃の熱可塑性プラスチックは，ポリスチレン，メチルメタクリレート樹脂などの非晶性プラスチックであったが，近年，ポリエチレン，ナイロン，ポリプロピレンなどの結晶性プラスチックの射出成形がある程度の寸法精度をもって必要となってきた．しかし，これら結晶性プラスチックは溶融状態から成形固化のとき結晶収縮を伴い著しいひけを生じるため，これを防止するためには成形中にひけの分だけ溶融樹脂を補足充てんすることが必要となる．射出成形では一度金型キャビティに入った樹脂がゲートでシールされると金型内の樹脂は補足されることはないが，この成形法ではゲートを大きくして成形中早期にシールしないようにして，スクリューを緩く回転し続けて収縮によって減じた容積分近く溶融樹脂を補足してひけを緩和するものである．寸法は金型寸法に近いひけの少ない成形品ができるが，

---

34)　Modern plastics: 37, 148 (Jan, 1960)
35)　Modern plastics: 42, 58 (May, 1965)
36)　R.F. Westover: SPE. J., 18, 1473 (1962)
37)　C.P. Pasquett: Brit. plast., 638 (1964)

成形サイクルが長くなることは避けられない．

**(2) 積層成形法**

積層成形法（laminating）は，シート状の紙，繊維，布などに液状樹脂をしみ込ませておき，これらのシートを層状に重ねて加熱・加圧して硬化させて，1枚の板状の成形品を得るものである．厚みのある板状あるいは管状の製品の成形に多く用いられるが，応用される樹脂は熱硬化性がほとんどである．

**(3) カレンダー成形法**

カレンダー成形法（calendering）とは，図1.3.11に示すように，混練ロール又は押出し成形機から出た加熱混和物を，鋳鉄製ロールを平行に組み合わせたカレンダーに加圧下で通すことによって，厚さが一定の比較的薄いシートとか，フィルムを連続的に高速度で成形する方法で，製紙の工程に似たものである．

なお，この装置は2枚以上のフィルムを組み合わせる場合などにも利用される．

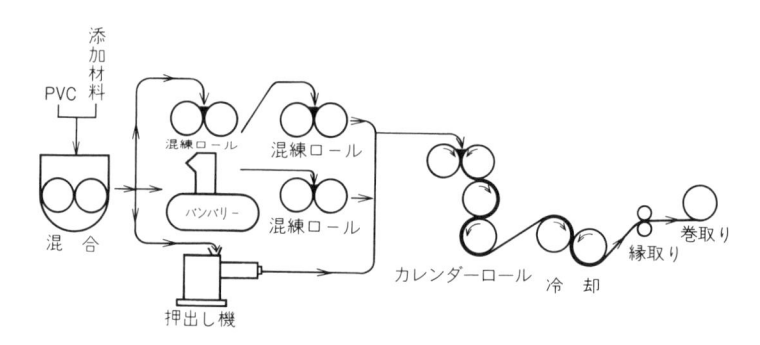

図1.3.11 カレンダー成形法の一例

**(4) 焼結成形法**

焼結成形法（sintering method）は焼成法とも略称する．四ふっ化エチレン樹脂のように，溶融点以上の高温でも粘性係数が$10^9 \sim 10^{11}$Pa·S程度の高さがあって流動性をもたない成形材料では，一般の射出成形や押出し成形ができない．

しかし，溶融点以上でも外力がかからなければ形状が崩れない高粘性を利用して，常温で所要の形状に圧縮成形し［これをプレフォーミング（preforming）という．］，これを焼結合金のように，溶融点以上の高温の炉の中に適当な時間保持して分子間の結合を十分行わしめる焼結（sintering）工程を経て，冷却・固化して成形する方法である．焼結のとき一般に寸法が変化するので，焼結後更に後成形（coining）を行う場合もある．

**(5) 注型法**

注型法（casting）は，所要の製品形状をもった凹状の型に液状の成形材料を注入して，加圧力を特に加えないでそのまま固化させて成形する方法である．成形材料としては，固化過程に縮合物を発生しない液状初期重合の熱硬化性樹脂，熱可塑性樹脂では溶融状態あるいはプリポリマーなどが用いられ，固化は架橋あるいは冷却によるものである．架橋工程でガス状縮合物を発生するフォルマリン系樹脂などは，成形品中に発生ガスによる内部の空洞と表面の凹凸が生じて成形品となりにくい．また注型用型材としては，金属，ガラス，せっこう，ワックス，木材，ゴム，寒天，合成樹脂などがその目的によって種々用いられる．

**(6) 吹込み成形法**

吹込み成形（blow molding）あるいは中空成形とは，図 1.3.12 にその一例を示すように，押出し成形におけるダイを通して，パイプ状の半流動状押出し樹脂を，外部から割形金型で囲んで，パイプ内へ圧縮空気を吹込み，同図 (b) のように金型内部に吹き付けて中空の成形品を加工するものである．このように押出し成形と組み合わせたものを押出し吹込み成形（extrusion blowing），射出成形と組み合わせたものを射出吹込み成形（injection blowing）という．中空瓶のような容器の成形に適している．

**(7) インフレーション成形法**

吹込み成形において，外部から形状を制限する金型を全く用いないで，空気を吹き出して押出しパイプを風船のような薄い大きな筒状のフィルムとして，その先端の方で重ねて 2 枚合わせにしたシート状のものを二つのローラ間を通

58　　　　　　　　　　　　　1. 総　　論

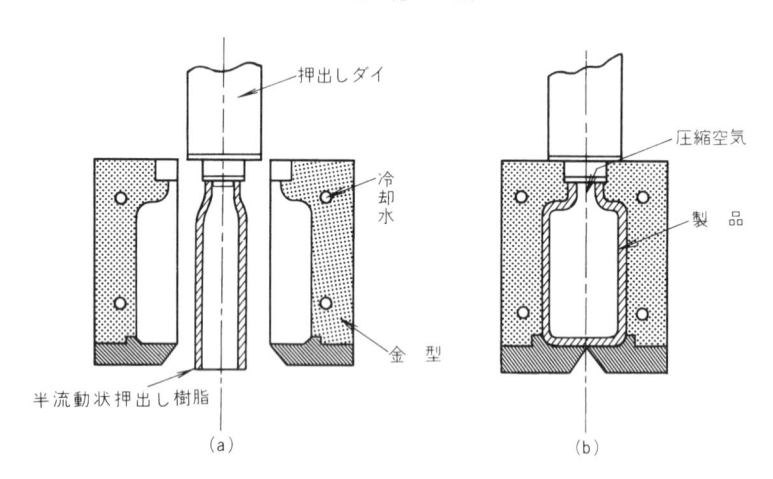

**図1.3.12** 吹込み成形の一例

してローラに巻き取ると，薄い2枚合わせフィルム状の成形品が得られる．このような成形法をインフレーション成形（inflation molding）と称し，方向性が一方向に偏らないフィルムができる．

**(8) 浸漬成形法**

浸漬成形法（dipping）は，常温又は予熱した型を，プラスチックのゾル浴中に浸漬して，所定時間後に引き上げて，型の表面に付着したゾルを加熱溶融，冷却後，型を抜き取って，型表面が内面となる形状の成形品を得る方法である．

なお，これと似たスラッシュ成形（slush molding）は型の内面にゾルを入れて，その面にゾルを付着させ，溶融，ゲル化後型から抜き出して成形品を得る方法である．

**(9) 発泡成形法**

発泡成形法（foam molding）は，特に変わった成形装置によるものではないが，一般に射出成形機あるいは押出し成形機を用いて，成形材料に発泡材料を入れて，加熱成形するとき発生するガスを成形品内に適度に分散して，多くの気泡を含む発泡成形品を成形する方法である．発泡の度合いに応じて成形品の比重も異なり，0.04〜0.06程度の比重のものを高発泡，0.4〜0.6程度の比

1.3 プラスチックの加工法と特徴　　　59

重のものを低発泡という.

**(10) RIM**（反応射出成形法，reaction injection molding）

一般の射出成形機では，溶融成形材料の粘度が高いため，射出圧力が100〜250 MPa程度となり，成形品の投影面積の大きい大型のものに対しては，それに対応する大きい型締め力（数百，数千トン）を必要とするため，数十，数百トンの質量の大型化を必要とする．RIMでは金型に射出するとき，図1.3.13に示すように，粘度の低いプレポリマーと触媒又は硬化剤などとをミキシングヘッドで混合したものを，15 MPa以下の低圧で注入して重合又は硬化などの化学的反応をさせるもので，機械全体を小型化，低コスト化することができる．この方法は初めポリウレタンに利用されたが，近年はナイロン及び不飽和ポリエステルなどにも応用されている．

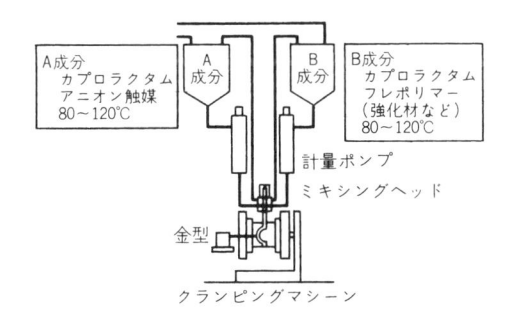

**図1.3.13** ナイロンRIM成形機

### 1.3.6 二次加工法

二次加工は，比較的単純な形状の一次加工品を所要の形状に加工する場合と一次加工品間，あるいは他の加工品と組み合わせて加工する場合など，その方法は数多いが，その中で主な方法である7種について簡単に説明しよう．

**(1) 機械加工**

機械加工（machining）は，同一形状のものが比較的数少なく必要なとき，あるいは製品の必要加工精度の高さの点からもしばしば用いられるが，現用機

械加工のうち実用的なものとしては，カッタを用いる旋削，立削，中ぐり，フライス，穴あけ，ねじ切り，歯切りなどの切削加工，刃物又は砥粒せん断及び加熱溶解による切断加工，並びに結合砥粒あるいは遊動砥粒による研削，研磨布紙加工，ラッピング，バフ加工などの仕上げ加工がある．

**(2) 塑性加工**

シート，棒又は管状の一次加工品を二次加工する方法として，延伸加工，張出し加工，絞り加工，真空成形加工，引抜き加工，圧延加工，圧造据込み加工及び転造加工などの常温あるいは温間における塑性加工（plastic forming）が用いられる．これらの二次加工法は一次加工法だけでは成形できない場合，特にその効果が大きい．

**(3) 接合加工**

プラスチック製の部品間あるいは金属，ガラス及び木材などとプラスチックを接合して一体としたり，一組となる製品を作る場合，接合加工（fastening or binding）は便利でしかも欠くことのできない二次加工法である．このような接合加工法にも，いろいろな方法が用いられており，その主なものとして，ファスナー，ボルト・ナット，リベットなどによる機械的接合，接着剤を用いる接着法，溶剤による接合法，溶接材を用いる溶接法，溶着する部分を加熱して融着する加熱融着法，高周波電流を用いる高周波溶着，超音波を用いる超音波溶着及び摩擦熱を利用する摩擦圧着法などがあり，素材の性質と形状によって適宜選択して実用化されている．

**(4) 印刷加工**

印刷加工法（printing）にも各種の方法があり，プラスチックフィルムに文字，図などを印刷するにはグラビア印刷，フレキソグラフィック印刷，バーレープリントなどがある．また圧縮成形，射出成形などによる一次成形加工品へ印刷するには，シルクスクリーン印刷，ドライオフセット印刷，転写印刷，オフセット印刷，焼付成形法及びホットスタンピングなどの方法が用いられる．

**(5) めっき加工**

プラスチック加工品表面を金属めっき（plating）することもしばしば実用

化されているが，その方法としては，浸漬法，金属溶射，導電プラスチックの応用，陰極スパッタリング，真空蒸着及び化学めっきと電気めっきの併用などの各種のものがある．特に最も実用化されているのはABS樹脂などの化学めっき，電気めっき併用によるものである．

**(6) 塗装**

プラスチックは本来，塗装（coating）の不必要なものとされてきたが，近年における数多いプラスチックの開発とその用途の拡大に伴って，プラスチック表面に着色するとともに塗装することも多くなった．装飾，デザイン，耐候性，硬さ向上などに一段と効果が上がる場合も少なくない．そのためには，適当な塗装をするための材料と方法の選択が必要である．

**(7) 熱処理加工**

一次加工品は成形加工したままでは，成形時に発生した内部応力あるいは成形品各部の不均一性のため，クラックの発生，変形及び強度低下などの欠陥が生じることがある．形状そのものは変えないが，これら欠陥発生除去のため，一次加工の後処理として熱処理加工（heat treatment）を行うことが必要な場合も少なくない．しかしプラスチックの熱処理は，化学的変態点を利用する鋼における熱処理効果のような大きな効果は期待できない．

## 1.4 プラスチックの物性の評価法

プラスチックの実用的な物性の定義とその測定法を，主として現規格にそって，以下のように一般物理的性質，光学的性質，熱的性質，電気的性質，機械的性質，化学的性質，耐久性及び成形加工性に分類して説明しよう．

### 1.4.1 一般物理的性質

**(1) 密度（density）及び比重（relative density）[38]**

密度（$\rho_1$）とは試料の質量と体積$V_t$（$t$：温度）との比で，単位は$kg/m^3$，$kg/dm^3$（$g/cm^3$）で表す．

相対密度とは温度 $t_1$ における一定体積の物質の質量と，温度 $t_2$ における同一体積の基準物質の質量との比，それは温度 $t_1$ と $t_2$ における相対密度（記号：$d_{t_2}^{t_1}$）として表す．$t$ は °C で表した温度である．規準物質が水の場合には相対密度の代わりに"比重"が用いられる．

$t_1$ °C における密度は，次の式によって比重に換算される．

$$d_{t_2}^{t_1} = \frac{\rho_{S,t_1}}{\rho_{W,t_2}} \tag{1.4.1}$$

ここに，$d_{t_2}^{t_1}$：試料の比重

$\rho_{S,t_1}$：温度 $t_1$ における試験片の密度（g/cm$^3$）

$\rho_{W,t_2}$：温度 $t_2$ における水の密度（g/cm$^3$）

密度 $\rho_1$ の測定法に 4 種，(A) 水中置換法，(B) ピクノメーター法，(C) 浮沈法，(D) 密度こうばい管法がある．

各種プラスチックの比重は巻末一覧表に示すとおりであるが，一般的には 0.83〜2.1 程度で，最も軽いのはポリメチルペンテンの 0.83，最も重いものは四ふっ化エチレン樹脂の 2.1 であるが，充てん材により，また結晶化度によっても異なる．また成形品中のボイドの発生によって見かけの比重は異なり，発泡成形品になると 0.04〜0.8 の広い範囲にわたっている．平均的には 1.1 程度で鋼の約 1/7 程度と軽いことが大きな特徴である．

**(2) 比容積**（specific volume）

比容積は単位質量当たりの容積（cm$^3$/g）で密度の逆数である．プラスチックの比容積は温度依存性があり，その溶融状態においては温度とともに圧力依存性もある．これをもう少し説明しよう．

**(a) 比容積と温度との関係** プラスチックの比容積（$v$）は温度上昇に伴い大きくなるが，広い温度領域で一定の温度割合ではなくて，その関係は圧力一定のもとでは図 1.4.1 で表される．すなわち結晶性プラスチックと非晶性プラスチックとで少し様相を異にし，非晶性ではガラス転移点 $\tau_g$ で体積膨張係数

---

38) JIS K 7112（プラスチック―非発泡プラスチックの密度及び比重の測定方法）

## 1.4 プラスチックの物性の評価法

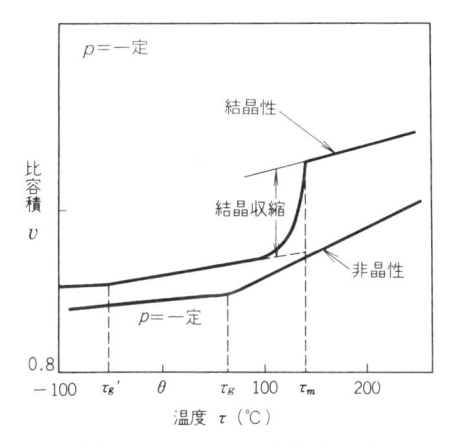

**図1.4.1** プラスチックの $v$–$\tau$ 曲線（ただし，$p$=const.）

$\partial v/\partial \tau$ の値を異にし，$\tau_g$ 以上では以下におけるより大きくなり，また結晶性プラスチックにおいては融点 $\tau_m$ 直下で結晶化又は非晶化による容積の収縮（結晶収縮）又は膨張が生じる．

**(b) "$v$–$T$–$p$"関係** 溶融状態におけるプラスチックの"比容積-温度-圧力"の関係は次式で示される Spencer の状態方程式[39]で表される．

$$(p+\pi)(v-\omega)=R_m T \tag{1.4.2}$$

ここに， $p$ ： 圧力

$v$ ： 比容積

$T$ ： 温度

$\pi, \omega, R_m$ ： 材料による定数[40]

この関係を $v$ と $T$（温度）と $p$ の三次元の曲面で表すと図1.4.2となり，比容積は温度が高くなるほど，圧力が低くなるほど大きくなる．図のABCD曲面が式(1.4.2)の関係を示し，結晶性プラスチックのように融点に相当する不連続点をもつものは，$A''D''$ の遷移点で $v$ は急降下して，$A'A''BCD''D'$ のような曲面となる．

---

39) Spencer R. & Gilmore G.: J. Appl. phys., 21, 523 (1950)
40) 山口章三郎，大柳康：高分子化学, 28, 623 (1971.7)

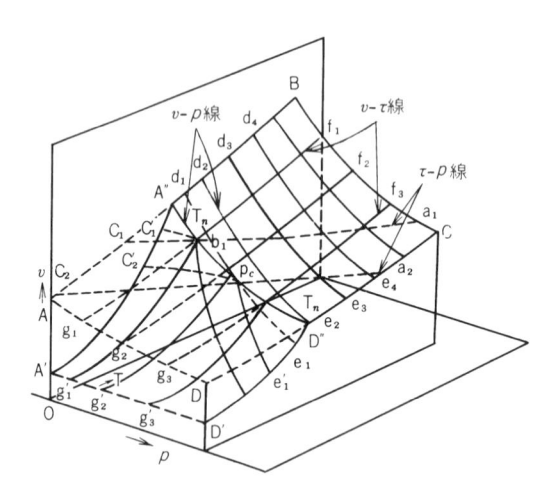

**図 1.4.2** 溶融プラスチックの "$v$–$T$–$p$" 曲面

**(3) 粘度**（viscosity）[41),42)]

流体内部に生じる，流れに抵抗する性質で，"せん断応力とせん断速度との比"を粘度（$\eta$: Pa·s）という．せん断速度（$\dot{\gamma}$）は流動に直角方向の層流速度の変化割合で，せん断応力（$\sigma$）とは液体内のずり流動面の単位面積に作用する接線力をいう．見掛けの粘度 $\eta$ は非ニュートン粘性流体に作用した，せん断応力とせん断速度との比で，次式で算出する．

$$\eta = \frac{\tau}{\dot{\gamma}} \tag{1.4.3}$$

ここに，　$\eta$ ：粘度（Pa·s）
　　　　　$\tau$ ：せん断応力（Pa）
　　　　　$\dot{\gamma}$ ：せん断速度（s$^{-1}$）

これらの測定法にブルックフィルド形回転粘度計並びに共軸-二重円筒形粘度計と円すい-平板システムとの2種の方法がある．

**(4) 流れ特性**（fluidity）[44)]

流動状態で成形加工するプラスチックの流動特性を表す方法としては，初期にはメルトインデックスあるいはメルトフローインデックス法[42),43)]が用いら

## 1.4　プラスチックの物性の評価法

れたが，実験条件範囲が狭いため，現在では，キャピラリーレオメータによる流れ特性試験又はメルトマスフローレイト（MFR）及びメルトボリュームフローレイト（MVR）試験法が規定されている[45]．ここでは細管流動方式を説明しよう．

いま，長さ $L$（cm），半径 $R$（cm）のノズルから圧力 $p$（Pa）で放出する溶融プラスチックの流量を $Q$（cm$^3$/s）とすると，この溶融体の見かけの粘性係数 $\eta$ は power law [46] によると次式で表される．

$$\eta = \frac{\tau_w}{\dot{\gamma}_w} = \frac{\pi R^4 p}{8LQ} \times 9.8 \times 10^4 \quad (\text{Pa·s}) \tag{1.4.4}$$

ただし，$\tau_w$ はノズル管壁のせん断応力（Pa），$\dot{\gamma}_w$ はノズル管壁のせん断速度（s$^{-1}$）とし，ニュートン粘性の法則に従うものとする．

また細管流動方式（キャピラリーレオメータ）による power law によって，粘性係数 $\eta$，せん断速度 $\dot{\gamma}$ と温度との関係の一実験例を示そう．

すなわち一般に射出成形に用いられるプラスチックの溶融時の粘性係数 $\eta$

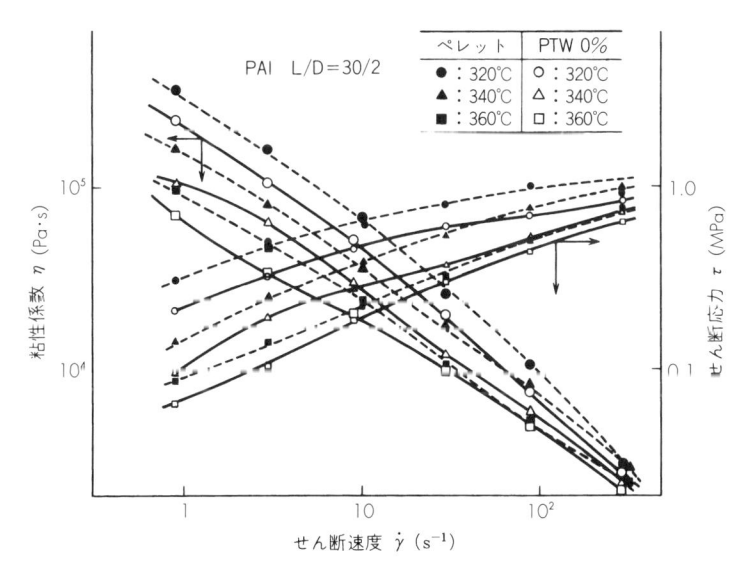

**図 1.4.3**　PAI の流動特性 [47]

は $10 \sim 10^5$ Pa·s 程度である.図1.4.3はポリアミドイミド(PAI,トーロン)と(ウィスカーPTW)充てん複合材料の式(1.4.4)から求めた各温度に対する粘性係数又はせん断応力とせん断速度との関係を示す.

### 1.4.2 光学的性質

プラスチックの光学的性質に関しては,JISにおいて次の5種の一般光学的特性と7種の特殊光学的特性について規格化している[48].

**(1) 屈折率**(index of refraction)

図1.4.4に示すように光が媒質1から媒質2との境界面に入射して屈折するとき,入射角 $\theta_1$ と屈折角 $\theta_2$ との正弦比 $n_{12}$ をもって媒質2の媒質1に対する屈折率とする.媒質1が真空(又は空気)である場合の $n_{12}$ を絶対屈折率といい,単に屈折率ともいう.

$$n_{12} = \frac{\sin\theta_1}{\sin\theta_2} \tag{1.4.5}$$

測定器はアッベ屈折計を用いる.

この値はプラスチックでは1.338(フルオロカーボン樹脂)~1.586(ポリカーボネート)の範囲を示し,水晶で1.55,鋼玉で1.768,ダイヤモンドで2.41である.

---

41) JIS K 7117-1(プラスチック―液状,乳濁状,又は分散状の樹脂―ブルックフィールド形回転粘度計による見掛けの粘度の測定方法)
42) JIS K 7117-2(プラスチック―液状,乳濁状又は分散状の樹脂-回転粘度計による定せん断速度での粘度の測定方法)
43) 旧 JIS K 6730, K 6758, K 6760
44) JIS K 7199(プラスチック―キャピラリーレオメータ有効及びスリットダイレオメータによるプラスチックの流れ特性試験方法)
45) JIS K 7210〔プラスチック―熱可塑性プラスチックのメルトマスフローレート(MFR)及びメルトボリュームフローレイト(MVR)の試験方法〕
46) McKelvey, J. M.: Polymer processing, 67-75, Johns Wiley Sons (1962)
47) 大柳康,山口章三郎ほか(1984):工学院大研報,第56号,p.20-30
48) JIS K 7105(プラスチックの光学的特性試験方法)

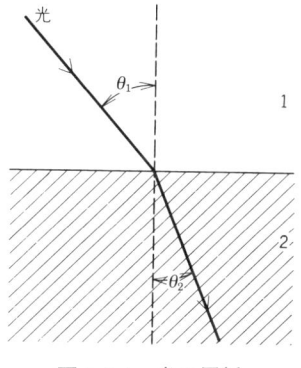

**図 1.4.4** 光の屈折

**(2) 光沢度**（glossiness）

プラスチック表面の光沢を定量的に示す方法として，図 1.4.5 に示す光沢度計（glossmeter）[49),50)] を用い，所定の入射角 $\theta$（20, 45, 60 度）で入射した光量を反射角（$\theta' = \theta$）の受光量で測定し，標準試料を屈折率 1.567 のガラス表面による場合を 100 としたものとの百分比率，例えば Gs(60°)=76% のようにして表示する．

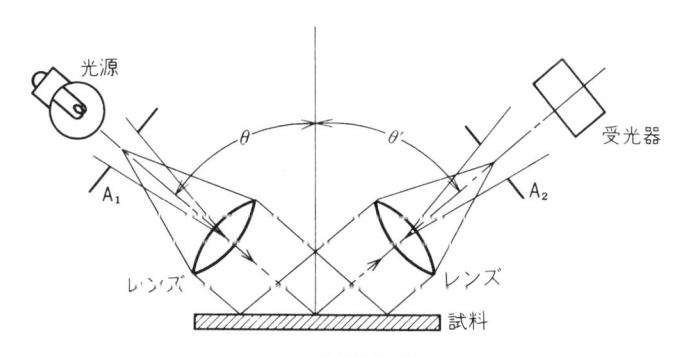

**図 1.4.5** 鏡面光沢計

---

49) 例えば，高分子工学講座：高分子材料試験法，192 (1963) 高分子学会編
50) ASTM C 177 (Test method for steady-state heat flux measurement and thermal transmission properties by means of the guarded-plate apparatus)

## (3) 色 (color)

色は光のスペクトルで，波長でも表示できるが，そのほか明るさなどの要素も加わり，かなり複雑である．色名 (color name) についてはJIS Z 8102 [51] に，更に色を三属性に分析して総合的に表す方法についてはJIS Z 8721 [52] に規定されている．すなわち，色には色相 (hue)，明度 (value) 及び彩度 (chroma) があり，色相はR（赤），YR（黄赤），Y（黄）など10種に分類し，更にそれを十等分し，明度Vには白を10，黒を0とし，その間9までの11段階とし，彩度Cをクロマ16のように数学的段階で区別しH，V，Cの各値で表示する法，例えば色相が5R，明度が4，彩度が10の場合は5R 4/10として表すものである．

新規格[48]では更にJIS Z 8722 [53] の4.2による分光測光器による分光測色法及びJIS Z 8722の5.2による光電色彩計による刺激値直読方法が定められている．

## (4) 色　差

色の変退色の度合を示すもので，前述の三刺激値から数量的に求める．

## (5) 透明度 (clarity or transparency)

物体に入射する光は，一部は物体表面で反射され，他の一部は物体内で吸収され，残りは透過光となる．透過光は，更に物体によっては拡散させられた散乱透過光と平行透過光とに分けられる．透明度は透過光の大きさの度合いで表すが，それに全平行透過率 ($T_t$) と平行光線透過率 ($T_p$) とがあり，次の測定器と計算式から求められる．

試験片が比較的薄い場合，図1.4.6の測定法によって，図1.4.7の積分球式測定装置を用い，全光線透過量及び散乱光量を測定して，次式によって全光線透過率%，$T_t$ 及びこれらの差としての平行光線透過率%，$T_p$ が求められる．

ただし，標準白色板を取り付けて，装置の指示100 ($T_1$) に合わせ，入射量

---

51) JIS Z 8102（物体色の色名）
52) JIS Z 8721（色の表示方法—三属性による表示）
53) JIS Z 8722（色の測定方法—反射及び透過物体色）

を調整し，試験片を取り付けて全光線透過量（$T_2$）を測定し，標準白色板と試験片を取り外し，ライトトラップを取り付けて装置の散乱光量（$T_3$）を測定し，ライトトラップを取り付けたままで，試験片を取り付けて，装置と試験片による散乱光量（$T_4$）を測定し，次式による．ただし，$T_d$は拡散透過率％である．

$$T_t = T_2 \tag{1.4.6}$$

$$T_d = T_4 - T_3\left(\frac{T_2}{100}\right) \tag{1.4.7}$$

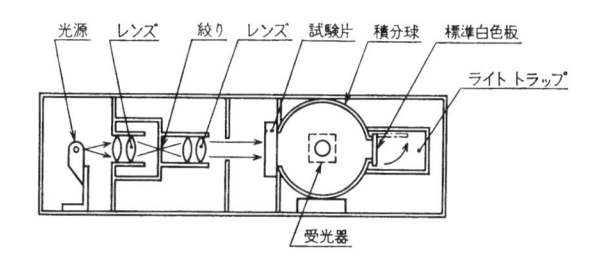

**備考** 視感度フィルタを，光源側に入れてもよい．

**図1.4.6** 装置の原理図（測定法A）

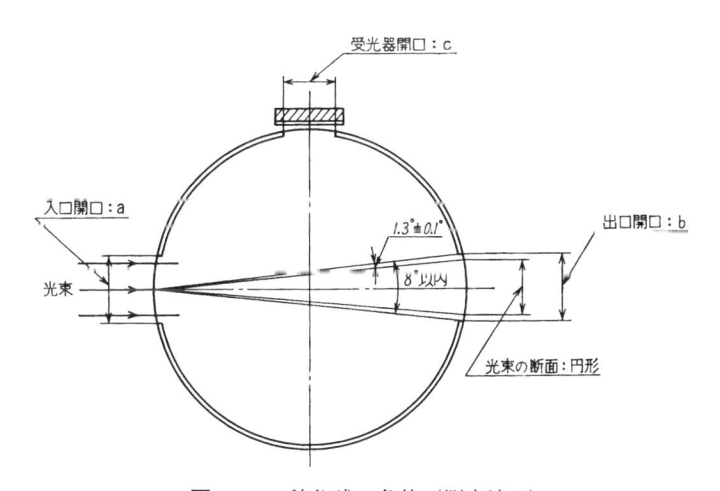

**図1.4.7** 積分球の条件（測定法A）

$$T_p = T_t - T_d \tag{1.4.8}$$

また，全光線反射率 $R$ は次式による．

$$R = \frac{T_4}{T_1 - k(T_1 - T_3)\left(1 - \dfrac{T_4}{T_1}\right)} \times 100 \quad (\%) \tag{1.4.9}$$

ただし，$k$：試験片面積/開口面積

なお，全光線透過率を求める法として，JIS K 7361 [54] がある．

### 1.4.3 熱的性質

**(1) 熱伝導率**（thermal conductivity）

物体内部の等温面の単位面積を通って単位時間に直角に流れる熱量とその方向における温度こう配との比を熱伝導率という．したがってその単位は cal/s/cm²/(°C/cm)，すなわち cal/(s·cm·°C) 又は kcal/(h·m·°C)，SI 単位では W/(m·K) となり，1 kcal/(h·m·°C) は，1.162 W/(m·K) となる．その測定法にも絶対法[49]及び ASTM 法[50]などがある．

プラスチックの熱伝導率は無機質，金属に比べて一般に低く，それぞれの値は巻末性能表に示している．一般的に最低のポリスチレンで 0.083 W/m·K，最高の高密度ポリエチレンで 0.519 W/m·K までの範囲にあり，充てん材又は発泡によっても変化するが，普通磁器 1.58，鉄 80.4，銅 451 (W/m·K) に比べて低い値を示す．

**(2) 比熱**（specific heat）

比熱，正確には比熱容量（specific heat capacity）とは物質の熱容量を表す尺度で，単位質量の物質を単位温度だけ上昇させるに要する熱量で表し，実用単位として J/kg·K が用いられる．比熱の測定法としては，ASTM [50] では混合法，断熱及び温度差法を規定しているが，最近国内にもプラスチックの比熱容量測定法が規格化[55]され，入力補償 DSC と，熱流束 SC の二法を定めている．

---

54) JIS K 7361-1（プラスチック―透明材料の全光線透過率の試験方法―第1部：シングルビーム法）

プラスチックの比熱は，最低の三ふっ化樹脂の$0.92\times10^3$ J/kg·Kから最高のポリエチレン又はアイオノマー樹脂の$2.3\times10^3$ J/kg·Kの狭い範囲にあり，ガラスの$0.774\times10^3$ J/kg·K，フェライトの$0.71\times10^3$ J/kg·Kより大きい．各プラスチックについては巻末性能表に示しているが，比熱は温度及び圧力によっても影響される．

**(3) 熱膨張率**（thermal expansion）

温度の上昇によって物質の体積が増大する程度を表すのが熱膨張率であるが，長さで表す線膨張率$\alpha$と体積で表す体積膨張率$\beta$とがあり，全く等方的な固体では$\beta=3\alpha$の関係がある．プラスチックは網状又は線状高分子から成り，また結晶部を含むものがあり，その成形加工の工程で方向性をもちやすいので等方性の成形品はほとんど得られないのが一般である．一般的には測定しやすい線熱膨張率[56]が用いられるが，1.4.1項(2)で述べたように，広い温度範囲にわたって一定の割合で温度に比例して容積は変化するものではなく，ガラス転移点の前後，融点直下で著しい容積変化率の変動がある．したがって，どの温度範囲における線膨張率かを示すのが正確な表示法となる．一般的には常温近くのものを示している．

プラスチックにおける線熱膨張率は温度1°C当たりの長さ変化率（°C$^{-1}$）で表し，その測定法はJIS[56]及びASTM[57]にも樹脂別に規定されているが，最低の値を示すフェノール樹脂（$2.5\sim6.0\times10^{-5}$°C$^{-1}$），PPO（$5.5\times10^{-5}$°C$^{-1}$）から最大の低密度ポリエチレン（$10.0\sim20.0\times10^{-5}$°C$^{-1}$）の範囲にあるが，無機質充てん材を含むことによって著しく小さい値となる．各種プラスチックについては巻末性能表に示す．

**(4) 熱転移温度**（thermal transition temperature）

プラスチックは温度の変化によって相（phase）が転移するところが図1.4.1に示すように2か所ある．すなわち，ガラス転移温度（glass transition

---

55) JIS K 7123（プラスチックの比熱容量測定方法）
56) JIS K 7197（プラスチックの熱機械分析による線熱膨張率試験方法）
57) ASTM D 696 (Test method for coefficient of linear thermal expansion of plastics between −30°C and 30°C with a vitreous silica dilatometer)

temperature) と融解温度 (melting temperature), 結晶化温度 (crystallizing temperature) とである. 前者は非晶性プラスチックで顕著に表れ, この温度以上で分子鎖内のセグメント運動 (segment motion) が可能となり, 分子の変形が著しく自由となって, ガラス状からゴム状に転移し, 伸びは大きく, 変形抵抗は著しく低下する. 後者は結晶性樹脂で著しく表れ, この温度以上で結晶はなくなり, 溶融状態となる点で, 温度降下のときは, この温度直下で結晶化, 固化して著しく体積が縮小し, また全体的に硬くなる. 主なプラスチックのガラス転移温度 $\tau_g$ と融解温度 $\tau_m$ を示すと表1.4.2となる.

**表1.4.2** プラスチックの $\tau_g$, $\tau_m$ の例

| 材料名 | ガラス転移温度 $\tau_g$ (°C) | 融解温度 $\tau_m$ (°C) |
|---|---|---|
| ポリエチレン (LD) | −20 | 110〜112 |
| ポリエチレン (HD) | −20 | 110〜140 |
| ポリプロピレン | −10, −15 | 176 |
| ポリスチレン | 80〜100 | — |
| 塩化ビニル樹脂 | 70〜87 | |
| 四ふっ化樹脂 | 126 | 325 |
| 三ふっ化樹脂 | 45 | 205〜210 |
| PMMA | 72〜 | — |
| ポリアミド (ナイロン6) | 50 | 215 |
| ポリカーボネート | 140 | 220 |
| ポリアセタール | 40 | 175〜180 |

また, JISにおいてプラスチックの転移温度測定法[58]及びプラスチックの転移熱測定法[59]が規定され, 前者に示差熱分析 (DTA) と示差走査熱量測定 (DSC) の二法, 後者に入力補償DSC及び熱流束DSCの二法を定めている.

**(5) 耐熱温度** (heat endurance temperature)

プラスチックが高温に置かれると, 各種力学的強度が低下し, 変形しやすくなるが, 特にガラス転移点を超えると著しくこの傾向が進み, 融解温度以上で

---

58) JIS K 7121 (プラスチックの転移温度測定方法)
59) JIS K 7122 (プラスチックの転移熱測定方法)

は固体を維持できなくなる．なお，固体のまま又は溶融状態の高温となると熱分解を生じ，着色，クラック，焼付，減量などを生じ所期の使用目的を果たせなくなる．しかし，このような熱による劣化を防ぐため，実用プラスチックは各種充てん材，安定剤などを含有せしめている．したがって，このような高温に耐える性質はその損傷される機能によって各種の場合が生じ，一義的な耐熱温度を規定することは困難である．なお，このような耐熱温度もその温度における保持時間に大きく影響されるので，時間との関連で考えることが必要である．

JISでは，熱硬化性樹脂に対して15 mm煮沸による外観試験による耐煮沸性を規定[60]し，また化粧板に対しても，耐熱性を規定している[61]．

**(6) 熱変形温度**（deflection temperature）

**(a) ビカット軟化点**[62]　この方法は，所定の3～6 mm厚さの試片を加熱浴槽中に置き1 mm$^2$の平坦な圧子に1 kgfの垂直荷重をかけ，浴槽温度を50°C/hの速度で加熱して，圧子が試片内に1 mm侵入したときの温度をもってビカット軟化点VST（vicat softening point）とするものである．

**(b) 荷重たわみ温度**（deflection temperature under load）[63],[64]　一種の温度を表すものであるが，曲げたわみ量で測定するものである．図1.4.8に示すように，加熱浴槽中に曲げ試験片を置き，三点荷重によって，試験片の最大曲げ応力が所定の値になるための曲げ外力をかけ，浴槽の加熱速度を120°C/hとして昇温した場合，中央の曲げたわみ量が規定の量に達したときの浴槽温度を「荷重たわみ温度°C」とするものである．なお最大曲げ応力はA法：1.80 MPa，B法：0.45 MPa，C法：8.00 MPaとし，試験片にフラットワイズとエッジワイズとがあり，それぞれ各種寸法を定めている．また荷重と規定応力

---

60) JIS K 6911（熱硬化性プラスチック一般試験方法）
61) JIS K 6902（熱硬化性樹脂高圧化粧板試験方法）
62) JIS K 7206［プラスチック―熱可塑性プラスチック―ビカット軟化温度（VST）試験方法］
63) JIS K 7191-1～3（プラスチック―荷重たわみ温度の試験方法，第1部～第3部）
64) ASTM D 648（Test method for deflection temperature of plastics under flexural load in the edgewise position）

との関係は次式による．

フラットワイズの場合

$$F = \frac{2\sigma b h^2}{3L} \tag{1.4.10}$$

エッジワイズの場合

$$F = \frac{2\sigma h b^2}{3L} \tag{1.4.11}$$

ここに，$F$：負荷力（N）
$\sigma$：曲げ応力（MPa）
$b$：試験片の幅（mm）
$h$：試験片の厚さ（mm）
$L$：支点間距離（mm）

なお標準たわみはフラットワイズ法で試験片高さ ($h$) 4 mm に対して 0.34 mm，エッジワイズ法で標準高さ ($b$) 12 mm に対して 0.27 mm である．

また，ねじり試験による軟化温度を測定する方法も ASTM[65] で規定している．

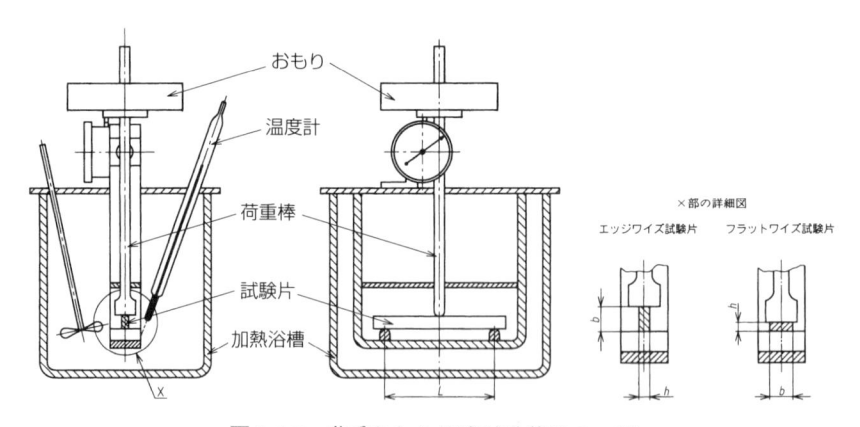

**図 1.4.8** 荷重たわみ温度試験装置の一例

---

65) ASTM D 1043 Test method for stiffness properties of plastics as a function temperature by means of a torsion test

**(7) ヒートサグ値**（heat sag value）

温度と時間によっては，自重だけの荷重でも変形が生じる．その抵抗の度合いを表示する方法としてヒートサグ試験法[66]が定められた．すなわち試験片を片持はりの方式で固定したとき試験片の自由端部に生じたたわみ量（元の位置からの垂直方向の距離）をヒートサグ値とする．

**(8) ぜい化温度**（brittleness temperature）[67]

所定の試験片を所定の衝撃試験によって，試験片の50％が破壊する温度をぜい化温度という．試験温度は−100℃～常温の範囲として，所定の寸法の試験片（A形，B形）とし，所定の片持はり形の試片に曲げ衝撃荷重試験を行う．

### 1.4.4 電気的性質

**(1) 電気抵抗**（electric resistance）

物体に電位差（$V$）で電流（$I$）が流れるとき，$R(=V/I)$を電気抵抗又は単に抵抗という．一般にプラスチックの体積抵抗率は$10^8 \Omega \cdot cm$以上の電気抵抗をもつ絶縁体（insulator）であるが，この値は物体の形状，電圧の与え方及び環境などによって一定でない．したがって，その実用的見地から次の3種の抵抗が規格化して用いられている[60],[68]．

**(a) 絶縁抵抗**（insulation resistance） 絶縁抵抗とは，二つの電極間に印加した直流電圧を電極間に流れる全電流で除した数値で，試験片の体積抵抗及び表面抵抗の両方が含まれる．この値を測定するのには，直流電圧500Vで一定の試験片を用い，23℃，50%RHのもとで測定する．

**(b) 体積抵抗**（volume resistance） 体積抵抗とは二つの電極間に印加した直流電圧を，電極間に狭んだ試験片の単位体積を通る電流で除した数値をいう．

---

66) JIS K 7195（プラスチックのヒートサグ試験方法）
67) JIS K 7216（プラスチックのぜい化温度試験方法）
68) ASTM D 257（Test methods for DC resistance or conductance of insulating materials）

なお，実用的数値として，次の体積抵抗率（volume resistivity）を用いる．すなわち体積抵抗率とは，試験片の内部を流れる電流と平行方向の電位傾度をその電流密度で除した数値をいい，図1.4.9に示す装置を用い，Aに－電極，Bに＋電極を接続して，次式で求める．

$$\rho_v = \frac{\pi d^2}{4t} \times R_v \tag{1.4.12}$$

ここに，　$\rho_v$：体積抵抗率（Ω·cm）
　　　　　$d$：内側の金属製環の外径（cm）
　　　　　$t$：試験片の厚さ（cm）
　　　　　$R_v$：体積抵抗（Ω）
　　　　　$\pi$：円周率

各種プラスチックの$\rho_v$は巻末性能表に示されているが，最低のフェノール樹脂の$10^{11}$Ω·cmから最高の四ふっ化樹脂の$10^{18}$Ω·cmの範囲にあり，充てん材の含有，吸湿などによって一般に低下する．

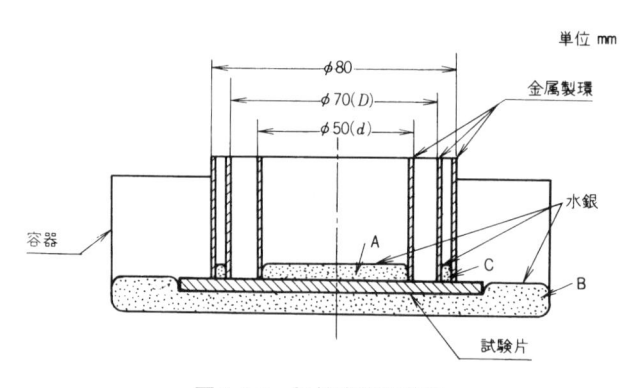

図1.4.9　抵抗率測定装置

**(c) 表面抵抗**（surface resistance）　表面抵抗とは，試験片表面の二つの電極間に印加した直流電圧を，表面層を通って流れる電流で除した数値をいう．なお，実用的には次の表面抵抗率を用いる．

表面抵抗率（surface resistivity）$\rho_s$とは，試験片の表面に沿って流れる電

流と平行方向の電位傾度を，表面の単位幅当たりの電流で除した数値をいい，図1.4.9において，Aを＋電極，Cを－電極にして，次の式から求める．

$$\rho_s = \frac{\pi(D+d)}{D-d} \times R_s \tag{1.4.13}$$

ここに，　$D$：真中の金属製環の外径（cm）

　　　　　$R_s$：表面抵抗（Ω）

**(2) 絶縁破壊の強さ**（dielectric strength）

絶縁体であるプラスチックも，著しく高い電位差では電流も大きくなり，材料の破壊を生じることとなる．絶縁破壊の強さとは，規定された試験条件のもとで，試験片が破壊される最小実効電圧（破壊電圧）を2電極間距離（試験片の厚さ）で割った値をいい，一般にkV/mmで表す．

なお，この試験条件に，短時間法（short time test）[60), 69)]と段階法（step-by-step test）とがある．

前者は電圧の印加は0から平均10～20 s で，その試料の絶縁破壊が起こるような一定の速度で上昇させて，試験片が破壊したときの破壊電圧を測定し，後者は上述の破壊電圧の40％に近い電圧から段階的に各20 s 印加して破壊電圧を求めるものである．

なお，絶縁破壊の強さは試料の厚さにも影響され，一般に厚さが大きくなるほど低下するが，プラスチックにおいては短時間法で，最低のフェノール樹脂の11.8 kV/mm から最高のポリプロピレンの30 kV/mm の範囲にある．

**(3) 誘電率**（dielectric constant）

誘電率とは，単位電界において，単位体積中に蓄積される静電エネルギーの大きさを示す．試験片を誘電体とするコンデンサを指定周波数で測定したときの等価並列静電容量（$C_x$）と，誘電体を空気（標準状態では空気の誘電率は真空の誘電率と考えて差し支えない．）とした場合の静電容量（$C_o$）との比を

---

69) ASTM D 149（Test methods for dielection breakdown voltage and dielectric strength of solid electrical insulating materials at commercial power frequencies）

比誘電率又は単に誘電率（$\varepsilon$）[60),70)] という.

$$\varepsilon = \frac{C_x}{C_o} \tag{1.4.14}$$

この$\varepsilon$の値は周波数並びに吸湿, 環境にも影響されるが, プラスチックでは$10^6$ Hzで最低の四ふっ化樹脂の2.1から最高のナイロン6の4.7の範囲にある.

**(4) 誘電正接**（dielectric dissipation factor or loss tangent）

図 1.4.10 に示すように誘電回路に正弦波電圧（$E$）が加わると, 理想的なコンデンサのときは$E$と電流（$I$）との位相差角$\theta$は90°となるが, 実際の誘電体においては$\delta$だけ位相のずれた電流が流れる. そのため$E \cdot I_r$の電力損失が生じる. この位相差角$\theta$の余角$\delta$の正接（$\tan \delta$）を誘電正接という[60)].

なお, 誘電正接（$\tan \delta$）の代わりに誘電力率（$\sin \delta$, dielectric power factor）を用いることもあるが[70)], $\tan \delta < 0.1$のときは両者はほぼ等しいと見て差し支えない.

$\tan \delta$の値は材料により, 加圧周波数, 環境などに影響されるが, プラスチックでは, 常態で$10^6$ Hzに対して, 最低のポリスチレンの0.0001から最高のナイロン6, エポキシ樹脂の約0.03の範囲にあるが, 充てん材を含むと一般に大きくなる. この値は高周波回路の誘電損失の原因であるが, 材料の高周波

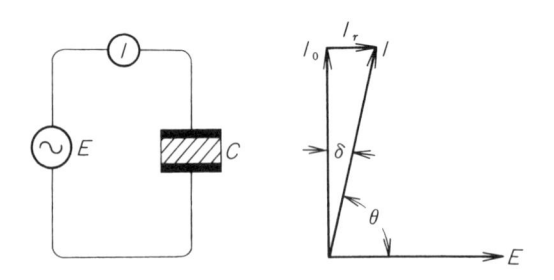

**図 1.4.10** 誘電回路における電圧（$E$）と電流（$I$）

---

70) ASTM D 150 [Test method for AC loss characteristics and permittivity (dielectric constant) of solid electrical insulation]

加熱のときには有効な特性値である.

**(5) 耐アーク性**（dry arc resistance）

絶縁破壊の強さの高いプラスチックでも，高電圧で長時間使用していると，部分放電による劣化が生じる．この放電劣化の抵抗性を表すのが耐アーク性である．すなわち，試験片の表面近くで高電圧小電流のアークを発生させると，やがて試験片表面に導電路を生じる傾向がある．このようなアークにさらされたときの試験片の耐久時間を耐アーク性という[60),71)].

その測定法は図1.4.11に示すように，直径2.4 mm，長さ20 mmのタングステン棒の先端を30°になるようにみがいたものを電極として，厚さ3 mm，直径100 mmの円盤状試験片上に，電極間距離を6.35 mm，電極間電圧を12 500 V，電流を10 mA（300 s以上では20〜40 mA）として通電し，アークによって試験片が破壊するまでの時間（s）で表す.

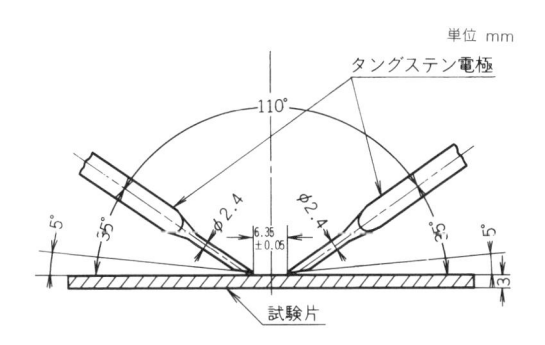

**図1.4.11** 耐アーク性試験の電極と試験片

### 1.4.5 機械的性質

固体材料に外力が作用するとき，その材料の示す力学的反応性を機械的性質又は力学的性質（mechanical property or mechanical behavior）と称し，力学的反応性を応力（stress）とひずみ（strain）で表している．しかし外力に

---

71) ASTM D 495（Test method of high-voltage, low-current, dry arc resistance of solid electrical insulation）

も各種があり，そのかかり方にもいろいろあるので，これらを組み合わすと相当多くの機械的性質に分けられる．外力又はひずみが一定の速度で増加して破壊（約 10 s～5 min の程度）に至る試験による静的機械的性質は外力の種類によって，引張特性，圧縮特性，曲げ特性，せん断特性，ねじり特性並びに硬さなどに分けられ，また上記以外の外力のかかり方による動的機械的性質として，衝撃特性，クリープ特性，応力緩和特性，疲れ特性，摩擦・摩耗特性などがある．これらを特性別に説明しよう．

**(1) 引張特性**（tensile properties）[60),72)]

材料に純粋に引張外力だけがかかることは少ないが，引張外力はいずれの部分にも均一な引張応力が生じるため単純な応力分布状態となり，また材料は引張応力がある限度以上になって破損する場合が多いので，引張特性は代表的な機械的性質として取り扱われる．

引張特性は，材料に純粋な引張外力を所定のひずみ速度（又は荷重速度）でかけて，その材料の引張応力（又は引張外力）と伸びひずみとの関係を図1.4.12 のようにして求め，この引張応力-ひずみ曲線（tensile stress-strain curve）から次のような各特性値を，それぞれの式によって求める．プラスチックはその材料の種類又は環境温度によって図1.4.12 に示すようなA及びBのような応力-ひずみ曲線を示す．

**(a) 引張降伏強さ**（tensile yield strength），**引張強さ**（tensile strength），**引張破壊応力**（tensile stress at break）**及び規定ひずみ降伏強さ**（yield strength at given strain）

$$\sigma = \frac{F}{A} \tag{1.4.15}$$

ここに，$\sigma$：引張降伏強さ，引張強さ，引張破壊強さ（MPa），又は規定ひずみ降伏強さ（MPa）

$F$：降伏時，最大荷重時，破壊時，規定ひずみにおける荷重（N）

---

72) JIS K 7113（プラスチックの引張試験方法）

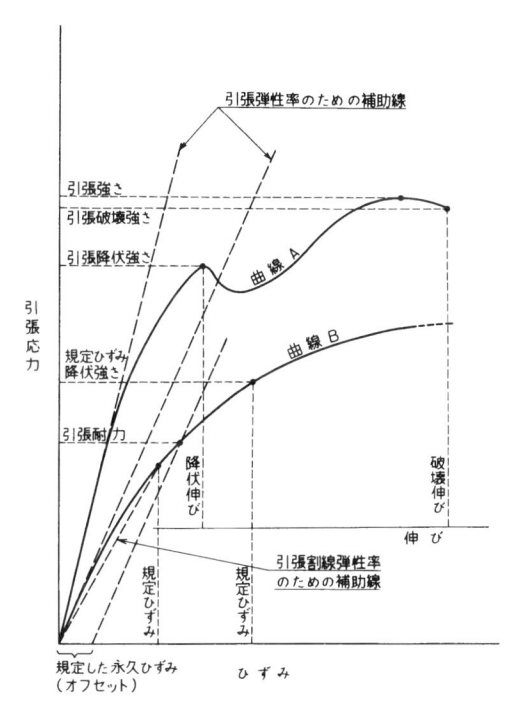

1.4 プラスチックの物性の評価法

図1.4.12 引張応力-ひずみ曲線

**(b) 引張降伏伸び**（elongation at yield），**引張破壊伸び**（elongation at break）又は引張最大荷重時伸び

$$l = \frac{L - L_0}{L_0} \tag{1.4.16}$$

ここに，$l$ ： 引張降伏伸び，引張破壊伸び（単に伸び率），引張最大荷重伸び（%）

$L$ ：降伏時，破壊時，最大荷重時の標線間距離（mm）

$L_e$ ：元の標線間距離（mm）

**(c) 引張弾性率**（tensile modulus of elasticity）

引張弾性率は，引張応力-ひずみ曲線の初めの直線部分を用いて次式による．

$$E_m = \frac{\Delta\sigma}{\Delta\varepsilon} \tag{1.4.17}$$

ここに，$E_m$：引張弾性率（MPa）

$\Delta\delta$：直線上の2点間の元の平均断面積による応力の差

$\Delta\varepsilon$：同じ2点間のひずみの差

**(d) 引張耐力**（tensile endurance strength）

引張耐力は，前述の曲線における初めの直線部分に平行に引いた直線とこの曲線との交点における応力から求め，次式による．

$$\sigma_{os} = \frac{F_{os}}{A} \tag{1.4.18}$$

ここに，$\sigma_{os}$：規定した永久ひずみにおける引張耐力（MPa）

$F_{os}$：規定した永久ひずみにおける荷重（N）

$A$：試験片の元の最小断面積（mm$^2$）

**(e) 引張割線弾性率**

引張割線弾性率は，規定したひずみに対する引張応力から次式による．

$$E_{sc} = \frac{F_s}{\varepsilon \cdot A} \tag{1.4.19}$$

ここに，$E_{sc}$：規定したひずみにおける引張割線弾性率（MPa）

$F_s$：規定したひずみを生じるのに要する荷重（N）

$\varepsilon$：規定したひずみ

$A$：試験片の元の平均断面積（mm$^2$）

**(2) 圧縮特性**（compressive properties）[73]

圧縮外力による材料の挙動を圧縮特性という．圧縮は引張りと方向が逆であるが，発生応力は引張り同様均一単純である．一般にプラスチックは内部に小さな気泡があったり，充てん材を含んでいたりするので，金属における鋳物のような性質をもつ場合が多く，また変形量も小さいので一般に引張強さより圧

---

[73] JIS K 7181（プラスチック―圧縮特性の試験方法）

縮強さは見かけ上からも大きく，見かけの弾性係数も圧縮に対するものが引張りより大きい．

また，引張り又は圧縮荷重に対しては，図1.4.13に示すように，横断面には引張り又は圧縮応力が均一に生じるが，横断面と$\theta$の角度をもつ断面においては，その面に平行なせん断応力$\sigma_s$が次式のように生じる．

$$\sigma_s = \frac{1}{2} \cdot \frac{F}{A} \sin 2\theta \tag{1.4.20}$$

すなわち，$\sigma_s$の最大値は，$\theta$が45°において$1/2 \cdot \sigma_y$となる．一般にプラスチックのせん断強さは引張強さの1/2より大きいので，引張荷重によってせん断破壊はしないが，プラスチックの中で熱硬化性プラスチック，無機質粒状充てん材を含んだプラスチックなどでは，せん断強さが圧縮強さの1/2以下となる場合があるので，このような場合，材料は圧縮応力による破損を生じないで$\theta=45°$の断面でせん断破壊をする．圧縮特性には次のような特性値がある．

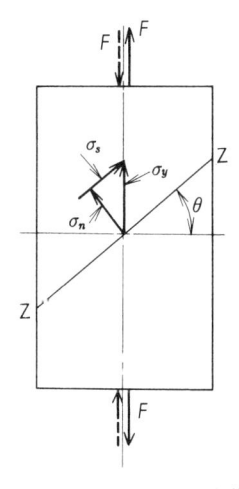

図1.4.13　引張り又は圧縮荷重と
　　　　　せん断応力$\sigma_s$との関係

**(a) 圧縮弾性率 $E_c$** (compressive modules)

$$E_c = \frac{\Delta \sigma_c}{\Delta \varepsilon_c} \qquad (1.4.21)$$

ただし，$\Delta\sigma_c$，$\Delta\varepsilon_c$ は圧縮応力-ひずみ曲線における直線部の見かけの圧縮応力と縮み率であり，したがって $E_c$ は見かけ（断面が元のままとする.）の圧縮弾性率であり，一般に引張荷重による縦弾性率 $E_m$ ［式(1.4.17)］より大きくなる.

**(b) 圧縮強さ $\sigma_c$** (compressive strength)

$$\sigma_c = \frac{F_{\max}}{A} \qquad (1.4.22)$$

ここで，$F_{\max}$ は圧縮破壊までの最大圧縮力（kgf），$A$ は元の横断面積（$mm^2$）で，熱可塑性プラスチックの中には圧縮変形はしても破壊しない場合がある．この場合は $F_{\max}$ の代わりに降伏荷重 $F_y$ を用いて降伏強さ（$=F_y/A$）を代用する．なお，せん断破壊した場合も圧縮強さと称する[73]．

**(3) 曲げ特性** (flexural properties) [74],[75]

物体に曲げ外力が作用したときの材料の挙動が曲げ特性であるが，その代表的なものとして図1.4.14に示す三点荷重法が一般に用いられる．

図のような曲げ外力 $F$ が作用する場合の応力分布は引張，圧縮試験に比べて著しく複雑である．すなわち，支点間 $B_1$，$B_2$ の間には曲げモーメント $M$ とせん断力 $S$ が図のように生じ，OO軸に直角方向のせん断応力 $\sigma_{s1}$（$=S/A$，$A$ は断面積）は一定であるが，$M$ による試片表面に生じる曲げ応力 $\sigma_{f1}$（一般に外側 $B_1B_2$ 方向の引張応力で表す.）は，$M/Z$（$Z$ は断面係数）となり各断面で異なり，A部で最大となる．なお，そのほかにOO軸方向にも $\sigma_{s1}$ より少し大きいせん断応力 $\sigma_{s2}$ が中軸OO部で最大となる分布で発生する．一般的には $l/h$ の値がある程度以上の寸法の場合 $\sigma_f \gg \sigma_{s1}$ となるので，せん断応力を無視して曲げ応力だけについて考える．なお，この曲げ応力 $\sigma_f$ の値は中軸OOでゼロ

---

74) JIS K 7171（プラスチック―曲げ特性の試験方法）
75) JIS K 7106（片持ばりによるプラスチックの曲げこわさ試験方法）

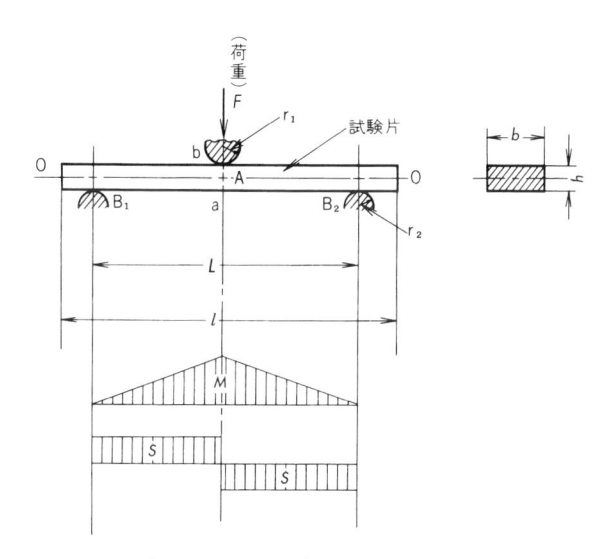

**図1.4.14** 曲げ試験方法と曲げモーメント（$M$）とせん断力（$S$）

となり，その外方aには引張応力，その内方bには圧縮応力が，中軸からの距離に直接比例した値で生じる．なお，一般に引張強さが圧縮強さより小さいので，この系の中で最大の引張応力（すなわち曲げ応力）の発生するa点の応力をもって代表値としている．

また曲げ外力による変形は，中央部AにおけるOO軸と直角方向の移動距離をたわみ量（deflection）$\delta$で表すのが通例である．

曲げ特性としては，次の特性値が実用化されている[74),75)]．

**(a) 曲げ強さ（flexural strength）** 図1.4.14に示す曲げ試験において，a点に生ずる曲げ応力$\sigma_f$（flexural stress）と曲げ外力$F$と各部寸法との間には次の関係が成立する．

$$\sigma_f = \frac{3F \cdot L}{2bh^2} \tag{1.4.23}$$

ここに，　$L$：支点間距離（mm）
　　　　　$b$：試験片の幅（mm）
　　　　　$h$：試験片の厚さ（mm）

曲げ試験によって $F$ と $\delta$（たわみ）との関係線図を求め，直線関係から外れようとするときの $F$ の値を比例限度荷重 $F_e$，曲げ破壊を生ずるときの $F$ の値を破壊荷重 $F_s$，破壊に至るまでの最大荷重を $F_{max}$ とし，式 (1.4.23) において $F_e$ に対する $\sigma_f$ の値を限界たわみ曲げ応力（$\sigma_{fe}$），$F_s$ に対する値を破壊時曲げ応力（$\sigma_{fB}$），$F_{max}$ に対する値を最大曲げ応力（$\sigma_{fm}$）又は曲げ強さという．

なお，曲げ強さは試験片寸法，特に $L/h$ によって影響されるので[76]，$L/h=15\sim17$ とすることを規定している．

**(b) 曲げ弾性率**（modulus of elasticity in flexure 又は flexural modulus）

曲げ外力による引張応力と外皮伸び（flexural strain $\varepsilon$）との比を曲げ弾性率（$E_f$）といい，次の関係から求められる．

$$\delta_i = \frac{\varepsilon_{fi} L^2}{6h} \quad (i=1,2) \tag{1.4.24}$$

ここに，$\delta_i$：たわみ（mm）

$\varepsilon_{fi}$：曲げひずみ

$L$：支点間距離（mm）

$h$：厚さ（mm）

$\varepsilon_{f1}=0.0005$ と $\varepsilon_{f2}=0.0025$ に相当するたわみ $\delta_1$ と $\delta_2$ を上式から算出する．ついで，次式によって $E_f$ が求められる．

$$E_f = \frac{\sigma_{f2} - \sigma_{f1}}{\varepsilon_{f2} - \varepsilon_{f1}} \tag{1.4.25}$$

ここで，$E_f$：曲げ弾性率（MPa）

$\sigma_{f1}$：式 (1.4.23) でたわみ $\delta_1$ で測定した曲げ応力（MPa）

$\sigma_{f2}$：たわみ $\delta_2$ で測定した曲げ応力（MPa）

なお，$E_f$ に相当する曲げこわさ（stiffness）についても JIS で[75]規定している．

**(4) せん断特性**（shear properties）

物体に外力がかかる場合，せん断応力が主として発生する場合の材料の挙動をせん断特性という．前述の引張，圧縮及び曲げ荷重がかかる場合にもせん断

応力は発生するが，主な応力は引張，圧縮応力である．しかし図1.4.15に示すような場合，並びにねじり外力のかかる場合はせん断応力が主役を演じ，材料の変形と破損はせん断応力によって大きく左右される．前者を直接せん断，後者をねじりせん断として別々に説明しよう．

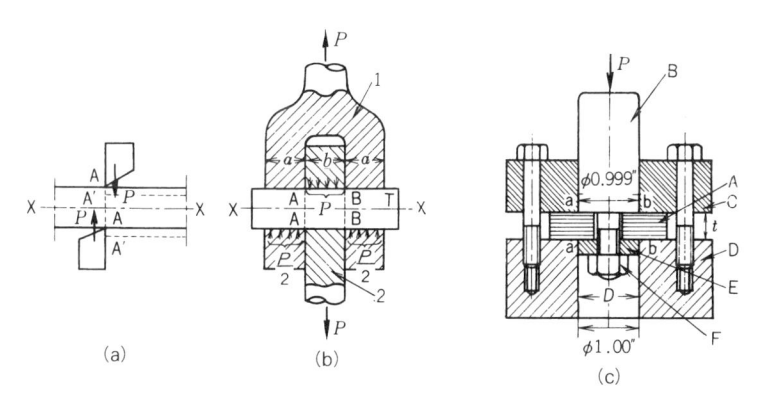

**図1.4.15　直接せん断とその試験法**

**(a)　直接せん断特性**　直接せん断力のかかる理想的な形は図1.4.15(a)に示すような場合であるが，実験しようとする場合には，これを実際化しなければならない．

同図(b)は，従来金属材料などに用いられる丸棒試験片によるせん断試験方法で，AB部にわずかな曲げ応力が生じる．プラスチックにおいては丸棒試験片は一般に採取しにくいので平板を試験片とする同図(c)のような方法がJIS[77]で規格化されている．この場合も発生する主な応力はせん断応力であるから，せん断強さ $\sigma_s$ (N/mm$^2$) は次式で求められる．

$$\sigma_s = \frac{P_{max}}{\pi D t} \tag{1.4.26}$$

**(b)　ねじりせん断特性**　図1.4.16に示すように，OO軸の周りにねじりモーメント $T$ が作用し，中心角 $\theta$ だけねじり変形を生じると，軸心ではゼロ，表

---

76)　山口章三郎(1967)：プラスチックの機械的性質，p.128，日刊工業新聞
77)　JIS K 7214（プラスチックの打抜きによるせん断試験方法）

面で最大のせん断応力が，どの断面にも同じように生じる．この表皮のせん断応力 $\sigma_s'$ とねじりモーメント $T$ との関係は次式で表される．

$$\sigma_s' = \frac{16T}{\pi d^3} \tag{1.4.27}$$

ここで，$d$ は試験片の直径（mm）である．ねじり破壊に至る間の最大の $T$ ($T_{\max}$, kgf·mm) に対する $\sigma_s'$ の値がねじりせん断強さ MPa (torsional shear strength) である．

しかし同図 (b) に示すように，ねじりモーメント $T$ によって，上記のせん断応力とともに軸と 45°方向にせん断応力と等しい値の引張応力 $\sigma_t$ と圧縮応力 $\sigma_c$ とが生じる．したがって，せん断強さが引張，圧縮各強さより小さい場合（熱可塑性プラスチック一般）にはせん断破壊するが，その逆の場合（引張強さがせん断強さより小さい熱硬化性プラスチックの例）にはせん断破壊しないで，軸と 45°方向のらせん状に引張破壊をする．

なお，ねじり外力による比例限度内においては，ねじれ中心角 $\theta$ (radian) が求められるので，せん断弾性率すなわち剛性率 $G$ (modulus of elasticity in shear or modulus of rigidity) が次式から求められる．なお，ねじり振子によるせん断弾性率の測定法が JIS K 7244–2 [78)] に規格化されている．

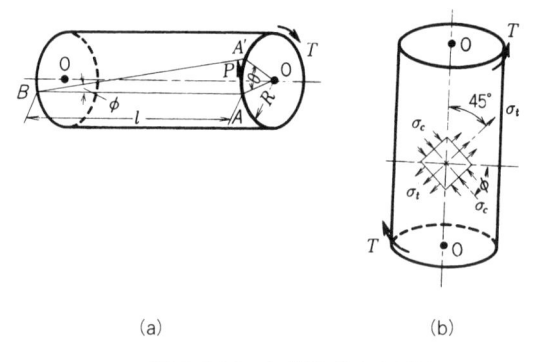

(a)　　　　　　(b)

**図 1.4.16**　ねじり外力と応力

---

78) JIS K 7244–2（プラスチック―動的機械特性の試験方法―第2部：ねじり振子法）

1.4 プラスチックの物性の評価法

$$G = \frac{32T}{\pi d^4 \theta} \tag{1.4.28}$$

数種のプラスチックの直接せん断とねじりせん断試験によるせん断強さ,剛性率などの値を示すと表1.4.3となる.

**表1.4.3** プラスチックのせん断特性値[76]

| 種別 | プラスチック名 | | せん断強さ (MPa) | | 引張強さ $\sigma_f$ (MPa) | 剛性率 $G$ (MPa) | ビッカース硬さ HV | (参考) 縦弾性率 $E$ (MPa) |
|---|---|---|---|---|---|---|---|---|
| | | | 直接せん断 $(\sigma_s)$ | ねじりせん断 $(\sigma_s')$ | | | | |
| 熱硬化性樹脂 | フェノール | 木粉入り | 76 | 57 | 46 | 1 250 | 42.4 | 5 600 ~ 12 000 |
| | | 布入り | 75 | 49 | 26 | 910 | 27.1 | — |
| | | アスベスト入り | 53 | 25 | 24 | 1 320 | 38 | 7 000 ~ 21 000 |
| | ユリア | | 88 | 50 | 43 | 1 760 | 49 | 7 000 ~ 10 500 |
| | メラミン | | 82 | 59 | 52 | 1 340 | 50 | 8 400 ~ 9 800 |
| | ポリエステル | | 61 | 59 | 44 | 680 | 17 | 2 100 ~ 4 200 |
| | エポキシ | フィラーなし | 54 | 60 | 52 | 1 160 | 25.8 | 2 800 ~ 9 100 |
| | | Nフィラー入り | 50 | — | 64 | 1 380 | 29.1 | — |
| 熱可塑性樹脂 | ナイロン6 | | 68 | 53 | 65 | 460 | 7.1 | 1 000 ~ 2 600 |
| | ポリエチレン | | 17 | 22 | 12 | 610 | 4.9 | 400 ~ 1 000 |
| | ポリプロピレン | | 41 | — | 35 | — | 7.5 | 1 100 ~ 1 400 |
| | ポリカーボネート | | 67 | 6 | 62 | 670 | 29.1 | 6 000 ~ 10 000 |

**(5) 硬さ** (hardness)

硬さに対する厳密な物理的定義はないが,一種の非破壊試験であるため,材料を破壊せず簡単に測定できることから,実用的に硬さはしばしば用いられ,便利な尺度となっている.しかし,このように一定の定義がないため,測定法によって各種の硬さがある.大別すると押込硬さ(indentation hardness),反発硬さ(rebound hardness)及び引っかき硬さ(scratch hardness)の3種があるが,プラスチックの硬さ測定の規格としては,ロックウェル硬さ(Rockwell hardness)[79),80)]及びデュロメータ硬さ(durometer hardness)[81),82)]及びバーコル硬さ(Barcol hardness)[83)]の各押込み硬さがある.

**(a) ロックウェル硬さ** プラスチックに用いるロックウェル硬さHRは,

押込圧子は鋼球で，基準荷重$P_0$をまず加え，そのときの凹み深さを基準として，更に試験荷重$P$を一定時間（ASTMでは15 s）かけた後，基準荷重に戻したときの塑性くぼみの深さ$h$（mm）を測定して次の式から求める．

$$HR = 130 - 500\,h \tag{1.4.29}$$

ただし，鋼球の径と荷重の種類によって各スケールのロックウェル硬さが表1.4.4に示すようにあるが，JIS[79]ではMスケールとRスケール，ASTM[80]では，K, E, L, M, Rの5スケールが規定されている．なお，ASTMでは試験荷重による荷重中の全変形凹み深さを$\bar{h}$（mm）として，次式から$\alpha$ロックウェル硬さを定めている．

$$\alpha HR = 150 - 500\,\bar{h} \tag{1.4.30}$$

表1.4.4 各スケールのロックウェル硬さ

| スケール名 | 基準荷重 $P_0$ (kgf) | 試験荷重 $P$ (kgf) | 圧子径 インチ | mm |
|---|---|---|---|---|
| R | 10 | 60 | 1/2 | 12.7 |
| L | 10 | 60 | 1/4 | 6.35 |
| M | 10 | 100 | 1/4 | 6.35 |
| E | 10 | 100 | 1/8 | 3.175 |
| K | 10 | 150 | 1/8 | 3.175 |

**(b) デュロメータ硬さとバーコール硬さ** デュロメータ硬さはJIS[81]及びASTM[82,83]で規格化され，図1.4.17に示すような圧子で，試験片をXX線まで圧接して，圧子の上方への移動とスプリングとをバランスさせて，スプリングの変形量を硬さ目盛にしたもので，バーコール硬さも同じ原理で両者の相違は圧子の形状が異なるだけである．いずれも掌中に入る程度の小型で携帯に便

---

79) JIS K 7202-2（プラスチック―硬さの求め方―第2部：ロックウェル硬さ）
80) ASTM D 785（Test method for rockwell hardness of plastics and electrical insulating materials）
81) JIS K 7215（プラスチックのデュロメータ硬さ試験方法）
82) ASTM D 2240（Test methods for rubber property-durometer hardness）
83) ASTM D 2583（Test method for indentation hardness of rigid plastics by means of a barcol impressor）

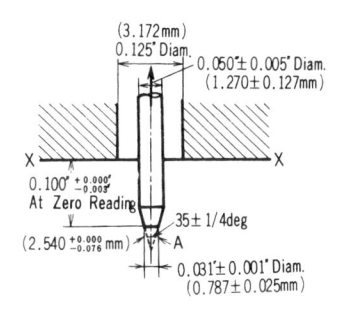

1.4 プラスチックの物性の評価法

**図 1.4.17** デュロメータ硬さ計の圧子先端

利である.

**(c) ビッカース硬さ**(Vickers hardness) ビッカース硬さは金属において精密な硬さとして重要視されているが,プラスチックにおいても,これの微小形の硬さ計を用いて,100～200 gf 程度の押込荷重 $P$ によって,次式からビッカース硬さ HV を求めると,金属と比較ができて,しかも応力単位の単一スケールで表すことができる.

$$HV = 1.854 \frac{P}{d_m^2} \tag{1.4.31}$$

ここに,$d_m$:ダイヤモンド正四角錐圧子による圧痕の対角線の平均長さ(mm)

**(6) 衝撃特性**(impact properties)

材料の力学的強さは,荷重をゆっくり増加して測定する静的強さと衝撃的にかける場合の強さ,すなわち,じん性(toughness)又は衝撃強さ(impact resistance)とでは必ずしも同じ傾向を示さない.すなわち常温において静的引張強さはポリスチレンでは35～65 MPa,四ふっ化エチレンでは14～34 MPaと前者の強さが大きいが,アイゾット衝撃強さは前者が $1.1～2.0$ kJ/m$^2$,後者が 15 kJ/m$^2$ と後者の強さが著しく高い.

このような材料のじん性(その反対をぜい性という.)を測定する原理は,材料に衝撃的な荷重を加えて破壊し,その破壊に要するエネルギーで表すものである.衝撃的な荷重の加え方,試験片の形状によって,現在用いられている

衝撃強さに次のような種類がある.
(i) 振子形衝撃試験機によるもの
　・アイゾット衝撃値（izod impact strength）[60), 84), 85)]
　・シャルピー衝撃値（charpy impact strength）[60), 85), 86)]
(ii) 落錘形衝撃試験によるもの
　・落錘衝撃値（impact resistance by falling weight）[87)～89)]

**(a) アイゾット衝撃値**　振子形衝撃試験機は，図1.4.18に示す形式のもので，振子形のハンマで，図1.4.19に示すような衝撃試験片に曲げ衝撃荷重をかけて，その破壊に要したエネルギーを測定するものである．なお，引張衝撃荷重によって破壊する方法も用いられる[90)]．一般的には曲げ衝撃が多く用いられる．

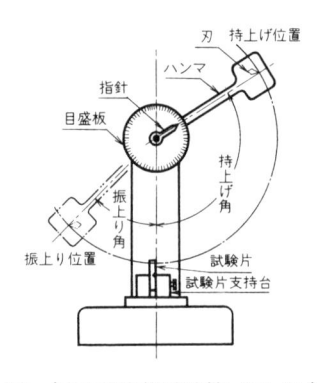

**図1.4.18**　振子形衝撃試験機（アイゾット形）

---

84) JIS K 7110（プラスチック－アイゾット衝撃強さの試験方法）
85) ASTM D 256 (Test methods for impact resistance of plastics and electrical insulating materials)
86) JIS K 7111（プラスチック－シャルピー衝撃強さの試験方法）
87) ASTM D 3029 [Test method for impact resistance of rigid plastic sheeting or parts by means of a tup (falling weight)]
88) BS 3981 (Specification. Iron oxide pigments for paints)
89) JIS K 7211（硬質プラスチックの落錘衝撃試験方法通則）
90) JIS K 7160（プラスチック－引張衝撃強さの試験方法）

1.4 プラスチックの物性の評価法

(a) アイゾット形

(b) シャルピー形

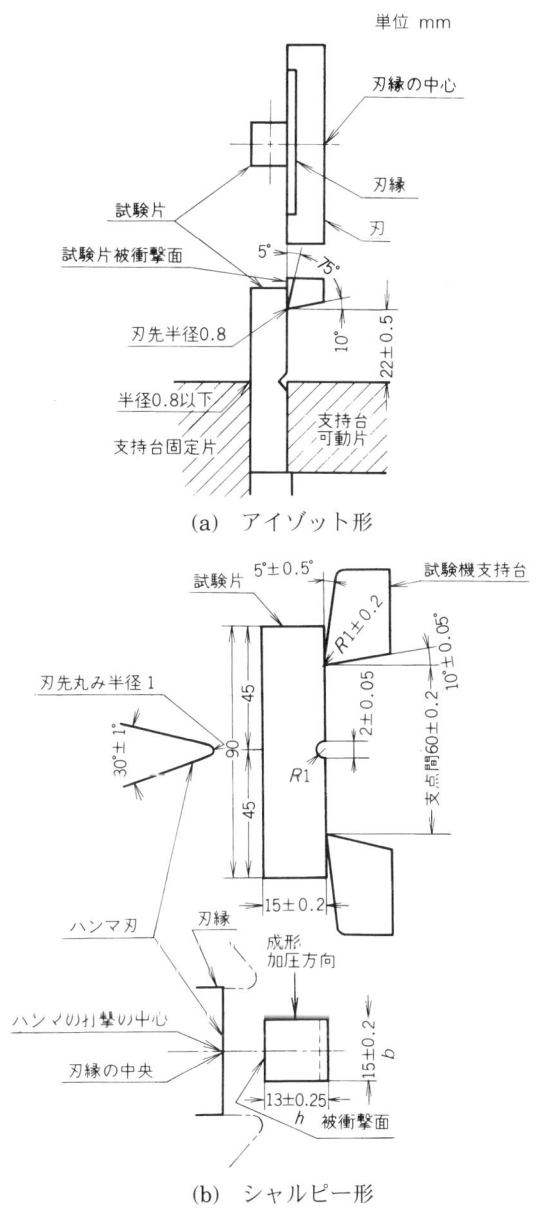

図 1.4.19　衝撃試験方法説明図

アイゾット衝撃値は，アイゾット衝撃試験機を用い，図 1.4.19 (a) に示す片持はり（cantilever beam）試験片に衝撃曲げ打撃を加え，1回の打撃によって破壊するに要したエネルギー $E$（J）を試験の断面積 $\{b(t-d)\}$ で割った値で示される．ただし，$b$ は試験片のノッチの幅（cm）で，$t$ は試験片ノッチ付近の厚さ（cm），$d$ は試験片のノッチ深さ（cm）とすると

$$E = WR(\cos\beta - \cos\alpha) - L \tag{1.4.32}$$

ここに，$WR$ ：ハンマの回転軸の周りのモーメント（N·m）
$\alpha$ ：ハンマの持上げ角度（°）
$\beta$ ：試験片の破断後のハンマの振上がり角度（°）
$L$ ：衝撃時のエネルギー損失（J）

したがって，アイゾット衝撃値 $a_{ki}$（kJ/m²）は次式による．

$$\alpha_{ki} = \frac{WR(\cos\beta - \cos\alpha) - L}{b(t-d)} \tag{1.4.33}$$

**(b) シャルピー衝撃値** シャルピー衝撃値 $a_{kc}$ はシャルピー衝撃試験機を用いて，図 1.4.19 (b) に示すような両端自由支持はりの中央集中曲げ荷重をハンマで衝撃的に加えて，1回の打撃で破断させるに要したエネルギー $E$（J）を試験片の切欠き部の原断面積 $A\ \{=b(t-d)\}$ で除した値（kJ/m²）をいう．

すなわち，

$$\alpha_{kc} = \frac{E}{b(t-d)} \tag{1.4.34}$$

ここに，$b$ ：試験片切欠き部の幅（cm）
$t$ ：試験片の切欠き部付近の厚さ（cm）
$d$ ：試験片の切欠き深さ（cm）

なお，$E$ は式 (1.4.32) と同様にして求める．

**(c) 落錘衝撃値**[90] 落錘衝撃強さは，シート状の試験片の垂直上方からハンマを落下させて，試験片を破壊して求めるもので，ASTM[91,92] では，標準平均破壊エネルギー NMFE（normalized mean failure energy）（kgf·m/mm）で表す．

$$NMFE = \frac{hw}{t} \tag{1.4.35}$$

ここに，$w$ ：平均破損質量（kg）

$t$ ：試験片の平均厚さ（mm）

$h$ ：落下距離（m）

また，JIS K 7211 [89)] では50%破壊エネルギー$E_{50}$で表す．

$$E_{50} = mgH_{50} \tag{1.4.36}$$

ここに，$m$ ：重錘の質量（kg）

$H_{50}$ ：50%破壊高さ（cm）

$g$ ：重力による加速度（9.8 m/s$^2$）

なお，この試験法は試験片が比較的強い熱可塑性プラスチックでは破壊しない場合が多く，またこの衝撃値を求めるのに多くの数の試験片を要する．しかし，ある基準に対して，合格，不合格の判定には便利である．この試験法を各種のシートに応用した規格も多い[93)〜95)]．

**(7) クリープ特性**（creep properties）

一定の状態で一定の応力が継続的にかかるときの材料の挙動をクリープというが，この場合，次の二つの特性を示す．

① 経過時間とともに変形量が増大する．

② 経過時間とともに破壊応力が低下する．

すなわち，①は荷重時間の短いときには変形量が少なくて問題にならなくても，荷重経過時間が長くなると相当大きな変形，特に塑性的な変形をして使用に耐えなくなる．図1.4.20はこれらの関係を示す各一定応力に対するクリー

---

91) ASTM D 5420 [Test method for impact resistance of flat, rigid plastic specimen by means of a striker impacted by a falling weight (gardner impact)]

92) ASTM D 5628 [Test method for impact resistance of flat, rigid plastic specimens by means of a falling dart (tup or falling mass)]

93) ASTM D 1709 (Test methods for impact resistance of plastic film by the free-falling dart method)

94) ASTM D 3099　discontinued

95) ASTM D 1593 (Specification for nonrigid vinyl chloride plastic film and sheeting)

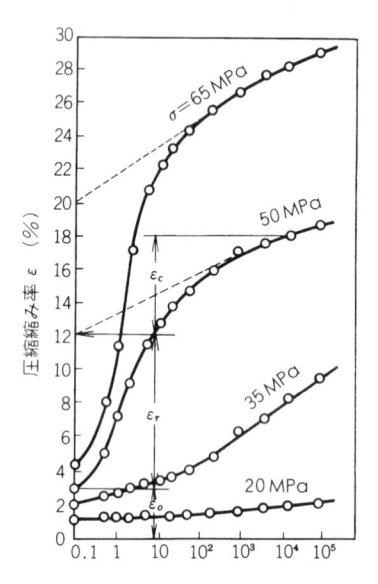

**図1.4.20** ナイロン6の各種圧縮応力に対するクリープ曲線
(20°C, 60%RH)（ひずみ-時間線図）

プ曲線を示し，一般に荷重時間$t$における全変形率$\varepsilon$は次式で表される．

$$\varepsilon = \varepsilon_b + \varepsilon_r + \varepsilon_c \qquad (1.4.37)^{96), 97)}$$

ここで，$\varepsilon_b$は荷重瞬間の変形率，$\varepsilon_r$はVoigt's modelに相似的な緩和変形率で塑性的なひずみであり，$\varepsilon_c$は変形速度が荷重時間に逆比例する，いいかえると$\log t$に比例するクリープ変形率である．

なお，JISでは$(\varepsilon_r + \varepsilon_c)$をクリープひずみと限定している．

②は静的強さ以下の応力に対しても荷重時間が長くなると破壊することとなる．すなわち，破壊応力は荷重時間の関数で，図1.4.21のようになり，次式で表される．

$$\sigma_t = \sigma_o - m \log t \qquad (1.4.38)^{98)}$$

---

96) 山口章三郎：繊維機械学会誌，10, 786 (1957) 又は山口章三郎：プラスチックの機械的性質，177～192，日刊工業新聞社 (1967)
97) Y. Yamaguchi: Proceedings of 4th Int. Cong. on Rheology, part 3, 283 (1963)

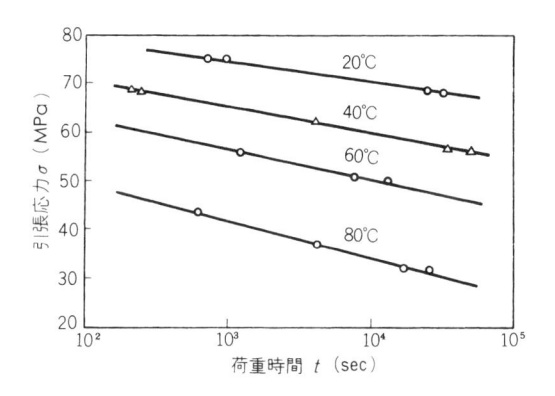

## 1.4　プラスチックの物性の評価法

**図1.4.21**　ポリアセタールの各温度におけるクリープ破壊曲線（応力-破断時間線図）

ここに，$\sigma_t$：荷重時間$t$で破壊強さ
　　　　$\sigma_0$：荷重前の強さ
　　　　$t$：荷重時間
　　　　$m$：破壊定数

この関係をクリープ破壊という．

クリープ特性に関してはJIS K 7115[99]に引張クリープについて，JIS K 7116[100]に，3点負荷による曲げクリープに対し次の特性値を定めている．

**(a) 引張クリープひずみ**（tensile creep strain），$\varepsilon_t$

$$\varepsilon_t = \frac{(\Delta L)_t}{L_0} \tag{1.4.39}$$

ここに，$(\Delta L)_t$．時間$t$での標点間距離の増加分（mm）
　　　　$L_0$：初期標点間距離（mm）

---

98)　例えば，山口章三郎：前掲96) 又は合成樹脂，17, 20 (1971.1)
99)　JIS K 7115（プラスチック―引張クリープ特性の試験方法，第1部）
100)　JIS K 7116（プラスチック―クリープ特性の試験方法，第2部）

**(b)** 引張クリープ弾性率，$E_t$（MPa）

$$E_t = \frac{\sigma}{\varepsilon_t} = \frac{F \cdot L_0}{A(\Delta L)_t} \tag{1.4.40}$$

ここに，　$\sigma$：初期応力（MPa）

　　　　　$\varepsilon_t$：時間 $t$ におけるひずみ

　　　　　$F$：初期荷重（N）

　　　　　$L_0$：初期標点間距離（mm）

　　　　　$A$：試験片の初期断面積（mm$^2$）

　　　　$(\Delta L)_t$：時間 $t$ における伸び（mm）

これらの関係を示す線図として，クリープ線図とクリープ弾性率−時間線図を，またクリープ破壊を示すために等時応力−ひずみ線図とクリープ破壊線図とを定めている．

曲げクリープ特性値としては次の特性値を挙げている．

**(c)** 曲げクリープ弾性率，$E_t$（flexual-creep modulus）

$$E_t = \frac{L^3 \cdot F}{4b \cdot h^3 \cdot \delta_t} \tag{1.4.41}$$

ここに，　$L$：支点間距離（mm）

　　　　　$F$：試験荷重（N）

　　　　　$b$：試験片の幅（mm）

　　　　　$h$：試験片の厚さ（高さ）（mm）

　　　　　$\delta_t$：時間 $t$ での支点間中央たわみ（mm）

**(d)** 曲げ応力，$\sigma$（MPa）（flexural stress）

$$\sigma = \frac{3F \cdot L}{2bh^2} \tag{1.4.42}$$

ここに，　$F$：試験荷重（N）

　　　　　$L$：支点間距離（mm）

　　　　　$b$：試験片の幅（mm）

　　　　　$h$：試験片の厚さ（高さ）（mm）

これらの関係を示す線図として，クリープ線図とクリープ弾性率-時間線図並びに等時応力-ひずみ線図とクリープ破壊線図とを定めている．

クリープひずみ及びクリープ破壊強さは温度又は湿度などの環境によっても著しく影響される．

**(8) 疲れ特性**（fatigue properties）

物体に応力又はひずみが繰り返しかかる場合，その材料が弱化して破壊が促進される挙動を，材料の疲れという．

すなわち，材料にかかる応力が1回だけのときは，静的強さより小さい応力では破壊は生じないが，繰返し数が多くなると静的強さより相当小さな応力でも破壊することが多い．プラスチック材料をこのような条件で用いる場合には，この疲れ挙動が明らかでないと，破壊に対する安全性が確保できない．

**(a) 疲れの種類** 疲れにも材料にかかる外力（すなわち応力）又はひずみの種類によって，引張疲れ，圧縮疲れ，曲げ疲れ，ねじれ疲れ，組合せ応力による疲れなどがあり，また応力の繰返し方式によっても図1.4.22のように，繰返し一定応力疲れ，変動応力疲れ，繰返し変動応力疲れ及び重複繰返し応力疲れなどがある．

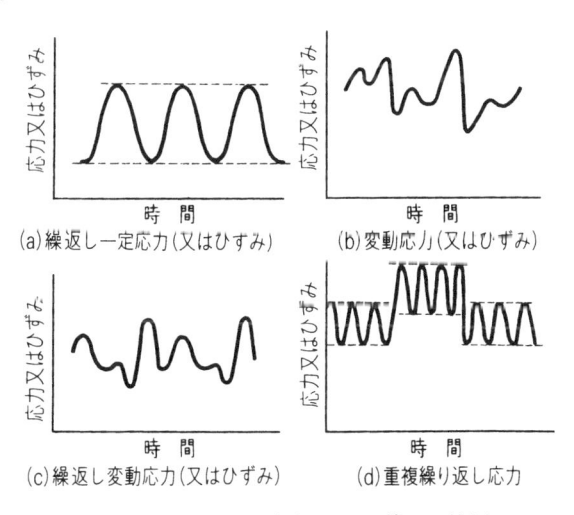

(a)繰返し一定応力(又はひずみ)　(b)変動応力(又はひずみ)
(c)繰返し変動応力(又はひずみ)　(d)重複繰り返し応力

**図1.4.22** 繰返し応力又はひずみの種類

なお，かかる応力の範囲も図 1.4.23 に示すように，平均応力 $\sigma_m$ の位置によって次の4種がある．

① 両振り　　　　$\sigma_m=0$
② 部分両振り　　$0<\sigma_m<\sigma_a$
③ 片振り　　　　$\sigma_m=\sigma_a$
④ 部分片振り　　$\sigma_m>\sigma_a$

ここに，$\sigma_m$：平均応力（mean stress）
　　　　$\sigma_a$：応力振幅（stress amplitude）
　　　　$\sigma_{\max}$：最大応力（maximum stress）
　　　　$\sigma_{\min}$：最小応力（minimum stress）

で，次の関係がある．

$$\sigma_m = \frac{\sigma_{\max}+\sigma_{\min}}{2} \tag{1.4.43}$$

$$\sigma_a = \frac{\sigma_{\max}-\sigma_{\min}}{2} = \sigma_{\max}-\sigma_m \tag{1.4.44}$$

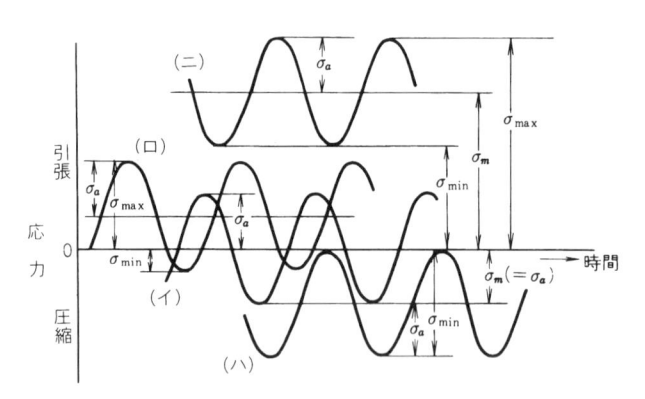

**図 1.4.23**　平均応力による繰返し応力範囲の種類

**(b) 疲れ特性値**　疲れ特性の測定法については JIS [101], [102] があるが，主と

---
101) JIS K 7118（硬質プラスチック材料の疲れ試験方法通則）
102) JIS K 7119（硬質プラスチック平板の平面曲げ疲れ試験方法）

して曲げ外力に対して規定している．その特性の表示法として次のような特性値を定めている．

**(i) S–N 線図** 図 1.4.24 に示すように，縦軸に応力（一般に応力振幅，$\sigma_m=0$），横軸に破壊までの繰返し数の対数をもって表す線図である．

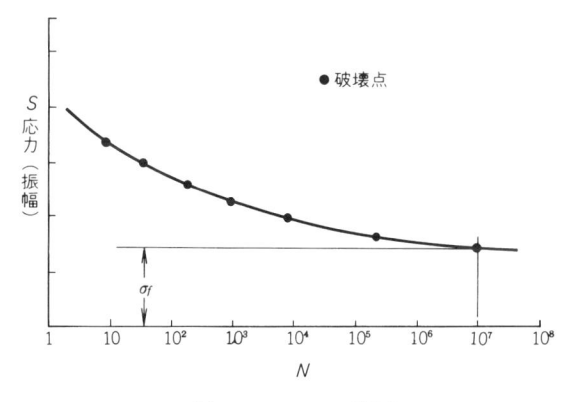

**図 1.4.24** S–N 線図

**(ii) 疲れ限度**（endurance limit） 本来は無限数の繰返しに耐える応力の上限値であるが，プラスチックでは $10^7$ 回までに破壊しない応力の上限値 $\sigma_f$（MPa）をいう．

**(iii) 疲れ強さ比($\alpha$)** 疲れ強さ（又は限度）を静的強さで除した値をいう．

**(iv) 疲れ限度線図** 一般の疲れ試験は両振りによる場合が多いので $\sigma_{max}=\sigma_a$ となり，S–N 線図の縦軸は応力振幅とすればよいが，その他の応力範囲を用いる場合には図 1.4.25 に示すように，縦軸に応力振幅又は最大応力，横軸に平均応力又は最小応力とする疲れ限度線図で，疲れ特性を表すことが必要となる．

**(c) 疲れ特性値の実際** 平板の平面曲げ疲れ試験による各種プラスチックの，疲れ限度（$10^7$ に対する疲れ強さ）及び疲れ強さ比 $\alpha$ の実例を示すと表 1.4.5 となる．

**(9) 摩擦・摩耗特性**（friction and wear properties）

プラスチックの表面が互いに接触している場合，両者間に相対運動が生じる

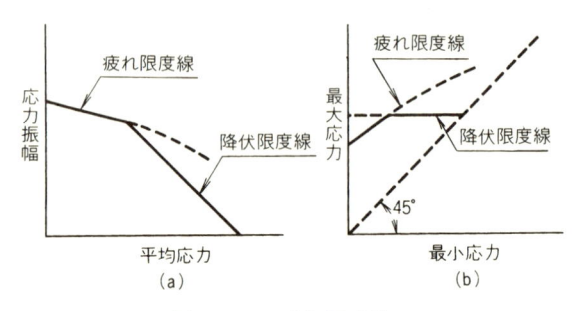

**図 1.4.25** 疲れ限度線図

**表 1.4.5** 各種プラスチックの疲れ強さ（片持両振平面曲げ）[103],[104]

| | プラスチック名 | | $10^7$の疲れ強さ (MPa) | 疲れ強さ/引張強さ ($\alpha$) | 疲れ強さ/曲げ強さ ($\beta$) |
|---|---|---|---|---|---|
| 熱硬化性プラスチック | 不飽和ポリエステル | 朱子織ガラス布 | 90 | 0.22 | — |
| | | 平織ガラス布 | 70 | 0.33 | — |
| | | ガラスマット(22) | 30 | 0.47 | — |
| | | なし | 16 | 0.4 | — |
| | フェノール樹脂 | 朱子織ガラス布 | 120 | 0.31 | — |
| | | 太糸綿布 | 25 | 0.33 | — |
| | | 紙 | 25 | 0.29 | — |
| | エポキシ樹脂 | 朱子織ガラス布 | 150 | 0.37 | — |
| | | 一方向ロービング | 250 | 0.44 | — |
| | | 注型 | 16 | 0.27 | — |
| 熱可塑性プラスチック | 塩化ビニル樹脂 | | 17.0 | 0.29 | 0.15 |
| | スチレン樹脂 | | 10.2 | 0.41 | 0.20 |
| | 繊維素誘導体樹脂 | | 11.3 | 0.24 | 0.19 |
| | ナイロン6 | | 12.0 | 0.22 | 0.24 |
| | ポリエチレン | | 11.2 | 0.50 | 0.40 |
| | ポリカーボネート | | 10.0 | 0.15 | 0.09 |
| | ポリプロピレン | | 11.2 | 0.34 | 0.23 |
| | メタアクリル樹脂 | | 28.3 | 0.35 | 0.22 |
| | アセタール樹脂 | | 27.4 | 0.37 | 0.25 |
| | ABS樹脂 | | 12.0 | 0.30 | — |

103) 島村昭治：機械設計, 9, No.7, 18, 日刊工業新聞社（1965.6）
104) 黒田寿紀, 小牧和夫：材料, 14, 172 (1965.3)

と，その運動を妨げようとするのが摩擦であり，表面から材料が摩滅していくことを摩耗という．

摩擦においても，静摩擦と運動摩擦，転がり摩擦と滑り摩擦及び乾燥摩擦と潤滑剤摩擦などがあるが，規格としてはASTM D 1894 [105]，D 3208 [106] に見られる．

また摩耗においては，滑り摩耗（sliding wear）とざらつき摩耗（abrasive wear）とがあり，前者に対してはJIS [107] の規格があり，後者に対してはJIS [61), 108), 109] 及びASTM [110), 111] の規格がある．詳しくは2.5節に譲る．

### 1.4.6 化学的性質

**(1) 耐薬品性**（resistance to chemical substances）

**(a) 静的耐薬品性** [112]　プラスチックの耐食性を表すのに，化学薬品などに対する抵抗性を表示する耐薬品性の試験規格がある．この方法はプラスチックを薬品（試験液）中に所定の温度で所定の時間浸漬し，試験液を適宜ゆるやかにかき混ぜて均一にしておき，取り出して，浸漬前後の次の諸点を評価するものである．

**(i) 外観観察**　光沢損失，変色，くもり，ひび割れ，き裂，膨潤，そり，分解，溶解，粘着並びに試験液の透明性，色調などの変化又は濁り，沈殿物の有無．

**(ii) 質量変化と寸法変化**　浸漬前後の試験片の質量変化（$\Delta W$）と，浸漬取出し乾燥調質後の質量損失（$\Delta W_e$）は次式によって求める．

---

105) ASTM D 1894 (Test method for static and kinetic coefficients of friction of plastic film and sheeting)
106) ASTM D 3208 (Specification for manifold papers for permanent records)
107) JIS K 7218（プラスチックの滑り摩耗試験方法）
108) JIS K 7204（プラスチック―摩耗輪による摩耗試験方法）
109) JIS K 7205（研磨材によるプラスチックの摩耗試験方法）
110) ASTM D 673 (Test method for mar resistance of plastics)（廃止）
111) ASTM D 1044 (Test method for resistance of transparent plastics to surface abrasion)
112) ASTM D 1242 (Test methods for resistance of plastic materials to abrasion)

$$\Delta W = \frac{W_2 - W_1}{W_1} \times 100 \quad (\%) \tag{1.4.45}$$

$$\Delta W_e = \frac{W_1 - W_3}{W_1} \times 100 \quad (\%) \tag{1.4.46}$$

ここに，$W_1$：試験片の浸漬前の重さ

$W_2$：浸漬取出し直後の重さ

$W_3$：浸漬取出し，乾燥調質後の重さ

また試験片の表面積当たりの質量変化率，試験片の長さの変化率，試験片の厚さの変化率も規定している．

**(iii) 機械的強さの変化** 一定期間浸漬した後の引張強さ，曲げ強さ，衝撃強さなどの機械的強さを未浸漬品と比較する方法で，装置の設計などでは重要な資料である．ASTM [113] にはこの規定があるが，JIS [60),114] では (i), (ii) の規

表1.4.6 試 験 液

| 試 薬 名 | 濃度% | 試 薬 名 | 濃度% |
|---|---|---|---|
| 蒸留水 | — | 炭酸ナトリウム | 2 |
| 硫 酸 | 10 | 炭酸ナトリウム | 20 |
| 硫 酸 | 30 | アンモニア水 | 10 |
| 硫 酸 | 80 | アンモニア水 | 28 |
| 硫 酸 | 98 | 塩化ナトリウム | 10 |
| 塩 酸 | 10 | メチルアルコール | 95 V/V% |
| 塩 酸 | 35 | エチルアルコール | 50 V/V% |
| 硝 酸 | 10 | エチルアルコール | 95 V/V% |
| 硝 酸 | 40 | アセトン | 95 V/V% |
| 硝 酸 | 60 | 酢酸エチル | 95 V/V% |
| 氷酢酸 | 99～100 | 四塩化炭素 | 95 V/V% |
| 酢 酸 | 5 | ベンゼン | 95 V/V% |
| くえん酸 | 10 | ガソリン | — |
| 水酸化ナトリウム | 10 | 灯 油 | — |
| 水酸化ナトリウム | 40 | 動物油，植物油 | — |

---

113)　ASTM D 543 (Practices for evaluating the resistance of plastics to chemical reagents)
114)　JIS K 7114（プラスチック—液体薬品への浸せき効果を求める試験方法）

1.4 プラスチックの物性の評価法     105

定だけである.

なお,JIS[60]では浸漬の条件として,規準の試験液を表1.4.6のように定め,温度は23±2°C,浸漬時間は7日としている.

またASTMでは,プラスチックをブロック又はシート状のもの[113],強化プラスチックに対するもの[115],フィルム状のもの[116]に対し,別々に規定している.巻末性能表には耐有機溶剤,耐酸(強,弱別),耐アルカリ(強,弱別)に大別している.

**(b) 動的耐薬品性** 静的耐薬品性は試料に外力がかからない状態に対するものであるが,実際には各種外力が作用している場合が多い.このような場合の耐薬品性を試験する方法にJISの定引張変形下におけるもの[117]と,定引張荷重下におけるもの[118]が規定されている.前者は薬品中で200時間以内の各種一定ひずみに対する応力緩和試験による限界応力を求めるものである.後者は薬品中で一定応力によるクリープ試験を行い,破断時間が100時間になる応力を求めるものと,ある特定の応力に対する破断時間を求めるものとがある.いずれも表1.4.6の試験液中のものと空気中におけるものとの比較をすることを要する.

**(2) 吸湿性**(water absorption)

プラスチック中には四ふっ化樹脂のようにはとんど水を含まないものもあるが,一般にある程度の水分を含有しており,親水性の特殊なプラスチックでは60%もの水分を含むものがある.一般に水を含むと機械的強さは低下し,また寸法の変化が生じ,寸法不安定性の原因となる.また水分に溶解した化学成分がプラスチックを侵す場合も生じる.吸湿性を表す特性値として次のようなものが用いられる.

**(a) 吸水率**(percentage increase in weight during immersion) 23±

---

115) ASTM C 581 (Practice for determining chemical resistance of thermosetting resins used in glass-fiber-reinforced structures intended for liquid service)
116) ASTM D 1239 (Test method for resistance of plastic films to extraction by chemicals)
117) JIS K 7107(定引張変形下におけるプラスチックの耐薬品性試験方法)
118) JIS K 7108(プラスチック—薬品環境応力き裂の試験方法—定引張応力法)

0.5°Cの蒸留水中に，φ50 mm，厚さ $3\pm0.2$ mm の試験片を 24 h 浸漬した後の試験片の増加重さの，浸水前の重さに対する百分率を吸湿率[60),119),120)] $A$ といい，次式から求める．

$$A = \frac{W_2 - W_1}{W_1} \times 100 \quad (\%) \tag{1.4.47}$$

JIS では質量の増加又は損失率 $M$ として次式で求める．

$$M = \frac{M_2 - M_1}{M_1} \times 100 \quad (\%) \tag{1.4.48}$$

ここに，$M$：質量変化率
　　　　$M_1$：試片の試験前の質量
　　　　$M_2$：試片の試験後の質量

**(b) 溶解損失率**（percentage of soluble matter lost during immersion）浸水によってプラスチックの一部が溶解したための損失重量率を溶解損失率（$\Delta W$）といい，次式で表す．

$$\Delta W = \frac{W_1 - W_3}{W_1} \times 100 \quad (\%) \tag{1.4.49}^{60)}$$

ここに，$W_1$：浸水前の試片重さ（g）
　　　　$W_3$：浸水，取出し乾燥調節後の重さ（g）

**(c) 煮沸吸水率**　試験片を沸騰中に 1 h 浸漬した後に増加した重さの，浸水前の試験片の重さに対する百分率［式(1.4.47)］を煮沸吸水率という[117),118)]．

なお，各種プラスチックの吸水率を巻末性能表に示す．一般に 0.1〜0.3% 程度のものが多いが，セルロース誘導プラスチック，充てん材として繊維素系のものを含むもの並びにナイロン 6，ポリビニルアルコールのように親水基を含むプラスチックの吸湿率は高い．

---

119) JIS K 7209（プラスチック—吸水率の求め方）
120) ASTM D 570 (Test method for water absorption of plastics)

## 1.4 プラスチックの物性の評価法

**(3) 燃焼性又は耐燃性**（flammability or incandescence resistance）

プラスチック中には炎に近づけるとすぐに爆発的に燃焼するものから，ほとんど燃焼しないものなどがあり，建築材料などにおいて，その安全性から燃焼性は重要な特性となる．燃焼性を表す方法として次のようなものが規定されている．

**(a) 水平棒材の燃焼状態による方法** JIS K 6911[117]及びASTM D 635[119]に規定する方法で，図1.4.26に示すように，平行に支持された試験片の自由端に，ブンゼンバーナーによる炎（都市ガス又は液化石油ガス）を30°の傾斜で試片下端に炎の先端を近づけ，30 s 接触して，炎を取り去り，試験片の炎が消えるまでの時間を燃焼時間（s）とし，燃焼した長さを燃焼距離とする．その場合，これらの特性値を用いて，燃焼性を次の3種によって定性的に表す．

① 可燃性：180 s 以上燃焼して，そのままでは炎が消えないもの
② 自消性：燃焼距離が25 mm 以上100 mm 以下のもの
③ 不燃性：燃焼距離が25 mm 以下のもの

なお，ASTMでは単位時間当たりの燃焼距離を表す燃焼速度（burning rate）を燃焼性の尺度としており，軟質プラスチック[120]，硬質プラスチック[121]，軟質プラスチックシート[122]，発泡プラスチック材料[123],[124]別に規格化しており，着火特性についても規定している[125]．巻末性能表には上記の方法によるもの

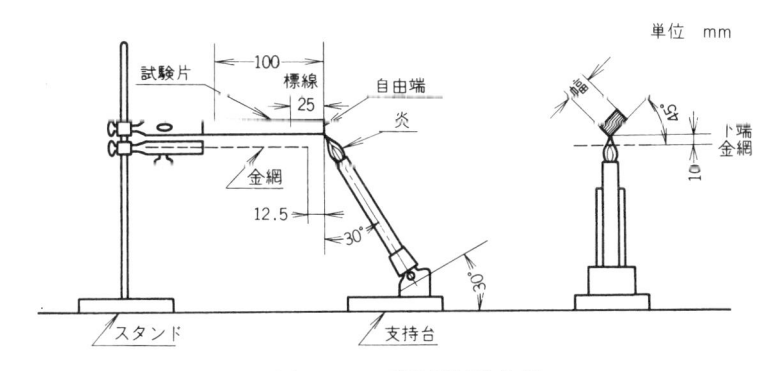

**図1.4.26** 耐熱性試験装置

で表している．

なお，建築材料の難燃性については JIS [128),129)] の規定がある．

**(b) 酸素指数法による方法** JIS K 7201 [130)]，JIS K 7228 [131)] 及び ASTM D 2863 [132)] において次のような酸素指数によって燃焼性を規定している．

すなわち，酸素指数 O.I. (oxygen index) とは，所定の試験条件下において，材料が燃焼を持続するに必要な酸素と窒素の混合体中の容量パーセントで表される最低酸素濃度の数値をいい，次式で表される．

$$O.I. = \frac{[O_2]}{[O_2]+[N_2]} \times 100 \quad (\%) \tag{1.4.50}$$

ここに，[$O_2$]：試験片の燃焼時間が 3 min 以上継続して燃焼するか又は着炎後の燃焼長さが 50 mm 以上燃え続けるのに必要な最低の酸素流量（$l$/min）

[$N_2$]：上記に対応した窒素の流量（$l$/min）

**(c) 煙濃度** (density of smoke) 燃焼時などに生ずる煙の濃度は火災時に重要な条件となるが，このことに対して ASTM [133)] では一定の容積の部屋にお

---

121) ASTM D 635 (Test method for rate of burning and/or extent and time of burning of plastics in a horizontal position)
122) ASTM D 568 (Test method for rate of burning and/or extent and time of burning of flexible plastics in a vertical position)（廃止）
123) ASTM D 757 (Method of test for incandescence resistance of rigid plastics in a horizontal position)（廃止）
124) ASTM D 4549 [Specification for polystyrene and rubber-modified polystyrene molding and extrusion materials (PS)]
125) ASTM D 1692 (Method of test for rate of burning or extent and time of burning of cellular plastics using a specimen horizontal)（廃止）
126) ASTM D 3014 (Test method for flame height, time of burning, and loss of weight of rigid thermoset cellular plastics in a vertical position)
127) ASTM D 1929 (Test method for ignition temperature of plastics)
128) JIS A 1321（建築物の内装材料及び工法の難燃性試験方法）
129) JIS A 1322（建築用薄物材料の難燃性試験方法）
130) JIS K 7201（プラスチック—酸素指数による燃焼性の試験方法，第 1 部及び第 2 部）
131) JIS K 7228（プラスチックの煙濃度及び燃焼ガスの測定方法）
132) ASTM D 2863 [Test method for measuring the minimum oxygen concentration to support candle-like combustion of plastics (oxygen index)]

いて一定の光源を置き,燃焼によって光度の減少率によって発生する煙の濃度を規定している.また JIS [139)] では,プラスチックの煙濃度及び燃焼ガスの測定法において,煙を透過した光の強さで評価される煙の減光係数で煙濃度を表し,単位時間当たりに焼失する質量を燃焼速度,煙濃度を燃焼質量で除した値を発煙指数,一酸化炭素濃度を燃焼質量で除した値を CO 発生指数,二酸化炭素濃度を燃焼質量で除した値を $CO_2$ 発生指数などと規定している.

**(d) UL 規格** UL 規格では,燃焼性を遅燃性(SB),自消性(SE–1, SE–2),不燃性(SE–0)に分類表示している.特に電気器具関係に用いる場合の規格[134), 135)]として輸出品には欠くことのできないものである.

### 1.4.7 耐 久 性

使用しているプラスチック製品が,その使用条件のもとで,どれほどの期間所要形状と寸法と強さを保持できるかという耐久性の問題があり,使用条件にいろいろの状態があるので,どのような条件に対する耐久性かで,種々考えられる.ここでは次の二,三の代表的な耐久性について説明しよう.

**(1) 耐候性**(resistance to outdoor weathering)

屋外において,太陽と雨,風,雪,寒暑にさらされる状態における各種特性値の耐劣化性を耐候性又は屋外暴露耐久性という.この場合の劣化特性値は機械的強さ,光沢,色,寸法変化,質量変化,ひび割れなどであるが,その原因となるものは紫外線,温度,湿度,外力又は応力,オゾン,$NO_2$,$SO_2$ などの大気中に混在しているガスなどである.その中でも最も大きな影響を与えるのは紫外線である.

プラスチックは有機化合物のため,その原子間結合エネルギーが比較的小さく紫外線エネルギーで破壊され,劣化しやすい.耐候性を測定するのには屋外

---

133) ASTM D 2843 (Test method for density of smoke from the burning or decomposition of plastics)
134) UL 92 (Fire extinguisher and booster hose)
135) UL746 E (Polymeric materials–Industrial laminates, filament wound tubing, vulcanized fibre, and materials used in printed wiring boards)

暴露試験により，その方法についてはいくつかの規格があるが[136), 137)]，結果を求めるのには長時間を要する．いまその一例として，東京都内で 20 m の高さのところに暴露した場合の，各種プラスチックの引張強さ，伸び率並びに寸法の各変化を示すと図1.4.27～図1.4.29となる．

**(2) 促進暴露耐久性**（resistance to accelerated exposure）

屋外の天然暴露試験は，実際の環境に対する劣化を示して実際的に有効であるが，長時間を要するため，これとできるだけ似た状態を人工的につくって短時間に暴露劣化と同様な劣化状態を生ぜしめようとするのが促進暴露耐久性試験法である．この装置を促進試験機と称し，光と温度と湿度によるものをフェードメータ（fade meter），光と熱と降水とを加えるものをウェザオメータ（wearther-o-meter）と称する．

これらに対する規格を示すと，JIS K 7101の"着色プラスチックの日光に

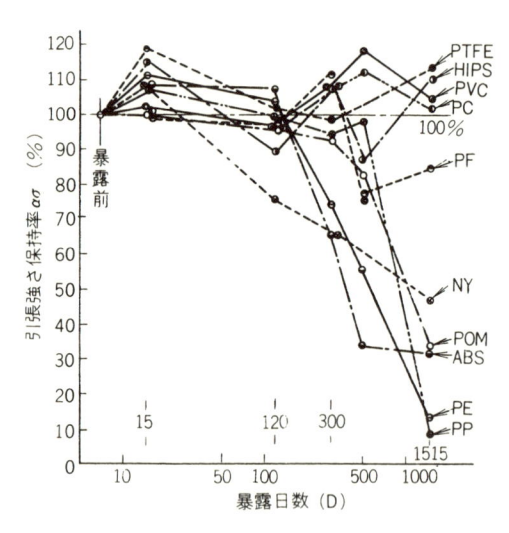

**図1.4.27** 各プラスチックの引張強さ保持率と暴露日数との関係[138)]

---

136) JIS K 7101（着色プラスチック材料のガラスを透過した日光に対する色堅ろう度試験方法）
137) ASTM D 1435 (Practice for outdoor weathering of plastics)
138) 山口章三郎，天野晋武(1972)：プラスチックス，Vol.23, No.5, p.31

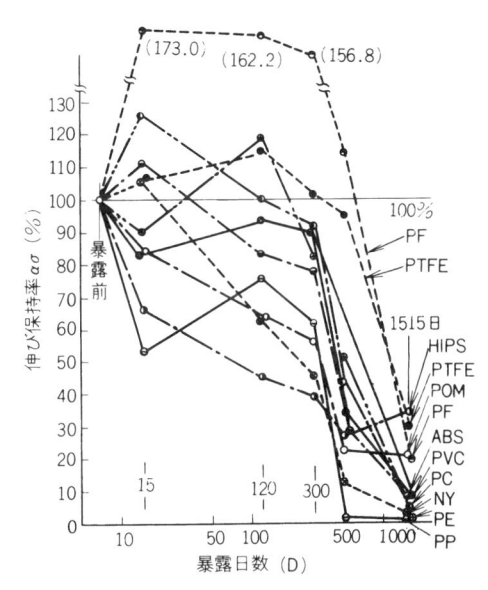

1.4 プラスチックの物性の評価法　　　111

**図1.4.28**　各プラスチックの伸び保持率と暴露日数との関係[138]

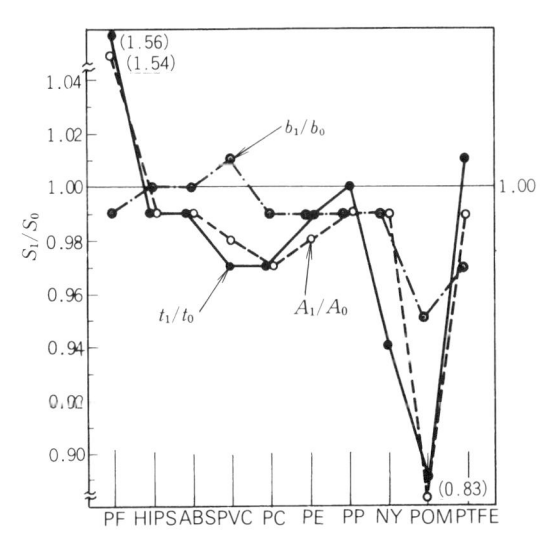

**図1.4.29**　各プラスチックの1515日間暴露後の各部寸法保持率[138]
（$A_0, l_0, b_0, t_0$ 及び $A_1, l_1, b_1, t_1$ は暴露前，後の試験片断面積，長さ，幅及び厚さ）

よるもの"に対して，"カーボンアーク燈に対する色堅ろう度試験[139]"がある．

またプラスチックの直接屋外暴露，アンダーグラス屋外暴露及び太陽集光促進屋外暴露試験法[140]があり，湿熱，水噴霧及び塩水ミストに対する暴露効果の測定法[141]もある．

さらに実験室内での暴露試験について，JIS K 7350では第1部の通則[142]，第2部のキセノンアーク光線によるもの[143]，第3部の紫外線蛍光ランプによるもの[144]及び第4部のオープンフレームカーボンランプによるもの[145]が定めてある．

なお，アンダーグラス屋外暴露，直接屋外暴露又は実験室光源による暴露後の色変化及び特性変化の測定法を総括する試験方法[146]が定められている．

**(3) 耐生物性**

プラスチックは微生物（micro organisms）によって侵され，また，ねずみによる食害などもある．特にプラスチック廃棄物処理に微生物を利用することも試みられている．微生物にも，かび類（fungi），細菌類（bacteria），放射菌類（actynomyces）などがあるが，ASTMではかび[147]とバクテリア[148]に対する耐久性の規格を定めている．

### 1.4.8 成形加工性

プラスチック成形材料を所定の形に成形加工するとき，並びにプラスチック成形加工物を更に変形加工するときの，被加工性能を表すのが成形加工性であ

---

139) JIS K 7102（着色プラスチック材料のカーボンアーク燈光に対する色堅ろう度試験方法）
140) JIS K 7219（プラスチック―直接屋外暴露，アンダーグラス屋外暴露及び太陽集光促進屋外暴露試験方法）
141) JIS K 7227（プラスチック―湿熱，水噴霧及び塩水ミストに対する暴露効果の測定方法）
142) JIS K 7350-1（実験室光源による暴露試験方法，第1部：通則）
143) JIS K 7350-2（第2部：キセノンアーク光線）
144) JIS K 7350-3（第3部：紫外線蛍光ランプ）
145) JIS K 7350-4（第4部：オープンフレームカーボンアークランプ）
146) JIS K 7362（プラスチック―アンダーグラス屋外暴露，直接屋外暴露又は実験室光源による暴露後の色変化及び特性変化の測定方法）
147) ASTM G 21 (Practice for determining resistance of synthetic polymeric materials to fungi)
148) ASTM G 22 (Practice for determining resistance of plastics to bacteria)（廃止）

る.

　圧縮成形,射出成形及び押出し成形など一次成形における成形性は,1.3節で述べたような流動特性と比容積特性で判定できる.

　なお,切削加工,塑性変形加工,めっき加工,切断加工,印刷加工などの加工性を表す方法は,金属などにおける方法で表しており,金属と趣の異なるプラスチックにおいてはまたそれに対応する表示法を必要とするが,これらは今後の課題である.

## 1.5　選択のポイント

### 1.5.1　用途のポイント

　プラスチック材料を選択するときにまず考慮すべきことは,その材料の用途に対しての適性である.材料の用途に応じて,使用状態が決定されるわけであるが,その使用状態を分析すると次の四つが考えられる.

　　① 使用環境
　　② 材料にかかる外力の種類とかかり方
　　③ 使用国情
　　④ 使用者の範囲

これらについていま少し説明しよう.

**(1)　使用環境**

　使用環境とはその材料が使用される雰囲気で,特に温度と湿度状況で成層圏とか北極のような低温領域から夏の戸外の 80°C 程度の温度,あるいは更に火災時における高温とかの広い温度範囲と,水中浸漬とか露天の雨水暴露状態から冬期10%RHの乾燥状態までの範囲がある.なお,あるものは特殊なガス中で用いられたり,薬液又は化学溶液に接触して用いられる場合がある.また天然暴露の状態では風,降雨,降雪などの変化のほかに紫外線などの太陽光線の放射にさらされることとなる.

　このような各種環境の変化に対して,使用しようとするプラスチックがどれ

ほどの耐抗性をもつかを検討することが必要なことはいうまでもない．

**(2) 材料にかかる外力の種類とかかり方**

使用中のプラスチック材料にどのような外力がどのような状態で作用し，そのため材料にどのような応力とひずみが生じ，それが使用条件に対して適当であるかどうかを材料別に考慮する必要がある．

すなわち，前記各種の環境のもとに外力として，引張り，圧縮，曲げ，ねじり，せん断，摩擦のどれか，またどのような組合せでかかり，またかかり方として，衝撃的か，一定応力的か，一定ひずみ的か，また繰返し応力的か，なおまた漸増的かを考え，これらの外力に対する抵抗力が十分使用条件に耐えられるプラスチックかどうかを検討することが必要である．

すなわち，衝撃荷重のかかるところに用いるものは衝撃強さの高い材料を，一定応力が継続的にかかる場合でしかも変形を避けることの必要なときは，クリープ変形の小さい材料を，また繰返し応力のかかる場合は疲れ強さ比の大きい材料を選択すべきである．なお熱硬化性プラスチックは一般に圧縮強度は大きいが，引張りと衝撃に対しては弱いので，使用状態に適した材料を選択すべきである．

**(3) 使用国情**

国内で用いる場合は問題は少ないが，国が異なると，その国の標準規格も異なるので，使用国における規格に対して適性であるかどうかの判定を要する．例えば，アメリカに輸出する電気部品用プラスチックは，その熱的また電気的安全性の適性のためには，UL規格に適格でなければならない．

また彩色の基準などは，その国で普及され，愛用される色彩を選択することなども無視できない．

**(4) 使用者の範囲**

用途と似た点があるが，プラスチック製品を使用する人の範囲によっても選択が必要となる．例えば子供用のものか，老人用のものか，婦人用のものであるかによってその適性を考えることが必要である．また，その材料が工業的に使われ，材料の性質を十分理解している専門者間で用いられるのか，専門知識

## 1.5 選択のポイント

がほとんどない一般消費者が用いるかによっても選択基準は異なってくる．

### 1.5.2 物性的ポイント

用途が決定すれば，それに適合する物性をもつプラスチックを選ぶことが必要となる．その物性というのも1.4節で述べたように，まことに多種，多岐にわたるものであるが，いま一度列挙すると，次のとおりである．

**(1) 比 重**

プラスチック単体の比重はポリメチルペンテンの0.83から四ふっ化樹脂の2.1の範囲であるが，発泡材とすると0.04程度となり，無機質又は金属などの重い材料を充てんすると3程度までにすることができる．プラスチックは金属に比べて比重が小さいことが優れた特徴の一つとなっており，水中浮遊品，航空機，輸送機などに用いる場合などはこの特徴が活用される．

**(2) 色沢と透明度**

プラスチックは着色が広い範囲で可能であり，またその表面も光沢のあるものが，特に機械仕上げなしで成形のまま得られることが大きな利点である．また非晶性の樹脂は透明であるので，光学的にまた装飾的にも大きな利点がある．しかし，充てん材を用いたり，ブレンドすると透明性は失われる．なお，積層材として表面層を光沢のあるプラスチックとする化粧板，表由に薄い金属フィルムなどを組み合わせた半透明（片方からだけ透明）フィルムなどの特殊フィルム及びプラスチックへのめっきによる金属光沢の利用，各種彩色塗装などによって，その用途に応じて各種の表面が得られる．

従来，光弾性材料として用いられたヤルロイド，フェノール樹脂に代わって，エポキシ樹脂，ポリカーボネート樹脂，サーリンAなどの工学的な活用も期待される．

**(3) 機械的性質**

プラスチック単体の引張強さは10〜160 MPaの範囲であるが，ガラス繊維と複合させると300 MPa程度まで向上させることができ，延伸加工によって延伸方向の強さは2〜10倍程度に増大することも可能である．引張特性は特

に非晶質の材料ではガラス転移点以下の温度ではもろく，伸びが少なく，一般に粒状充てん材による複合材料は圧縮強さは増大するが，引張強さと伸びは減少する．

一般にプラスチックの衝撃強さは金属に比べて，引張強さの割合に比べて著しく小さい．しかし，ポリカーボネート，ABS樹脂及び結晶性プラスチックは常温でも比較的じん性に富むが，布状ガラス繊維などとの複合によっても更に増強することもできる．熱硬化性プラスチックは一般にもろいが，圧縮強さは引張強さに比べて著しく大きい．

また，引張弾性率は，ゴムと金属との中間の $1\sim8\times10^3$ MPa の範囲で平均 2 000 MPa で，炭素鋼の約 1/100 であるが，樹脂間のブレンド，無機質繊維状又は粒状充てん材との複合で更に減少又は増大することもできる．

エンジニアリングプラスチックとして近年機械構成材にも利用されるようになってきているが，それは衝撃強さ並びに一般静的強さの向上と，クリープ，疲れなどの耐久性の信頼度の向上などに起因している．弾性的な金属に比べ，粘弾性的なプラスチックはクリープによる変形が金属に比べて著しく大きいので，長期荷重下で用いる場合クリープ変形は十分検討されなければならない．ガラス繊維などとの複合でクリープ変形を減少せしめることも可能であるが，温度が高くなると，クリープ変形並びにクリープ破壊が著しく促進されることに注意しなければならない．

繰返し荷重のかかるところに用いる場合には，疲れ特性を十分検討しておくことが肝要であるが，疲れ強さ比は $0.1\sim0.45$ の広い範囲にあるので，材料によってその値を確かめておくことが必要である．しかし，この疲れ強さもガラス繊維と複合化することによって著しく改良されている．

これらの機械的強さのほかに，プラスチックの機械的性質の中で注目すべきことは潤滑性である．プラスチックは自己潤滑性があるため，無潤滑剤の乾燥状態でも動摩擦係数が $0.02\sim0.5$ の範囲で滑り摩擦に耐える．特に結晶性プラスチック，中でも四ふっ化樹脂の潤滑性は著しく優れている．しかし温度が高くなると溶融又は焼付きが生じるため $pv$ 値の限界を検討して用いることを要

する．水潤滑状態でも優れた潤滑特性を示すプラスチックは軸受などにも応用される．しゅう動部材として用いる場合の摩耗に対しても適当な充てん材と樹脂の選択によって多くの活用面があり，特に充てん材による高摩擦係数を必要とするブレーキ材などへの応用も可能であり，既に多くの実用例を見ている．

**(4) 電気的性質**

プラスチックは一般にその電気絶縁性のゆえに多くの利用面をもっているが，材料によって体積抵抗は $10^{10} \sim 10^{18}$ $\Omega \cdot cm$ の広い範囲にある．高周波電気の回路にも用いられるので，誘電特性として誘電率 ($\varepsilon$) と誘電正接 ($\tan \delta$) の検討を必要とする．誘電率は材料の種類によってそれほどの差異はないが，$\tan \delta$ は 0.0001 程度のポリスチレンから 0.03 のナイロンまで広い範囲の値をもっている．高周波加熱を利用する場合はこの値の大きいのが望ましく，高周波回路における誘電損失を少なくする点からはこの値が小さいのが望ましい．

プラスチックが高電圧下にさらされるときの絶縁破壊強さは $11.8 \sim 30$ kV/mm の範囲にある．高電圧で用いる場合，表面にアークが発生して材料が破損するので耐アーク性をも検討することが必要である．

**(5) 熱的性質**

温度の変化によって敏感にその性質が影響されるプラスチックは，熱的な性質と使用目的との関係を見逃すことができない．特に熱硬化性プラスチックと熱可塑性プラスチックはその熱特性が著しく異なることは既に述べたことであるが，最も留意すべきことである．すなわち，熱硬化性樹脂は一般に150°C程度の温度になっても機械的強さの変化は少なく，焼付き分解が生じ，溶融することはないが，軟化が少ないので塑性的二次加工性などの適性には欠ける．

熱可塑性プラスチックにおいても，一般に低温領域にガラス転移点のある結晶性プラスチックと，$70 \sim 110$°C の範囲にガラス転移点をもつ非晶性プラスチックでは，その特性も少し異なってくる．一般にガラス転移点以下ではもろく，ガラス転移点以上では軟化し変形しやすい．また流動性をもつ溶融点は $130 \sim 340$°C 程度であるので，常温近くの温度でも，温度変化による力学的性質の変化は金属に比べて著しく大きい．

一般に力学的変形抵抗に対する限界温度は荷重たわみ温度で表し,37～250°Cの範囲にあるが,ガラス繊維などとの複合で,更に上昇せしめることができる.

溶融点以上の分解温度になると各種ガスなどが発生するので,衛生的な見地からも限界がある.

**(6) 化学的性質**

戸外で用いるときなどには暴露耐久性などの検討を要し,湿度変化のあるところに用いても,寸法変化と強度の変化を避ける必要のあるところには吸湿性の少ない材料を選択する必要がある.吸湿性は四ふっ化樹脂の0.00%から60%程度の高いものまで各種の樹脂がある.化学的装置,薬品容器などに用いるときは,それぞれの化学薬品に耐えられる材料を選択することが必要であるが,耐薬品性の高いプラスチック材料による塗装,皮膜構成なども広く応用されている.

**(7) 耐久性**

長い期間の使用を期待するときに必要な性質は,化学的劣化,力学的劣化及び寸法の変化に対するそれぞれの抵抗力である.

化学的劣化は太陽光線,特に紫外線による劣化,空気中の酸素による劣化,その他のガス,溶剤などによる劣化などがあり,クリープ,疲れなどの長期外力負荷による力学的劣化によっても機械的強さが低下するので,用途に応じてこれらの特性を十分検討して選択することが必要である.

また,プラスチック製品は,成形時発生した内部応力,硬化に伴う収縮,温度変化並びに湿度変化に伴う収縮又は膨張によって,その寸法が必ずしも一定を保たない.これらの寸法変化を極力少なくするためには,内部応力の除去,硬化の促進,無機質充てん材による温度,湿度による影響度の減少化などの方法が用いられる.

また,微生物とかねずみの食害なども無視できない場合がある.

**(8) 成形性**

製品の形状と寸法が決定されるときに,どのような成形法によって成形する

かは重要な問題である．その場合，一次加工で一挙に成形するのか，一次成形品素材を二次加工によって所要のものに成形するのかということは，材料の選択と並列に考え，これらを組み合わせて初めてまとまるわけである．しかし最初から材料が決定していて成形法を選択する場合と，成形法が決まっていて，材料を選択する場合とがある．いずれにしても，その場合のプラスチック成形材料の成形性を十分検討して選択することが必要である．例えば，四ふっ化樹脂を射出成形しようとしても不可能であり，熱硬化性樹脂を深絞り加工することもまた不可能である．

### 1.5.3 経済的ポイント

プラスチック成形品の需要はその価格に大きく左右されることはいうまでもない．一定の目的に適合する異なる材料がある場合，その需要を決定するのは，自由主義経済社会においては価格である．すなわち，四ふっ化樹脂における電気的特性，潤滑性，耐熱性のように，他のプラスチックで代替できない優れた特徴をもたない限り，その需要すなわち生産量の発展は単位量に対する価格が重要なポイントとなる．

一般にプラスチックの価格は，モノマーにおけるもの，成形材料におけるもの，成形品におけるものと，その製造段階によって異なるが，いま成形材料の1 kg当たりの単価を，鋼，アルミニウム，その他の材料と比較するために一括して示すと表1.5.1の中央の欄の数字で表される．各材料の比重から，1 $l$ 当たりの単価を示すと同表右欄の値となる．すなわちプラスチックはポリプロピレンの113円/$l$ から四ふっ化エチレン樹脂の5 212円/$l$ の範囲となり，金属では軟鋼の262円/$l$ から青銅の2 814円/$l$，生コンクリートは11.0円/$l$ である．ただし，プラスチックの成形品はこれに成形加工費が加わって最終製品価格となる．

単価を低くする方法としては増量材による複合化が行われているが，石油を主原料とするプラスチックにおいては，省資源的立場からも，無機質充てん材による低廉化と資源有効利用化がますます開発されるべき傾向にあるといえよ

**表 1.5.1** プラスチック材料及びその他の材料の価格表（2002年12月）

| 分類 | 材料名 | 比重 | 重量単価<br>(円/kg) | 容積単価<br>(円/l) |
|---|---|---|---|---|
| 熱硬化性プラスチック | フェノール樹脂（木粉充てん） | 1.32〜1.45 | 360〜410 | 527 |
| | メラミン樹脂 | 1.47〜1.52 | 249 | 371 |
| | 不飽和ポリエステル | 1.1〜1.4 | 259 | 323 |
| | エポキシ樹脂 | 1.1〜1.4 | 561 | 701 |
| 熱可塑性プラスチック | 塩化ビニル樹脂 | 1.35〜1.45 | 115〜125 | 168 |
| | ポリスチレン | 1.04〜1.065 | 110〜130 | 126 |
| | ABS樹脂 | 1.05〜1.07 | 120〜190 | 207 |
| | 高密度ポリエチレン | 0.94〜0.96 | 125〜145 | 128 |
| | 低密度ポリエチレン | 0.91〜0.92 | 130〜145 | 125 |
| | ポリプロピレン | 0.90〜0.91 | 110〜140 | 113 |
| | ポリメチルメタクリレート | 1.17〜1.20 | 430〜480 | 539 |
| | ナイロン6 | 1.13 | 400〜450 | 480 |
| | ポリカーボネート | 1.2 | 470〜580 | 630 |
| | ポリアセタール | 1.425 | 350〜450 | 570 |
| | セルロースアセテート樹脂 | 1.23〜1.34 | 585 | 751 |
| | ポリフェニレンサルファイド<br>（ガラス40％入り） | 1.64 | (2 500) | (4 100) |
| | 四ふっ化樹脂 | 2.14〜2.20 | 2 391 | 5 212 |
| その他の材料 | 異形棒鋼（SD295）φ10 | 7.6 | 34〜35 | 262 |
| | ステンレス棒（25〜100） | 7.9 | 340〜350 | 2 725 |
| | 電気銅（240） | 8.9 | 223〜228 | 2 006 |
| | 電気亜鉛（144） | 7.1 | 139〜141 | 994 |
| | 電気鉛（94） | 11.3 | 87〜92 | 1 011 |
| | 黄銅棒 | 8.3 | 300〜310 | 2 531 |
| | 青銅（BC3） | 8.4 | 330〜340 | 2 814 |
| | アルミ（99.7輸入品） | 2.6 | 205〜207 | 535 |
| | 合成ゴム，SBR（1502） | 1.2 | 260〜300 | 336 |
| | 合成ゴムNBR（高ニトリル） | 1.2 | 420〜460 | 528 |
| | 生コンクリート（現場渡し） | | | 11.0 |
| | 桧正角 | | | 64 |
| | 杉小幅板 | | | 43 |

備考 1. プラスチックは成形材料の価格で，日刊工業新聞（2002.11.5）並びにプラスチック工業統計（2002.7）より．

2. その他の価格では日本経済新聞（1990.4）より

う.

### 1.5.4 安全的ポイント

プラスチックの利用に際し,その生産工程又は利用状態における人間の健康,生命に対する安全性を見逃すことはできない.この安全性を分析すると次の4種類に分けられる.

① 外傷的安全
② 電気的安全
③ 火災的安全
④ 衛生的安全

これらについて更に詳述しよう.

**(1) 外傷的安全**

金属製刃物のように顕著ではないが,玩具,家庭用品などにおいて,あまり鋭い尖端をもった成形品は,使用時誤ってけがをする原因となる.また可燃性のプラスチックの火炎により,あるいは100℃以上に加熱されたプラスチック製品を,素手でつかんで火傷することもある.また,衝撃強さの小さいものが裂け破れて,その破損部の尖鋭部でけがをすることなどからの危険から守るため,製品の形状,寸法などとともにその材質の選択を要する.特に熱硬化性及び非晶性樹脂などは常温でもろく,硬いため,外傷的安全性を欠きやすい.

**(2) 電気的安全**

ラジオ,テレビ及びその他電気器具は電圧と電流によって,各種の発熱現象を呈して,機器の一部が燃焼して,大事に発展するおそれが多い.この種の安全性に対してはアメリカのUL規格[149), 150)]が厳格に規定しており,アメリカ向輸出用電気器具には不可欠の要件である.いずれも電気器具の燃焼を防ぐ規定であるが,所定電圧以上がかけられる部分は,規定以上の自己消火性を有するとともに,所定の絶縁強さ,コロナ劣化,体積抵抗,熱変形温度,耐湿性,

---

149) UL 1270 Radio receivers, audio systems, and accessories
150) UL 1410 Television receivers and high-voltage video products

寸法安定性, モールドストレス・レリーフ, 空げき(隙)などの試験に合格することが必要であるとされている.

**(3) 火災的安全**

建造物の内装及び室内家具, インテリアなどにプラスチックを用いる場合, 火気に対する可燃性及び燃焼に伴って発生するガスの人体に及ぼす安全性などは特に人命に重大な影響があるので, 耐燃性を十分検討しなければならない.

建築物の内装材料及び建築用薄物材料の難燃性試験方法に対しては JIS[136), 137)] にも規定があるので, これらに合格したプラスチック材料を選択することが必要である.

**(4) 衛生的安全**

プラスチック製品は, 直接身体に接触しないで使用する場合も多いが, 皮膚に直接接触したり, 各種食品包装材, 化粧品容器, 医薬品包装容器及び医療用具材としても用いられて直接又は間接に接触又は体内に侵入する場合がある. プラスチック材料は一般に化学的に安定していない場合が多く, プラスチックそのものからあるいは各種充てん材又は添加剤から溶出物が発生し, これが衛生的に悪影響を及ぼしたり毒性を示すことがしばしば生じるので, その用途によって, これら衛生的見地からの材料の選択は重要なことである. 毒性の二, 三の例を示すと次のとおりである[151)].

**(a) ホルムアルデヒドの溶出** ホルマールを材料とするプラスチックのホルムアルデヒドの毒性は, 細胞原形質のたんぱく質を凝固又は変性させ, すべての細胞機能を抑止死滅させる. したがって, たんぱく質から成る人体には多くの障害をきたす. 中でもユリア樹脂から一番溶出しやすいので注意を要し, その限度は4 ppm以下とされている.

**(b) フェノール** フェノールの毒性は皮膚に接すると熱灼作用を生じ, 皮膚表面の25〜50%を湿らすと致命的な中毒を起こす. 吸入すると神経系に障害を起こす. フェノールの溶出はフェノール樹脂から未縮合のフェノールに

---

151) 辰濃隆(1973): 工業材料, Vol.21, No.12, p.10

よるものと，添加物によるものとがある．

**(c) ポリスチレン中の揮発成分**　ポリスチレン中にはトルエン，エチルベンゼンなどの非重合性成分や，未重合のスチレンモノマーが存在し，その毒性は神経系に障害を生じ，また刺激臭がある．外国では5 000 ppm以上を不可としているが，国内では2 000〜3 000 ppm程度以下として異臭の問題は一応なくなっている．

**(d) 可塑剤によるもの**　軟質塩化ビニル樹脂などに用いられる可塑剤は，食品包装などにも用いられるので，その毒性は十分検討を要する．例えば毒性の大きいTCPの使用は禁じられ，チューインガムに用いられていたジブチルフタレート（DBP）やブチルフタリルブチルグリコレートなどが食品添加物から除かれており，DOPは一応無害とされているが，内包食品の材質によっては必ずしも無毒とはいえないとも報告されている．

**(e) 安定剤**　安定剤としては塩化ビニル樹脂用のものと，酸化防止剤，紫外線吸収剤などがある．前者には鉛やカドミウムなどの廃棄物として環境破壊の著しいものも従来多く使われていたが，今後これらを用いることは困難である．

酸化防止剤として用いられるBHT，BHAなどの溶出物もある程度以上となると有害であるとされている．

**(f) 帯電防止剤など**　プラスチックの帯電性の防止のためアニオン系，カチオン系，非イオン系などの界面活性剤が用いられるが，この中でカチオン系は帯電防止効果は大きいが，毒性も大きい．

### 1.5.5　廃棄上の問題点

#### (1) 生産工程における廃棄物

プラスチック成形材料製造工程中並びに成形加工工程中の廃棄物は，その成分，組成が十分明瞭であるので，それらを有効に再生産に利用するか，これを環境破壊にならない形にして，外部に廃棄することが必要である．

## (2) 消費者から出る廃棄物

　一度利用されて，廃棄物となったプラスチックの廃処理法としては，塵芥物として一般廃棄物とともに堆積する場合，焼却廃棄する場合及び再採集して再生産する場合並びに特殊な場合として，分解して廃棄又は再生利用する場合などがある．

　利用後どのように処分されるかについて検討して，選択することも，使用箇所，使用条件によっては必要なこととなる．

　また，再生処理に関する研究実績結果もある[152),153)]．

---

152) プラスチック処理促進協会編(1977)：プラスチック再生便覧
153) 日本施設園芸協会(1990)：農業用プラスチックの適正処理

# 2. 機 械 材 料

## 2.1 はじめに

　機械材料としてフェノール樹脂がその利用の始まりである．その歴史は65年ほどになる．文献によれば，滑り軸受への利用は1935年から引き続いている．その後，ポリアミド樹脂，四ふっ化エチレン樹脂，ポリアセタール樹脂，ポリイミド樹脂，エポキシ樹脂，ポリエステル樹脂，ABS樹脂など多数のものが，機械材料，言い換えるとエンジニアリングプラスチックとして創出された．また，これらの生地材料に対して，補強などの目的のため，ガラス繊維，カーボン繊維などを充てんした強化プラスチックが各分野で利用されている．

　プラスチック機械材料の定義を一義的に決めることは困難であるが，利用分野からみると分かりやすい．すなわち，構造的利用と機械部品に分類できよう．構造の方の大型は船舶からボート，自動車のボデー，工作機械本体，また自動車関連のドア，バンパ，スプリング，ダッシュボードなど，滑り案内面，また水タンクなど多数のものがある．一方の機械部品は，歯車，滑り軸受，転がり軸受，保持器，ばね，ボルト，ねじ，あるいは列車，電車及び自動車などのブレーキ材やクラッチ面材料などがある．

　プラスチックを機械材料として理解する上に，規範となるのは長い歴史をもつ金属の性質である．また最近，材料革新の一端を担っている硬ぜい性をもつセラミックもまた規範とすべきであろう．

　プラスチックの基本的特徴として指摘される性質は，温度及びひずみ速度に大きく影響されることである．すなわち，これらの二つの因子に鋭敏である．これに反し，規範として比較される金属とセラミックは，この二因子に鈍感である．

　プラスチックの温度-ひずみ速度の依存性は，その分子構造に基づくもので，

力学的モデルで表示される要素である"ばね"と"ダッシュ・ポット"のうち，後者のダッシュ・ポットに包含されている液体の粘性の作用であると考えると理解しやすい．

プラスチックの特徴の他の一つは，表面の性質である．例えば，機械部品のうち，滑りや転がりを伴うものに用いると，摩擦が小さく，耐摩耗性に優れている．これらの性質を一義的に述べるのは困難であるが，その一つの尺度として表面エネルギーは，Zisman[1]によると高分子材料は2〜4程度であり，金属のそれは100（いずれも$10^{-6}$ MPa）で20〜50倍の差がある．参考にセラミックの表面エネルギーは，PMMAの$1/10^2$，低炭素鋼の$1/10^4$のオーダのように小さい[2]．

## 2.2 機械材料としての特徴

### 2.2.1 各種材料とプラスチックの強さの比較

弾性係数と引張強さについて，ポリスチレン，メタクリル樹脂，ポリアミド樹脂及びポリエチレンと金属を含む各種の材料と比較したものを表2.2.1に示す．この表において，軟鋼とナイロン66を比べると次のことが分かる．すなわち，金属の弾性係数は100倍，引張強さは6倍とそれぞれ大きい．これに対して比強度（引張強さ/密度）はナイロンの方が20%以上大きい．このように比強度が金属に比べて大きいことはプラスチックの特徴の一つといえる．

### 2.2.2 ガラス強化プラスチックの機械的性質

**(1) 静的強さ**

表2.2.1の値は生地のものであるが，これらを補強するためにガラス繊維を入れると，機械的性質は飛躍的に向上する．これらの例を表2.2.2に示す．例

---

1) Zisman, W.A. (1963) : Ind. Eng. Chem., 55, 18
2) Puttick, K.E. (1979) : J. Phys. D. 12, L19–L23 ; Warren, H. (1978) : Act. Metall. 26, 1759–1769

## 2.2 機械材料としての特徴

表 2.2.1 種々の材料の力学的性質の比較[3]

| 材料 | 弾性係数 MPa×10³ | ポアソン比 | 引張強さ MPa | 引張強さ 密度 |
|---|---|---|---|---|
| アルミニウム | 70 | 0.33 | 62.1 | 23.2 |
| 銅 | 120 | 0.35 | 269.1 | 30.2 |
| すず | 40 | | 27.6 | 4.92 |
| 鉛 | 15 | 0.43 | 13.8 | 1.24 |
| 鋳鉄 | 90 | 0.27 | 103.5 | 13.4 |
| 軟鋼 | 220 | 0.28 | 414.0 | 52.7 |
| ガラス | 60 | 0.23 | 69.0 | 28.1 |
| ガラス質けい素 | 70 | 0.14 | | |
| グラファイト | 30 | 0.3 | 131.1 | 49.2 |
| ポリスチレン | 3.4 | 0.33 | 41.4 | 39.4 |
| ポリメタクリル酸メチル | 3.7 | 0.33 | 48.3 | 41.5 |
| ナイロン 66 | 2 | | 69.0 | 64.0 |
| ポリエチレン（低密度） | 2.4 | 0.38 | 13.8 | 15.5 |
| ゴム | 2 | 0.49 | 13.8 | 15.5 |

えば，ナイロン66では無充てんの引張強さが6.3のものが30％の充てんによって1.3～1.6 MPa，すなわち2～2.5倍大きくなっているように，一般に生地に比べて強さが向上するが，更に付加的価値として寸法安定性及び剛性が向上する．

ところで，ガラス繊維強化プラスチック（Fiber-glass Reinforced Plastics）を略してFRPと呼び，この場合のPは熱硬化性樹脂で，一般には不飽和ポリエステル樹脂であるが，このほかエポキシ樹脂やフェノール樹脂が用いられる．次にそのPとして熱可塑性樹脂を用いたときはFRPと区別するために，FRTPと呼ぶ．表2.2.2にGRTPとしてGがあるが，これはFについて特にガラスを用いたためである．

### (2) FRPのJR規格[5]

FRPについてのJR規格の等級及び品質を表2.2.3に示す．この表で分かる

---

3) Nielsen, L.E. (1962): Mechanical Properties of Polymers, Reinhold Pub.; 小野木（訳），高分子の力学的性質，化学同人（1965）

**表2.2.2** GRTPの力学的性質[4]

| 材 料 | ガラス含量 (wt%)[*1] | 引張強さ (MPa) | 伸 び (%) | 曲げ強さ (MPa) | ロックウェル硬さ |
|---|---|---|---|---|---|
| ナイロン610 | 0<br>30 (S)<br>30 (L) | 59<br>118~132<br>132 | 85~300<br>3.0<br>1.9 | 152~181<br>157 | R 111<br>E 35~45, R 118<br>E 70~75 |
| ナイロン66 | 0<br>30 (S)<br>30 (L) | 62<br>127~157<br>137 | 60~300<br>3.0<br>1.5 | 86<br>181~221<br>191 | R 108~118<br>E 45~50, R 120<br>E 60~70 |
| ナイロン6 | 0<br>30 (S)<br>30 (L) | 49<br>118~167<br>145 | 75~320<br>3<br>2.0 | 56<br>157~221<br>186 | R 103~108<br>E 45~50, M 90<br>E 55~60 |
| ポリカーボネート | 0<br>30 (S)<br>30 (L) | 66<br>83~127<br>98~127 | 60~110<br>2.5~3<br>2.2~5 | 93<br>118~172<br>127 | M 70, R 118<br>M 92, R 118<br>H 80~90 |
| ポリプロピレン | 0<br>30 (S)<br>30 (L) | 29<br>41<br>55 | 200~700<br>3.0<br>3.2 | 41<br>52<br>69 | R 85~100<br>M 40<br>M 50 |
| ポリアセタール | 0<br>30 (S)<br>30 (L) | 69<br>69~93<br>73 | 15<br>2~3<br>2.3 | 98<br>98~103<br>103 | M 94, R 120<br>M 70~75, 95<br>M 75~80 |
| ポリエチレン | 0<br>30 (S)<br>30 (L) | 8.3<br>41<br>45 | 50~600<br>3.0<br>3.0 | 33<br>48<br>55 | (ショア)<br>D 50~60<br>R 60<br>R 60 |
| ポリスルホン | 0<br>30 (S)<br>30 (L) | 71<br>117<br>123 | 50~100<br>2.0<br>2.0 | 147<br>167 | M 69, R 120<br><br>E 45~55 |

注[*1]　S：短繊維（チョップとして混入）
　　　　L：長繊維（樹脂塗布繊維を切断）

4) 高分子学会編(1972)：高分子材料便覧，p.179，コロナ社
5) JRS 17429-2C-15AR6A（既存値）

## 表 2.2.3　GRP の等級と品質（JRS 17429–2 C）[5]

### (a) 等　級

| 等級 | 記号 | 内　　容 | 使　用　例 | 参　考 MIL–17549 C |
|---|---|---|---|---|
| 1種 | FRP 1 | 一方向に最高度の強度剛性を必要とする重要な強度部材 | 空気ばね中間リング | — |
| 2種 | FRP 2 | 最高度の強度剛性を必要とする重要な強度部材 | — | 1級 |
| 3種 | FRP 3 | 高度の強度剛性を必要とする重要な強度部材 | 電気機関車（EF 62）の平屋根 | 2級 |
| 4種 | FRP 4 | 中程度の強度剛性を必要とする強度部材 | 水タンク，寝台底板 | 3級 |
| 5種 | FRP 5 | 経済性のためには強度剛性を少しは犠牲にしてよい部材 | 屋上装置用絶縁台（電車），光り前頭 | 4級 |
| 6種 | FRP 6 | 強度剛性はあまり必要としない部材 | 便洗ユニット，食堂いす，整風ざら，クーラきせ | 5級 |
| 7種 | FRP 7 | 構造的特性が重要でない部材 | タンク内の照明ランプカバー | — |
| 8種 | FRP 8 | 強度剛性をあまり必要としない経済性部材 | 座布団受，通風器取付台，通風器水切 | — |

### (b) 品　質

| 試験項目 | 試験の状態 | 各等級の要求値 | | | | | | | |
|---|---|---|---|---|---|---|---|---|---|
| | | FRP 1 | FRP 2 | FRP 3 | FRP 4 | FRP 5 | FRP 6 | FRP 7 | FRP 8 |
| 曲げ強さ (kgf/mm$^2$) | 標準<br>湿潤 | 67以上<br>60以上 | 35以上<br>31以上 | 26以上<br>23以上 | 22以上<br>19以上 | 16以上<br>14以上 | 13以上<br>11以上 | 11以上<br>8以上 | 7以上<br>5以上 |
| 曲げ弾性係数 (kgf/mm$^2$) | 標準<br>湿潤 | 3 600以上<br>3 240以上 | 1 760以上<br>1 620以上 | 1 410以上<br>1 270以上 | 1 020以上<br>880以上 | 770以上<br>670以上 | 600以上<br>540以上 | 490以上<br>390以上 | 800以上<br>700以上 |
| 引張強さ (kgf/mm$^2$) | 標準 | 78以上 | 26以上 | 20以上 | 14以上 | 10以上 | 6以上 | 5以上 | 3.5以上 |
| 圧縮強さ (kgf/mm$^2$) | 標準<br>湿潤 | 35以上<br>24以上 | 23以上<br>20以上 | 18以上<br>16以上 | 15以上<br>13以上 | 12以上<br>11以上 | 11以上<br>10以上 | 11以上<br>9以上 | 15以上<br>14以上 |
| 空胴率(%) | — | 1.0以下 | 1.5以下 | 2.0以下 | 3.0以下 | 4.0以下 | 5.0以下 | 5.0以下 | 1.0以下 |
| 樹脂含有率(%) | — | 25以下 | 43以下 | 50以下 | 57以下 | 65以下 | 75以下 | 80以下 | 30以下 |

ように，FRP 1の引張強さは78 kgf/mm² 以上であって，普通の炭素鋼の引張強さをはるかに超えた値を示している．

### 2.2.3 疲労強さ
#### (1) 促進試験法

以上述べたような静的強さに対して，動的強さの一つである疲労強さは重要である．一般に疲労限は，静的強さの30～40%のものが多いが，しかし，その低い材料は14%，高いものは52%のものなどが報告されている[6]．

このような疲労限を求めるために，応力 $S$ と繰返し数 $N$ の関係，すなわち，$S$–$N$ 曲線を出すことは非常に長い時間を必要とし，更に得られた値のばらつきが大きいといわれる．そのため，疲労限を短時間にかつ簡単に求めるProt法[7]が，1948年に提出されたが，これは促進試験法の一つである．

この方法を用いて，Lazar[8] が高分子の疲労試験を行っている．その報告の中で，ナイロンについて，Prot法を取り出してみると，図 2.2.1のようになる．横軸は荷重速度の平方をとり，縦軸は階段的に荷重を増加させ，試料が破壊したときの応力を示す．荷重速度を変えて実験を行うとそれに対応した破壊応力が求められる．これらの点を結ぶと直線となるから，これを荷重速度0の方に延長して，応力軸との交点を求めると，これが疲労限となる．ナイロンについて疲労限を求めると，3 040 psi となり，概略の値は両方法によって得られた

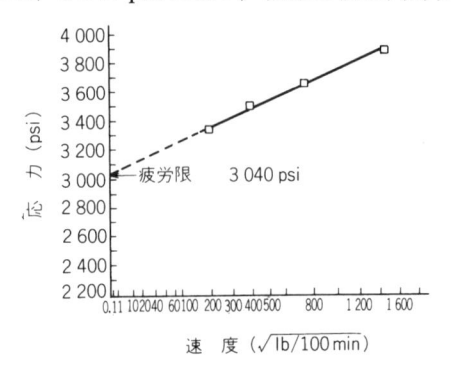

**図 2.2.1** Prot法によるナイロンの疲労限

## 2.2 機械材料としての特徴

ものと一致する.

次に Prot 法の原理について述べる. いま仮に疲労限を既知とし, これを $S_e$ とする. 一つの荷重速度を決めて, $S_e$ を原点として付加を与えると, 作用荷重は疲労限を超えているので, 必然的にある応力と時間で破壊が生じる. 図 2.2.2 に示すように, 荷重速度を変えて実験を行うと, 同様の条件で破壊が生じる. 図に示された個々の直線は, 応力を $S$, 荷重速度を $a$, 時間を $t$ とすると, これらの関係は次式で示すようになる.

$$S - S_e = at \tag{2.2.1}$$

次に, 破壊応力と時間の座標を結ぶ曲線は, 次のような双曲線になると仮定する.

$$(S - S_e) t = K \tag{2.2.2}$$

ここに, $K$ : 定数

ところで, 実際には $S_e$ が不明であるから, $S_e$ より小さい応力 $S_0$ を起点として荷重を増加させなければならない. これを図示すると図 2.2.3 のようになり, 疲労限に達するまでの時間を $t_{se}$ とし, $(t - t_{se})$ を考えて $S_e$ に始点を置き換えれ

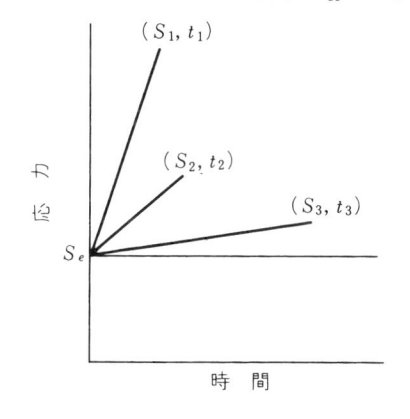

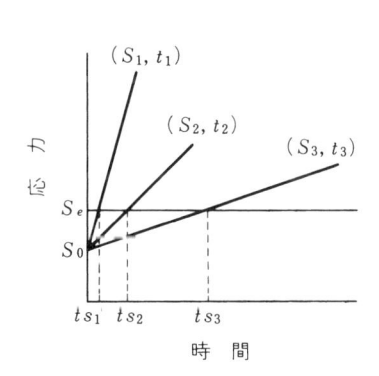

**図 2.2.2** $S_e$ 疲労限より荷重速度を変えたときの破壊応力と時間

**図 2.2.3** $S_e$ より低い $S_0$ を原点としたときの図

---

6) Lazan, B.J., Yorgradis (1944) : Symposium on Plastics, 66
7) Lazar, L.S. (1957, Feb.) : ASTM Bull. No.220, 67
8) Lazar, L.S. (1959, Aug.) : Mat. in Design Engg., 50, 98 (数値・単位は原著のとおり)

ば，式(2.2.1)，式(2.2.2)は次のようになる．

$$S-S_e=a(t-t_{se}) \tag{2.2.3}$$

$$(S-S_e)(t-t_{se})=K \tag{2.2.4}$$

式(2.2.2)と式(2.2.4)は双曲線であるが，$t \to \infty$，$t_{se} \to \infty$ でいずれも $S_e$ に漸近する．

次に，式(2.2.3)×式(2.2.4)をつくると，

$$(S-S_e)^2=aK \tag{2.2.5}$$

となり，$(t-t_{se})$ が消去されて，式に無関係となる．そこで，$a \to 0$ とおくと，$S_e$ が定められる．

同一著者によって，強化プラスチックの疲労が Prot 法によって研究され，旧来の方法によるものとよく一致した値を得ている．

**(2) 静的強さと疲労強さ[9]の関係**

工業技術院（元）傘下の6研究所で組織した疲労タスクグループの共同研究が15種類の試験片について，1研究所では引張疲労試験で，他は両振平面曲げ疲労試験を行った．試験片のうち7種類は無充てん材で，他はガラスが充てんされている．実験は 20℃ 及び 50℃ で行われ[10]，実験結果が報告[11]されているが $10^6$ 回における疲労強度を $\sigma_f$，試験片の曲げ弾性係数を $E$ とすると，これらの間に次の関係が成り立つことが分かった．

$$\sigma_f = aE + b \tag{2.2.6}$$

ここで，$a, b$ は定数である．すなわち，疲労強度は弾性係数に比例することであり，大変重要な結論である．

### 2.2.4 衝撃試験

衝撃試験にはシャルピー[12]とアイゾット[13]形がある．アイゾットの見かけ

---

9) JIS K 7119（硬質プラスチック平板の平面曲げ疲れ試験方法）
10) 工技院研究報告, No.1, 1981, p.15–23
11) 古江, 島村, 工技院研究報告, No.1, 1981, p.25–37；機技研究報, 34–5, 220 (1980)
12) JIS K 7111（プラスチック―シャルピー衝撃強さの試験方法）
13) JIS K 7110（プラスチック―アイゾット衝撃強さの試験方法）

## 2.2 機械材料としての特徴

の測定値は，試料の塑性変形エネルギー，破壊エネルギー，破壊した試料を放り出すエネルギー，及び機械に振動を与えるエネルギーの総和として与えられる．これらのうち，第3番目の試料を放り出すエネルギーをトス・ファクタ (toss factor) と称し，これが測定値に相当に大きい部分を占め問題となる．

その例として質量の大きいマイカ積層フェノール樹脂は木粉入りより大きい値を示すが，実際の経験としては，木粉入りの方がやや優れている．これらの差異がトス・ファクタのしわざとされている．そこで，より正確な値を得るため，Maxwellら[14]は試料を回転振動する衝撃ハンマに取り付け，その運動エネルギーを利用して，トス・ファクタを除去している．各種の高分子材料についての試験結果を図2.2.4に示す．

この装置は，棒状のロータを回転させるようになっている．これと同様な考えのもとで，Burns[15]は同様の試験を行い，Izodのスペルの逆を取りDoziと

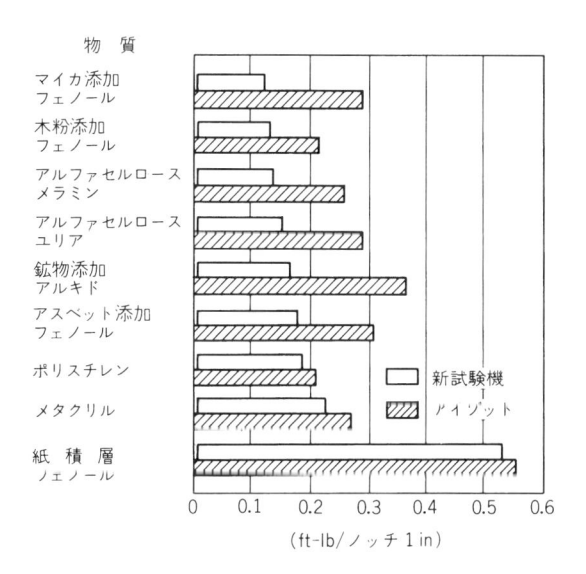

図2.2.4 アイゾットと新試験機による衝撃値の差異

---

14) Schack, W. (1952, Nov.) : Machine Design, 24, 159 （数値・単位は原著のとおり）
15) Burns, R. (1954, Jan.) : ASTM Bull., 61

呼んでおり，実験の結果は経験と一致している．

### 2.2.5 動力学的性質

ここではプラスチックの特徴の一つである粘弾性の挙動を，正しく測定し，かつ評価する方法について，主として標準化されているものについて，その概要を述べよう．

**(1) 動的ねじり試験**[16]

この試験機の構造は図2.2.5に示すように，ねじり振子によって粘弾性を測定するもので，ISO[17]及びASTM[18]で規定されている．図2.2.5に示されているように，A型及びB型がある．図に示す円板を含めて，振動系を組み立て，静止状態の円板の位置を変え，次にこれを開放すると，振動は減衰運動を始める．この試験機によって，振動曲線の相隣れる振幅の対数，すなわち対数減衰率 $\Delta$ ［$\Delta = \ln(A_1/A_2)$，ここで，$A$ は振幅］ と周期 $P$ 又は周波数 $f$ の二つの量を測定して粘弾性を具体的量として把握するものである．次に，理論と計算についてやや詳しく述べてみよう．

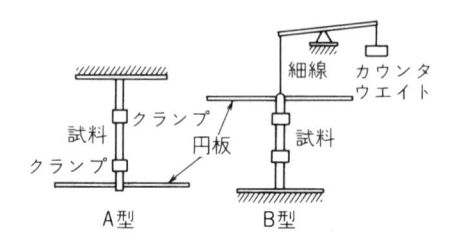

**図2.2.5** ねじり振動装置

**(a) 応力とひずみの関係**[19] 図2.2.6に示すように，直径 $d$ の丸棒がねじりモーメント $M_t$ によって $d\theta$ ねじられているとする．この場合に，せん断ひずみ $\gamma = cc'/ac = (1/2)(d\theta/dx)d$，すなわち，

$$\gamma = \frac{1}{2}\frac{d\theta}{dt}d = \frac{\theta}{l}r \tag{2.2.7}$$

ここに，$\theta$：全長 $l$ に対するねじり角

## 2.2 機械材料としての特徴

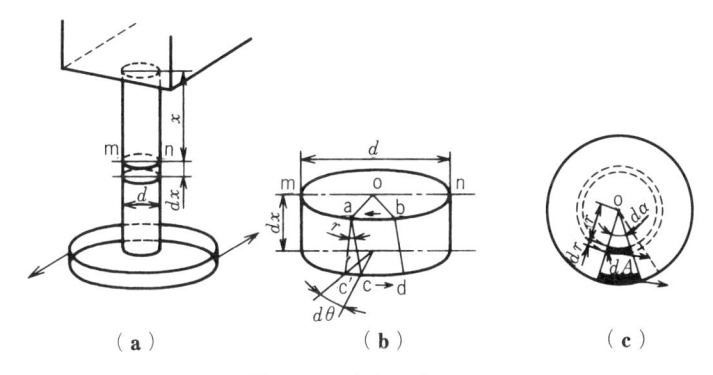

図 2.2.6 応力と変形

$r$：半径

ところで，せん断弾性係数 $G$ とせん断応力 $\tau$ の間には，$G=\tau/\gamma$ の関係があるから，

$$\tau = G\gamma = \frac{\theta}{l}r \tag{2.2.8}$$

図 2.2.6 (c) より，$dA$ のせん断力は $\tau dA$ でこのモーメントは次のようになる．

$$(\tau dA)r = G\frac{\theta}{l}r^2 dA \tag{2.2.9}$$

したがって，全面積にわたるモーメント，すなわち曲げモーメント $M_t$ は

$$M_t = \int_A \frac{\theta}{l}r^2 dA = G\int_A \frac{\theta}{l}r^2 dA = G\frac{\theta}{l}I_p \tag{2.2.10}$$

となる．ここで $I_p$ は軸心に対する二次極モーメントである．

式(2.2.10)を書き換えると，次のようになる．

---

16) JIS K 7244-2（プラスチック―動的機械特性の試験方法―第2部：ねじり振子法）
17) ISO 6721-2（Plastics ― Determination of dynamic mechanical properties ― Part 2: Torsion-pendulum method）
18) ASTM D 4065-01（Standard practice for plastics: Dynamic mechanical properties: Determination and report of procedures）
19) Timoshenko, S. (1955)：Strength of Materials (Part I), Van Nost. Reinhold Co., 281

$$\theta = \frac{M_t l}{G I_p} \tag{2.2.11}$$

ここで，$I_p$ は，この計算例である丸棒のみでなく，断面形がいずれの場合でもよいわけで，一般的に用いられる式である．

**(b) 回転運動の方程式**　回転体に外力が作用するとき，その力のモーメントを $M_t$，回転体の慣性モーメントを $I$，物体が $M_t$ によって回転した角を $d\theta$ とすれば，$M_t$ のなした仕事 $dW$ は

$$dW = M_t d\theta \tag{2.2.12}$$

$$\frac{dW}{dt} = M_t \frac{d\theta}{dt} M_t \omega \tag{2.2.13}$$

ここに，$\omega$：角速度

次に，この固体の運動エネルギー $E$ 及び $dE/dt$ は次のようになる．

$$E = \frac{1}{2} I \omega^2 \tag{2.2.14}$$

$$\frac{dE}{dt} = I \omega \frac{d\omega}{dt} \tag{2.2.15}$$

ここで，エネルギー不滅の法則から $dt$ の間におけるエネルギー増加は，この間になされた仕事に等しいから，

$$\frac{dE}{dt} = \frac{dW}{dt} \tag{2.2.16}$$

となる．すなわち，式(2.2.13)と式(2.2.16)より

$$I \frac{d\omega}{dt} = M_t \tag{2.2.17}$$

$$I \frac{d^2\theta}{dt^2} = M_t \tag{2.2.18}$$

この式は力のモーメントと角速度との関係を示す重要なもので，運動の第二法則 $f = ma$（$f$：力，$m$：質量，$a$：加速度）に相当する基礎式である．

次に式(2.2.10)を

## 2.2 機械材料としての特徴

$$M_t = G\frac{\theta}{l}I_p = -KG\theta$$

とおくと，式(2.2.18)は次のようになる．

$$I\frac{d^2\theta}{dt^2} + KG\theta = 0 \tag{2.2.19}$$

ここで，$-K=I_p/l$ は，形状定数で，断面及び長さによって一義的に決定される．

**(c) 解法** 式(2.2.19)の解法には複素せん断弾性係数とフォクト・モデルの導入による場合があり，そのことについて以下に述べる．

**(i) 複素せん断弾性係数の導入**[20] 式(2.2.19)におけるせん断弾性係数において，この物質が粘弾性を示すとすれば，応力とひずみの間に位相差が生じることになるので，いま $G^* = G' + iG''$ のように複素数表示を行うと，式(2.2.19)は次のようになる．

$$I\frac{d^2\theta}{dt^2} + K(G' + iG'')\theta = 0 \tag{2.2.20}$$

ここに，$G'$：動的せん断弾性係数
$G''$：動的損失

これを解くために，

$$\theta = \theta_0 e^{-\alpha t} e^{i\omega t} = \theta_0 e^{(i\omega - \alpha)t} \tag{2.2.21}$$

とおく．

ここに，$\alpha$：減衰率
$e^{i\omega t}$：振動特性

いま，式(2.2.21)及びこれを二次微分したものを式(2.2.20)に代入すると，

$$I(\alpha^2 - \omega^2 - 2i\omega\alpha) + iKG'' + KG' = 0 \tag{2.2.22}$$

となる．これから実数部及び虚数部を0とおくと，次のように $G'$, $G''$ が求められる．

---

20) Nielsen, N.E. (1962): Dynamic Mechanical Properties of Polymers

$$G' = \frac{I}{K}(\omega^2 - \alpha^2) \tag{2.2.23}$$

$$G'' = \frac{2\alpha I \omega}{K} \tag{2.2.24}$$

いま，周期を $P$，$\Delta$ を対数減衰率とすれば

$$\Delta = \alpha P, \quad P = \frac{2\pi}{\omega} \tag{2.2.25}$$

$$G' = \frac{I}{KP^2}(4\pi^2 - \Delta^2) \tag{2.2.26}$$

$$G'' = \frac{4\pi I \Delta}{KP^2} \tag{2.2.27}$$

なお，$G'$ と $G''$ の間には，次の関係がある．

$$\frac{G''}{G'} = \frac{4\pi\Delta}{4\pi^2 - \Delta^2} \fallingdotseq \frac{\Delta}{\pi} \tag{2.2.28}$$

**(ii) フォクト・モデルの導入** 式(2.2.19)のねじりモーメント $M_t$，すなわち $KG\theta$ の $G$ は弾性的性質を考えているが，ここでは更に粘性的要素 $[\eta(d\theta/dt)]$ が並列に含まれている，いわゆるフォクト・モデル（図2.2.7）を考えると，式(2.2.19)は次のようになる．

$$I\frac{d^2\theta}{dt^2} + K\eta\frac{d\theta}{dt} + KG\theta = 0 \tag{2.2.29}$$

これを，式(2.2.21)を用いて上と同様に解くと，

$$G' = \frac{I}{KP^2}(4\pi^2 + \Delta^2) \tag{2.2.30}$$

$$\eta' = \frac{2I\Delta}{KP} \tag{2.2.31}$$

$G''/G'$ の関係は式(2.2.28)と同様である．以上述べた式において，$K$，$P$ 及び $\Delta$ が与えられると，$G'$，$G''$，$\eta'$ が求められる．ここで，$K$ は前に述べたように形状因子で，試料の寸法によって一義的に，また $P$ は周期であり，いずれも容

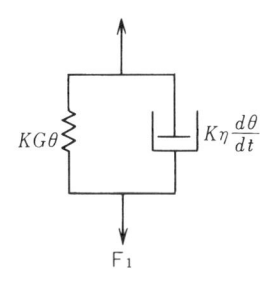

2.2 機械材料としての特徴　　　　　　　　　　139

**図2.2.7** フォクト・モデル

易に求められる．他の一つの対数減衰率 $\Delta$ については，振動の減衰曲線の相隣れる二つの最大振幅をその大きい方より $A_1, A_2$ とすると，次のようになる．

$$\Delta = \ln \frac{A_1}{A_2} \tag{2.2.32}$$

**(d) ISOとASTMの規格**　ASTMでは，式(2.2.25)と式(2.2.30)において，$\Delta \ll 2\pi$ であれば，

$$G' = \frac{4I\pi^2}{KP^2} \tag{2.2.33}$$

とおくことができる．したがって，形状因子を定めれば $G'$ が求められる．例えば丸棒を例にとると，この断面二次極モーメント $I_p$ は，$I_p = \pi r^4/2$ から，$K = \pi r^4/2l$ となるので，

$$G' = \frac{I8\pi l}{r^4 P^2} = \frac{If^2 8\pi l}{r^4} \tag{2.2.34}$$

ここで，$G''$ については，

$$G'' = G' \frac{\Delta}{\pi} \tag{2.2.35}$$

次に短冊型では，$Ip = bt^3\mu/16$ から $K = bt^3\mu/16l$ が出され，$G'$ は次のようになる．

$$G' = \frac{I64\pi^2 l}{bt^3 \mu P^2} = \frac{If^2 64\pi^2 l}{bt^3 \mu} \tag{2.2.36}$$

表 2.2.4  $\mu$

| $b/t$ | $\mu$ 形状定数 | $b/t$ | $\mu$ 形状定数 |
|---|---|---|---|
| 1.00…… | 2.249 | 3.50…… | 4.373 |
| 1.20…… | 2.658 | 4.00…… | 4.493 |
| 1.40…… | 2.990 | 4.50…… | 4.586 |
| 1.60…… | 3.260 | 5.00…… | 4.662 |
| 1.80…… | 3.479 | 6.00…… | 4.773 |
| 2.00…… | 3.659 | 7.00…… | 4.853 |
| 2.25…… | 3.842 | 8.00…… | 4.913 |
| 2.50…… | 3.990 | 10.00…… | 4.997 |
| 2.75…… | 4.111 | 20.00…… | 5.165 |
| 3.00…… | 4.213 | 40.00…… | 5.232 |

ここで，$b$：試験片の幅，$t$：試験片の厚さ，また $\mu$ は $b/t$ に関係する定数で，表2.2.4のようになる．

ISOでは短冊型について $G'$ は次の式で求める．

$$G' = \underbrace{\frac{If^2 12\pi^2 l}{bt^3 C}}_{Fg} - \underbrace{\frac{mgb}{bt^3 \mu}}_{S_E} \tag{2.2.37}$$

ここで，$C=3\mu/16$，もし $t/b<0.4$ のときは，$C=1-0.623t/b$ を用いる．$m$ は試料の質量，$g$ は重力加速度である．なお，$\mu$ はASTMと同一の表2.2.4を用いる．この式で $Fg$ の項と同一（$t/b>0.4$ のとき）であるが，$S_E$ は補正項で回復トルクに及ぼす重力に関係する．この項は $G>10^8$ dyn/cm$^2$ 以上のとき考慮される．

**(2) ダンピング・キャパシティ**

図2.2.8に示すように，いま応力-ひずみ曲線で，ABCDAのような閉曲線を作るとする．そこで，ダンピング・キャパシティを $D$（in-lb/in$^3$/cycle），応力を $S$（psi）とすれば，両者の関係は，経験的に次式で示される．

$$D = JS^n \tag{2.2.38}$$

ここで，$J, n$ は定数で，それぞれの値は，

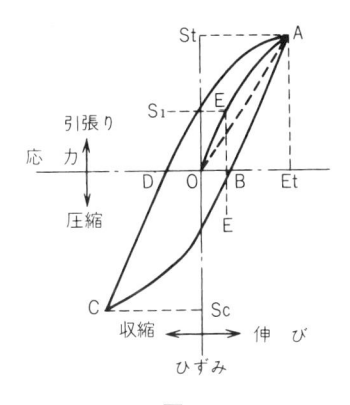

**図 2.2.8**

$n = 2.1 \sim 2.3$（プラスチック）[21]

$n = 3$（プラスチック，金属）[22]

及び

$J = (16 \sim 390) \times 10^{-12}$

$J = 0.05 \times 10^{-12}$（金属）

となる．これらの値からダンピング・キャパシティ $D$ の応力依存性は金属とさほど大きい差はないといえる．しかし一方の定数 $J$ については，3，4桁の差が明白に示されている．

**(3) ヒステリシス・コンスタント**

いままで述べてきた対数減衰率 $\Delta$ と弾性係数 $E$ の間には，ヒステリシス・コンスタントという性質があって，$E\Delta = 10^{-1}$ になる．これは Gemant [23] の書に述べられているもので，フェノール樹脂及びナイロン樹脂は $E\Delta = 10^{-1}$ として $E$ の値より $\Delta$ を計算して含め表 2.2.5 に示す．この表から分かるように，弾性係数の大きいもの，いわゆる剛性の大きいものは，対数減衰率が小さいことが分かる．

---

21) Sauer, J.A., Oliphant, W.J. (1949) : Proc. ASTM, 49, 1119
22) Robertson, J.M., Yorgiadis (1946) : J. Appl. Mech. (A), 13, 173
23) Gemant, A. (1950) : Frictional Phenomena （SI単位で表示）

表2.2.5 ヒステリシス・コンスタント

| 材料 | 弾性係数 $E$<br>MPa, $\times 10^2$ | 減衰率 $\Delta$<br>$\times 10^{-6}$ | $E\Delta$<br>$\times 10^{-1}$ |
|---|---|---|---|
| 鋼 | 2 000 | 0.6 | 1.2 |
| 銅 | 1 250 | 3.2 | 4.0 |
| 石英 | 350 | 2.6 | 0.9 |
| 鉛ガラス | 230 | 4.2 | 1.0 |
| 木 | 130 | 27 | 3.5 |
| エボナイト | 31 | 85 | 2.6 |
| ポリスチレン | 13 | 48 | 0.63 |
| パラフィン | 5 | 150 | 0.75 |
| フェノール樹脂 | 70 | 14.3 | 1 |
| ナイロン | 28 | 35.7 | 1 |

## 2.3 熱可塑性プラスチックとその複合材

第1章で説明しているように分子構造が直鎖状で高温下で軟化・溶融するのが熱可塑性プラスチックであるが，流動性を利用して成形加工が容易にできることがこの材料の最大の特徴である．特に，機械材料として使用される用途では，複雑な形状のものが容易につくられるということは非常に大きな意味をもっている．線膨張係数が大きく，加工精度がよくないという問題点があったのが，繊維強化複合材料によって改善された．同時に得られる機械的強度の向上とあわせてますます機械部品材料として使われる機会が増大している．特に，成形材料，成形方法の改良によって，強化繊維の長さが長くなると，弾性率，耐クリープ性が向上する．弾性率が高くなると支持可能な負荷応力が大きくなるので機械構造材料として強さが増すことになる．

熱可塑性プラスチック材料の種類は極めて多い．それぞれの特徴をいかして使用するというにはあまりにも多過ぎて，かえってこれが使いにくくしているともいわれるくらいである．逆にいえば，それぞれ特に優れた点もあるが，物足りない部分をもっているということで使い方に工夫が必要であった．しかし，最近ポリマーアロイの技術進歩によって，いくつかのプラスチック材料を組み

## 2.3 熱可塑性プラスチックとその複合材

合わせてお互いの欠点を補いつつ長所を加え合わせるということが可能になった．これによって材料としての使い勝手は大きく向上した．この組合せの詳細に立ち入ろうとするとますます複雑になって大変だと考えられるかも知れないが，これは材料メーカの専門に任せておくことにすれば——金属の合金のように——問題にすることはないはずである．

材料特性の向上のために，複雑な分子構造のものを用いることも増えてきた．耐熱性の優れた材料の要求が増えてきたので，それに応えるためのものである．特に機械材料用途では性能／コスト比の点で多少高価格のものも使用可能で，加工コストの点でも熱可塑性の特徴がいかせるとかなり有利になり見過ごすことはできない．しかし，耐熱性の要求に応えるためには分子構造に架橋の導入も必要になるようであり，加工しにくいものも増えてくる．当然，加工技術の進歩も期待される．

機械部品の設計で熱可塑性プラスチックを材料として取り上げるとなると，このようなことから単純な材料のデータシートによるだけでは十分でなくなってきた．以前から設計データとしての技術資料が足りないことがいろいろ言われている．しかし，これは具体的な用途での詳細な要求を知ることのできない材料メーカの能力を越えた要求であることが多いので，ここでは触れない．もちろん，材料メーカもユーザに協力していろいろと複雑な評価検討を行っている．この内一般化できるものは次々と技術資料にまとめられている．しかし，それも材料メーカによる評価が主であって，個々の設計での要求のように複雑なものに対応させることは難しい．耐久性データについて，各種環境条件下での資料は既に実績値がそれぞれの用途で蓄積されているが，これらはあまりにも個別の要求に対するものでなかなか共通のものにはなりにくい．データベース構築の努力がいろいろとなされているが，これもどこかで共通の計算方式によって整理し直さないといけないものである．

この点についての問題のあることを認識した上で，ここでは各種材料について1.2.1項の順に（1.2.3項を適宜挿入）特徴的事項を用途のイメージがとらえられるような形で説明する．材料の輪郭がわかれば，今後複合材などの材料設

計で参考にすることができるであろう（なお，繊維，フィルム，接着剤，塗料については除いた．）．

それぞれ材料の物性値は巻末の性能表にまとめられているので，必要な比較は可能であろう．強さについての耐久性や温度変化に対するデータは補足する必要のあるものがあるので，これを適宜樹脂の説明の後に図にして挿入した．強さは通常機械設計で使用されると思われる範囲の応力-ひずみ曲線を示したが，その温度変化，又は時間経過の変化を等時間曲線（isochronous curve）の形で示したので，これで判断できよう（JIS K 7141 [24] のマルチポイントデータによる表示が一般化するとこれを満たすことになる．）．二，三の例外はあるが，弾性率は長時間経過後約半分程度に低下することが一般的に認められている [25]．クリープ変形などの一次近似の推算には使える．

温度変化については必要と考えられるものについて別に弾性率の変化を示した．降伏強さの変化もこれとほぼ同様なので，これを参考に推定できる．なお，破断強さの温度変化は複雑な要因がからんでいるので一概には言えない．

また，いわゆる"疲れ強さ"は変動荷重によって材料中に生じるヒステリシス損失が原因の一つになるものと考えられるが，これのあまり生じない歪0.5%以下の小さな変形の範囲で使用すれば問題は少ないはずである．短時間強さや降伏強さの1/5くらいが疲労強さの第一次近似値である．

機械設計では材料のじん性も重要である．衝撃試験もプラスチック材料の微少亀裂発生に対する抵抗を評価する意味で，ノッチなしの試験結果にも注目する必要がある．また，粘弾性特性に注目したJIS K 7244 [26] の動的機械特性の試験の結果を参考にするとよい．特にじん性に関連しては動的弾性率の実数部だけでなく損失係数にも注目する必要がある．この二つの値の温度変化の測定結果は材料の衝撃挙動を理解するためにぜひ欲しいものである．

---

本節の図は，文献のデータをもとに書き直した．
24) JIS K 7141（プラスチック―比較可能なマルチポイントデータの取得と提示，第1部～第3部）
25) G.W. Ehreustein, G. Erhard (1984): Designing with Plastics, p. 29, Hauser
26) JIS K 7244（プラスチック―動的機械特性の試験方法，第1部～第6部）

## 2.3 熱可塑性プラスチックとその複合材

### 2.3.1 はん用プラスチック材料

価格が比較的安く，大量に使用されている熱可塑性プラスチック材料ははん用プラスチック材料として区別されている．力学的性質は単体ではあまり高くはないが，工業用途に用いられているものも少なくない．

**(1) ポリエチレン**

密度が結晶化の度合いによって0.91から0.96まで多種類のものがあり，用途に合わせて多様なものがつくられている．共通して言えるのは耐薬品性が優れており，低温（-70℃）まで柔軟性をもった材料である．自動車のフェンダライナのような耐衝撃用途や耐アブレージョン摩耗などの強さを求められる用途に用いられている．吹込成形が容易なため，ボートや自動車用ガソリンタンクなどにも用いられている．ただし，アルコール類とは構造が近いため浸透性があるので，バリヤ性は他の材料（ナイロン6など）によっている．

シラン化合物を添加したものは成形後に水架橋させて耐熱性を向上させることができる．床暖房などの温水配管に使用されている．

また，極めて分子量の高いものはUHMWPEと呼ばれて，耐衝撃性，耐摩耗性が極めて高い．熱成形は難しいので機械加工によっている．延伸して高強度・高弾性率の強化繊維が試作されている．

ポリマーアロイや複合材のためには界面の接着が必要である．ポリエチレンは耐薬品性がよいのでこれが難しいとされていたが，最近では十分改良された．また，第3成分を介在させて他のポリマーとの結合が工夫されている．

**(2) ポリプロピレン**

高密度ポリエチレンとほとんど同じような材料と言えるが，結晶の融点が高いので耐熱性が優れている．沸騰水中でも機械的強度を十分保っている．単体よりは共重合体での使用が多い．新重合技術の採用によって品質が向上し，製造可能なポリマー構造の範囲が拡がったので，この材料の可能性が大きく拡がった．従来から各種無機充てん剤との複合材が自動車などで大量に使用されているが，バンパーのバックアップビームにガラス繊維の長繊維タイプのものが使われるなど，構造用途での強度の要求に十分耐えるものができている．アロ

イなどでも今後ますます広範な用途に使用されるようになろう．また，ポリエチレン同様の水架橋が可能になって更に高性能化が図られている．

TPX樹脂は無色透明で，比重が0.84と最も軽く，耐熱性に優れている．実験室器具，医療用具に用いられている．

**(3) ポリブテン（PB）**[27]

比重が0.91（共重合体は0.9以下）と最も軽く，性質は低密度ポリエチレンに近い．融点は135℃（共重合体は102℃）．成形後，結晶変態を生じて1週間程度で安定なタイプに落ち付く．用途は柔軟でじん性をいかして，主にパイプ，中空体等に使われている．

**(4) ポリ塩化ビニル**

古くからよく知られた樹脂で，熱溶着性など加工性の良さが特徴である．水配管パイプなどに使用されている．鋼板に被覆した塩ビ鋼板は身近な用途にいろいろ使われている．難燃性をいかしてポリマーアロイの成分でもある．

**(5) ポリスチレン（図2.3.1）**

透明で硬質であるが，耐衝撃性，耐候性の点で工業用途ではゴム成分を配合

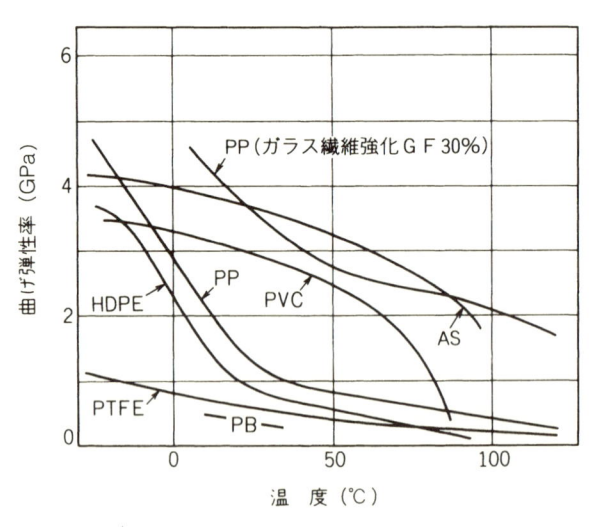

**図2.3.1** はん用樹脂の曲げ弾性率の温度変化[25]

したHIPSの形で使われる．ビデオカセットのケース，更にガラス繊維強化複合材がエアコンのファンに使用されている．最近，高重合度のものが製造可能になって強度向上が期待される．

**(6) AS樹脂**（図2.3.1），**ABS樹脂**

ポリスチレンを耐薬品性，強度などで改良したもの．特に後者は外観，物性のバランスに優れていてOA機器や家電製品の外装，自動車内装品等に広く使用されている．ABS樹脂はAS樹脂にゴム成分としてのポリブタジエンを配合した本来ポリマーアロイのはしりのような材料であるが，更に他の樹脂とのアロイが検討され，お互いに改質に役立っている．ガラス繊維強化のものが自動車インストルメントパネル骨材に使用された．

**(7) ポリメタクリル酸メチル（PMMA）**（図2.3.2）

無色透明な材料で耐候性に優れている．板材としての利用が多いが，自動車

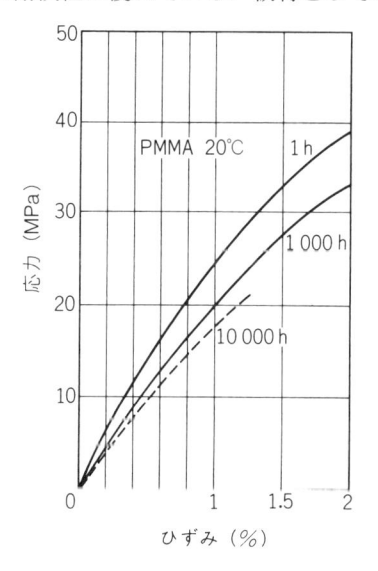

**図2.3.2** メタクリル酸メチル樹脂の等時間応力-ひずみ線図[28]

---

27) H. Dominghaus (1993): Plastic for Engineers; Materials, Properties, Applications. p.111, Hanser Publishers
28) R. Vieveg, F. Essel (1975): Polymethacrylate, Carl Hauser

ランプカバーなど成形品もある．表面硬化による傷つきやすさの改善も検討されている．

**(8) セルローズ系樹脂**

酢酸セルローズ系のものなどが感触の良さからハンドル，ケース類に使われている．

### 2.3.2 エンジニアリングプラスチック

2.1 節に述べられているように機械材料として使用に耐える強度をもっている樹脂材料で，比較的材料コストも安く，近年使用が大幅に伸びているものである．耐摩耗性の点では金属材料にない特徴を有しており（2.5 節参照），単体で用いられるものも多いが，工業用途では FRTP として短繊維（GF, CF）強化のものが弾性率，強さ，線膨張係数など寸法安定性に関連する性質が格段に改良されているので中心的存在である．金属材料に比べると耐衝撃性の劣ることが全般に問題であるが，特徴である加工性の有利さは圧倒的で，使用できるとなったらほとんど金属材料を代替している．成形による加工精度が不十分なものは機械加工が使われるが，これを省くために，複雑な形状の成形加工技術の開発と並んで，精度向上の検討も進められている．強化繊維に炭素繊維などが加わると，弾性率，線膨張係数などが更に向上するので，これらの採用によって機械部品のプラスチック化はますます進展するであろう．

**(1) ポリアミド（PA）（図 2.3.3）**

強じんな材料で耐摩耗性に優れ，耐油性，耐薬品性もよいので機械材料に最適な材料であるが，分子構造に起因する吸湿性が設計上配慮しなければならない問題点である．一般的にはポリアミド 66 と 6 が使われるが，吸湿をきらう用途ではポリアミド 11 や 12 が使われる．なお，吸湿による特性の変化は，温度変化を含めて材料メーカの技術資料を参考にするとよい．材料評価時の吸湿処理はなかなか難しい．吸湿の平衡状態を得るのに常温，1 mm 厚で約 2 か月かかる．時間は厚さのほぼ 2 乗に比例する．

耐薬品性を活かした容器類やしゅう動部材などは単体で使われているが，構

造部材などは上記の問題点を解消した繊維強化複合材が使用され，自動車のラジエータタンク，ロッカーカバーなどの耐熱性の要求の厳しい用途で活用されている．複合材として幅広くバラエティに富んだグレード展開がなされているので，機械部品用途で広範囲に利用されているが，ポリマーアロイとしての改質もいろいろと進められており展開が期待できる．新しい材料としては高融点のものが検討されている．ポリアミド46（融点：295℃），ポリアミド6T/6I（融点320℃）などである．

**(2) ポリカーボネート（PC）（図2.3.4）**

透明性と耐衝撃性の優れた材料で，成形収縮が小さいので精度の良い成形品が得られる．ガラス転移点が高い（135℃）ので耐熱性がよいうえに，低温でも-200℃付近まで，もろくならない広い温度範囲で使用できる．耐ガソリン

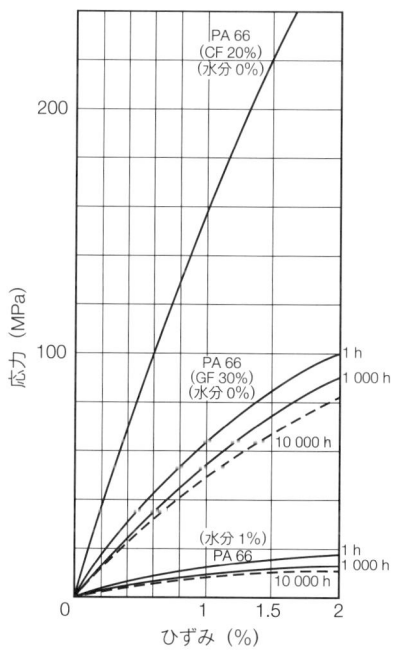

図2.3.3 ポリアミド（水分を調質）の等時間応力-ひずみ線図[25]（短繊維強化のものと対比した．）

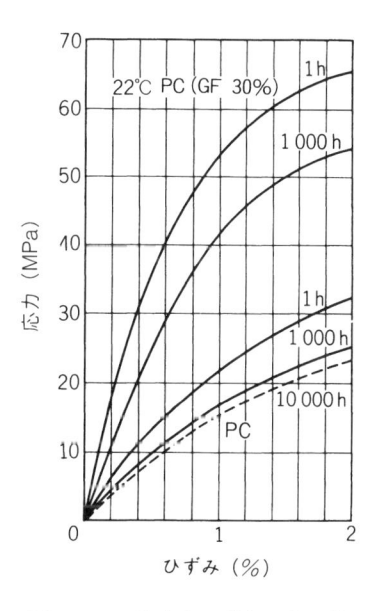

図2.3.4 ポリカーボネートの等時間応力-ひずみ線図[29]（ガラス繊維強化のものと対比した．）

性やストレスクラッキングを起こす有機溶媒があるとかで耐薬品性に問題があり，疲労に対して粘りがないなどの点はあるが，前者はポリマーアロイで改質が進められており，自動車外装材などに使われている．

繊維強化複合材はカメラボデーやOA機器のフレーム材など寸法安定性の要求の高い部材に用いられている．光学機器用途での機能材料的な用途の拡大もあって，今後に大きな伸びが予想されている材料である．

**(3) ポリアセタール（POM）（図2.3.5）**

結晶化度が高く，機械的性質が優れているので，機械材料用プラスチックでは中心的存在である．特に湿度の影響を受けないので歯車，カムなどの機構部品では，耐摩耗性では優位にあるポリアミドを押さえて広範囲に使用されている．−40°Cまでもろさを失わない．

ホモポリマとコポリマ（1.2.3項参照）があるが，前者が10°C程度耐熱性が優れ，やや剛性が高いというほかにはあまり大きな違いはない．加工時の熱安定性の点で後者が好まれたが，今は改良も進められている．高結晶性で繊維強

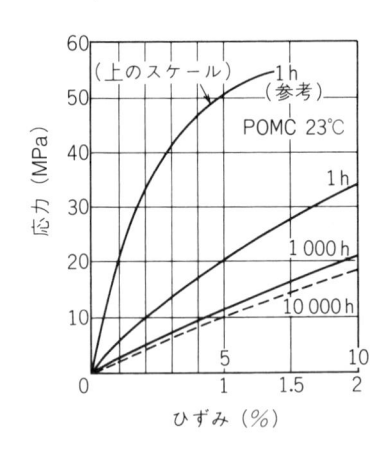

**図2.3.5** ポリアセタール（コポリマタイプ）の等時間応力-ひずみ線図 [25]
（参考のために，より広い変形範囲の応力-ひずみ線図をあわせて示した．）

---

29) Engineering Plastics Guide, EPN (1976)

化複合材は他の材料に比べて少ないが，剛性などの改良のために用意されたものがある．ポリマーアロイも衝撃強度の改良をねらったものがあるくらいで少ない．

**(4) ポリブチレンテレフタレート（PBT）（図2.3.6）**

性質はほとんどポリアセタールと似ているが，単体ではややもろいので，機械部品用途では大部分繊維強化複合材として使用されてきた．ポリマーアロイとしてぜい性を改良したものもいろいろつくられるようになったので，優れたしゅう動特性を活かしてガイドや歯車などにも使用されている．難燃化が可能で，この点はポリアセタールより優れている．

化学構造の似たものにポリエチレンテレフタレート（PET）がある．この方が融点が高いが，成形時の結晶化が遅いので成形性の改良が工夫されている．

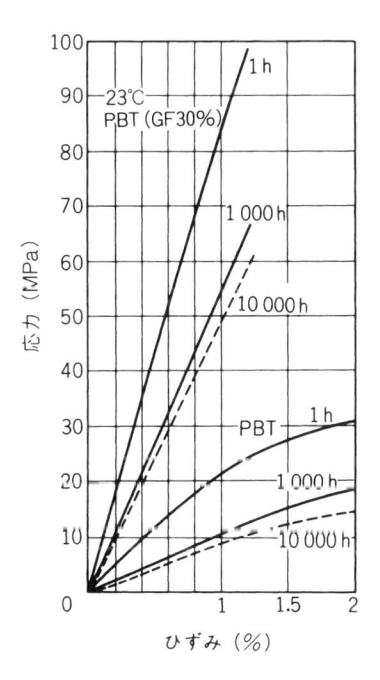

**図2.3.6** ポリブチレンテレフタレートの等時間応力-ひずみ線図[25)]
（ガラス繊維強化のものと対比した．）

ポリマーアロイの成分としては優れた特徴が活用できよう．材料コストが安いことで注目されている．

**(5) ポリフェニレンエーテル（PPO）（図2.3.7）**

単体では優れた耐熱性をもつ材料であるが，成形性に難があったのをポリスチレンとのポリマーアロイで変成PPOとして使用されている．耐熱性，難燃性の点でABSなどの足りないところを補ったものといえる．機械材料用途では外装材が多い．成形収縮が小さいので成形精度が優れている．ポリスチレンをポリアミドに代えたポリマーアロイも検討されている．

以上の5種類は通常"5大エンプラ"と呼称されて工業用途でのプラスチックの代表と考えられている．このほかにはん用的に使われているのが次の2種類である．

**(6) エチレンビニルアルコール樹脂（EVOH）**[33]

この共重合体は半透明淡黄色で親水性である．水に触れる用途では使用できないが力学的特性が通常のエンジニアリング樹脂より30～50％高く，特にガラス繊維との複合体は衝撃強さを含めて極めて高い点が特徴的である．非帯電性で塵の付着，汚染が少ない．耐油性に優れており，表面が硬く耐摩耗性に優れていて，軸受，歯車などに使われている．強化樹脂の荷重たわみ温度は融点近くの160℃以下．

**(7) ふっ素樹脂（図2.3.8）**

他の樹脂とは際立って違った特徴をもっている．比重が約2倍で重く，耐薬品性，耐候性，耐熱性に優れ，摩擦係数が低い．この特徴を強くもつのは代表的なPTFEであるが，流動性がないため熱溶融成形が使えない．加工性を改良して数種類のふっ素樹脂がつくられているが，上記の特徴は少し弱まっている．比較的高価であるが，しゅう動特性を中心に機器に活用されており，耐薬品性をいかして半導体製造装置の材料として使用されている．

**(8) 熱可塑性エラストマー**

TPEと略記されるが，ポリオレフィン系，ポリスチレン系，塩ビ樹脂系，

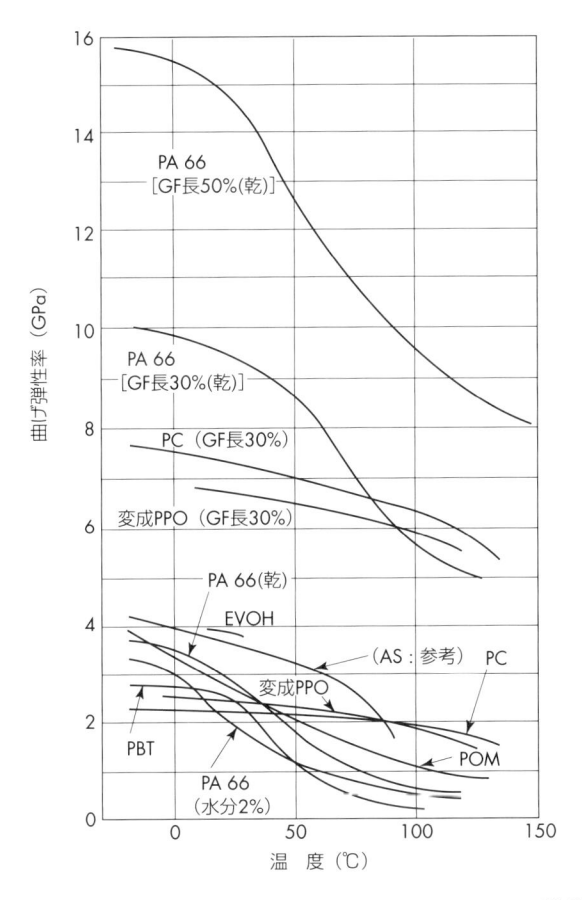

**図 2.3.7** はん用エンプラ樹脂の曲げ弾性率の温度変化[25), 30)]
(ガラス繊維強化のものも同様の変化をする．ポリアミドは乾燥状態の値を吸湿時と対比して示した．
　ガラス繊維長が長くなると弾性率が高くなる．図は強調する意味で繊維含有率の高いものを示した[33)]．)

---

30) 平井利昌(1990)：エンジニアリングプラスチック，プラスチックエージ社
31) G. Erhard, E. Strickle (1974)：Maschineuelemeute aus thermoplastischen Kunststoffen, Bd, 1, VDI-Verlag
32) 伊保内賢，高野菊雄(1984)：エンジニアリングプラスチック，日刊工業新聞社
33) ダイセル化学工業社"プラストロン"技術資料

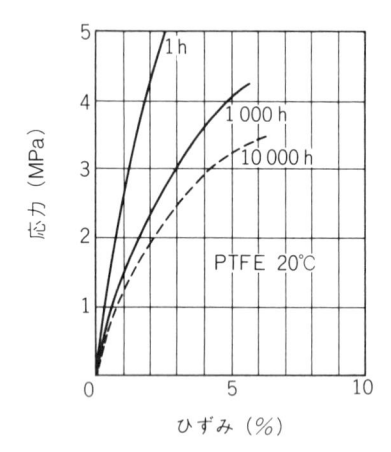

**図 2.3.8** ふっ素樹脂の等時間応力-ひずみ線図[25]
(単体では極めて軟らかいので他の材料と複合して用いられることが多い.)

ポリブタジエン系, ウレタン樹脂系, ポリエステル系, ポリアミド系, アイオノマー樹脂系, ふっ素樹脂系などがある. 機器分野でも消費が伸びており, 強化複合材などには面白い展開も予想されて, 注目すべきものである.

加硫ゴムと違って拘束部として熱的に変化する結晶相を利用しているので, 化学的架橋に比べてクリープ変形が無視できなかったり, 熱的に弱いという欠点もある. しかし, 加工性の良さの利点は活用できるところが多い. 最近, 改良も進められており, 永久変形の小さいものも出てきた.

それぞれ基本組成の特徴をもっていて, それを主体にしゅう動材の用途などに利用されている. 弾性率の範囲が広く, 設計時に多様化の要求に対応できる.

### 2.3.3 スーパーエンジニアリングプラスチック (SEP)

前項の材料は種々の機械分野で使われるにつれて, 更に耐熱性, 強度などの改良が求められるようになってきた. 高価格ではあるが, これに対して応える材料が次々と登場している. 量的には少ないがそれぞれ特徴をもっており, 複

合体としてもいろいろと使用されている．最近，航空機などで連続繊維による複合体のマトリックス樹脂として，このタイプの樹脂が使われるようになった．熱硬化性樹脂に比べてじん性が高いことを重視したものである．

**(1) ポリスルフォン（PSU）**

非晶性で褐色透明，耐熱性に優れている．耐熱水性や高温での耐酸，耐アルカリ性が特徴である．成形収縮率が低く，寸法安定性に優れている．UL連続使用温度指数は単体では150°Cだが，ガラス繊維複合体では190°Cである．電気部品が多いが，ポンプなどにも使われている．

**(2) ポリエーテルサルフォン（PES）（図2.3.9）**

同様に非晶性で褐色透明，耐高温クリープ性に優れている．耐薬品性も優れているが，吸水性がある．寸法安定性に優れており，UL連続温度指数は単体で180°Cである．難燃剤を加えなくても自消性であり，特に燃焼時の発煙が非常に小さいのが特徴である．軸受などに用いられているが，ニードルベアリングのリテーナに非強化のものが使用されている．

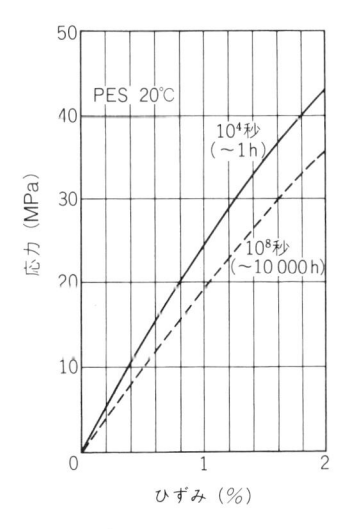

**図 2.3.9** ポリエーテルサルフォンの等時間応力-ひずみ線図[29]

### (3) ポリフェニレンサルファイド（PPS）（図2.3.10）

結晶性で，耐薬品性に優れており，難燃剤を加えなくても自消性である．溶融粘度が低いので，充てん材，強化材の添加が容易で，ほとんど複合体として使用されている．機械的性質も優れており，寸法安定性もよい．UL温度指数は220〜240℃と高い．機械部品では歯車，ピストンリング，ポンプ類，自動車部品などに使用されている．

### (4) ポリアリレート（PAR）

非晶性で透明，耐熱性に優れており，いろいろのタイプがあるが，フィラー充てんした複合体は成形精度，寸法安定性に優れ，カメラ部品やしゅう動材などに使われている．

### (5) ポリエーテルエーテルケトン（PEEK）（図2.3.10）

結晶性で融点が高く（334℃），機械的性質が優れている．UL温度指数も240℃と高い．熱安定性も優れており，高温での流動性がよいので射出成形が可能である．耐熱水性に優れ，耐薬品性も濃硫酸，硝酸と一部の有機酸を除いて優れた耐性を示す．ただし結晶化を十分に行っておく必要がある．難燃剤な

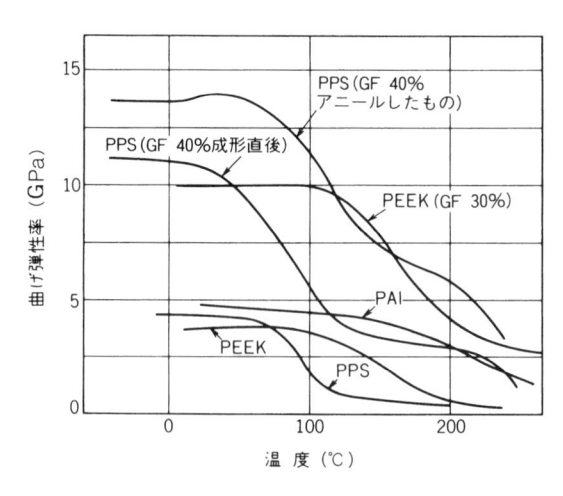

**図2.3.10** スーパーエンプラ樹脂の曲げ弾性率の温度変化 [30), 33)]
（ガラス繊維強化のものも似た変化をする．）

しでも難燃性で，発煙はPESよりも少ない．しゅう動特性に優れており，単体及び複合体として使用されている．特に炭素繊維による連続繊維強化複合体が航空機構造部材などに検討されている．

**(6) ポリイミド（PI）（図2.3.11），ポリアミドイミド（PAI）（図2.3.10）**

耐熱性樹脂として古くから研究されてきたもので，前者は耐熱性では最も優れたものとして知られている．熱可塑性で成形が可能な後者のほかに，最近ポリイミドで射出成形可能なものが開発された．しゅう動特性など機械的性質も優れており，耐熱性などの要求の厳しい機械部品に使用されている．

**(7) 液晶ポリマー（LCP）**

成形時に分子が流れ方向に配向して強い異方性をもって強化材の複合なしに同程度の弾性率と強さをもつ成形品が得られる．配向方向の線膨張係数は負の

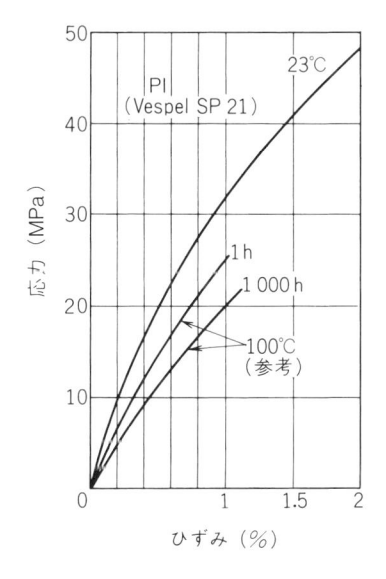

**図 2.3.11** ポリイミドの応力-ひずみ曲線[34]
(参考にクリープ曲線から作図した等時間応力-ひずみ線図を示した.)

---

34) Du Pout社，"ベスペル"カタログ

値をとり $10^{-6}$°C と通常の樹脂の値より小さい．配向で層構造になっているため，減衰効果も大きい．成形時の流動性がよいにもかかわらず，バリの発生が少ない．多くの種類のものが開発されているが，耐薬品性が優れているのが共通の特徴である．寸法精度もよいので金属部品に代替して精密機械部品に使用されている．ポリマーアロイの成分としても利用されている．

### 2.3.4 ま と め

ポリマーアロイや複合体については材料設計が今後重要な課題になるであろう．ただ，前者は装置その他の制約から材料メーカの仕事になるものと考えられる．繊維強化複合体の性質は添加材量に比例する部分があるので材料設計が製品設計者にも可能である．また，繊維長の長いものを使う場合には，その挿入方法を考えた製法の工夫が必要になる．加工法との関連で材料の性能の引出し方も変わってくるので，加工法についても十分学ぶ必要がある．

## 2.4 熱硬化性プラスチックとその複合材（FRP）

### 2.4.1 概　　要

熱硬化性プラスチックの機械的特性は，一般に破壊まで弾性的な挙動を示すのでぜい性的な材料である．引張強さはおおよそ 50 MPa 程度，弾性率が 3 000 MPa 前後のものが多い．また，熱膨張係数はおおよそ $60 \sim 80 \times 10^{-6}$/°C の範囲である．熱硬化性プラスチックの機械的特性を改善する方法として繊維強化複合材料（通称，PCM: Polymer Composite Materials, FRP: Fiber Reinforced Plastics, 強化プラスチックと呼ばれるが，ここでは以下，FRPという．）がある．

1 年間の FRP の総生産量が 40 万トンを超えるまでになった．そのうち，圧倒的に多いのがガラス繊維/不飽和ポリエステルの組合せである（GFRP）．次いでカーボン繊維/エポキシ樹脂（CFRP），アラミド FRP（AFRP）の順になる．軽量化の面から超高分子量ポリエチレン（UHMWPE）繊維が注目され，

## 2.4 熱硬化性プラスチックとその複合材（FRP）

実用化されている．これらFRPの共通点は，強化繊維の果たす役割が主として力学的特性であり，樹脂の方は化学的性質に期待するものである．

図2.4.1に，代表的な構造材料の強さと弾性率を示す．いずれも硬質プラスチックに比べると強さ並びに弾性率ともけた違いに大きい．そのため，特にAFRPやCFRPなどは先進複合材料（ACM）と呼ばれている．また，金属材料は合金化によって強さを変えることができるが，弾性率の方は変わらないのが普通である．これに対してFRPは強度並びに弾性率を任意に変化させることができるので，設計が可能な材料である．

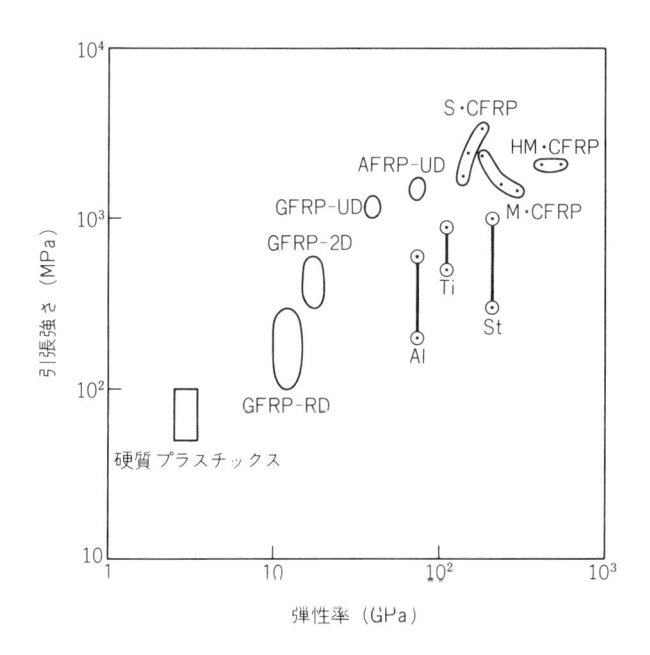

S・CFRP：PAN系高強度タイプ一方向材
M・CFRP：PAN系高弾率タイプ一方向材
HM・CFRP：ピッチ系一方向材
UD：一方向材
2D：織物材
RD：ランダム配向材
※FRPの一方向材は繊維含有率が$V_f=60\%$の値

**図2.4.1** 代表的な構造材料の強さと弾性率

### 2.4.2 FRPの主な性質

FRP化における強化用繊維の種類を表2.4.1に示す.

代表的なものは上記の3種類である.それぞれを比較すると,カーボン繊維は電気的に導電性であるのに対して他の繊維は絶縁性であり,電波に対してはカーボン繊維が遮へいし他は透過する性質がある.そのため電気絶縁材料にはGFRPやAFRPが多く使われている.また,GFRPは電波を透過することからレーダドームによく用いられるが,逆にCFRPは電波遮へい材として使用される.また,CFRPは常温において他のFRPよりも熱伝導性が良好であるのに対して,極低温になると逆に熱伝導が非常に低下する性質もある.

アラミド繊維は衝撃吸収性が極めて良好であることから防弾チョッキに用いられるのも大きな特徴である.アラミド繊維は多数の微細な繊維の集合体から単繊維が形成されているので,破壊の際には単繊維がばらけてしなやかになることから大きなエネルギー吸収が起こるものと考えられている.このようなことからAFRPは耐衝撃性が必要とされる構造部材に使用されることが多いが,

表2.4.1 各種高強度・高弾性率繊維の弾性率,強度,比重

| 材　料 | 弾性率 (GPa) | 強　度 (GPa) | 比　重 (g/cm$^3$) |
|---|---|---|---|
| スチール繊維 | 200 | 2.8 | 7.8 |
| Al合金繊維 | 71 | 0.6 | 2.7 |
| Ti合金繊維 | 106 | 1.2 | 4.5 |
| ボロン繊維 | 400 | 3.5 | 2.6 |
| アルミナ繊維 | 250 | 2.5 | 4.0 |
| SiC繊維 | 196 | 2.9 | 2.6 |
| ガラス繊維 | 73 | 2.1 | 2.5 |
| 炭素繊維 (HM) | 392 | 2.4 | 1.8 |
| アラミド繊維 | 132 | 3.0 | 1.5 |
| PBT* 繊維 | 330 | 4.2 | 1.6 |
| UHMWポリエチレン繊維 | 232 | 6.2 | 1.0 |

注* PBT:ポリパラフェニレンベンゾビスチアゾール

## 2.4 熱硬化性プラスチックとその複合材（FRP）

逆に，単繊維のしなやかさは二次加工を行う場合の難加工材である．

熱膨張係数も構造材として用いる場合には重要な特性である．ガラス繊維は一般の材料と同じように熱膨張係数は正の値をとる．これに対して，カーボンとアラミド繊維が負の値（温度上昇に伴って収縮する．）となるのも他の材料にない特徴である．こういった性質を利用して熱膨張係数の大きな樹脂との組合せ，あるいは強化繊維の配向を適切に選ぶことにより熱変形がゼロになる材料を作り出すことができる．

一方，力学的な特性からみると，ガラス繊維は総合力からいってバランスのとれた材料である．FRPの中で最も多く使用されるのがE-ガラスであり，電気特性が良好なのでこの名称が付けられている．耐薬品性の用途にはC-ガラスが用いられる．GFRPの表面層に一層だけ使用することが多く，化学的な性質のみを活用するのでこのような呼び方がされている．

カーボン繊維には，ポリアクリロニトリル（PAN）系とピッチ系のものがある．PAN系のカーボン繊維には高強度糸と高弾性率糸とがあり，高強度糸の弾性率が250 GPa前後とあまり変わらないが，強さは3～7 GPaの範囲でいくつものグレードがある．複合材料に用いられる連続繊維の中では最高の強さを有している．高弾性率糸の方は，強さは2.5～3.5 GPa程度で，弾性率が400～900 GPaの繊維がある．ピッチ系カーボン繊維の弾性率は500～900 GPaの範囲である．一般の機械類は，強度を基準に設計された構造体よりも剛性を基準にしたものが多く，弾性率の高いカーボン繊維を用いたCFRPが用いられている．

アラミド繊維の場合は，ちょうどガラス繊維とカーボン繊維との中間の特性を有するので，特徴を出しにくい面がある．しかし，先端分野をねらう場合には，例えば軽量かつ電気絶縁性や電波透過性が要求される用途に対してはAFRPが用いられる．また，衝撃特性が優れていることから，CFRPの弱点を補完する役割として部分的に他の繊維とのハイブリッド化の使用が行われている．

超高分子量ポリエチレン（UHMWPE）繊維は軽量，高強度，高弾性であり，

耐薬品性，耐水性に優れている．また他のCF, AF, GFとのハイブリッド複合材が可能であり，各種ヘルメット，スピーカーコーン，圧力容器，スポーツ関連器具への用途がある．

### 2.4.3 強化繊維の形態と力学的特性

実際に使用されるFRPの力学的特性は繊維の形態によっても大いに異なる．これを大別すると一方向材，織物材（直交材），交差積層材（一方向材あるいは織物材を必要に応じて角度を変えて積層したもの），ランダム配向材（連続繊維，チョップドストランド）などに分けられる．このうち一方向材の強さと弾性率は次に示す複合則から計算で求めることができる．

強さ　　　$\sigma_{\mathrm{FRP}} = \sigma_f v_f + (1 - \sigma_m v_f)$

弾性率　$E_{\mathrm{FRP}} = E_f v_f + (1 - E_m v_f)$

ここで，$\sigma_f$と$E_f$は強化繊維の，$\sigma_m$と$E_m$は樹脂の強さと弾性率，$v_f$は繊維の容積含有率である．

FRPの場合は，樹脂に比べると強化繊維の強さや弾性率はけた違いに大きいため，通常は樹脂の項を無視して，単に一方向材の特性は繊維含有率に比例するものと考えて差し支えない．一方，その他の積層材については，詳しい解析解が報告されているので，それによって計算することもできるが，実用的な目安を示すと織物材は一方向材のおおよそ1/2，ランダム配向材は1/3～1/4程度である．また，繊維の形態や成形法によって適正な繊維含有率があって，FRPの場合は力学的特性を表示する場合には必ず繊維含有率を付記する習慣になっている．

一方，FRPの最大の特徴は軽量構造材の中で最も優れていることである．図2.4.2に代表的な材料の比強度と比弾性率を示す．それぞれ強さ並びに弾性率を密度で除した値で，FRPの場合（⊕印）はすべて一方向材を用いている．金属材料は，図からわかるようにFRPに比べると大分低い値になる．また，硬質プラスチックについては，比強度が$0.4 \times 10^6$，比弾性率は$0.25 \times 10^8$ cm程度となり，図2.4.2の枠内から外れてしまうのでこの場合図示していない．な

お，FRPの密度は繊維と樹脂の密度と繊維含有率が既知であれば計算によって求めることができる．上記に示した複合則を用いればよいが，樹脂の密度の項は繊維のそれに近いので強さの計算のように無視することはできない．

比強度が単に軽くて強いということを比較しているのではなく，材料が自重でもってどのくらいの長さまで耐え得るかという指標になる値でもあるということである．実用的には安全率を見込むのでこれほどではないが，大型の吊り橋や深海に物を沈めるときの線材の検討に有益である．

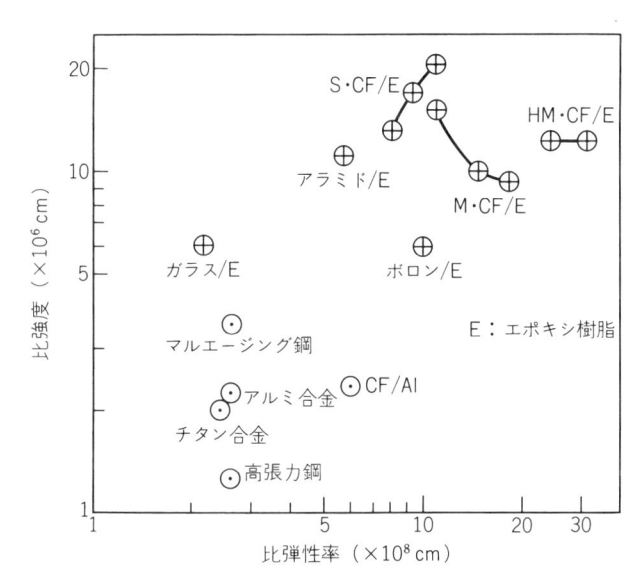

**図 2.4.2** 比強度と比弾性率

## 2.4.4 成形材料

FRPに用いられる成形素材は強化繊維と樹脂であるが，これを通常FRP用語で成形基材と呼ぶことが多い．各強化繊維に共通でしかも実際に使われる繊維の加工品や中間素材について述べる．

**(1) 強化繊維の形態**

① ロービング：強化繊維の基本形をなすもので，数千本から数万本の単繊

維を束ねた連続繊維群でストランドともいう．これをチョップドストランドやストランドマットに加工したり，直接スプレーアップ法やフィラメントワインディング法などの成形に用いる．
② チョップドストランド：ストランドを数mmから数十mmに切断した短繊維．成形に直接使われることはないが，ペレットやBMCなどの中間素材に用いる．
③ フィラメントマット：連続した単繊維をランダムに配向させて薄いバインダーで固めたシート状の材料．C-ガラスがこの方法で作られる．
④ ストランドマット：フィラメントの代わりに連続したストランドを用いたもので，ハンドレイアップ法やプレス成形などに用いる．
⑤ チョップドストランドマット：チョップマットともいい，50 mm程度に切断したストランドをランダムに配向させて薄いバインダーで固めたシート状の材料である．主にハンドレイアップ法に用いる．
⑥ 織物：ヤーン（撚りをかけた繊維束）やロービングを用いて織物にしたもので，ロービングクロス，平織クロス，朱子織クロス（ヤーンを用いる），目抜き織，他繊維との混紡の織物などがある．

**(2) 中間素材**

① プリフォーム：ロービングを切断しながら型の表面に吹き付け，薄いバインダーで固めて製品と同じ形状にしたもので，プレス成形やレジンインジェクションなどに用いる．
② 特殊織物：通常の織物は縦糸と横糸とが直交をなしているが，これとは別に，60°に交差したものや極座標に織られたもの，あるいはパイプ状に織られたもの（ブレード）など成形品に直接結び付くような形にしたものである．また，製品に近い形状に織られる三次元織物などもある．
③ プリプレグ：あらかじめ繊維束群に樹脂を含浸し半硬化させたもので，ロービングだけのものやロービングを並べた一方向材，織物材からなる成形材料．通常，繊維含有率60%程度で，プレス成形やオートクレーブ成形に用いる．従来は熱硬化性樹脂のみであったが，最近では熱可塑性樹脂

がベースとなるプリプレグが供給されている.
- ④ BMC：数mmに切断したストランドを樹脂コンパウンドと混練して塊状にした成形材料で繊維含有率は30 wt%程度である．射出成形やプレス成形に用いられ，比較的小物の成形品が多い．
- ⑤ SMC：25 mmあるいは50 mm程度に切断したストランドを樹脂コンパウンドの中にランダム配向させ，薄いシート状にしたプレス成形用の材料であって，おおよそ30 wt%程度のものが使われるが，場合によっては特性向上をねらって60 wt%ぐらいまで繊維含有量をあげたものもある．BMCに比べると大物の成形が行われる．

### 2.4.5 主な成形法

**(1) ハンドレイアップ法**

凸型か凹型かのどちらか一方の成形型を用い，表面に離型処理したのち，樹脂を塗布しながら織物やチョップマットを交互に積層・含浸する方法である．積層ののち通常は常温で硬化させるが，能率等の関係から加熱炉に入れて硬化させる場合もある．この成形法で使用する道具は成形型のほかに強化材を裁断する刃物，含浸・脱法のためのローラ，樹脂を調合する容器，最終的に周囲をトリミングする工具類である．このように，特に装置類を必要としないのでFRPの中では最も簡便な成形法である．

**(2) スプレーアップ法**

ロービングを引き出しながらチョッパーで裁断し，樹脂と合流させて成形型の表面に吹き付ける方法である．ちょうどハンドレイアップ法のチョップマットの積層工程を代替させたもので，織物材の積層が必要な場合はハンドレイアップ法との併用になる．成形の効率をあげるため，ロービングと樹脂，加圧装置，樹脂スプレー，ロービングカッターなどを搭載したスプレーアップマシンが市販されている．自在腕の先端に樹脂スプレーとカッターが取り付けられており，通常は人の操作によって成形するが，最近ではロボット化されている．この成形法はハンドレイアップ法とあわせてオープンモールド法といわれ，改

善が行われている．

**(3) RTM法**

RTM（Resin Transfer Moulding）法はRIM（Resin Injection Moulding）法とも呼ばれている．RTM法は金型に強化材などを入れ，型を閉じ，この中にマトリックスを圧入し，硬化は常温で無圧で成形する．成形工程の省力化や環境を改善し，成形者の熟練度をあまり必要とせず，高品質の成形品の成形が可能である．これを基本にRTM法には真空圧の補助によりマトリックスを圧入するVARTM（Vacuum Asisted Resin Transfer Moulding）法，型とフィルムとの間に強化材などを入れ，型を閉じ，この中にマトリックスを真空圧で吸引するRTMV（Resin Transfer Moulding by Vacuum）法，強化材とマトリックスを予備混練した材料を型に圧入するRRIM（Resinforced Reaction Injection Moulding）法がある．

**(4) SMCによるプレス成形法**

SMCの製造マシンは非常に生産効率がよく何台もの大型プレス成形機を受け持つことができる．そのため，成形材料として市販されてもいるが，多量に使用する場合は成形工場内で製造される．SMCは金型を用いて成形されるので寸法精度もよく，用途に応じていろいろなSMCが考案されている．標準のSMCを製造する装置は，両側から薄いフィルムに樹脂コンパウンドを塗布し，一方の樹脂コンパウンドの上に切断したロービングを降らせて合流させ，ローラで加圧含浸させながら巻取りローラに巻き付ける．その後，増粘剤の作用により熟成され手に触れてもべとつかない状態になる．標準の厚さはおおよそ2〜3 mm程度で，使用する際には所定の大きさに裁断し両面のフィルムをはがしてから積み重ねてプレス成形を行う．このようにすると，生産性向上のほかに成形現場で液体の樹脂を扱うことがなく，作業環境が非常に清潔に保たれる利点がある．更に生産性をあげるための厚いSMCや高性能をねらった繊維含有率の高いSMCなどが工夫されている．

**(5) 加圧バッグ法**

金型を用いる成形法は表裏両面が美麗に仕上がる．この場合は片側の成形型

## 2.4 熱硬化性プラスチックとその複合材（FRP）

を用いて積層したのち，ゴムシートを介して型面の方から減圧脱法し，反対側の方から静圧をかけたまま硬化させる方法である．このようにすると両面が美麗に仕上がることと，ある程度複雑な曲面にも対応でき，脱法が完全にできる利点がある．

**(6) オートクレーブ法**

加圧バッグ法と原理的には同じと考えてよいが，成形材料としてプリプレグを使うことが多い．積層したプリプレグのほかに余分な樹脂を吸い取る布地などをゴムシートで被覆し，減圧したままオートクレーブに入れて成形する方法である．複雑な形状のものを均一に一体成形することができるので，航空機などの高級なFRPに利用される．

**(7) フィラメントワインディング法**

樹脂を含浸させながら成形型（マンドレル）に巻き付けていく方法を湿式フィラメントワインディング法といい，プリプレグを用いる方法を乾式法といっている．パイプ材の場合はヘリカル巻単独かあるいはフープ巻を併用した成形が行われる．圧力容器などの一体成形には上記のほかにインプレーン巻も行われる．

### 2.4.6 応用例

FRPの応用範囲は極めて広い．航空・宇宙をはじめとして，自動車・車両，船艇・船舶，建設・住宅器材，タンク・容器類，工業機材，スポーツ用品，医用機器，雑貨類など多分野に使用されている．

**(1) 化学プラント**

図2.4.3に，海外に建設された銅の精練工場の大部分にFRPが使用された例を示す．精練の過程で脱硫工程があるが，その部分に他の材料を用いると必ず表面に耐食用のライニングを施す．そのため，定期的に保守整備を行う必要がある．その費用が高く，その都度生産をストップしなければならない．これに対してFRPの場合は耐食性のよい樹脂を用いるのでライニングと保守整備の必要がない．いったん建設してしまえば途中で止めることなく連続して操業で

図2.4.3　化学プラントの建設風景

きるという良い面がある．トータルコストで比較するとFRPが断然有利である．

　図2.4.4は，使用される各種パイプ材を国内で成形し（フィラメントワインディング法），それを運搬しやすいようにまとめている状態である．現地に運んでから設計仕様に従って切断し，接合作業を行いながら組み立てていく．これらの作業はすべて人手によるものである．この場合の接合法は，ほとんどが突合せ継手であり，表側と内面から二次積層を行っている．

図2.4.4　出荷前の建設資材

## 2.4 熱硬化性プラスチックとその複合材（FRP）

### (2) 水泳用のプール

プールはコンクリート製であったが，屋内，屋上に設置のための軽量化が望まれ，形状の自由度が高いためFRP製のものが作られている．

### (3) マネキン類

ケンタッキーのフライドチキン店の前に立っている白髭のおじさんがFRP製である．怪獣ものや漫画の主人公のマネキンもFRPで作られており，織物材などを用いた非常にていねいな成形が行われている．また，遊園地にある動物を模した乗り物もFRPである．軽くて丈夫なのと複雑な曲面を容易に作り出すことができる利点がある．

### (4) スポーツ用品（テニスのラケット）

FRPが使用される先端分野は，宇宙・航空とスポーツ関係である．すなわち，この分野でFRPの特性をいかんなく発揮している．さまざまなスポーツ用品に使用されているが，ここではテニスラケットの例について述べる．

テニスラケットは木製，スチール製，アルミニウム製，木製をGFRPで補強したラケットからCFRP製に変わった．

CFRP製になってからでかラケ，あつラケと変わってきている．ラケットに要求される性能は，適度な重さで反発性のよいばね材の要素と広い打球面があれば十分であると考えるのが普通である．しかし，球がフレーム近くに当たった場合ただちにミスショットになっていたものを，でかラケを採用することにより従来よりも慣性モーメントが増したのでグリップの回転作用を軽減する効果が生じた．そのためミスショットになる領域が減少し，結果的にスイートスポットが広くなった．あつラケは，左右方向のフレームの一部を厚くしたもので，更にスイートスポットを広くする効果が出ている．

このようにラケットの性能が進歩してきたのはカーボン繊維の特性が著しく向上してきたからである．スポーツ用品関係においては，材料特性的にみると比強度と比弾性率が最も要求される分野である．また，スポーツ用品は人が使う道具であることから感性も重要な要素であり，この分野の研究が行われている．テニスのラケットには打球時のショックを柔らげるためフレームの根元に

アラミド繊維を使用しているものもある.

**(5) 精密機械部品**

CFRPは,軽量かつ剛性が高いということのほかに,熱膨張係数をゼロにすることもできる.インジェクションで成形されたノギスやフィラメントワインディングで成形された内径マイクロメータが市販されている.特に内径マイクロメータの場合は長物でしかも人手で保持するため,熱膨張が直接精度に影響する.1 mの長さのものを使用したとして,従来の鋼製のものでは1℃温度が上がると 1/100 mm 膨張する.普通温度上昇は数 ℃見込まなければならないので測定誤差は無視できない.そのためCFRPが使われるが,人手で操作することもあるので,この場合は軽いというメリットも生かされている.

ほかに,FRPの表面に金属被覆を施したローラ類がある.被覆した表面は精密に加工されており,テープ類の製造機に使われている.ローラの慣性を軽減してラインのスピードアップが可能である.

また,上記の特徴のほかに振動減衰性がよいという性質がある.工作機械の分野ではビビリ振動をきらい,性能を向上させるために従来から振動減衰性の良い材料を適用する試みがなされてきた.FRPは鋳鉄や鋼材に比べると振動をよく吸収するので,この特性を生かして縦形のフライス盤を試作した例がある.図2.4.5はその外観を示したものであるが,ベッドの部分にはガラスロー

図 2.4.5 FRP製フライス盤

ビングクロスと不飽和ポリエステル樹脂を用い，門形コラムはCFRPを表面材に心材をGFRPにした3層構造にしてある．CFRPの場合はカーボン平織クロスとエポキシ樹脂の組合せ，GFRPの場合はガラス朱子織クロスとエポキシ樹脂との組合せである．ベッド並びに門形コラムは静剛性が低くなるのを承知でFRPの厚さをすべて20 mmに統一し，振動減衰性による動剛性の向上に期待したものである．

フライス盤の大きさは，幅1 080 mm，奥行1 300 mm，高さ1 200 mmで，機械部品類をすべて装備したときの重量は約800 kgfである．これと同じ大きさの従来機種のもの（鋳鉄製）は約1 500 kgfぐらいになるのでおおよそ1/2程度の重量となっている．加工可能範囲は，X, Y=400, Z=200 mmでNC装置を接続して実際に加工ができる状態にしてある．

CFRPは軽量かつ高剛性であるとともに，熱膨張係数をゼロにできる，振動減衰性やクリープ特性が良好であるなど，精密機械構造に適した特性を有している．高弾性CFRPは宇宙分野などに用途が限られているが，精密機械の分野への期待は大きい．

**(6) フライホイール**

1973年の世界的なオイルショックが契機となって蓄エネルギー用フライホイールの研究が盛んに行われるようになった．もちろん，高性能化を目指しているのでFRPが対象材料である．フライホイールの回転力によって蓄えられるエネルギーは回転数の2乗に比例するので，エネルギー効率を高めるには，この場合材料の密度には関係なく，とにかく強度の高い材料が必要になる．

エネルギー貯蔵源となる周巻きリムの成形は，強化繊維の強度を有効に活用できるようにフィラメントワイディング法が用いられる．この周巻きリムは一種の一方向強化材になるため，リムの周方向（繊維方向）は極めて強いのに対して，半径方向（繊維と直角方向）の強さは20 MPa程度しか期待できないという制約がある．このようなことから，回転中に生じる半径方向の引張応力を極力軽減する必要が出てくる．そのため，軽くて強度の高いCFRPを外側に，密度が大きくしかも変形しやすいGFRPを内側に配列した2層のリムを採用

すると，境界層の部分には圧縮力が発生し，半径方向の引張応力を打ち消すような効果が期待できる．

一方，2層の周巻きリムであっても回転中における変形は大きな問題である．リムと回転軸とをどのような方法で結合するかであるが，遠心力やトルクに十分耐え，しかもFRPリムの変形に追随できるように変形能の大きな結合法が必要となる．これまでに弾性変形によるさまざまなスポークやハブが考案されてきたが，このような結合法はFRP製フライホイールを開発する際のキーポイントである．

図2.4.6に機械技術研究所（現産総研）において試作した10 kWh級のフライホイールを示す．FRPリムは，内側からGFRP（強さ：1.2 GPa，密度：2.0 gf/cm$^3$)，高強度CFRP（強さ：2.4 GPa，密度：1.6 gf/cm$^3$)，一般用CFRP（強さ：1.8 GPa，密度：1.6 gf/cm$^3$）をそれぞれ個別に成形し，所定の寸法に機械加工を施したのち"しまりばめ"によって一体化した．FRPリムと回転軸との結合手段として，アルミニウム製ハブの案内溝に青銅製の結合部品（円周状24個）を配列したものを採用し，双方をしまりばめによって組み立てた．

結合部品は，フライホイールの回転に応じて外側へ自由に移動することができるので，FRPリムの拘束によりリムに対して擬似内圧が作用する効果が出

図2.4.6 蓄エネルギー用フライホイール

てくる．このようにすると，設計の段階で回転中におけるFRPリムの変形を考慮する必要がない，リムと結合部品との摩擦力はエネルギーの入出力時のトルクに十分対抗できる，しかも，リムの内面に擬似内圧が加わるのでFRPリム内に発生する半径方向引張応力を打ち消すような働きをする．

試作したフライホイールの諸元は次のとおりである．

FRPリム　　　　外　径：750 mm
　　　　　　　　内　径：360 mm
　　　　　　　　境界径：560, 655 mm
　　　　　　　　幅　　：150 mm×2連
　　　　　　　　重　量：約180 kgf
フライホイール全体の重量：約300 kgf
　　　　　　使用回転数：22 000 rpm
　　　このときのエネルギー：10 kWh


## 2.5　滑り摩擦の法則とプラスチックの特性

物理の項目の中に，滑り摩擦があるが，これが仕事と熱のエネルギー変換に深く関わっており，また，基本的に摩擦発生の機構とか挙動の解析が対象となる．摩擦はたいへん複雑な内容をもっており，歴史的にみて金属が主に研究の対象になっている．

さて，本節の対象はプラスチックの滑り摩擦であるが，金属と比較して，粘弾性をもつなど異なった特性をもつことにより，摩擦に関してより複雑な内容をもつ．そこで，次項でプラスチックの特性を理解するための予備として，滑り摩擦の基礎を述べることにした．

---

35)　F.P. Bowden, Nature, 169, 1950, 330

### 2.5.1 法則（クーロンの法則[35]）と接触形態

接触している二つの固体間に滑りを与えたときに生じる力，すなわち摩擦力は荷重を増加させると正比例して増加することが知られており，これをクーロンの法則という．したがって摩擦の機構を吟味するときは，摩擦力あるいは摩擦係数の荷重依存性を論じることが多い．

**(1) 法則**

**第一法則：摩擦力は滑り面の見掛け面積に無関係である．**

いまマッチ箱のように表面積の異なる立方体を考え，その三面の物理的性状は全く同一とする．立方体の一点に糸をつけ，その一面を水平面上に接触させて引っ張ると，ある大きさの摩擦力が発生する．立方体の面積の異なるどの面で滑らせても摩擦力が変化しないというのがこの法則の内容である．

**第二法則：摩擦力は荷重に比例して増加する．**

いま摩擦力を$F$，荷重を$W$とすると両者の間に次の関係が存在する．

$$F = CW \qquad (2.5.1)$$

ここで$C$は比例定数である．$C$を$\mu$に置き換えると摩擦係数の定義が導き出される．したがって摩擦法則から出された$\mu$は式(2.5.1)を満足させること，すなわち荷重を変えても値は変化してはならない．ところが一般には，$\mu$を算出するにあたって式(2.5.1)より$\mu = F/W$として直接求めている．しかし，同じ計算であっても比例定数ではなく割算の商として出されたものであり，これを摩擦係数と呼ぶことは法則からみればふさわしくない．しかし$F$は$W$に正比例はしていないが，ある比例関係にあるときには粘性係数などの場合と同様に，相当摩擦係数あるいは擬摩擦係数と呼んで$\mu^*$のように表示すればよい．一般には，ここで述べられた$\mu$と$\mu^*$が混在して用いられており，根底においてあいまいさを含んでいるといえよう．

ところで，摩擦の第二法則が荷重領域においてどのように成立するか，アルミニウムに対する実験で確かめられている．実験結果は図2.5.1に示されているように，10 mgから10 kgにわたる広範な荷重領域において$\mu$が一定であること，すなわちその法則が適合されていることがわかる．

## 2.5 滑り摩擦の法則とプラスチックの特性

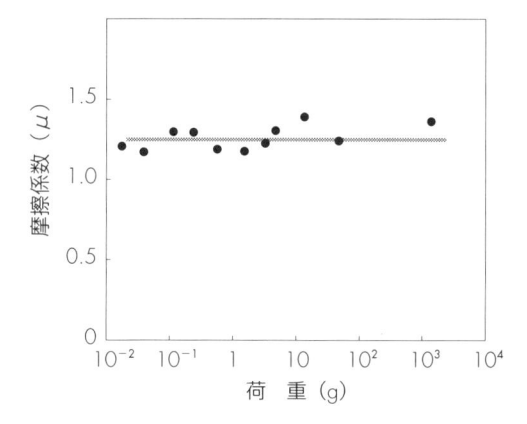

**図2.5.1** 鋼-アルミニウムの$\mu$の荷重特性[36]

**第三法則：動摩擦は静摩擦より小さく，かつ滑り速度にほぼ無関係で一定である．**

この法則はいろいろな問題を含んでおり，摩擦法則から除外されていることが多い[37]．例えば，滑り出しの力と滑り距離との関係など二，三の研究[38]〜[40]を除いてはまだ詳細には解析されていないといえよう．

**(2) 接触形態と摩擦法則**

上述の摩擦の基本法則はどのように解釈されるか，接触の形態から考えてみよう．

いま二つの固体を荷重$W$で接触させた場合の接触面積$A$は，次の関係式で示すことができる．

$$A = KW^n \tag{2.5.2}$$

ここで，$K$は定数，$n$は壊触面が荷重を受けたときに生じる変形の性質によって決まる定数で，$n=1$は塑性変形，$n=2/3$は弾性変形となる．いまこれら

---

36) J.R. Whitehead, Proc. Roy. Soc., 201, A, 1950, 109
37) OECD, Friction, Wear and Lubrication (Terms and Definitions), 1968
38) E. Rabinowicz, J. Appl. Phys., 22, 1951, 1373
39) J.S. Courtney-Pratt, E. Eisner, Proc. Roy. Soc., 238, A, 1957, 529
40) F. Hermann, E. Rabinowicz, Rev. Scie. Inst., 26, 1955, 56

の成立を説明するために，単純化させて平面と玉の接触を考えてみる．

塑性変形の例である硬さ $H$ と荷重 $W$ の間には次式が成り立つ．

$$H\pi r^2 = W \tag{2.5.3}$$

ここで，$r$ は接触円の半径である．すなわち，$A = \pi r^2 \propto W$ ということがわかる．

弾性変形では，荷重 $W$ と接触円の半径 $r$ の関係はヘルツの式より次のようになる．

$$r = 1.1 \left\{ \frac{WR}{2} \left( \frac{1}{E_1} + \frac{1}{E_2} \right) \right\}^{\frac{1}{3}} \tag{2.5.4}$$

ここで，$R$ は玉の半径，$E_1$，$E_2$ はそれぞれ玉及び平面の弾性係数を示す．この式を面積の尺度からみると，$A \propto W^{\frac{2}{3}}$ となり，式(2.5.2)の弾性変形における指数の $n = 2/3$ が理解できる．

### 2.5.2 凝着結合部のせん断

**(1) 接触部の塑性変形**

上述の接触面において，両者の面が清浄で酸化物などが存在しないとすれば，両者間に凝着力が発生し強力に凝着する．そして，この生成した凝着面を切断する力が摩擦の主要な原因であるという考えがある．これがいわゆる摩擦の凝着説である．凝着部のモデルは Feng [41] によって図2.5.2のように示されている．

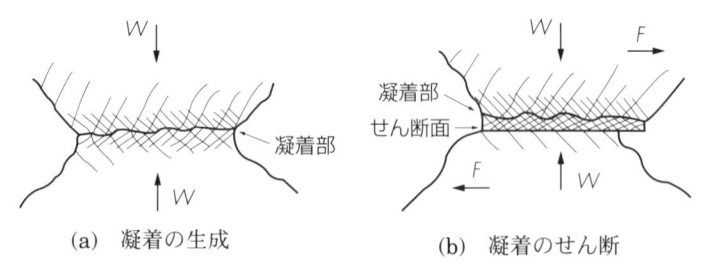

図2.5.2 凝着部の生成とせん断 [41]
(a) 凝着の生成
(b) 凝着のせん断

次に図2.5.2に示した結合部に水平方向の力を加え，せん断した力を$F$とすれば，面積$A$との関係は次式のようになる.

$$F = sA \tag{2.5.5}$$

ここで，$s$は軟らかい材料のせん断強さである．式(2.5.5)に式(2.5.2)を代入すると

$$F = KsW^n \tag{2.5.6}$$

となり，もし，接触面の変形が塑性変形であれば$n=1$により，摩擦の第二法則が証明されたことになる．なお，上述は前提として真実接触面積を考えている．この真実接触面積が材料自身の固有の性質と荷重によって決定されるとすれば，$F$は見掛けの接触面積には無関係となり，第一法則が証明されたことになる．

ところで，塑性変形の場合のせん断力$s$は式(2.5.5)，また荷重$W$と降伏圧力$p$の関係は次式のようになる．

$$W = Ap \tag{2.5.7}$$

したがって，$\mu$は次のようになる．

$$\mu = \frac{s}{p} \tag{2.5.8}$$

ここで，硬さ$H$と$p$はほぼ等しいとみなせるから，式(2.5.8)は次のように示すこともできる．

$$\mu = \frac{s}{H} \tag{2.5.9}$$

金属について，温度を変えることにより$s/p$を変化させ，同時に$\mu$を測定し，両者の関係が吟味されている[41),42)]．

**(2) 接触部の弾性変形**

弾性変形の場合である$n=2/3$を式(2.5.6)に代入すると

$$F = KsW^{\frac{2}{3}} \tag{2.5.10}$$

---

41) I-Ming Feng, J. Appl. Phys., 23, 1952, 1011
42) I. Simon, H.O. McMahon, R.J. Bowen, J. Appl. Phys., 22, 1951, 177

という形をとり，もはや第二法則は成り立たないことがわかる．また式(2.5.4)より $F \propto R^{\frac{2}{3}}W^{\frac{2}{3}}$ のように球径 $R$ に依存するから，見掛け面積にも依存することになる．したがって第一法則も成り立たなくなる．

プラスチックについて，King と Tabor [43] が上と同様に，温度を変えて $s/p$ と $\mu$ の関係を吟味し，図 2.5.3 のような結果を示した．そして実験結果は $\mu = ks/p$ になるとし，$k$ を検討している．特に PTFE は $k = 0.3$ のように低く，この材料の非凝着性が強調されている．松原ら[44] はプラスチックに $\gamma$ 線を照射させることによりその機械的性質に変化を与えて，$\mu$ と $s/p$ を検討した結果を図 2.5.4 に示す．PTFE は上と同様に低摩擦である．

**(3) 中間接触と摩擦係数の誘導**

接触変形の形態について純塑性変形と純弾性変形を前節で述べたが，Pas-

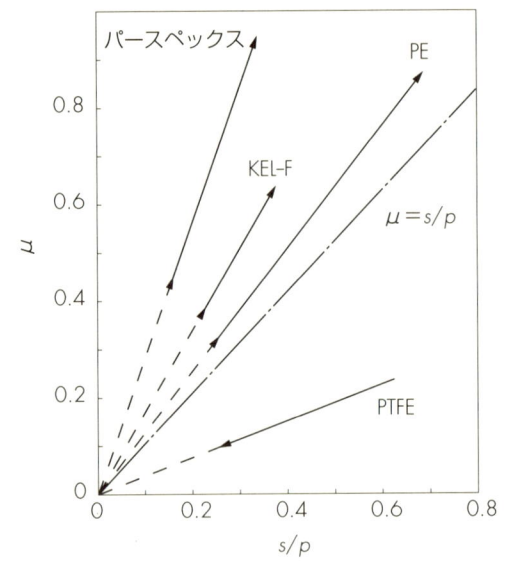

**図 2.5.3** $\mu$ と $s/p$ の関係 [43]

---

43) K.F. King, D. Tabor, Proc. Phys. Soc., 66, B, 1953, 728
44) 松原，渡辺，機械学会論文集，29, 1963, 1102
45) M.W. Pascoe, D. Tabor, Proc. Roy. Soc., 235, A, 1956, 210

## 2.5 滑り摩擦の法則とプラスチックの特性

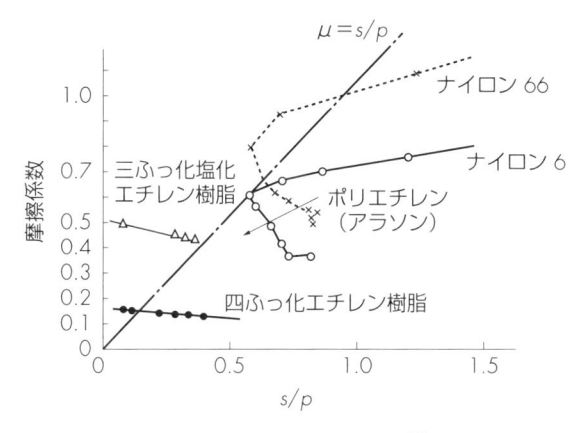

**図2.5.4** $\mu$と$s/p$の関係[44]

coe, Tabor[45]の研究によると,高分子ではその中間の性質を示すことを明らかにしている.

マイヤー硬さを測定するとき,荷重を$W$,圧子及び接触円の直径をそれぞれ$D, d$とすると,これらの間には次のような関係がある.

$$W = k \frac{d^m}{D^{m-2}} \tag{2.5.11}$$

ここで,$m$をマイヤー指数と呼び,$m=3$のときは弾性変形,$m=2$のときは塑性変形であることがわかっているので,未知材料の変形の様子は$m$を測定することによって判定される.

実験に用いた高分子材料は$m=2.5 \sim 2.7$の範囲に入り,個々の試料はそれぞれ固有の$m$の値をもつ.例えばナイロンでは$m=2.7$であるから,式(2.5.11)は$W=kd^{2.7}/D^{0.7}$となる.$d$に対して$WD^{0.7}$を両対数で表したものが図2.5.5であり,理論式と実験値がよい一致を示している.

接触面積$A$は,この場合$A = \pi d^2/4$であるから式(2.5.11)を用いると

$$A = \frac{\pi}{4}\left(\frac{1}{k}\right)^{\frac{2}{m}} W^{-\frac{2m-4}{m}} D^{-\frac{2}{m}} \tag{2.5.12}$$

となる.次に式(2.5.5)を用いると$\mu = F/W = sA/W$となるから,式(2.5.12)を用

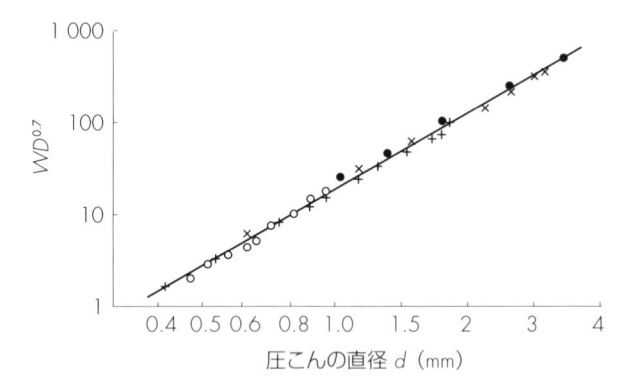

**図2.5.5** 式(2.5.11)の実験的吟味，$m=2.7$ナイロンの場合

いて$\mu$を求めると次式のようになる．

$$\mu = 1.1s\left(\frac{1}{k}\right)^{\frac{2}{m}} W^{-\frac{m-2}{m}} D^{-\frac{2}{m}} \tag{2.5.13}$$

この式に塑性変形及び弾性変形の$m=2$と$m=3$を代入すると，前に得られたものと同一になる．ここでナイロンの$m=2.7$を代入すると$\mu \propto W^{-0.26}$が得られる．

### 2.5.3 静摩擦特性
#### (1) プラスチック固有の特徴
プラスチックは熱硬化性樹脂と熱可塑性樹脂に大別されるが，後者の熱可塑性樹脂に限って全般的にいえば，物質の安定存在が比較的低温にあって力学的・物理的挙動を支配する．力学的には粘弾性の作用，物理的には結晶性などの構造上の作用がある．これらの基本が他の機械的・物理的な作用と同様に摩擦の挙動を他の物質と異なり支配するようになる．

#### (2) 表面エネルギーと静摩擦
表面エネルギーの表示に$\gamma_c$がある．これは測定しようとする資料の表面エントロピーを表面張力の小さい液体で順に測定した後，これらの測定値をつなぐ直線を延長して，表面張力が0となる値を求める．これが$\gamma_c$である．表

2.5.1でわかるように，$\gamma_c$が大きいと静摩擦係数が大きく，両者の間に比例関係があることがわかる．しかし，$\gamma_c$は全体としてみるとおよそ1/2の変化であるが，摩擦係数の差は1/20もあり，定量的には一致しておらず凝着以外の要因のあることを示唆している．

**(3) 荷重特性**

摩擦の荷重特性がゴムの場合と同様に，実験事実と法則との関連について吟味された．まず1949年に，PTFE，ポリエチレンなど4種について摩擦係数

**表2.5.1** ぬれやすさと摩擦の関係

| ポリマー | 構造 | 静摩擦 | 表面張力 |
|---|---|---|---|
| 塩化ビニリデン | $\begin{vmatrix} H & Cl \\ -C-C- \\ H & Cl \end{vmatrix}_n$ | 0.90 | 40 |
| 塩化ビニル | $\begin{vmatrix} H & H \\ -C-C- \\ H & Cl \end{vmatrix}_n$ | 0.50 | 39 |
| ポリエチレン | $\begin{vmatrix} H & H \\ -C-C- \\ H & H \end{vmatrix}_n$ | 0.33 | 31 |
| ふっ化ビニル | $\begin{vmatrix} H & F \\ -C-C- \\ H & F \end{vmatrix}_n$ | 0.30 | 28 |
| ふっ化ビニリデン | $\begin{vmatrix} H & F \\ -C-C- \\ F & F \end{vmatrix}_n$ | 0.30 | 25 |
| 三ふっ化エチレン | $\begin{vmatrix} F & F \\ -C-C- \\ H & F \end{vmatrix}_n$ | 0.30 | 22 |
| 四ふっ化エチレン | $\begin{vmatrix} F & F \\ -C-C- \\ F & F \end{vmatrix}_n$ | 0.04 | 18 |

を荷重1～4 kgで測定し，それは荷重に無関係であることが報告された[46]．その後0.04～10 000 gの荷重領域で測定し，図2.5.6のように荷重特性が明らかにされた．これらの事実はいずれも接触面積と荷重との関係で示されたもので，式(2.5.13)に示したように$\mu$は荷重$W$と形状$D$に依存し，$\mu$と荷重$W$の関係を示すと次のようになる．

$$\mu \propto W^{-\frac{m-2}{m}} \tag{2.5.14}$$

ここで，$m$はマイヤー指数で，前にも述べたようにナイロンの$m=2.7$を用いると，$\mu \propto W^{-0.26}$が得られる．すなわち，プラスチックの摩擦係数は荷重の増加によって，減少することがわかる．

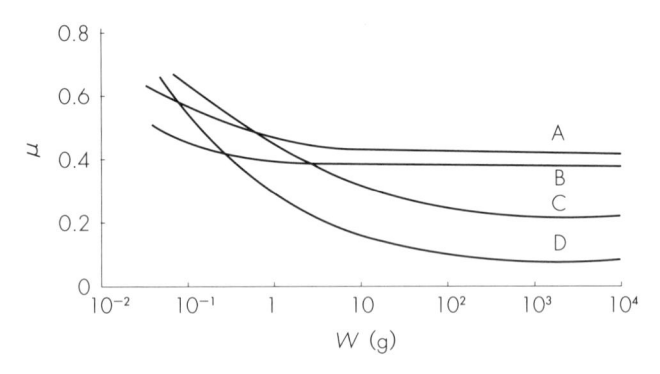

図2.5.6 プラスチックの$\mu$の荷重特性[47]

### (4) 接触面積の極限と摩擦

荷重の増加によって接触面積は，意識するとしないとにかかわらず無限に増加するという根底に立って，摩擦法則や現象が一般に説明されている．しかし実際には，有限の面積を現実としているから，限られたある面積以上には接触面積が増加しない．このことは，摩擦の概念の上で重要なことである．類似事

---

46) K.V. Shooter, P.H. Thomas, Research, 2, 1949, 533
47) K.V. Shooter, D. Tabor, Proc. Roy. Soc., 65, B, 1952, 661
48) C.L. Seiglaff, M.E. Kucsma, J. Appl. Phys., 34, 1963, 342

項については，ゴムについて述べたが，ここでは塩化ビニル樹脂の研究[48]について述べてみよう．

ところで，式(2.5.12)は$A$と$W$の一般的関係を示すが，いま$W$の増加に伴って有限の面積$A_1$に漸近すると考えると，次式を導くことができる．

$$A = [1 - \exp(-KW)]A_1 \tag{2.5.15}$$

ここで，$K$は物質定数である．この式からわかるように，$W$が大きくなると$A = A_1$，また$W = 0$で$A = 0$となる．次に摩擦力$F$については，$F = As$として示されるから，式(2.5.15)を用いると次のようになる．

$$F = s[1 - \exp(-KW)]A_1 \tag{2.5.16}$$

ここで，$s$はせん断応力である．ところで大荷重に対しての極限を考えると$F = sA_1F = F^*$となるから，式(2.5.16)は次のようになる．

$$F = F^*[1 - \exp(-KW)]A_1 \tag{2.5.17}$$

実験結果の一例は図2.5.7と図2.5.8に示すように，70°C以下の温度では従来の法則が成り立つが，これ以上の温度である95°Cを超える領域では，ある荷重から$F$が一定となる現象が明白に示されている．すなわち，面積において見掛けと真実のそれが一致すると考えられる荷重からは，荷重の増加によって，

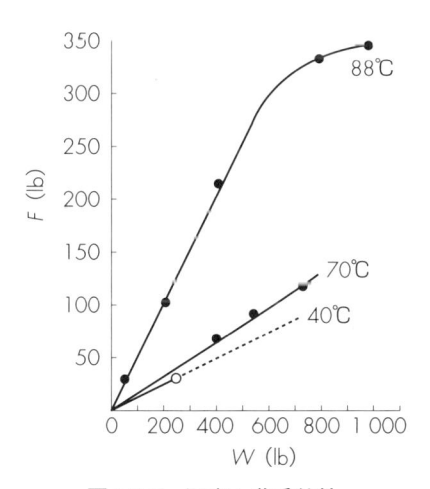

**図2.5.7** 温度と荷重特性

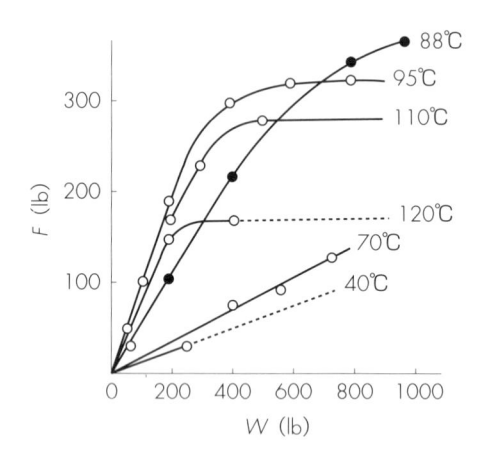

**図 2.5.8** 温度を変えたときの塩化ビニルの摩擦と荷重の関係
（速度 0.37 cm/s，相手面は軟鋼平面）

もはや摩擦力は増加しなくなる．

**(5) 転移温度及び粘弾性と摩擦**

プラスチックは温度によってガラス状からゴム状物質に変わる相転移が存在する．PTFEについては，室温転移が20°Cであるが，摩擦の変化がこの点において図2.5.9のように観察されている．また同様のことが滑り速度の変化として測定されている．これらの結果より，滑りにおける活性化エネルギーは30 kJ/molが計算された．Adamaczak[50]も同様の研究を行っている．

ポリメチルメタクリル樹脂の125°Cにおけるガラス移転点が，滑りにおけるせん断応力の測定で明白に得られている[51]．これらの測定例からみて，摩擦の測定は他の物理量と同様に，物質の変化に鋭敏であることがわかる．

滑り中の接触部変形の遅延弾性変形について田中の詳しい研究がある[52]．

---

49) D.G. Flom, N.T. Porile, Nature, 175, 1955, 682
50) R.L. Adamczak, Air Force Mat. Lab., ML-TDR 64-303, 1964
51) B.J. Briscoe, D. Tabor, Wear, 34, 1975, 29
52) 田中，応用物理, 30, 1961, 446; J. Phys. Soc. Japan, 1, 1961, 2003

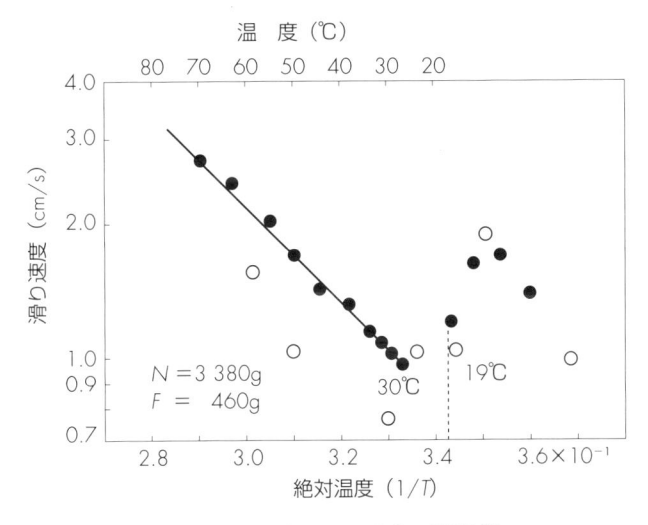

図 2.5.9　温度と滑り速度の関係[49]

### 2.5.4　動摩擦特性

**(1)　滑り速度の影響**

ゴムの摩擦に対する速度の影響と同様に，PTFEは表2.5.2に示すように，滑り速度の増加に伴って摩擦が増加する．松原の実験によれば[53]，PTFEについて，速度0.001～0.1 cm/sの領域で$v^{0.13}$，0.01～100 cm/sで$v^{0.27}$のように，指数関数的に$\mu$が増加することがわかった．次に硬質ポリエチレンでは，同様の関係において，0.01～100 cm/sでは$v^{0.0036}$のように速度の影響は小さい[54]．

表 2.5.2　摩擦に及ぼす滑り速度の影響[49]

| 滑り速度 | 摩擦係数 | |
|---|---|---|
| (cm/s) | 清浄な溝 | 189 cm/sで摩耗させた溝 |
| 1.1 | 0.07 | 0.19 |
| 8.0 | 0.18 | 0.22 |
| 189 | — | 0.32 |

---

53)　松原，機械試報，10, 1956, 115
54)　松原，潤滑，5, 1960, 15

摩擦においてその滑り面に発生するせん断応力$s$が，滑り速度（ひずみ速度）によって変化する影響を粘性流動抵抗$P$のひずみ速度による変化の中に含めて考え，$s$に関して次のHerschel-Bulkeyの式が成り立つとする．

$$D = \frac{1}{\eta^*}(s-s_0)^n \quad (n \neq 1) \qquad (2.5.18)$$

ここで，$D$は対象とする流動層の深さ$l$，その速度を$v$とすれば$D=v/l$で決定される速度こう配である．$\eta^*$は粘性係数に相当する．また$s_0$は降伏値であり，$s>s_0$のとき粘性流動が生じる．$s<s_0$のときは固体間のせん断と考えられる．このようにして，$s \propto v^{\frac{1}{n}}\eta^*$，したがって$\mu \propto v^\beta$が定性的に説明される[54]．上述のように，$\beta$は粘弾性的特性によって定まる．最近，田中は同様の考え方をもとに，$\eta^*$と$D$の関係を詳しく吟味している[55]．

なお，式(2.5.18)に乗らない現象がPlexiglas[56]によって観察されており，画一的に説明されない場合がある．

**(2) 動的摩擦**

上の例はいずれも滑り速度は0.01 cm/sのような低速で測定が行われているが，高速においては，摩擦熱によって低速の場合とは異なった現象が示される．この例を滑り速度をパラメータとして示したものが図2.5.10である．すなわち，荷重に対してそれぞれピークが存在し，これは滑り速度の増加に伴って低荷重側に移行することがわかる．そして，このような現象は，摩擦熱による温度上昇によってナイロンの結晶が融解し，ゴム状物質への変換がそのピークに相当すると考えられる．

松原ら[57]の実験によると，円筒状の端面を利用した鋼とナイロンの試料を用いて$\mu$を測定すると，図2.5.10のような荷重特性が得られた．すなわち荷重に対しそれぞれの滑り速度に特有な摩擦のピークが存在し，そのピークは速度の増加に伴って低荷重側に移行することがわかる．これらのピークはおよそ

---

55) 田中，内山，R, L.H. Lee (Edit), Advances in Polymer Friction and Wear, 1974, p.499
56) A.M. Bueche, D.M. Flom, Wear, 2, 1958, 168
57) 渡辺，唐沢，松原，Wear, 12, 1968, 185

## 2.5 滑り摩擦の法則とプラスチックの特性

$pv=15\times10^{-2}$ [MPa (m/s)] において生じる．このようなピークの発生のはるかに小さい $pv=1.25\times10^{-2}$ [MPa (m/s)] の条件において温度を上げて $\mu$ を測定すると，図2.5.11に示す同様な現象が示された．ナイロン同士の組合せにおいても同様である．

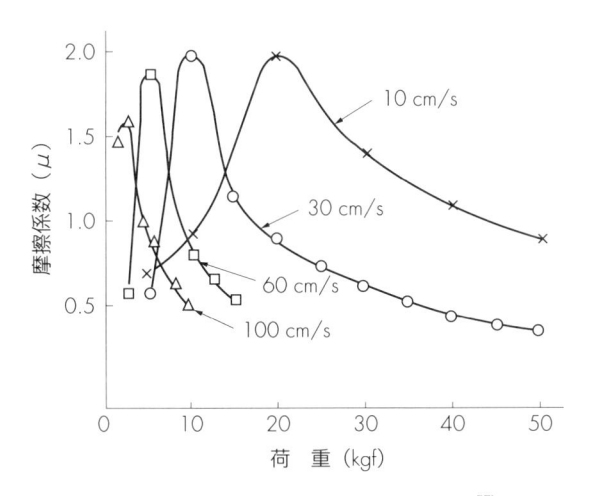

**図2.5.10** 荷重特性（鋼-ナイロン6）[57]

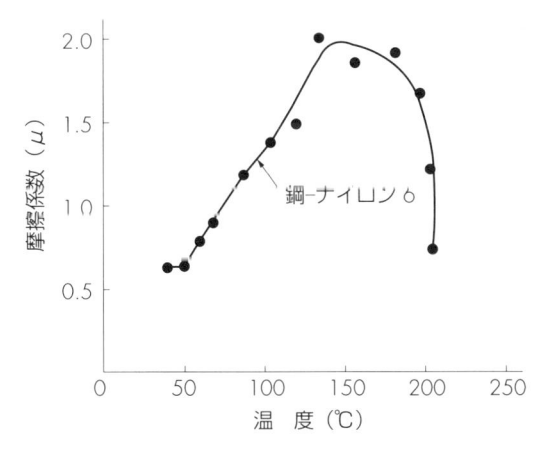

**図2.5.11** 温度特性（$p=2.5$ kgf/cm$^2$, $v=5$ cm/s）[57]

このような現象の現れた理由についてあまり明白ではないが，ある荷重，すなわちある温度までは結晶性高分子の状態を保つが，結晶の融解によりそれ以上の条件ではゴム状となり，これによって高い摩擦係数を示す．また，この温度領域ではゴム的挙動によって荷重特性を示したものと考えられる．

## 2.6 摩耗の法則とプラスチックの特性

プラスチックの摩耗を溶融形，せん断形，炭化形及び高弾性形に分類すると便利と考え，順に述べてみよう．

### 2.6.1 摩耗の分類
#### (1) 溶融形
鋼とナイロンの乾燥状態の組合せにおいて，荷重（接触圧力）$p$と滑り速度$v$を比較的ゆるやかに押さえておくと，摩耗がほとんどない状態で使用することができる．しかし$p$と$v$の積$pv$値を大きい条件にすると，ナイロンの滑り面が2〜3 mmにわたって溶融するようになる．この溶融条件を$p$と$v$について実験的に求めたのが図2.6.1であり，これを実験式で示すと次のようになる．

$$pv = C \quad (\text{Pa·m/s}) \tag{2.6.1}$$

ここで，$C$は定数である．一般に滑り軸受の性能を示す量として$pv$値があるが，これには安全係数を含んでいる．しかし式(2.6.1)は安全係数を含んでいないので，限界$pv$値と呼ばれることもある．

ナイロンの実験において，鋼とナイロンの場合には$C = 590 \times 10^{-3}$，ナイロン同士の場合には$C = 90 \times 10^{-3}$となる[58]．

以上のようにナイロン同士の滑り条件における溶融条件の$pv$値は低いが，溶融と同時に試験機を止めると，滑り面において両者が溶着して一体となる．

---

58) 松原, 機械試所報, 8, 1954, 8

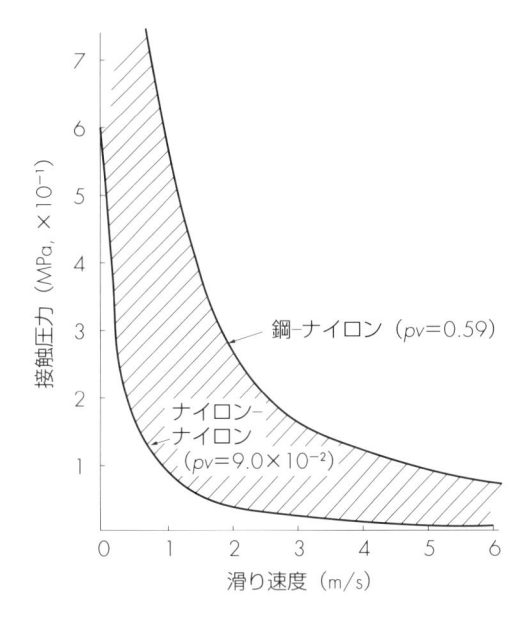

図2.6.1　ナイロンの$pv$値（摩擦溶融条件）

これは摩擦溶接の原理であり，$C=90\times10^{-3}$は溶接の条件を示すことになる．

このような現象は高密度の硬質ポリエチレンでも生じ，鋼と硬質PEでは$pv=200\times10^{-3}$，それ同士では20の値をもっている[59]．最近，このような$pv$値の概念で耐摩耗の評価をしようとする動きがISO[60]にある．

**(2) せん断形**

テフロンを鋼に対して滑らせたときに荷重と速度の積$pv$を増加させても溶融現象が発生せず，その代わりにフィルム状の粉末摩耗が発生する．ナイロンの溶融条件を表した図2.6.1に対応させて，その例を示すと図2.6.2のようになる．この場合，$C=10\times10^{-3}$として示され，この条件から摩耗が発生する．

次に，図2.6.2の実験は荷重を少しずつ増加させたものであるが，あらかじめ$pv$一定の条件で滑らせたときに摩耗がどのようになるかを検討した結果を

---

59) 松原，潤滑，5, 1960, 15
60) ISO/TC 61/WG 5 (sec) 03E, 1976, Aug.

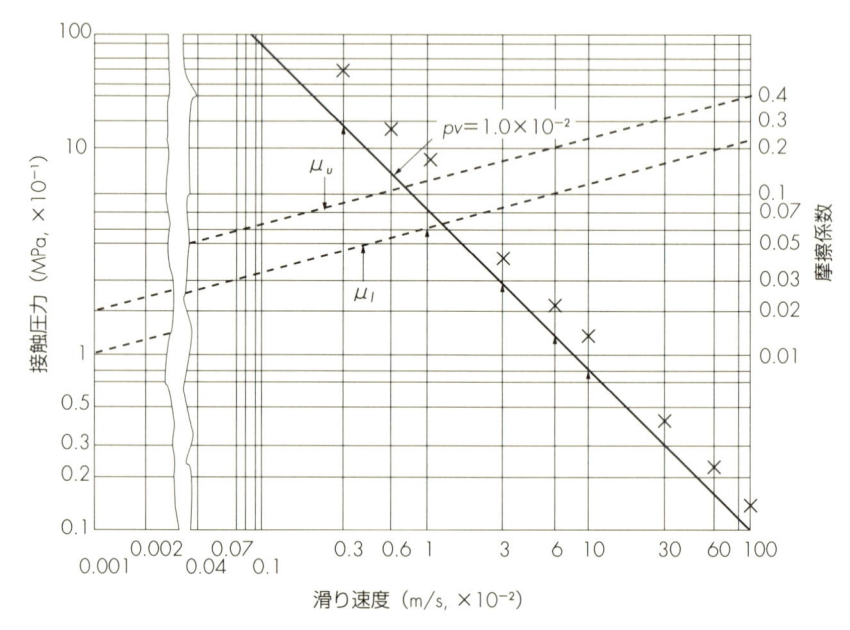

**図2.6.2** PTFEの摩耗発生限[51]

**表2.6.1** $pv$ 値と摩耗量

| 負荷の方法 | $pv$ 値<br>[MPa·(m/s), ×$10^{-3}$] | 摩耗量<br>(mg/$10^3$m) | 滑り速度<br>(m/s, ×$10^{-2}$) |
|---|---|---|---|
| 漸 増 | 10 | 微量 | 広範囲にとる |
| 設定負荷 | 1 | 3.5 | 1, 3, 10 |
|  | 3 | 7.8 | 1, 3, 10, 30 |
|  | 6 | 8.2 | 30, 60 |
|  | 10 | 13 | 30, 60 |
|  | 15.4 | 40 | 30, 60 |

---

61) H. Uetz & H. Breckel, Wear, 10, 1967, 185

表 2.6.1 に示す.なお,前者の負荷方法を漸増,後者を設定負荷として表に実験結果が示されているが,同じ $pv=10\times10^{-3}$ でも設定負荷の方の摩耗が多い.これは漸増負荷では徐々に荷重を増加させたために,滑り面がならし運転されたようなよい条件ができたためと考えられる.このようにしてみると,生地テフロンが安全に使用できる条件は $pv\leqq1$ ということになる.その後 Uetz ら[61]は,松原の結果[51]を基準として,$pv=1\times10^{-3}$ 付近の条件において摩耗を詳しく調べた.

以上の実験は室温におけるものであるが,試験片の温度を上昇させて実験を行うと,室温と異なった様子がみられる.図 2.6.3 はその一例で,$pv=1$ [MPa·(m/s)] の条件で実験が行われているが,300℃までの温度において,温度が高くなるほど摩耗が少なくなっている.50℃ と 250℃ における実験後の試験片に付着している摩耗の様子を示すと,図 2.6.4 の写真のようになる.

**(3) 炭化形**

フェノール樹脂は乾燥状態,いわゆるドライで耐摩耗性があるので,ブレーキのシューやクラッチ板に使用されている.ブレーキ材としてのフェノール樹脂の耐摩耗機構は,まだ明白になっていないようであるが,その摩擦面で炭化

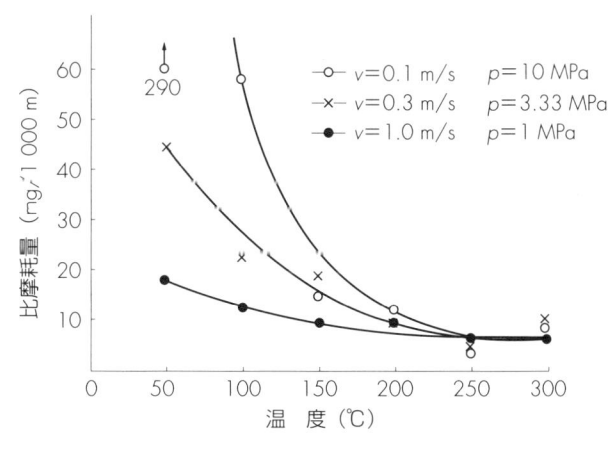

図 2.6.3　PTFE の摩耗の温度特性[51]

―脱落を繰り返しているようである[62]．

炭化形の例はフェノール樹脂に加えてポリイミド樹脂がある．ここではポリイミド樹脂について述べるが，この樹脂は$pv=(1\,200 \sim 1\,500)\times 10^{-3}$の条件で炭化する耐摩耗性のよい材料であるが[63]，表面において図2.6.5に示すような

図2.6.4　PTFEの摩耗発生の様子（$p=1$ MPa, $v=0.1$ m/s，左：50℃，右：250℃）

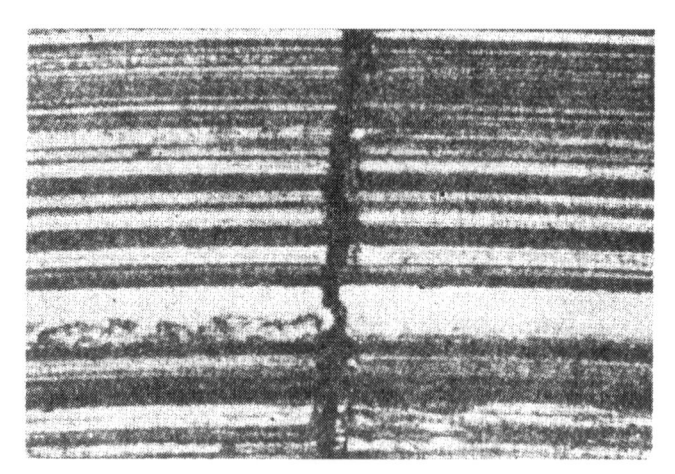

図2.6.5　滑り表面に現れたクラック[63]

---

62) 滝・星野，機械学会論文集，44, 1978, 4351
63) 渡辺・松原，高分子論文集，34, 1977, 21

## 2.6 摩耗の法則とプラスチックの特性

クラックが発生する．これはぜい性材料固有の現象である[64]．

クラックは $pv=900\times10^{-3}$ では発生しないが，$pv=1\,200\times10^{-3}$ より発生する．クラックの発生方向は脆性材料でみられるように，摩擦方向に直角であり，$pv$ 値に対する発生数と平面上のその長さが図 2.6.6 のように観測された．

次に炭化層の発生した試料の断面を紙やすりで削り取って作成し，その厚さを測定した．滑り速度を一定にし，荷重を変化させたときのクラックの厚さと荷重の関係を図 2.6.7 に示すが，0.5 mm くらいから 1 mm に達することがわかる．

ポリイミド樹脂について，荷重をパラメータとして摩耗に対する速度の影響を検討したものが図 2.6.8 である．摩耗のピークはおよそ 250 m/s の速度にあ

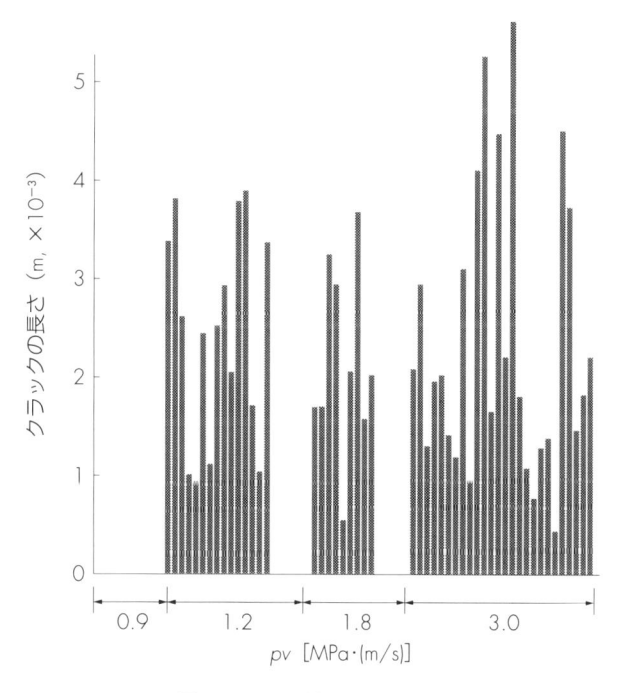

図 2.6.6　$pv$ 値とクラック長さ

---

64) E. Rabinowicz, Friction and Wear of Materials, 1965, John Wiley and Sons

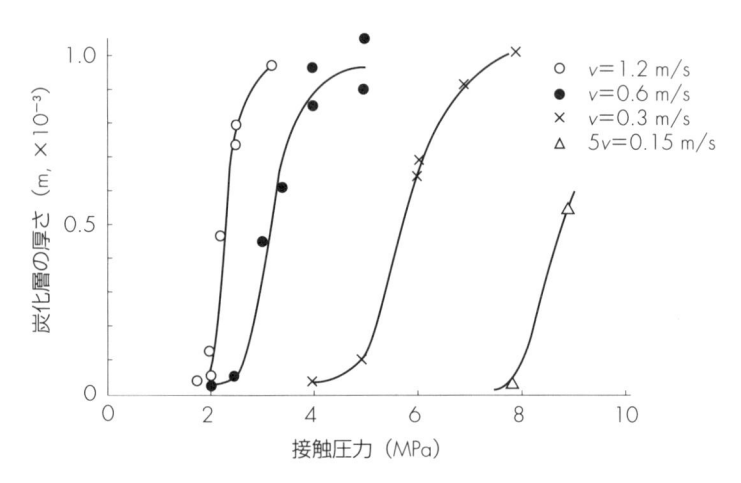

図 2.6.7 炭化層の厚さ

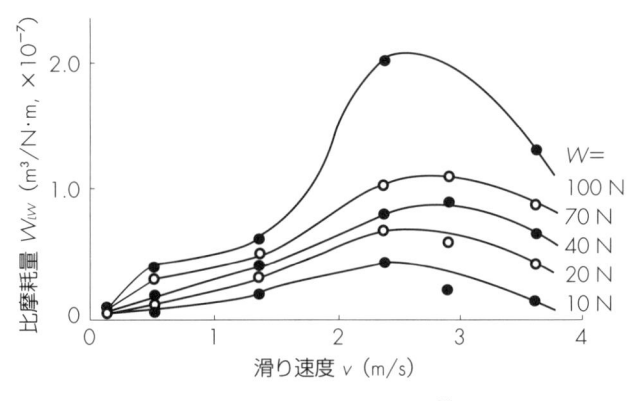

図 2.6.8 摩耗の速度特性[65]

るが，これより左側の領域では明らかにやすりで削り取ったような機械的摩耗，右側では表面が炭化している．これらの様子を図2.6.9に示す．

すなわち，摩擦熱が化学変化を与え，その結果として炭化層が発生するのである．炭化層の厚さは，最高で1 mmに達した．クラックの発生条件は$pv$値

---

65) 松原・渡辺・唐沢，潤滑，14, 1969, 43

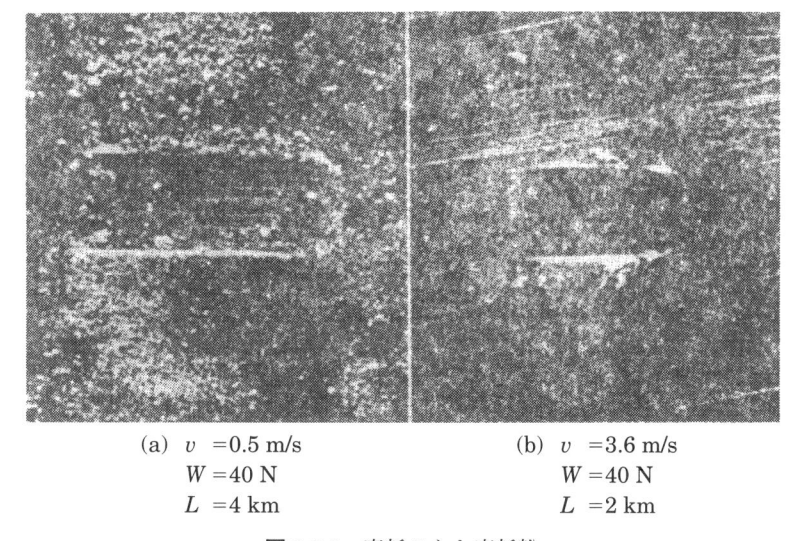

## 2.6 摩耗の法則とプラスチックの特性

(a) $v$ =0.5 m/s
 $W$ =40 N
 $L$ =4 km

(b) $v$ =3.6 m/s
 $W$ =40 N
 $L$ =2 km

図2.6.9 摩耗こんと摩耗粉

によるが，$pv=(1\,200\sim1\,500)\times10^{-3}$のように非常に高い値[63]をもっている．

### (4) 高弾性形

滑り面の接触状況を微視的にみれば，一方を仮に理想的な滑らかな面とし，相手が粗さをもつ面とすれば，このような滑りの過程では，一つの凸起部と平面の遭遇であるといえよう．図2.6.10は断面円形の針をゴム表面上に滑らせたときの変形の部分的軌跡を示したもので，(a) の最大変形からそれが解放し，次の変形 (b) が始まった様子を示している．すなわち，接触のときの速度を0とし，接触点が離脱するときの速度を滑り速度$v$とすれば，減速度である$dv/dt$が小さければ摩擦力，すなわち破壊力は小となり，その逆の場合は破壊力が大となる．

高弾性形の耐摩耗性を比較するために他の種類の物質を含めてアブレシブ摩耗を調べた結果を述べる．試験装置は図2.6.11に示すが，圧縮空気が左方より入り，上方から落下してくる粉粒を巻き込んで，試験片を高速で攻撃するようになっている．傾斜角$\alpha=45°$における代表的結果を表2.6.2に示す．試料のうちで最も硬い鋼T80H，また高弾性のウレタン樹脂がいずれもよい耐摩耗性

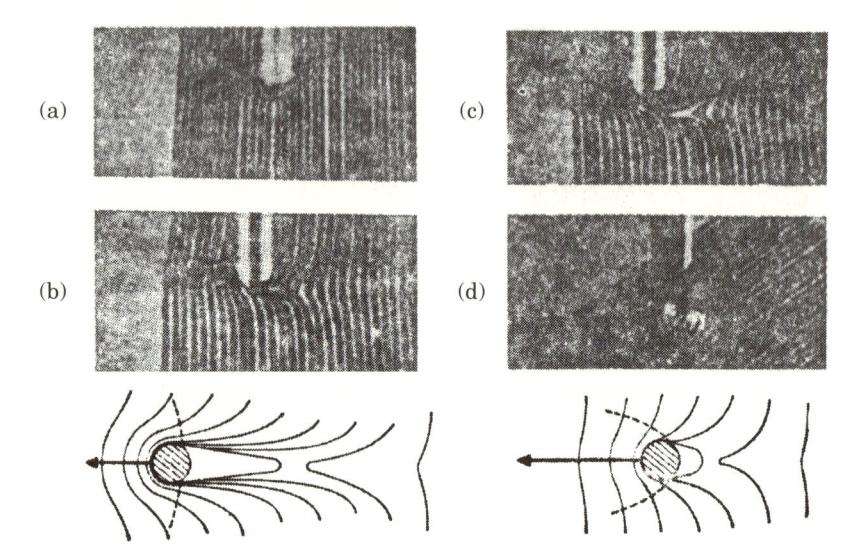

図 2.6.10　ゴムの摩擦による変形[66]

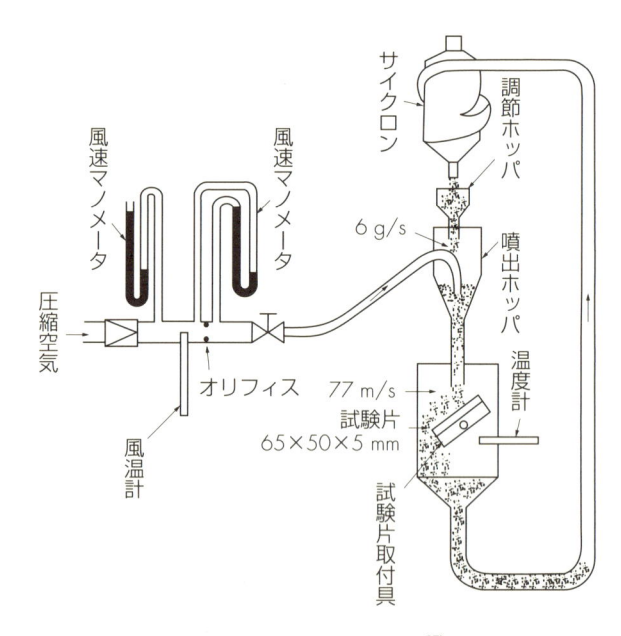

図 2.6.11　試　験　装　置[67]

を有している.これは,鋼はその硬さによって摩耗の抵抗を示し,ウレタン樹脂は粘弾性作用によると考えられる.

ゴムは高弾性体であり,耐摩耗性が優れており,タイヤなどに用いられているが,上述のようなニュートンの力を考えることにより,その機構を理解することができる.

表2.6.2 各種材料の摩耗指数(代表例)

| 材　　料 | 摩耗指数 $a/a_{St}$ 37 |
|---|---|
| 鋼 T80H (1/2h 850°C/W) | 0.109 |
| ポリウレタン,Vulkollan [61–Vu(18)–II] | 0.143 |
| 塩化ビニル樹脂 [16–PVC(5)–II] | 0.143 |
| ポリウレタン,Vulkollan [62–Vu(34)–II] | 0.403 |
| 塩化ビニル樹脂 [15–PVC(10)–II] | 0.42 |
| ゴム [65–Cu(17)–II] | 0.57 |
| 塩化ビニル樹脂 [14–PVC(14)–II] | 0.96 |
| 鋼 St37 [75–St 37 (126)–I] | 1.0 |
| 低圧法ポリエチレン [20–NP(60)–I] | 1.06 |
| ポリアミド–6, Grilon R 50 hell [33–Gr 50(62)–I] | (1.33) |
| 高圧法ポリエチレン [27–HP(42)–II] | (1.4) |
| ポリアミド–11,Rilsan–Besno [53–RBv(71)–I] | 1.81 |
| ポリアミド–6, Ultramid–BM 2900 [43–UI(70)–I] | 2.21 |
| アルミニウム [83–Al(39)–II] | 2.68 |
| 黄銅 [86–Ms(150)–I] | 2.76 |
| 硬質紙,Resitex [89–R(89)–II] | 8.2 |
| ガラス [88–G(6/7)–II] | (9.7) |
| 鉛 [87–Pb(4) II] | (10.5) |
| アクリルガラス,Plexiglas [58–Pl(85)–II] | (10.75) |
| 硬質紙,Pertinax [90–P(92)–II] | (18.5) |
| エポキシ樹脂 [92–EG(86)–II] ガラス繊維入り | (19.5) |
| エポキシ樹脂 [91–EQ(84)–II] 石英粉入り | (31.0) |

66) A. Schallamach, Proc. Roy. Soc., 66, B, 1953, 386s
67) H. Brauer, E. Kriegel, Chemie-Ind-Tecb., 35, 1963, 697

### (5) アブレシブ摩耗

マーレジスタンス（Mar-resistance）は砂やほこりなど砥粒上の粉末による表面の摩耗に対する抵抗のことであるが，この基礎はBoor [68] によって実験されており，後にASTM D673-44になった．アブレシブ摩耗のうち砥粒が固定されていない自由粒子の場合はCizekら [69] の研究があり，ASTM D1242-56A法となった．一方，固定粒子については，ポリエステルに関する報告 [70] がある．また疲労 [71] との関係も明らかにされている．

航空機などのガラスの摩耗を対象としたものに砥粒を噴射させるNBS法 [72]

**表2.6.3** 各種材料の摩耗率と摩耗係数（工具鋼に対する）[73]

| 組合せ材料 | 摩耗率 $\varepsilon$<br>($m^3/m$)<br>$\times 10^{-7}$ | 摩耗係数 $K$<br>($m^3/m^3$) | 硬さ<br>($g/cm^2$)<br>$\times 10^6$ |
|---|---|---|---|
| 軟鋼-軟鋼 | 1 570 | $7\times 10^{-3}$ | 18.6 |
| 60/40 黄銅 | 240 | $6\times 10^{-4}$ | 9.5 |
| テフロン | 200 | $2.5\times 10^{-5}$ | 0.5 |
| 70/30 黄銅 | 100 | $1.7\times 10^{-4}$ | 6.8 |
| メタアクリル酸樹脂 | 14.5 | $7\times 10^{-6}$ | 2.0 |
| フェノール樹脂成形品 | 12.0 | $7.5\times 10^{-6}$ | 2.5 |
| Silver steel | 7.5 | $6\times 10^{-5}$ | 32 |
| ベリリウム銅 | 7.1 | $3.7\times 10^{-5}$ | 21 |
| 焼入工具鋼 | 6.0 | $1.3\times 10^{-4}$ | 85 |
| Stellite grade 1 | 3.2 | $5.5\times 10^{-5}$ | 69 |
| フェライトステンレス鋼 | 2.7 | $1.7\times 10^{-5}$ | 25 |
| フェノール樹脂積層品 | 1.8 | $1.5\times 10^{-6}$ | 3.3 |
| フェノール樹脂成形品 | 1.0 | $7.5\times 10^{-7}$ | 3.0 |
| タングステンカーバイド-軟鋼 | 0.9 | $4\times 10^{-6}$ | 18.6 |
| フェノール樹脂積層品 | 0.4 | $3\times 10^{-7}$ | 2.9 |
| ポリエチレン | 0.3 | $1.3\times 10^{-7}$ | 0.17 |
| タングステンカーバイド同士 | 0.03 | $1\times 10^{-6}$ | 130 |

($p$=400 g, $v$=1.8 m/s)

---

68) L. Boor, Proc. ASTM, 47, 1947, 1017
69) A.W. Cizek, et al., Proc. ASTM, 45, 1945, 943
70) 強化プラスチックス，6, 1960, 220
71) E.G. Lure, Soviet Plast., No.11 (1962), 43

があり，また基礎的にはBrauerら[67]の研究がある．その試験装置を図2.6.11に示すが，傾斜角 $\alpha=45°$ における結果を表2.6.3に示す．上でも述べたように，最も硬い鋼T80Hと高弾性のウレタン樹脂がよい耐摩耗性を有している．これは耐摩耗の機構が異なることによるものであり，鋼は直接的に硬さによって摩耗作用に抵抗しており，ウレタン樹脂の場合は摩耗作用を粘弾性的に緩和していると考えられる．

### 2.6.2 凝着摩耗と材料力学的機構

前項では摩耗現象の主要なものについて述べたが，ここではそれらの機構の概要について記述する．

**(1) 凝着摩耗**

Archardら[73]は，滑り摩耗の法則を摩擦法則に適合させて次式を導いた．

$$W = K \frac{SP}{p_m} \tag{2.6.2}$$

ここで，$W=$摩耗量，$S$：滑り距離，$P$：荷重，$p_m$：降伏値，$K$：摩耗発生の確率で摩耗係数である．この法則では接触面積$A$は塑性的に決定されるとしているから，$A=P/p_m$として規定される．したがって，摩耗は真実接触部の凝着によって摩耗が発生すると考えられる．金属を含めた各種材料の走行距離当たりの摩耗体積を質量$P=0.4$ kg，滑り速度180 cm/sで実験した結果を表2.6.3に示してある．同表において特に記述していない試料については，焼入工具鋼を相手として実験が行われている．この表でわかるように，PTFE（テフロン）は悪く，ポリエチレンはよいグループに含まれている．PTFEについてAllan[74]が同様の研究を行っている．

**(2) 材料力学的考察**

Bayer, Clinton[75]は，最大せん断応力説をプラスチックに適用した．いま

---

72) M.E. Mark, et al., Mod. Plast., Mar., 1946, 165
73) J.F. Archard & W. Hirst, Proc. Roy. Soc., 236, A, 1956, 397
74) A.J.G. Allan, Lub. Enggn., 14, 1958, 211

軟らかい方の材料のせん断応力を $\tau_y$ とし，他方，試料と実験条件で定められる $\mu$, $P$ などによる最大せん断応力を $\tau_{max}$ としたとき，

$\tau_{max} > \tau_y$ であれば塑性流動が生じるとした．次に摩耗が全く生じないためには，

$$\tau_{max} < k\tau_y \quad (k<1) \tag{2.6.3}$$

のような点が存在するはずであるとし，実験を行った結果を図2.6.12に示すが，$k=0.54$ を得た．

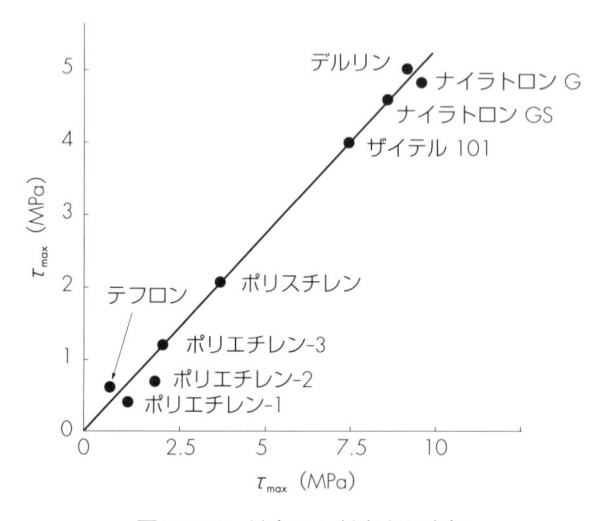

**図2.6.12** 最大せん断応力と摩耗

## 2.6.3 摩耗機構の解析

### (1) 温度と摩耗（摩耗の内部せん断機構）

滑り面において相対滑りがあるので，温度の上昇が発生する．いま鋼とプラスチックを組合せ，プラスチックの方を考えたとき，その表面から内部に至る温度こう配は図2.6.13の *ABC* のような曲線の温度こう配が存在するはずであ

---

75) R.G. Bayer, W.C. Clinton, Wear, 7, 1964, 354

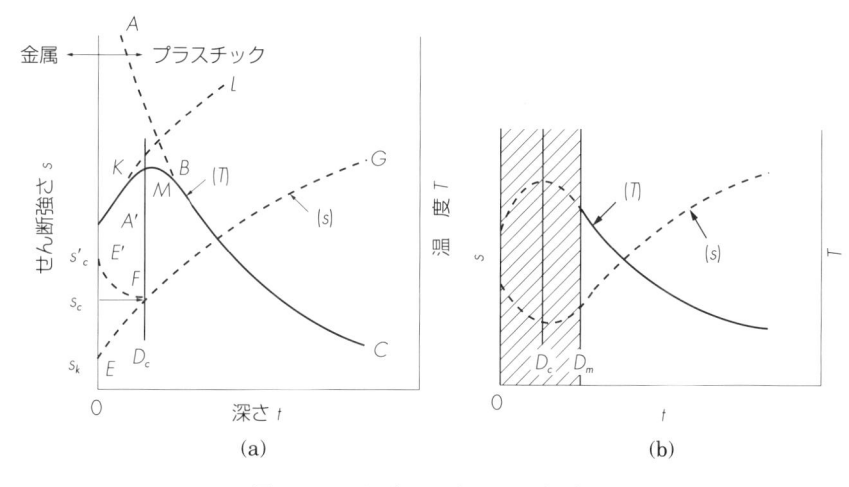

**図 2.6.13** 温度こう配とせん断強さ

る.ところで,局部的接触の個々の部分をみたとき,その部分は相手との接触あるいは接触の離脱によって表面の接触点に冷却が起き,内部の方の温度が表面より高くなる機会があるとする.この場合の温度こう配は図の曲線 $A'KMBC$ のようになり,$M$ 点が最高温度とする.このようなそれぞれの温度こう配に対応したせん断応力の分布曲線が $EFG$ 及び $E'FC$ のように存在する.したがって,表面の摩擦によるせん断応力がその最小値 $s_c$ より大きいときは,深さ $D_s$ の部分からせん断摩耗が発生する.このような例は PTFE において観察されるが,$D_c$ はおよそ 0.01 mm である.これを非定常温度こう配による摩耗機構と呼ぶことにする.

一方,ナイロンなど溶融形のプラスチックは図 2.6.13 (b) のように斜線の部分で溶融が発生するので,常に滑り面においてせん断が起きている.すなわち,摩耗が発生しないか,又は少ないと推定される[76].炭化形の場合は,その斜線の部分が炭化層の厚さと考えると,耐摩耗機構が理解しやすい.

---

76) 松原,潤滑,10, 1965, 533; Bull. Jap. Precision Engg., 2, 1967, 253

### (2) 摩耗と$pv$値

摩擦熱による溶融限界，せん断による摩耗発生限界及び炭化層の発生条件はそれぞれ$pv$値として示されることを前に述べた（2.6.1項）．

ところで式(2.6.2)において，$S=vT$，$W$の代わりに一定の摩耗深さをとれば，次式が成り立つ[77]．

$$pvT = kh \tag{2.6.4}$$

すなわち，この式は摩耗が発生することを肯定した上で，一定の$h$に達する条件は$pvT$によって定まるというもので，$pvT$値ということもできる．

### (3) 結晶性と摩耗（γ線照射と摩耗）

高密度ポリエチレンにγ線を最高$2\times10^9$レントゲン照射させて，摩耗に及ぼす効果を検討した結果の一部を図2.6.14に示す．

この実験は，滑り速度30 cm/sで行われているが，無照射試料はおよそ

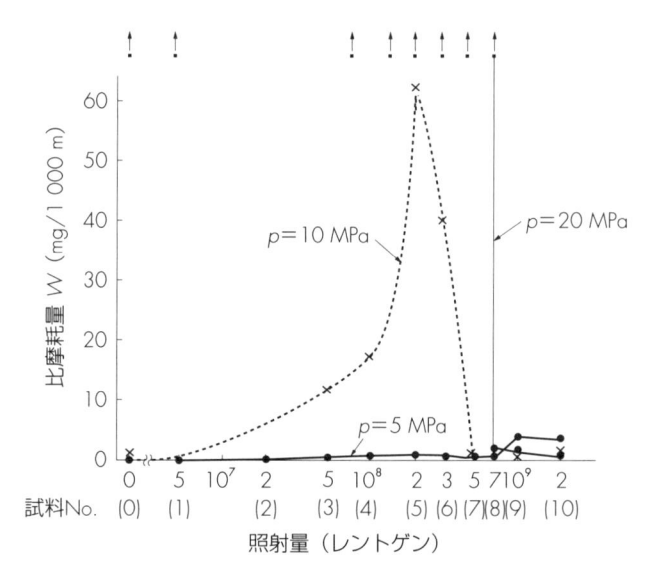

**図2.6.14** 照射量と摩耗の関係[78]

---

77) R.B. Lewis, Trans. ASME, (B), 89, 1967, 182
78) 松原・渡辺，潤滑，10, 1965, 94; Wear, 12, 1968, 185

$p$=1.25 MPaで摩擦熱によって滑り面が溶融する．次に各照射試料について，$p$=1 MPaの条件では，摩耗量は照射量にほぼ比例して増加する．そして，ある照射量に達すると急激に摩耗が減少する．$p$=2 MPaの場合には，高照射量の領域にのみ摩耗が少なく，無照射試料を含めそれ以下の照射のものは溶融を起こしている．

高照射量で耐摩耗性が示された条件で滑り面を観察すると，図2.6.15に示すように，表面から1.5～2 mmにも及ぶ溶融層が存在する．すなわち，$\gamma$線照射によって分子間に架橋が生じるが，このような架橋形プラスチックは，架橋分子（ゴム状）と非架橋分子（結晶と非結晶部分）の共存状態があり，融点以下では結晶性が，融点以上ではゴム状性質が摩耗の挙動を支配するのであろう．

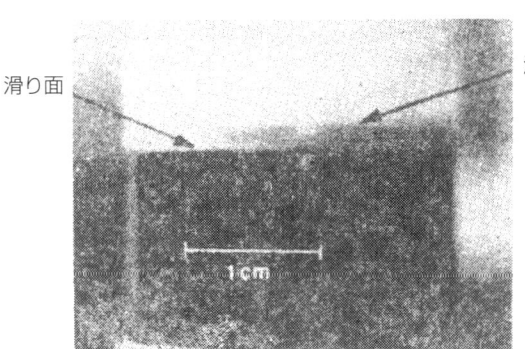

図2.6.15　PE滑り面の溶融

## 2.7　摩擦摩耗の試験法としゅう動材への応用

### 2.7.1　基本的性質と試験法

固体の摩擦の原因は，表面の微細な凹凸のかみ合い変形による項と接触部における分子間力などに基づく凝着（接着）による項の両者からなると考えられている．プラスチックが粗い固体表面や砂の介在する表面で滑る場合は前者が支配的であり，硬い平滑面に対して滑るような場合は後者が主であると考えら

れる．

摩擦摩耗の性質は荷重，速度などの滑り条件，相手面の材質，表面状態など関与する因子が非常に多く，使用する条件によって全く傾向が異なることが多い．したがって摩擦摩耗試験機も数多くあり，相互の関連性も必ずしもよくない場合が多い．しかし JIS では一応次のような機種をプラスチック用摩耗試験機として規定している．

**(1) JIS K 7204（プラスチック―摩耗輪による摩耗試験方法）**

通常テーバー式摩耗試験機といわれているもので，プラスチックの摩耗試験機としては最も広く用いられている．図 2.7.1 に示すように回転台（60 rpm）上に円板状試験片（厚さ 1〜5 mm，直径 120 mm）を固定し，これにリング状の粒度 #150 砥石（摩耗輪外形 50 mm，厚さ 13 mm）を一定荷重（2.45 N，4.9 N 又は 9.8 N）で押し付けて摩耗させるもので，図に示すように摩耗輪は試験片面上で自由回転できるが，その中心の位置が回転台の中心の位置とずれているので滑りも起こり，摩耗が生じる．1 000 回転後の摩耗量を質量変化により検出し，比重で割って体積で表示する．発生する摩耗粉は掃除機で吸引し

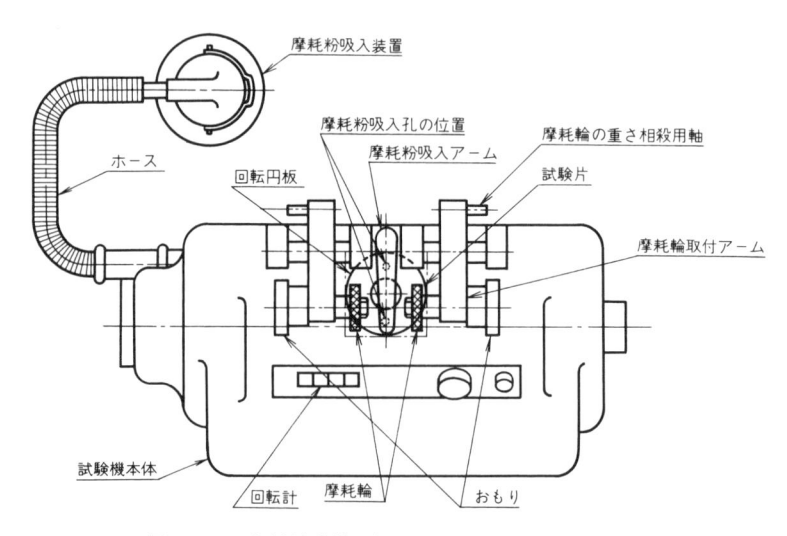

**図 2.7.1**　摩耗試験機（テーバー型）（JIS K 7204）

ながら試験を行う．砥石にも硬軟いくつかの種類がある．

**(2) JIS K 7205（研磨材によるプラスチックの摩耗試験方法）**

ASTM–A 型あるいはオルゼン型摩耗試験機といわれているもので，回転する（23.5 rpm）鋼製円板上に 80 メッシュのアルミナ研磨粉を一定速度で落下させる．これにカムによって上下に運動して砂をかみこみながら回転する（32.5 rpm）試験片（接触面 75×50 mm）を一定荷重 44.1 N（4.5 kgf）で押しつけて摩耗させるものである（図 2.7.2）．摩耗量は質量減少を比重で割って体積で表示する．

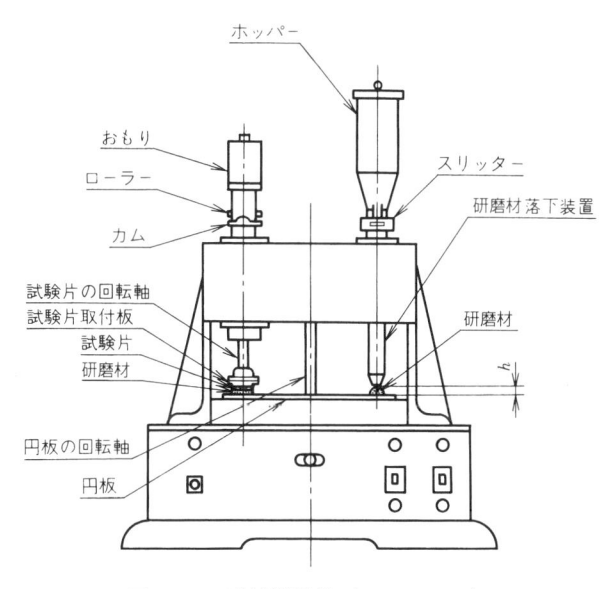

図 2.7.2 摩耗試験機（JIS K 7205）

**(3) JIS K 7218（プラスチックの滑り摩耗試験方法）**

平滑な金属面を相手とする試験法で，図 2.7.3 に示すように (a) 円筒端面（外径 25.6 mm，内径 20 mm）を重ね合わせるタイプ（スラスト型，鈴木式，松原式），(b) ピン端面を回転する平板上に押し付けるタイプ（ピン・ディスク型），(c) 平板を回転するディスクの側面に押し付けるタイプ（大越式）と試験

片形状の異なる3種類の摩耗試験機を規定している．これらは摩耗試験に関してはいろいろ規定しているが，摩擦試験については何も触れていない．しかし，(a), (c) についてはひずみ計などを使用して摩擦力も測定するのが普通である．

上記 (1), (2) の方法はいずれも粗い面や粒子によって削り取るタイプの摩耗であり，結果も比較的関連性があるが，(3) の平滑金属面を相手とする場合とは全く異なる結果が得られることが多い．

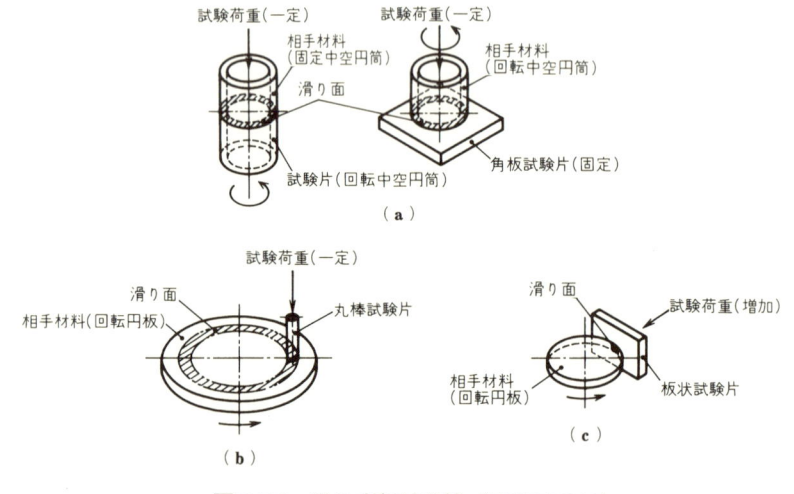

図2.7.3 滑り摩耗試験機 (JIS K 7218)

### (4) JIS K 7125（プラスチック―フィルム及びシート―摩擦係数試験方法）

フィルムやシート（80×200 mm 等）を種々の平滑な相手材料上に置き，その上に 63 mm 角，厚さ 2mm のフェルトを貼った滑り片（全質量 200 g）をのせて，引張試験機等により毎分 100 mm 前後の速度で滑らせ，摩擦力を荷重計で測定するものである．静摩擦係数 ($\mu_s$) は滑り出すときの値，動摩擦係数 ($\mu_k$) は滑っているときの値をとる．

### 2.7.2 プラスチックの摩擦

高分子材料のもつ性質で金属と大きく異なる点は弾性率が非常に小さいこと，変形が塑性的ではなく粘弾性的であるということであろう．前者は摩擦係数の荷重依存性に，後者は速度，温度依存性に影響を与える．図2.7.4はナイロンの摩擦係数の荷重依存性を示しているが，荷重の増加とともに摩擦係数は低下を示し，その傾向は温度が高く軟らかくなるほど大きくなる．これは弾性率が小さいため，大荷重では真実接触面積が金属に比べてずっと大きくなり，荷重の増加ほどには面積が増加しなくなることなどによると考えられる．これはゴムのように軟らかい材料ほど顕著になる．

また図2.7.5は高密度ポリエチレンの摩擦係数のいろいろな温度における速度依存性を示している．この曲線は横軸方向に移動することによって1本の合成曲線を作ることが知られている．このことは摩擦係数にも高分子の粘弾性的性質が顕著に現れることを示しており，変形速度と温度の間に換算性があることを示している．すなわち，ある温度で速度を増加させたときの摩擦係数の変化の方向はもとの速度で温度を低下させたときの変化の方向と同じになる．こ

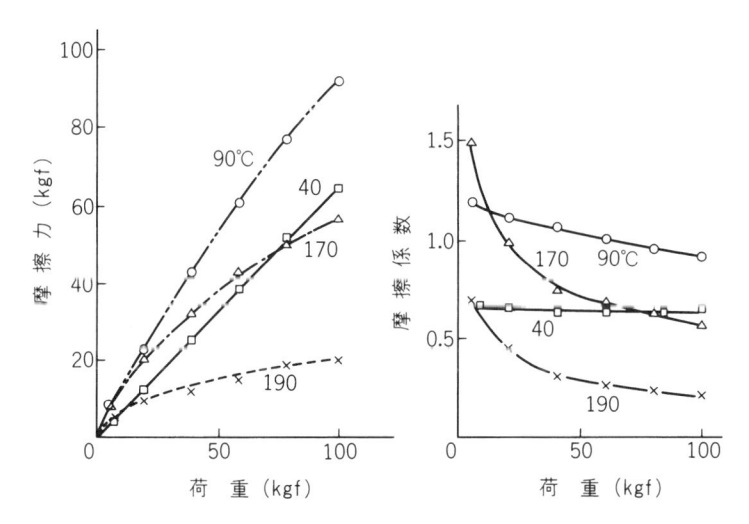

図 **2.7.4** プラスチックの摩擦力及び摩擦係数の荷重依存性（ナイロン6対軟鋼，試験機スラスト型速度0.1 mm/s）

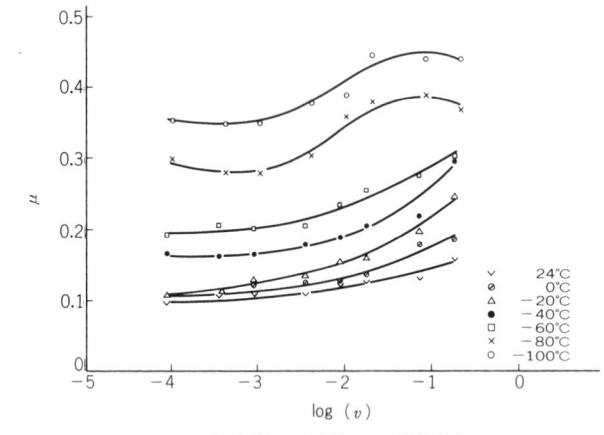

(a) 種々の温度での速度依存性

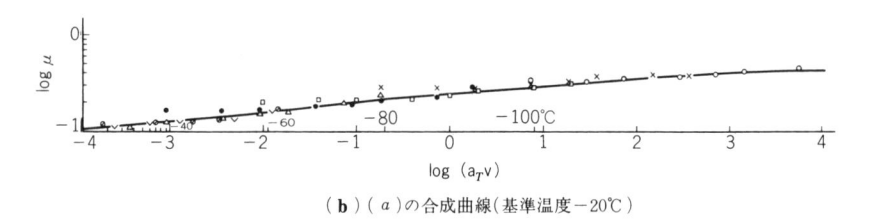

(b) (a)の合成曲線(基準温度−20℃)

**図2.7.5** 高密度ポリエチレンの摩擦係数の速度依存性[79]

のような合成曲線は，PTFEなど高結晶性のプラスチックや無定型の架橋ゴムでは特定の式によりガラス転移温度などを使って作ることができる．PAやPOMなどのように熱可塑性で架橋がなく，結晶性も中程度の材料では必ずしもきれいな曲線は得られないが，基本的な傾向としてはやはりこのような性質をもっていることが多い[80]．このようにプラスチックの摩擦は金属に比べると温度や速度による変化が大きい．

また高分子材料では次に示すように材料内部で滑らずに界面で滑る場合もある．したがって，この場合の摩擦は両材料面の水による接触角などによって測定される接着仕事と大きな関連性をもつ．図2.7.6は種々のプラスチックの組

---

79) Bahadur, S., Ludema, K.C. (1971) : Wear, 18, 109
80) Watanabe, M., Yamaguchi, H. (1986) : Wear, 110, 379

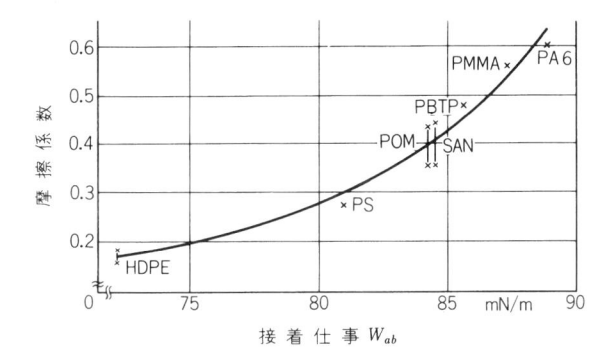

2.7 摩擦摩耗の試験法としゅう動材への応用

(試験機：スラスト型, 面圧：0.09 N/mm², 速度：0.12 m/s)

**図2.7.6** ポリアセタール（POM）と各種樹脂材料の摩擦係数と接着仕事（Wab）の関係[81]

合せにおける摩擦力と接着仕事との関係を示しており，接着仕事の大きい組合せほど摩擦が増加している．

### 2.7.3 プラスチックの摩耗
#### (1) プラスチックの滑りの形態

プラスチックを研磨紙のようなざらついた面の上で滑らせる場合は研磨粒子によって削り取られるアブレシブ摩耗の滑り形態が多い．一方，鋼などの半滑面を相手として滑らせる場合の形態を分類すると，おおよそ図2.7.7のようになる．熱可塑性樹脂では局部的な凝着部分が摩擦によって流動し，薄片状の摩耗粉を出しながら滑る場合がある（表面流動型）．この場合，PTFEやHDPEのように分子構造に枝分かれがなく，また分子間力の小さい材料では分子配向性の滑りやすい薄層が形成され，それが相手面に付着して潤滑機能をもつようになる．やや高温時のナイロンなどは軟らかいが，PTFEやHDPEより分子配向性が低く，流動が起こりにくいので，接触部が引っ張られて切断し，ロール状の摩耗粉を生じながら滑る（ロール形成型）．やや固い材料では材料内部

---

81) Erhard, G. (1983): Wear, 84, 167

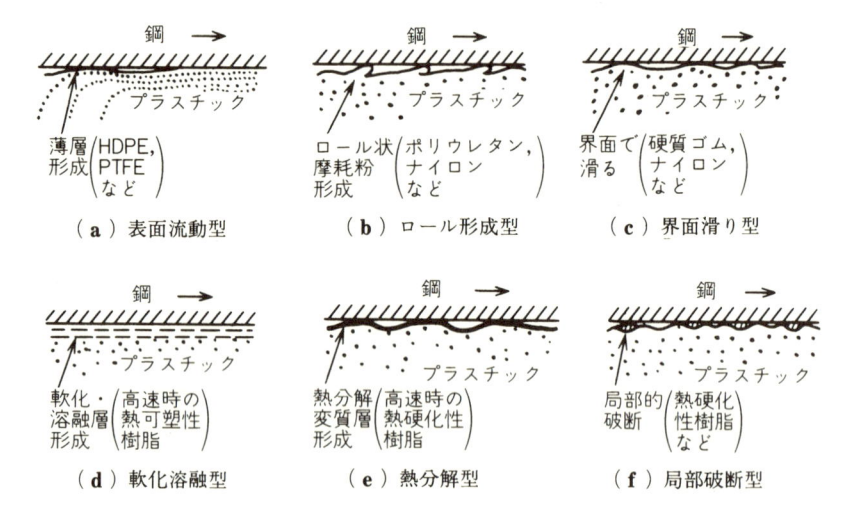

図2.7.7 プラスチックの滑り形態モデル

(a) 表面流動型 — 薄層形成 / HDPE, PTFE など
(b) ロール形成型 — ロール状摩耗粉形成 / ポリウレタン, ナイロン など
(c) 界面滑り型 — 界面で滑る / 硬質ゴム, ナイロン など
(d) 軟化溶融型 — 軟化・溶融層形成 / 高速時の熱可塑性樹脂
(e) 熱分解型 — 熱分解変質層形成 / 高速時の熱硬化性樹脂
(f) 局部破断型 — 局部的破断 / 熱硬化性樹脂 など

で切断せずに界面で滑る場合がある（界面滑り型）．

高速で摩擦熱発生が大きい場合には熱可塑性樹脂では軟化溶融した層を介して滑り（軟化溶融型），溶融層が薄い場合には一種の潤滑剤的役割を果たすことも考えられるが，これが厚くなると外部に溶出して激しく摩耗する．熱硬化性樹脂では熱分解した層及び熱分解生成物を介して滑りが生じる（熱分解型）．この熱分解層及び分解生成物が潤滑性を示す場合もある．熱硬化性樹脂など比較的もろい材料で熱分解に至らない場合には，接触部で局部的に微粉化しながら摩耗する（局部破断型）．

**(2) 高分子材料の摩耗特性**

ポリマーの摩耗機構としては金属などと同様にアブレシブ摩耗，凝着摩耗，疲労摩耗，化学摩耗などが考えられる．アブレシブ摩耗の場合は図2.7.8に示すように摩耗量は主として材料の機械的性質，特に引張破断時の強さ($s$)とそのときの伸び($\varepsilon$)の積，すなわち破断に要するエネルギーの逆数に比例するといわれている[83]．アブレシブ摩耗を減らすためには，強さのみでなく，伸びが大きいことが重要な要素であることがわかる．

表面が比較的平滑なときには凝着によるものが多い．この場合は多くの因子

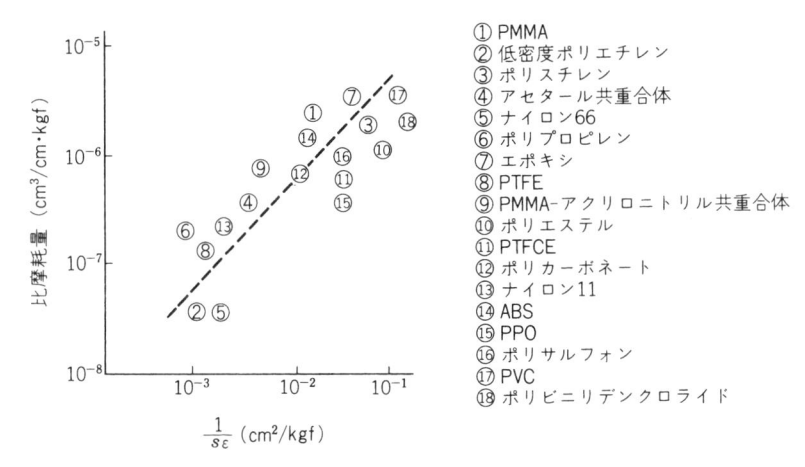

図 2.7.8 粗い鋼面（1.2 μmRa）上で1回摩擦させたときの比摩耗量と $1/s\varepsilon$ の関係 [82]

がからむため，同一材料であっても試験機や試験条件などによって異なった挙動を示すことが多いが，スラスト型試験機による結果の一例を次に示す．図2.7.9はナイロンと軟鋼の平面同士を摩擦したときの比摩耗量，摩擦係数，表面温度に対する滑り速度，荷重，相手面粗さの影響を示している．この場合の表面温度は摩擦熱による自然温度上昇である．

これらの比摩耗量のデータを表面温度を横軸にとって示すと図2.7.10のようになる．この図には摩擦熱の影響の少ない低速度においての外部加熱による温度の影響も示してある．いずれの場合もほぼ1本の曲線上にあり，相手面粗さが同じならば速度や荷重の影響は比較的狭い範囲の実験では温度の影響の中に隠れてしまう．このように高分子材料の摩耗において温度は最も大きな因子の一つである．

疲労による摩耗の場合はき裂の発生や伝播が問題になるが，高分子材料に特有の挙動として酸化との関連がある．すなわち高分子は酸化すると摩耗が増加

---

82) Lancaster, J. K. (1968) : British J. Appl. Phys. (J. Phys. D), Ser. 2, 1, 549
83) Ratner, S.B., Lure, E.G. (1967) : "Abrasion of Rubber" (D.I. James ed.) Maclaren, London, 161

212    2. 機械材料

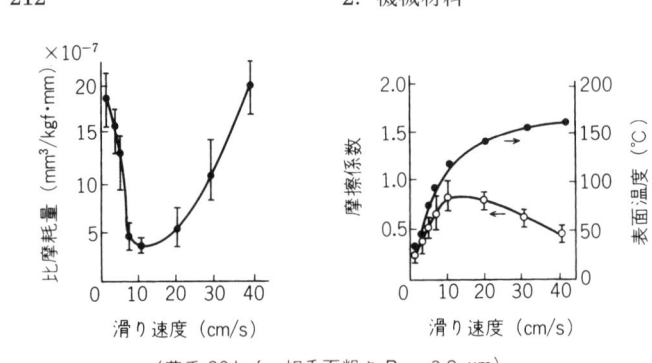

(荷重 20 kgf，相手面粗さ $R_{max}$ 3.8 μm)

(速度 10 cm/s，相手面粗さ $R_{max}$ 3.8 μm)

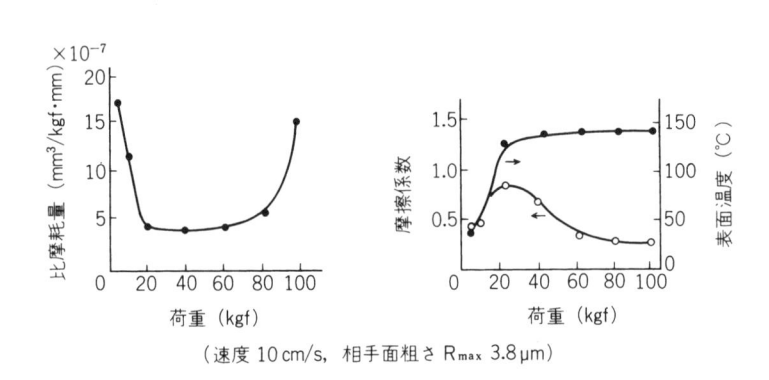

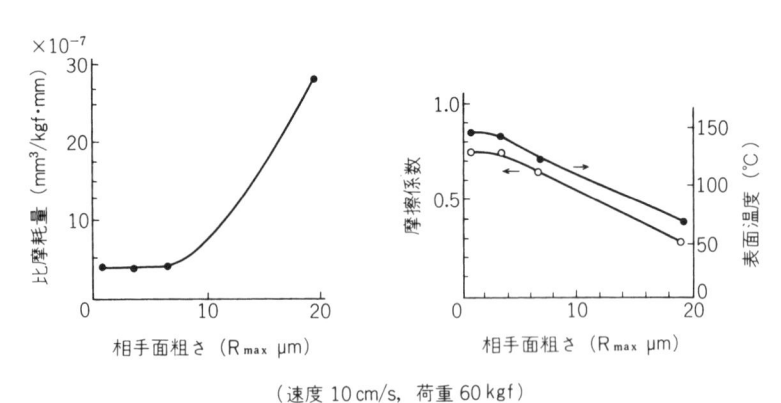

(速度 10 cm/s，荷重 60 kgf)

図 2.7.9　ナイロンの摩擦摩耗に対する諸因子の影響
(試験機：スラスト型，相手材：軟鋼)[80]

することが多いが，繰返し荷重を加えると酸化の活性化エネルギーが減少し酸化しやすくなる．そこで表2.7.1に示すように酸化防止剤を加えると疲労による高分子の摩耗が大幅に減少するといわれている．一つの材料でも条件によっていくつかの摩耗の機構が現れるので，一部の実験から摩耗を予測することは困難な場合が多い．

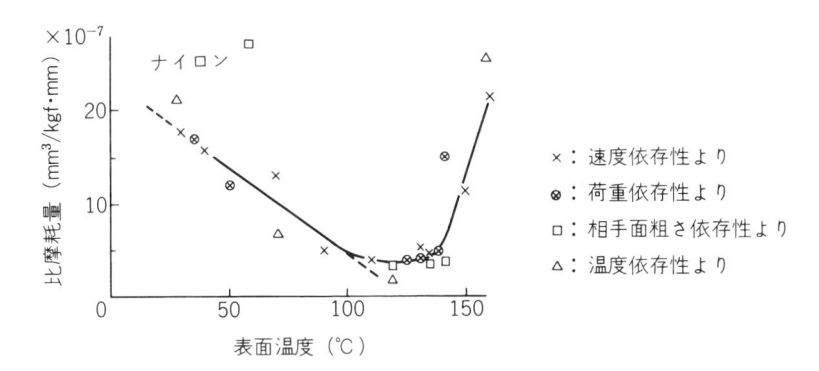

**図 2.7.10** 図2.7.9を横軸に表面温度をとって書き直したナイロンの比摩耗量と温度の関係
〔図中△印は，摩擦熱の発生が少ない速度（20 mm/s）で，周囲から外部加熱によって得たもの〕

**表 2.7.1** プラスチックの摩耗に対する酸化防止剤添加の効果[83]

| 高分子材料 | 酸化防止剤 | $\alpha$ | $k$ 金網上 | 研磨紙上 |
|---|---|---|---|---|
| ポリアセタール | なし | 3.1 | 0.1 | 4.3 |
| | 2,5–di-tert, butylhydroquinone | 4.9 | 0.001 | 4.4 |
| | Nitrogen oxide radical | 4.4 | 0.004 | 4.5 |
| ナイロン68 | なし | 2.0 | 0.2 | 1.1 |
| | Di-$\beta$-naphthyl-$p$-phenylenediamine | 2.4 | 0.004 | 1.2 |
| | Phenyl-$\beta$-naphtylamine | 2.2 | 0.04 | 1.1 |

摩耗量 = $k \cdot$ 荷重$^{\alpha}$

## 2.7.4 主なプラスチック系しゅう動材料

しゅう動を伴う部分に比較的多く使用されている主な材料は次のようなもの

である．

**(1) PTFE**

しゅう動用材料としては最も代表的なもので，摩擦係数の最も低い材料としてギネスブックにも掲載されている．摩擦の安定性も非常に優れている．ただし，PTFEは滑りやすい薄層が積層したような分子構造をしており，耐摩耗性の点ではこの材料自体はエンプラ中でも最も低い方に属する．しかし，これにガラス繊維などの充てん材を混入した場合にはそれが荷重の多くを受け止め，内部の滑りを固定して表面だけに滑りやすい潤滑層を形成するため，耐摩耗性は無充てんの場合に比べると1 000倍近くも向上し，極めて耐摩耗性のよい材料となる．この場合，PTFEの薄層が相手面に付着することが重要で，この付着性を向上させるために鉛などの金属系添加物が用いられる．またPTFEを母材としてでなく，他材料への充てん材として用いることも多い．軸受やシールなどに広く使用される．真空中や極低温環境でも使用できる．

**(2) ポリアミド**

いわゆるナイロンで，いろいろな種類があるが，通常よく用いられるのはナイロン6とナイロン66である．後者の方が若干耐熱性が高いが，前者の方が成形性や値段の点ではやや優れている．また，モノマーキャスティングタイプのものは注型法で成形するため大型の部材を作ることができる．吸湿性が比較的大きいため寸法安定性が悪いのが欠点である．吸湿性の少ない種類としてはナイロン12などがあり，比較的軟らかいことから，歯車でポリアセタールと組み合わせて消音効果を出すのに用いられることがある．一般にポリアミドは摩擦係数は高いが耐摩耗性は優れている．含油させて軸受やワッシャーなどにも用いられる．

**(3) ポリオキシメチレン**

ポリアセタールともいわれ，ホモポリマータイプとコポリマータイプがあるが，性能的にそう極端な違いはない．強度，耐疲労性，耐摩耗性，成形性などの点でバランスがとれて優れているため，歯車など小型機械部品にはほとんどこの材料が使われている．潤滑性にも優れており，含油させた材料も小型の軸

受などに多く使われている．耐熱性はあまり高くない．

**(4) 超高分子量ポリエチレン**

ポリバケツなどに用いられる通常のポリエチレンは分子量が数万前後であるのに対して，超高分子量ポリエチレンでは分子量が100万～500万であり，強度，耐摩耗性ともに通常のポリエチレンより優れているが成形性はあまりよくない．強じんで耐衝撃性があり，特にアブレシブ摩耗に強い．耐熱性はやや低い．粉体輸送機器，人工関節などに用いられる．

**(5) フェノール樹脂**

最も古くからある熱硬化性樹脂で耐熱性，寸法安定性，耐摩耗性等に優れている．ブレーキやクラッチなどの摩擦材として多く使用される．また水潤滑性に優れていることが特徴で，水潤滑軸受としてよく利用される．更にシール用カーボンや$MoS_2$など固体潤滑材の結合材としても用いられている．含油タイプもある．

**(6) ポリウレタン**

エラストマーであるがアブレシブ摩耗に強い材料として知られており，運動靴の靴底などに用いられる．ただし耐熱性は低く，摩擦は大きいので平滑面での高速のしゅう動には向かない．

**(7) ポリイミド**

最近数多く出されている耐熱樹脂の中でも最も耐熱性に優れたものの一つである．代表的なデュポン社のポリイミドは短期的には400°C以上でも使用できるといわれているが，一般的な成形法が使えないとか，高価であるとかの難点がある．ほかに耐熱性はやや落ちるが成形性の点で改良されたビスマレイミド系ポリイミドなどがある．

ポリイミドは一般に平滑な面で比較的高速高荷重の条件では低い摩擦摩耗を示す．特に真空中や不活性ガス中での性能に優れている（図2.7.11）．ただし，ややもろく，アブレシブ摩耗には弱いため，粗い面を相手として摩擦する場合には適さない．またPTFE系などに比べて摩擦がやや不安定な場合がある．高温用の軸受，歯車，複写機分離爪などに用いられる．

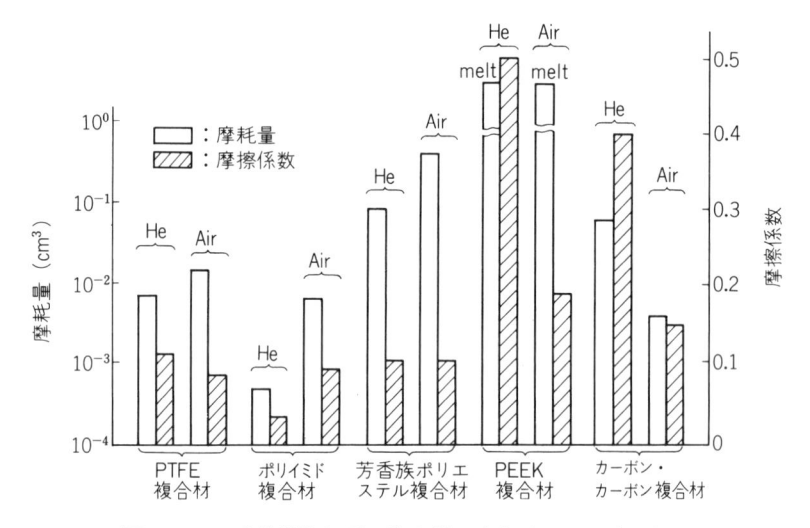

図 2.7.11 耐熱樹脂などの複合材の空気中と He ガス中での摩擦摩耗の比較(スラスト型,荷重 40 kgf,速度 63 cm/s,走行距離 2 300 m)

**(8) その他の耐熱樹脂**

ポリイミド以外にポリフェニレンサルファイド (PPS),ポリエーテルエーテルケトン (PEEK),ポリアミドイミド (PAI),ポリエーテルサルフォン (PES),ポリアリレート (PAR) などの複合材がしゅう動用に開発されている.ポリイミドも熱可塑性で成形性にも優れた材料が出されている.さらに相手材を傷つけない充てん材として,オキシベンゾイルポリエステルの利用が進んでいる.その他全芳香族ポリエステル系液晶ポリマーもしゅう動材料としての開発が進みつつある.

## 2.7.5 しゅう動材としての材料の改質及び加工

しゅう動材としてプラスチック材料を用いるときはそのままの単味で用いる場合 (POM では比較的多い) もあるが,多くの場合,次に示すような何らかの改質や加工を加えることが行われる.

### (1) 充てん材の添加

しゅう動特性を改良するための最も一般的な方法である．PTFEを母材として，これにガラス繊維，カーボン繊維，アラミド繊維，銅粉末，グラファイト，二硫化モリブデン，ポリイミドや芳香族ポリエステルなどの耐熱樹脂等を充てんした材料は最も代表的なプラスチック系しゅう動材として軸受等各種のしゅう動部に広く使用されている．充てん材として耐熱樹脂など有機系材料を混入したものはガラス繊維やカーボン繊維を充てんしたものに比べて相手材を傷つけることが少ない．またPOM, PA, PI, PPS, PCなどにPTFEを10〜30%添加した材料も広く用いられる．最近は従来あまり用いられなかったPC, 変性PPEなどにもPTFEを充てんしたものが市販されている．グラファイト，二硫化モリブデン，カーボン繊維などを添加することもしばしば行われるが，PTFEを添加することが最も多い．

### (2) 潤滑剤の含浸

POM, PA, PBT, フェノール樹脂，ポリオレフィンなどに各々特殊な方法で含油させた材料も多く出されている．強度的には若干低下するものの摩擦摩耗特性は大幅に改善される．含油方法の改良も行われている．

### (3) 金属への含浸やコーティング

鋼製のバックメタル上に青銅の焼結層を形成させ，これにPTFEやPOMなどを含浸させたもの（図2.7.12）はプラスチックのしゅう動特性を保ちながら，

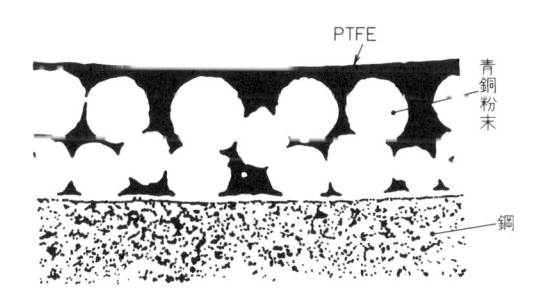

**図2.7.12** 焼結合金にPTFEを含浸させたしゅう動材の断面図

プラスチックの欠点である強度面や精度面での弱点をカバーすることができる．また金属表面へPTFE系やポリイミド系材料のコーティング皮膜を形成させることもよく行われている．ほかに金網に含浸させる方法もある．

**(4) 織布やシートとしての利用**

PTFE繊維とほかの繊維とを交織し金属やFRPの表面に樹脂で固着したもの（図2.7.13）は，PTFEが繊維となっているためコールドフローが少なく，大荷重，低速の条件で用いられる．シート状のPTFE複合材を金属表面に固着したものもある．

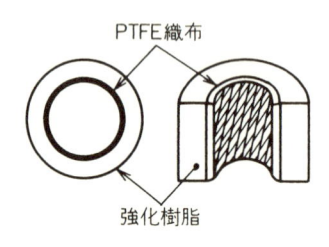

図2.7.13　PTFE織布軸受

**(5) 化学的改質**

従来のトライボロジ的性質の改良方法として上に述べたような充てん材の添加や液体の潤滑剤を含有させることが主であった．しかし，最近は樹脂材料そのものをトライボロジ用途に適するように改良する試みがかなり行われてきている．例えば互いに相溶かしあう他のポリマーと混合させるポリマーブレンドや異種の網目高分子を絡みあわせるIPN（Interpenetrating Polymer Networks，相互貫通網目ポリマー）（図2.7.14），あるいは親油性にするための化学的改質（ブロックポリマー，グラフトポリマー）などが行われている．二，三の例をあげると，ポリアセタールとポリウレタン[84]や低密度ポリエチレン[85]とのポリマーブレンド，ポリアセタールを親油性にするため分子構造に潤滑性官能基を組み込みブロックポリマーとしたもの[86]，潤滑剤と親和性をもつ主

---

84) 松島哲也，伊東照紀(1988)：プラスチックス，39, 3, 39
85) 浜田直巳，堀内克英，小林卓(1986)：日本潤滑学会第30期春季研究発表会予稿集，217

鎖にポリアセタールと親和性のある側鎖をつけたグラフトポリマーを作り，これをブレンドしたもの[87]，ナイロン等の熱可塑性樹脂にシリコーン樹脂のIPNを導入したもの[88]，しゅう動材用に構造変性されたポリプロピレン[89]などが出されている．

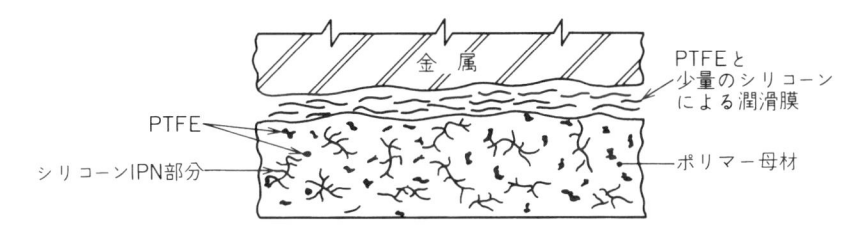

**図2.7.14** IPNによるしゅう動用ポリマー材料改質の一例

### 2.7.6 プラスチック系しゅう動材の特徴

しゅう動部にプラスチック材を使用する場合の一般的な特徴を列挙すると次のようになる．

① 無給油で使用できる．
② 高荷重，低速，揺動など油膜の形成しにくい箇所でも使用できる．
③ 音の発生が少ない．
④ 他の部品と一体にして成形できる場合がある．
⑤ 耐食性があり，水中や薬液中でも使用できる．
⑥ 軽量である．
⑦ 真空中や極低温環境でも使用できる

一方，欠点をあげると，

① 一般的に耐熱性が低く，許容$pv$値が低い．
② 高速でのしゅう動に弱い．

---

86) 二井野雅彦(1989)：機能材料，435
87) 遠藤寿彦(1989)：月刊トライボロジ，3, 10, 通巻No.26, 14
88) Theberge, J.E. (1984) : Mach. Desi., 56, Sept. 6, 108
89) 田中秀樹(1989)：月刊トライボロジ，3, 10, 通巻No.26, 22

③ 強度的に弱い．

④ 精度が保てない．

などがある．これはすべてのプラスチックしゅう動材に共通に当てはまるというわけではなく，材料によってかなり異なるので，使用の目的や条件によって最適の材料を選択することが重要である．図 2.7.15，図 2.7.16 にプラスチック系を主としたしゅう動材の限界 $pv$ 値と比摩耗量の大まかな目安を示す．

最近の OA 機器などにエンプラがさかんに取り入れられている大きな理由は，軽量化と多数の部品を一体化して成形することによるコストの削減である．また，このような軽薄短小機器では負荷も比較的小さく，耐摩耗性の要求もそ

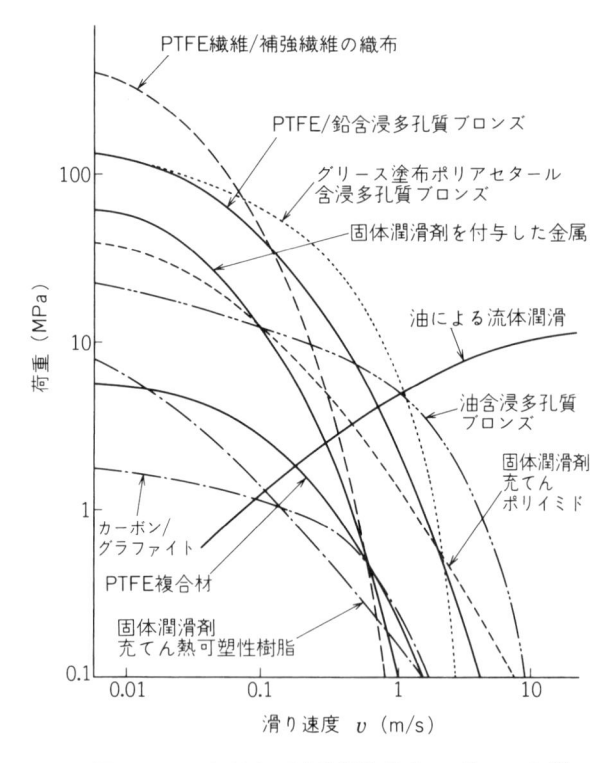

**図 2.7.15** 各種自己潤滑材等許容 $pv$ 値の目安[90]

---

90) Evans, D.C., Senior, G.S. (1982) : Tribology Intern., Oct., 243

2.7 摩擦摩耗の試験法としゅう動材への応用

比摩耗量 (mm³/Nm)

| 分類 | 材料 |
|---|---|

無充てん
プラスチック
- 超高分子量ポリエチレン ($10^{-7}$ 付近)
- ● ポリアセタール ($10^{-6}$)
- ● ナイロン ($10^{-6}$)
- PTFE ($10^{-4}$)

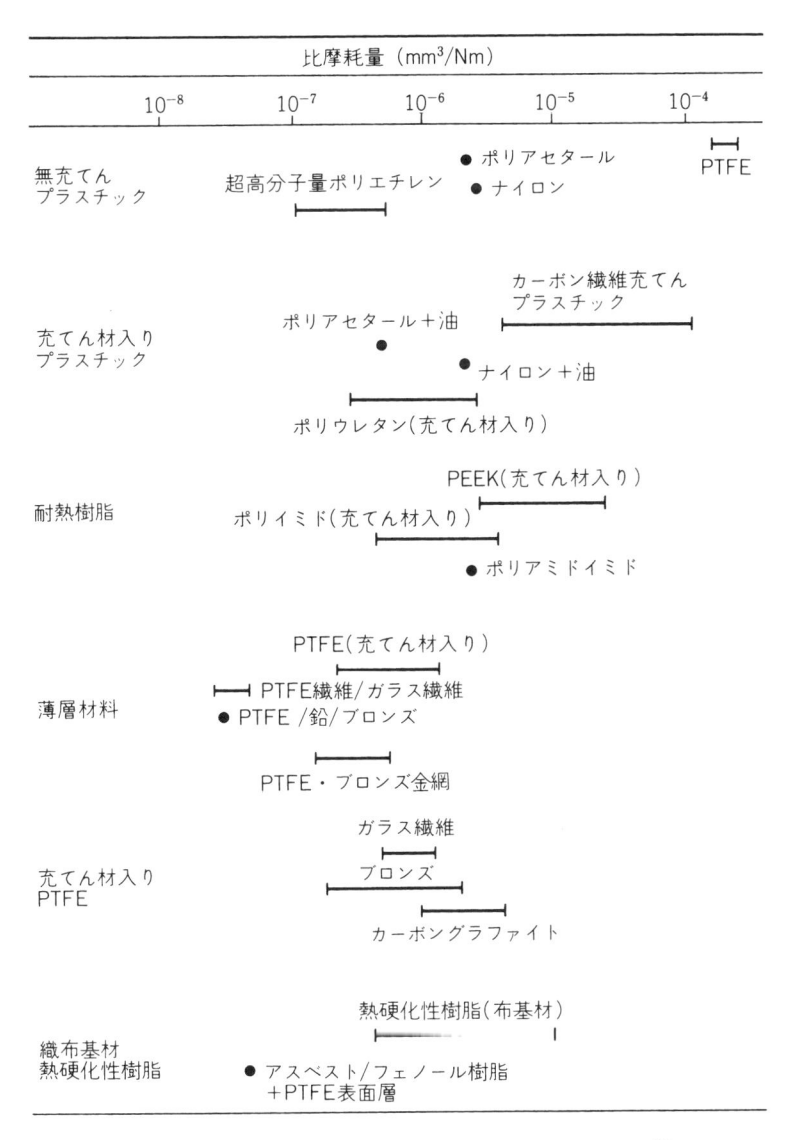

充てん材入り
プラスチック
- ポリアセタール＋油 ●
- カーボン繊維充てんプラスチック
- ナイロン＋油 ●
- ポリウレタン(充てん材入り)

耐熱樹脂
- PEEK(充てん材入り)
- ポリイミド(充てん材入り)
- ● ポリアミドイミド

薄層材料
- PTFE(充てん材入り)
- PTFE繊維/ガラス繊維
- ● PTFE /鉛/ブロンズ
- PTFE・ブロンズ金網

充てん材入り
PTFE
- ガラス繊維
- ブロンズ
- カーボングラファイト

織布基材
熱硬化性樹脂
- 熱硬化性樹脂(布基材)
- ● アスベスト/フェノール樹脂＋PTFE表面層

**図2.7.16** プラスチック及び複合材の比摩耗量の目安[91]

---

91) Anderson, J.C. (1982) : Tribology Intern., Oct., 255

れほど厳しくない場合も多い．その意味ではしゅう動部分を一部に含むような部品の場合，その部品の主な性能を満たし，かつなるべく安価な材料にPTFEなどを添加して使用する場合が増えてきている．例えば，安価なポリスチレンにシリコーン油を混入したもの，成形性や表面性のよい変性PPEあるいは寸法安定性のよいPCにPTFEを充てんしたものなどもその一例である．

このようにしゅう動部へのエンプラの使い方は，高度のしゅう動性能をもつ材料を滑り部分だけに使用する場合と，滑り部分を含むある部品全体を一つの材料で作る場合とがある．後者の場合は摩擦摩耗特性のみでなく，成形性，寸法安定性，表面性，価格などエンプラのもつ他の諸特性とのバランスにおいて，要求性能に応じた選択を行うことが必要である．

## 2.8 機械部品への応用

トライボロジー分野に関わる機械部品に用いられるプラスチック系トライボマテリアルの選択は摩擦部近傍温度を基準に決められることが多い．60°C以下では高密度ポリエチレン（HDPE），超高分子量ポリエチレン（UHMWPE），ポリプロピレン（PP）などのポリオレフィン系トライボマテリアル，80°C以下ではポリアセタール（POM），ポリアミド（PA）などの汎用エンプラ，100°C以下では半芳香族ポリアミド，ポリフェニレンスルファイド（PPS）などのエンプラ，100°C以上ではポリアミド（PI），ポリアミドイミド（PAI），ポリエーテルエーテルケトン（PEEK），液晶ポリマー（LCP），ポリテトラフルオロエチレン（PTFE）などのスーパーエンプラが選択される．

トライボマテリアルの設計は三成分系，四成分系複合材料化により，単体では得られない相乗効果が見られることや限界$pv$値が高められ，高荷重・高速用分野の対応が行われる．代表的な軸受，歯車，ガイドローラ，人工関節やブレーキの結合材などの分野に使用されている．

## 2.8 機械部品への応用

### 2.8.1 滑り軸受

携帯電話の振動発信用ミニチュアモータの内径0.5程度のPPS系軸受から水車及び水車発電機用スラスト軸受用PTFE，PEEK系パッドなど，機械部品として最も広く応用されている分野である．軸受は固体潤滑剤，強化材からなる複合系及び含油したソリッド型と大荷重用機械強度の向上を目的とした図2.8.1に示すふっ素系，ポリアセタール系の代表的な裏金付型に大別され，代表的軸受材を図2.8.2に示す．また図2.8.3に示すポリ四ふっ化エチレン（PTFE）繊維を交織したものを用いた軸受，球面を利用したボールジョイントなどにも応用されている[92]．

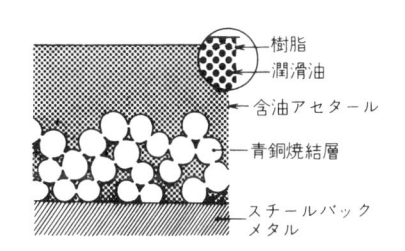

図2.8.1 裏金付軸受

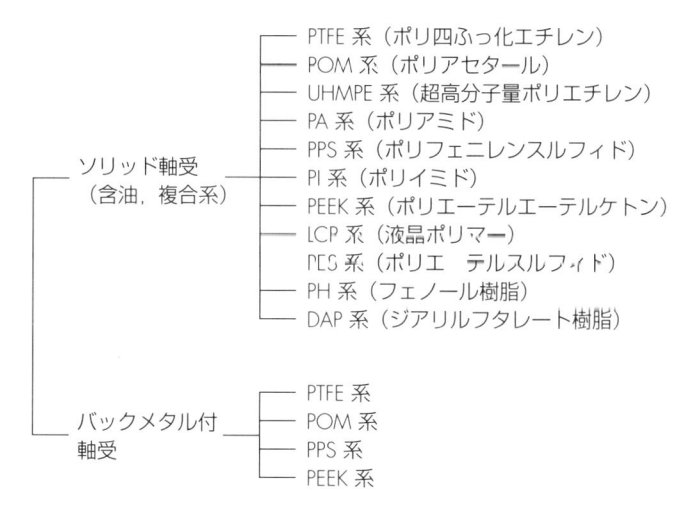

（樹脂／潤滑油／含油アセタール／青銅焼結層／スチールバックメタル）

ソリッド軸受（含油，複合系）
- PTFE系（ポリ四ふっ化エチレン）
- POM系（ポリアセタール）
- UHMPE系（超高分子量ポリエチレン）
- PA系（ポリアミド）
- PPS系（ポリフェニレンスルフィド）
- PI系（ポリイミド）
- PEEK系（ポリエーテルエーテルケトン）
- LCP系（液晶ポリマー）
- PES系（ポリエーテルスルフィド）
- PH系（フェノール樹脂）
- DAP系（ジアリルフタレート樹脂）

バックメタル付軸受
- PTFE系
- POM系
- PPS系
- PEEK系

図2.8.2 プラスチック系軸受

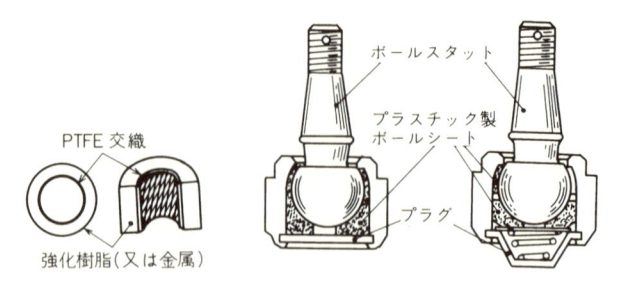

図 2.8.3　PTEF 交織軸受及びボールジョイント

## (1) 設計

滑り軸受は無給油状態の境界摩擦で使用されることが多いが，油などの流体を介した流体摩擦状態でも使用される．高荷重下での流体摩擦においては摩擦，摩耗が境界摩擦に比べて優れた特性を示す．基本的設計の考え方はクラウスの成書によるところが多い[93]．

**(a) 粗さ**　軸受の表面粗さが多少あっても，荷重が作用したとき，弾性又は塑性的に変形するのであまり敏感ではないと考えてよいが，相手金属軸の表面粗さが $Ra$ 0.02 μm 以下の滑らかな状態になると真実接触面積及び凝着仕事が増大し，摩擦係数，摩耗量が大きいことから，一般には $Ra$ 0.2 μm，実用的には 1〜6 μm 程度の仕上げが行われている．

**(b) 相手材及び硬さ**　相手材は硬い炭素鋼系のものを用いたとき，軸受の摩耗は少なく，一般的に硬さが大きくなるに従い，真実接触面積が減少し，摩擦，摩耗が減少する．最近は軽量化のためアルミニウム系軸が用いられるようになったが，軸受の摩耗が多いことから，アルミニウム軸に対する摩耗の少ない軸受材の組成が検討され[94]，図 2.8.4 に示すようにポリ四ふっ化エチレン（PTFE）へのポリオキシベンソイル（POB），ポリフェニレンスルフィド（PPS）を充てんすることにより，PTFE の耐摩耗性を向上させるだけでなく，

---

92)　川崎景民(1980)：オイルスベアリング，アグネ社，167, 293
93)　Clauss, F. J. (1972) : Solid lubricants and self-lubricating solid, Academic Press, 155
94)　内山吉隆，山田良穂，三浦大生：潤滑，Vol.33, No.1, p.69–77

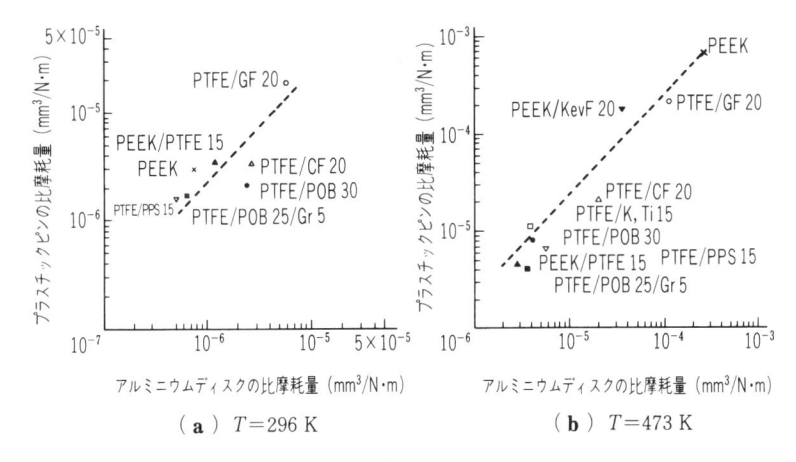

**図 2.8.4** アルミニウムディスクの平均比摩耗量と各種プラスチックピンの比摩耗量との関係

相手材に強固な移着フィルムを形成させ，相手面の損傷を防ぐことが知られている．

**(c) 形状，寸法** プラスチック軸受は摩擦熱の放散良否によって，性能が制限されることが多い．軸受の内径（$D$），長さ（$L$）の比率 $L/D$ は $1\sim 1.5$，厚みは軸径（$d$）によって異なるが，$0.1\sim 0.2\,d$ 以下が実用されており，厚みを最小限にすることにより，限界 $pv$ 値が増大する．またクリアランスは $3/1\,000\sim 1/100\,d$ 程度が目安である．

**(2) 各種軸受性能**

スーパーエンジニアリングプラスチック軸受の性能について述べる．

**(a) PPS** 図 2.8.5 に示す軸受試験機及び形状の PPS 複合材軸受の摩擦係数と軸圧との関係を示したのが図 2.8.6 である．摩擦係数は軸圧の増加とともに減少する[95]．

**(b) ポリイミド（PI）** PI には熱硬化型と熱可塑型のものがある．熱硬化型のものは熱分解温度が 420℃ 程度で，最も耐熱性の優れたプラスチックで

---

95) 山口章三郎，関口勇，高根誠一：潤滑，Vol.25, No.10, p.677–682

あり，図2.8.5の試験機でPIの代表的なポリアミノビスマレイミド複合材の軸受特性について示したのが表2.8.1であり，黒鉛30%，ガラス繊維（GF）充てんPIの限界$pv$値は他のものより大きい．表2.8.2はPI系複合材の摩擦摩耗

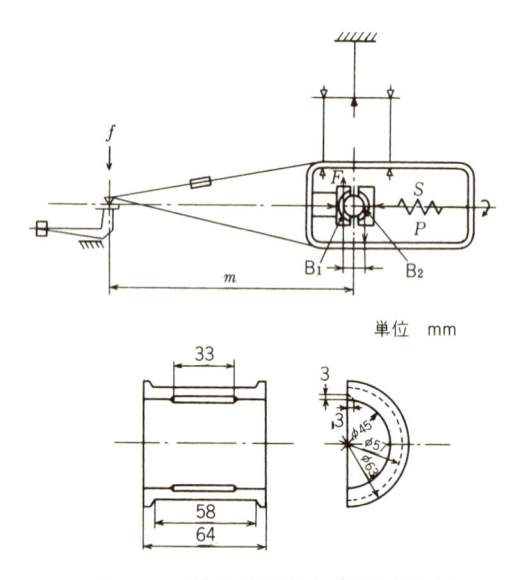

**図2.8.5** 軸受試験機及び軸受部形状

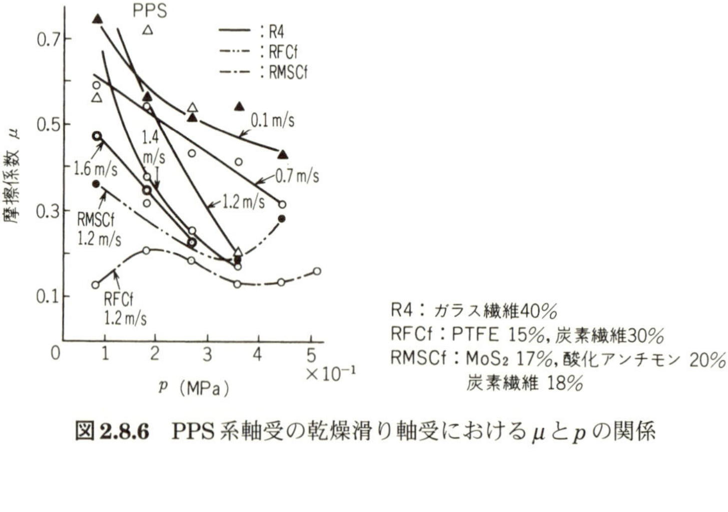

**図2.8.6** PPS系軸受の乾燥滑り軸受における$\mu$と$p$の関係

R4：ガラス繊維40%
RFCf：PTFE 15%，炭素繊維30%
RMSCf：$MoS_2$ 17%，酸化アンチモン 20% 炭素繊維 18%

## 2.8 機械部品への応用

**表 2.8.1** ポリイミド系各材料の軸受特性値[96]

| 材料名 | | 摩擦係数 $\mu$ の範囲 | 摩擦係数 $\mu$ の平均量 | 限界 $pv$ 値 (MPa·m/s) |
|---|---|---|---|---|
| ポリイミド系 | No.1　充てん材なし | 0.132〜0.828 | 0.361 | 0.21 |
| | No.2　グラファイト 25 wt% | 0.151〜0.504 | 0.264 | 0.33 |
| | No.3-1　グラファイト 40 wt% | 0.229〜0.569 | 0.366 | 0.31 |
| | No.3-2　グラファイト 30 wt%　アスベスト 10 wt% | 0.137〜0.613 | 0.336 | 0.94 |
| | No.3-3　グラファイト 30 wt%　ガラス繊維 10 wt% | 0.117〜0.862 | 0.369 | 1.25 |
| | No.4　グラファイト 40 wt%　$MoS_2$ 25 wt% | 0.161〜0.760 | 0.438 | 0.35 |
| | No.5　PTFE 20 wt% | 0.450〜0.909 | 0.662 | 0.21 |
| ナイロン6 | | 0.059〜0.440 | 0.249 | 0.19 |
| DAP（ジアリルフタレート） | | 0.113〜0.375 | 0.249 | 0.21 |
| 青銅（油潤滑） | | 0.0037〜0.016 | 0.008 | 1.2 |

**表 2.8.2** PI複合材のトライボロジー特性[97]

| 充てん材 充てん量 (wt%) | | 摩擦係数 範囲 | 摩擦係数 平均 | 比摩耗量 [$mm^3$/(N·km)] | 限界 $pv$ (MPa·cm/s) |
|---|---|---|---|---|---|
| 黒鉛 | 0 | 0.201〜0.743 | 0.440 | 0.0431 | 96 |
| | 10 | 0.159〜0.352 | 0.247 | 0.0148 | 121 |
| | 20 | 0.117〜0.366 | 0.226 | 0.0187 | 216 |
| | 30 | 0.083〜0.372 | 0.196 | 0.0105 | 330 |
| | 40 | 0.067〜0.280 | 0.145 | 0.0202 | 482 |
| $MoS_2$ | 5 | 0.116〜0.633 | 0.438 | 0.0502 | 102 |
| | 10 | 0.116〜0.572 | 0.345 | 0.0307 | 159 |
| | 15 | 0.113〜0.602 | 0.349 | 0.0228 | 140 |
| PTFE | 10 | 0.058〜0.384 | 0.124 | 0.0090 | 約520 |
| | 20 | 0.044〜0.369 | 0.115 | 0.0045 | 約520 |
| | 30 | 0.048〜0.254 | 0.095 | 0.0029 | 約520 |
| | 40 | 0.039〜0.224 | 0.099 | 0.0028 | 約520 |

96) 山口章三郎，関口勇，間宮恒雄，向山基晴：日本機械学会講演論文集，No.288, p.181–189
97) 関口勇ほか：材料技術，15, 1, 14–19

特性について示したものである．複合化により摩擦係数の低減と耐摩耗性が改善される．

**(c) ポリエーテルエーテルケトン（PEEK）** PEEKは融点が334°Cで，射出成形可能な最も耐熱性が優れた結晶性スーパーエンプラである．PEEKと黒鉛（Gr），二硫化モリブデン（$MoS_2$），カーボン繊維（CF），アラミド繊維（AF）との複合化によるトライボロジーの改善は多く見られる．硬質セラ

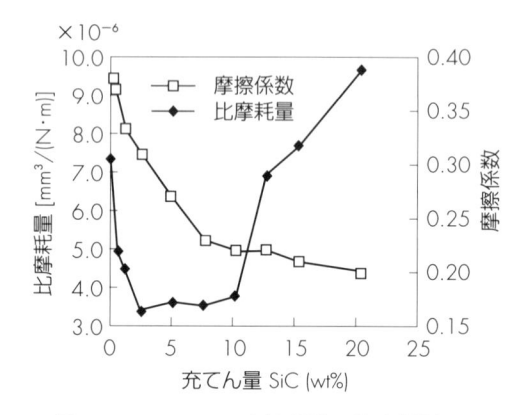

**図 2.8.7** PEEKの摩擦係数，比摩耗量とSiCの充てん量との関係[98]

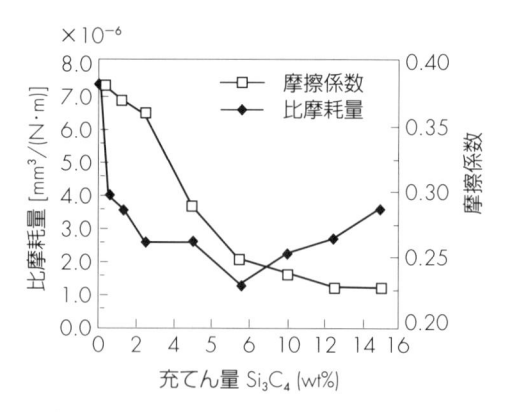

**図 2.8.8** PEEKの摩擦係数，比摩耗量と$Si_3N_4$の充てん量との関係[99]

ミックスの窒化珪素（$Si_3N_4$），炭化珪素（SiC）などとの複合化は少ないが，図2.8.7，図2.8.8に示すように3〜8%の充てんにより耐摩耗性が改善される．

**(d) ポリアセタール（POM）** POMは湿度の高い日本では最も広く使用されているトライボマテリアルであり，分子鎖中にわずかのC–C結合を導入し，主鎖の分解を抑え熱安定性を高めたコーポリマーが主流であり，多くの潤滑グレードが開発されている．

図2.8.9は新しいスタイルの硬質フィラーの微量充てんより結晶化コントロールし，耐摩耗性を改善したグレードの用途が期待されている．

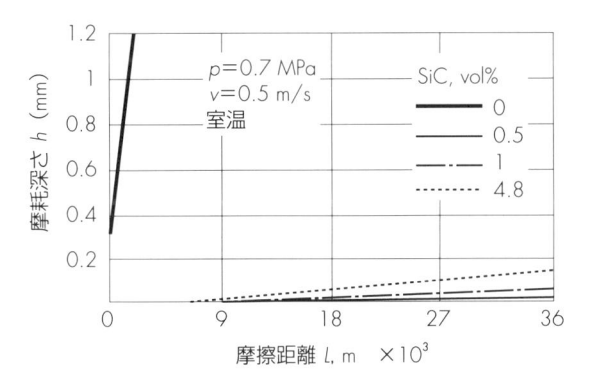

**図2.8.9** 無充てん及びSiC充てんPOMの摩耗深さと摩擦距離との関係[100]

**(e) ポリオレフィン系** オレフィン系はプラスチック材料中で最も軽量で，しゅう動音吸収性，化学的安定性が優れ，分解性ガスの発生が少なく，価格も比較的安価である．融点は160℃以下であり，60℃以下でのトライボマテリアルとして最適で，超高分子量ポリエチレンが軸受などに使用されている．最近開発されたPP系ポリオレフィンは新しい改善技術として微量のフィラー効果と結晶化度をコントロールしたもので，図2.8.10に示すように最も代表的

---

98) Q.H. Wang, et al. : Wear, 198, 82
99) Q.H. Wang, et al. : Wear, 209, 316
100) 黒川達也ほか：トライボロジスト，44, 7, 544

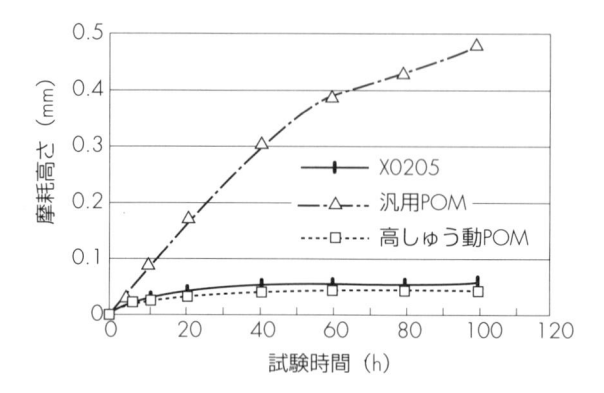

**図2.8.10** オレフィン系トライボマテリアルの摩耗特性[101]

なトライボマテリアルであるPOMと同程度の特性を示し,注目される.

**(f) ポリマーアロイ・ブレンド** ポリマー(プラスチック)に充てん材として他のポリマーをブレンドしたポリマーアロイグレードが企業化されている[102),103)].

図2.8.11は液晶ポリマー(LCP)/ポリアリレートとのブレンド化により摩擦係数の低減と耐摩耗性が改善される.

**(g) 有機/無機ハイブリッド材料** フェノール樹脂オリゴマーのアルコール溶液中でテトラアルキルシリケートのゾル-ゲル反応を行い,その後フェノール硬化反応によりフェノール樹脂中にシリカ粒子がナノ次元で分散させたフェノール樹脂/シリカ系ハイブリッド(ナノコンポジット)材の摩擦係数について示したものが図2.8.12である.2~3%の充てん量により摩擦特性が改善されることが注目され[105),106)],今後発展可能な分野のトライボマテリアルである.

---

101) 赤石司:プラスチックエージ,48, 1, 125
102) 関口勇:メインテナンス,Summer 2002, 55–62
103) 関口勇:成形加工,9, 12, 955–962
104) 関口勇ほか:トライボロジスト,38, 6, 561
105) 原口和敏:トライボロジスト,45, 1, 36
106) 原口和敏ほか:高分子論文集,55, 715

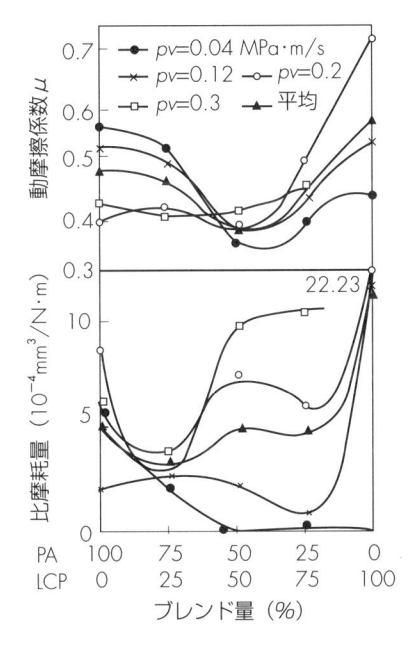

**図2.8.11** LCP/PARブレンドの摩擦係数と比摩耗量に及ぼすブレンド量の影響[104]

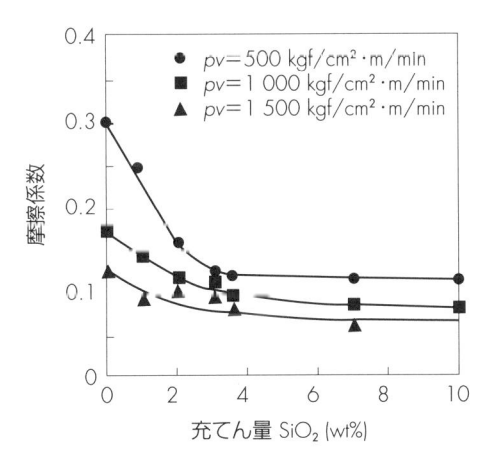

**図2.8.12** ハイブリッドの摩擦係数に及ぼすシリカ含有量の影響

## 2.8.2 転がり軸受

転がり軸受の玉[107),108)], 軌道輪[109),110)], 保持器[111),112)]へのプラスチック材料の応用が検討されてきたが，耐荷重性等の見地から保持器又は鋼球，内，外輪へのスパッタリングによるPTFEのコーティング[113)]の実用化が行われている．

### (1) 軌道輪

図2.8.13に示す装置で内・外輪を各種プラスチック材とし，市販の鋼球と保持器とを組み合わせたスラスト玉軸受の静摩擦係数と荷重及び動摩擦係数と荷重，回転数との関係を示したのが図2.8.14～図2.8.17である．PTFE，ポリウレタン及びナイロン6, 11の摩擦係数は荷重の増加とともに増大するが，これらの材料は硬さが小さいため，鋼球が軌道輪にくい込み，滑り摩擦抵抗が加わるものと思われる．ポリアセタール，ポリイミド系複合材では鋼を軌道輪としたものと同程度又はそれ以下の摩擦係数を示す．

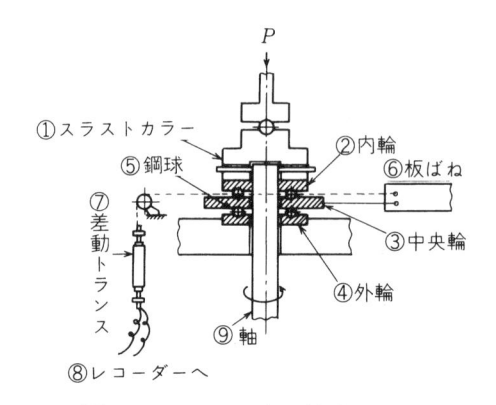

**図2.8.13** スラスト玉軸受テスター

---

107) Montalbano, J.F. : Machine Design, Vol.30, p.96–99
108) Boes, D.J. : Lub. Eng., Vol.19, p.137–142
109) 関口勇，山口章三郎，関根正幸，岩瀬勝久：潤滑，Vol.18, No.8, p.607–614
110) 関口勇，山口章三郎，藤田有弘，前和田晃：工学院大学研究報告，No.47, p.41–49
111) 和田明雄：潤滑，Vol.22, No.9, p.589–592
112) Buck, V. : Tribology, Int., Vol.19, No.1, p.25–28
113) 野中正隆：潤滑，Vol.32, No.12, p.833–838

2.8 機械部品への応用

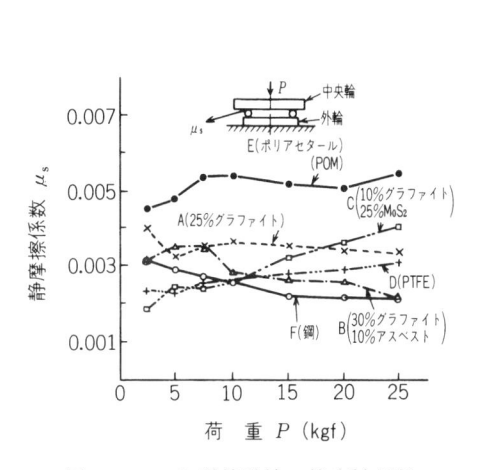

**図2.8.14** 各種軌道輪の静摩擦係数と荷重との関係

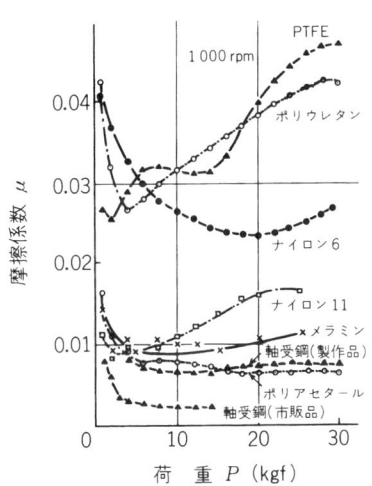

**図2.8.15** 各種玉軸受の摩擦係数と荷重との関係

ポリイミド
- A：グラファイト25%充てん
- B：グラファイト30%, アスベスト10%, グラファイト25%
- C：グラファイト10%, $MoS_2$ 25%, グラファイト25%
- D：PTFE 20%
- E：ポリアセタール
- F：市販鋼製玉軸受(51102)

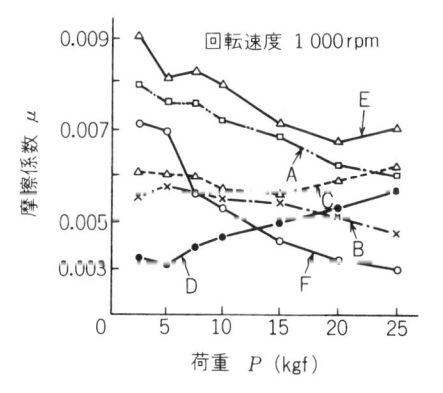

**図2.8.16** 各種ポリイミド系プラスチック軌道輪の摩擦係数と荷重との関係

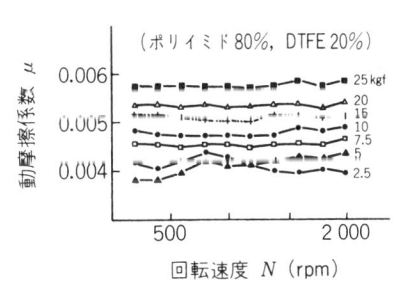

**図2.8.17** 軌道輪の摩擦係数と回転数との関係

## (2) 保持器

保持器にプラスチック複合材を用いた軸受が真空又は極低温中での運転を可能にした．その構造の一例を図 2.8.18 に，極低温における摩擦特性を図 2.8.19 に示す．摩擦係数は $-170°C$ 付近まで，0.2 程度の値を示し，$-200°C$ では 0.05 程度の低い値を示す．図 2.8.20 は真空中における 50% PTFE/25% GF/25%W 複合材とステンレス鋼（SUS 440 C/スパッタ $MoS_2$ 膜）との摩擦における特性について示したものであり，W，Ag 又は黒鉛を充てんした PTFE 系複合材のものより優れた摩擦特性が得られた．

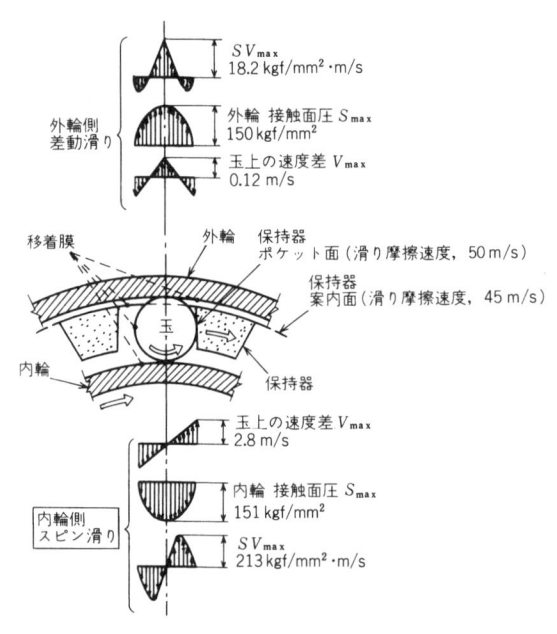

図 2.8.18 軸受内部の滑りの摩擦
（内径 25 mm，80 kgf，50 000 rpm）

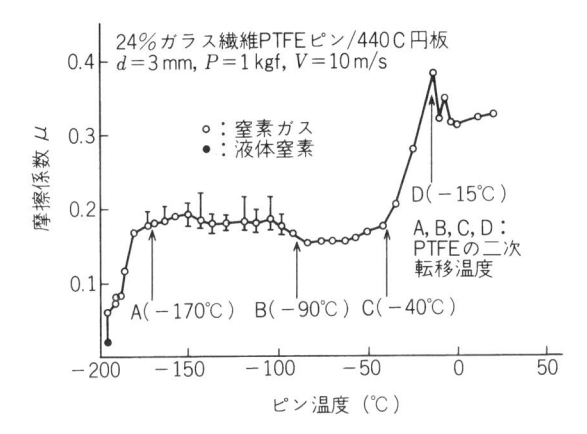

**図 2.8.19** 24%ガラス繊維 PTFE の低温での摩擦特性[114]

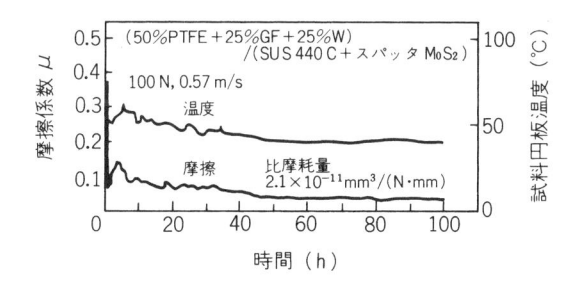

**図 2.8.20** （50% PTFE＋25% GF＋25% W）円板を（SUS 440 C＋スパッタ $MoS_2$）カラーで摩擦したときの摩擦係数と円板温度（100 N）[114]

### 2.8.3 歯　　車
**(1) 設　計**

プラスチック歯車は小さいものではモジュール0.04 mm, 歯先円直径0.4 mm, 歯数6の射出成形品が秒針付ウォッチで7個, 時刻修正機構及びカレンダー機構で5～7個程度で組み込まれている[115].

最近では直径150 nm の極細いカーボン繊維（CF）の開発により, ポリア

---

114) 宮川行雄, 納富良文：潤滑, Vol.35, No.4, p.272–279
115) 備前良一：日本機械学会誌, 100.943 (1997) 606–607

ミド (PA) ／CFナノコンポジットによる歯先円直径0.2 mm，歯数6の射出成形加工が可能となった[116]．

高生産性，機器の軽量・小型化，無潤滑運転の利便性から月産6億個以上が成形されている．歯車用プラスチックはポリアセタールが90％とポリアミド (PA) が大部分であるが，ポリマアロイや耐熱性が要求される分野ではポリフェニレンサルファイド (PPS)，ポリエーテルイミド (PES)，ポリエーテルエーテルイミド (PEEK)，ポリイミド (PI) の使用や液晶ポリマー，生分解性プラスチックの検討が行われている．

歯車の種類は平歯車がほとんどであるが，自動車用機器の小型軽量化に伴い動力伝達用ウォームギアの研究が進んでいる．

プラスチック歯車は小さな動力を伝達することを主目的とした回転伝達用の小歯車（モジュール1.0程度以下）から動力伝達を目的とした歯車（1.0以上）への応用へと進んでいる．歯車の精度は超精密成形加工技術の開発とともに，JIS等級で1級程度のものが可能となってきたが，通常は3～5級程度以下のものが広く用いられている．動力伝達を目的としたとき，プラスチック歯車特有の現象であるピッチ点及び歯元付近での折損，削り取れ[117]，またクラックの進展及びヒステリシス損失に基づく疲労[118]，歯形の変形，ピッチ点付近での溝の発生[117]などが問題となる．ピッチ点での温度上昇の抑制のためにも摩擦係数の小さい材料の選択[119]，金属歯車との組合せによって放熱をよくすることにより，寿命を長くする対策も必要である．近年，プラスチックマグネットを用いて，非接触歯車やロボットなどの精密機器に要求されるノーバックラッシュかみあい歯車の検討が試みられている[120]．

**(2) 平歯車**

MCナイロン（モノマーキャスティングナイロン，モジュール3）と各種金

---

116) 例えば，工業材料，50.4 (2002) 9
117) 塚本尚久：潤滑，Vol.33, No.7, p.526–529
118) 庄司彰：機械の研究，Vol.42, No.5, p.603–608
119) 武士俣貞助，岩井実：潤滑，Vol.22, No.11, p.734–740
120) 庄司彰，川島義一：日本機械学会論文集（C編），Vol.56, No.526, p.1553

## 2.8 機械部品への応用

属歯車及びプラスチック歯車との組合せ時のナイロン歯車の摩耗について示したのが図2.8.21, 図2.8.22であり, ステンレス鋼 (SUS 304) との組合せの摩耗量が最も少なく, またプラスチック同士の組合せの摩耗量はプラスチックと炭素鋼 (S 45 C) 歯車の組合せのものより大きい値を示す.

軽量化と生産性からプラスチック歯車同士の使用が期待されている. ポリアセタールホモポリマー (POM–1), GF 25% 充てんポリマー (POM–2), シリコーンオイル添加ホモポリマー (POM–3), コーポリマー (POM–4) の同種

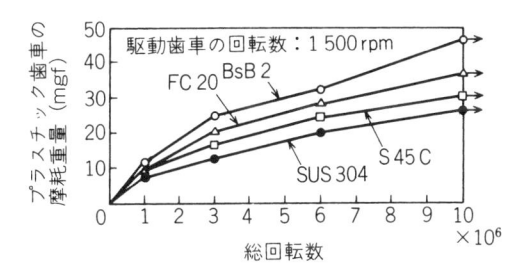

図2.8.21　金属歯車の材質によるプラスチック歯車の摩耗[121]

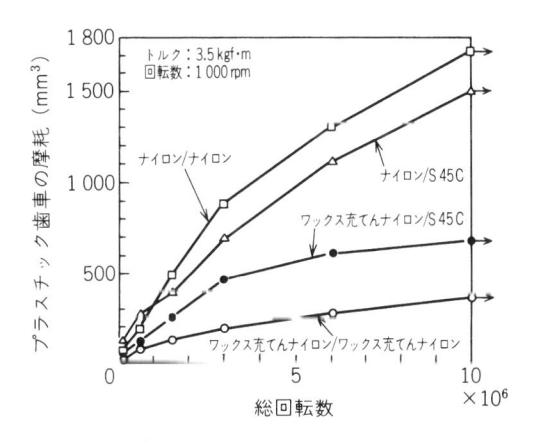

図2.8.22　プラスチック歯車同士で運転したときの摩耗（歯の温度が高い場合）[122]

---

121) 塚本尚久：機械設計, Vol.31, No.16, p.37
122) 塚本尚久, 丸山広樹, 西田知照：日本機械学会論文集（C編), Vol.53, No.495, p.2331–2336

及び異種材平歯車の組合せの摩耗量について示したのが図 2.8.23 である．

同種歯車の組合せでは POM–3 の摩耗量は最小であり，異種歯車の組合せでは無充てん PA 66 (Nylon–2)/POM–1，GF 33% 充てん PA 6 (Nylon–2)/POM–1 のものが小さい値を示し，POM–1/POM–3，POM–1/POM–2 では大きな値を示す．プラスチック同士の組合せにおいてはプラスチックの選択が必要である．

図 2.8.24 は各種カーボン繊維充てん PEEK 同士歯車のリチウムグリース潤滑における摩耗深さを示したものである．

CF (1) は PAN 系標準グレード，CF (2)：PAN 系高強度，CF (3)：PAN 系高弾性，CF (4)：ピッチ系非等方性，CF (5)：ピッチ系等方性グレードである．

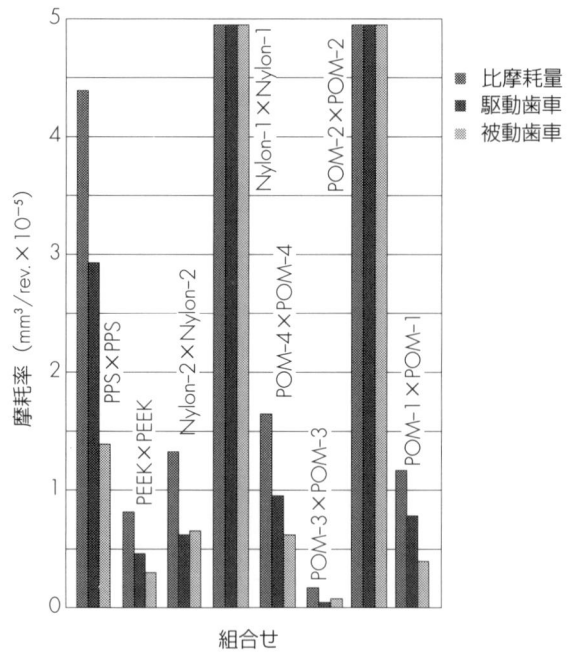

**図 2.8.23** 同じ材料組合せの摩耗率[123]

---

123) 武士俣貞助ほか：トライボロジスト，46, 11, 889–896

## 2.8 機械部品への応用

相手材がS 45 Cのときはカーボン繊維の影響はないが，グリース潤滑では異なることが注目される．

運転音の低減や耐摩耗性の向上からポリマーアロイ歯車の研究[125]や利用が行われている．

図2.8.25はPOM系ポリマーアロイ歯車の摩耗量について示したものであ

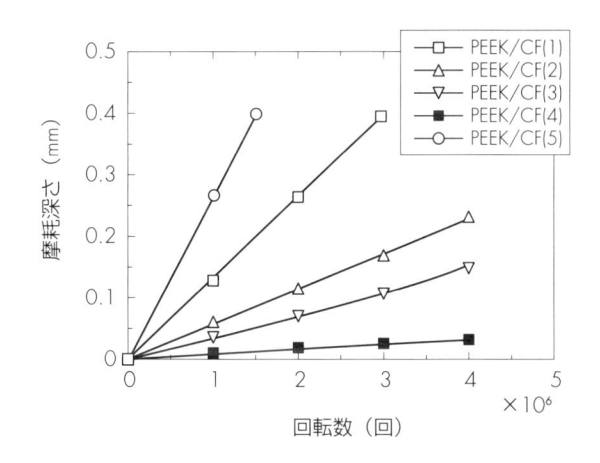

図2.8.24 グリース潤滑時の摩耗深さと回転数との関係[124]

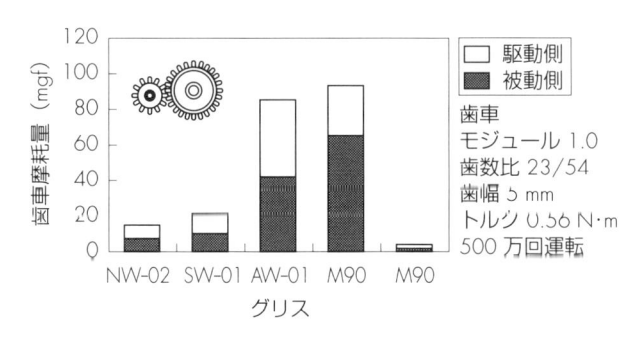

図2.8.25 POM製歯車の摩耗試験の結果例[126]

---

124) M. Kurokawa et al.: Tribology International, 33, 715–721
125) 塚本尚久ほか：日本機械学会論文集（C編），61, 581, 245–252
126) 加田雅博：プラスチック，52, 7, 50–54

り，分子設計手法により既存の標準グレードM 90をベースに改善できることが魅力である．

生分解性プラスチックの歯車への応用が検討され摩耗量はPOMより多いがポリカーボネートより小さく，騒音はPOMと同程度である[127]．

**(3) ウォームギア**

減速比が大きくとれ，小型軽量化に適することからウォームギアの実用化が行われている．動力伝達用にはかみ合い条件が厳しいことからウォームは鋼などの金属とホイルはプラスチックの組合せが用いられている．運転効率[128]，ポリアミドウォーホイル[129),130]，ポリイミド[131]の報告がある．

図2.8.26は運転効率を示したもので，伝動動力の増加とともに増大する傾向があり，PTFEと重ね合わせたPOMホイルの効率はPOM単体のものより少し高い値を示す．

ウォーム：鋼／ホイル：PA 66の運転効率は伝達トルクの増加とともに増加し，摩擦係数は減少する[131]．

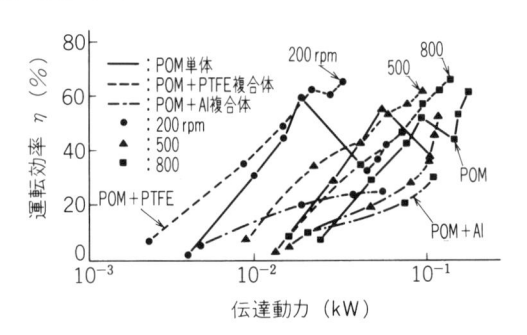

**図2.8.26** 各ウォーム軸回転速度における伝達動力と運転効率との関係[128]

---

127) 塚本尚久ほか：日本機械学会論文集（C編），63, 608, 1363-1370
128) 久保田和久ほか：日本設計製図学会講演論文集，No.81-1, p.65-68
129) 武士俣貞助ほか：日本機械学会論文集（C編），61, 582, 435-440
130) W. Cheng et al.: Tribology Trans., 45, 4, 563-567
131) 塚本尚久ほか：日本機械学会論文集（C編），56, 526, 1548-1552

### 2.8.4 カム,案内
**(1) カ ム**

プリンタの加算カム,磁気ディスク装置のヘッドロードカム,ミシンの振り及び送り幅カムなどに用いられており,低摩擦,耐摩耗性,カム曲線の精度($\phi$30 mmで±0.03 mm),ピッチ精度,平行度が要求される.実用化されている炭素繊維充てんポリアセタールカムの摩耗特性を示したのが図2.8.27である.

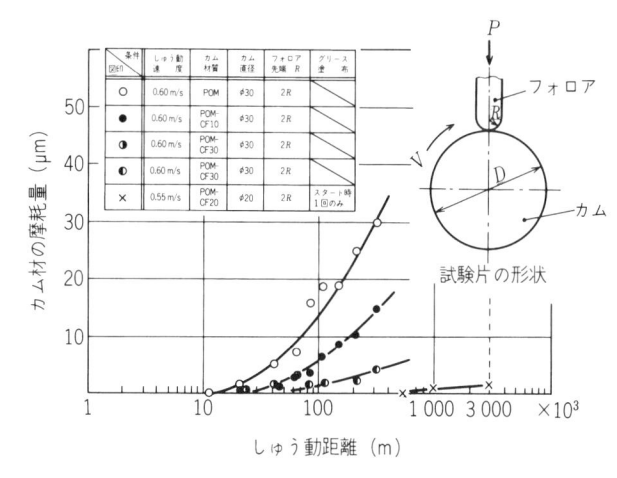

**図 2.8.27** カム材の摩耗量(乾燥状態,グリース塗布実験)[132]

**(2) 案 内**

VTRのテープ,プリンタの印字ハンマ,磁気テープ装置などの案内にGF強化ポリカーボネート,含油ポリアセタール及びPTFEなどが用いられており,低摩擦性($\mu$=0.2以下),耐摩耗性,寸法精度が要求される.

### 2.8.5 密封部品

電子機器,オイルフリー圧縮機,スターリングエンジンなどのシール,パッ

---

132) 精密工学会編:精密機器用プラスチック複合材料,日刊工業新聞社,p.150

キン，ピストンリングなどにPTFE及びポリイミド系複合材料が用いられており[133]，相手材の種類[134]，粗さ[135]及び摩耗特性[136]が検討されている．シール材の摩擦摩耗特性を表2.8.3に示す．ポリイミド系のものは低摩擦，耐摩耗性を示す．図2.8.28，図2.8.29はPTFEのVパッキンの圧縮応力保持率と時間及び繰返し数と最大圧縮応力との関係を示す．

**表2.8.3** 無潤滑しゅう動状態で用いるシール材料の例[137]

| 材料 | | 比摩耗量 $10^{-7}\text{mm}^3/(\text{N·m})$ | 摩擦係数 | 備考 |
|---|---|---|---|---|
| 母材 | 充てん材 | | | |
| PTFE | ガラス繊維など | 4.0 | 0.30 | |
| 〃 | ポリイミド | 1.6 | 0.23 | |
| 〃 | ガラス繊維，CdO，グラファイト，Ag | 1.3 | 0.28 | |
| 〃 | 15％ガラス繊維 | 3.0 | 0.17 | 定常摩耗域での値 |
| 〃 | 15％カーボン繊維 | 1.5 | 0.24 | 〃 |
| ポリイミド | PTFE，$\text{MoS}_2$ | 0.4 | 0.1以下 | 200℃での値 |
| 〃 | PTFE，グラファイト | 1.1 | 0.1以下 | 〃 |

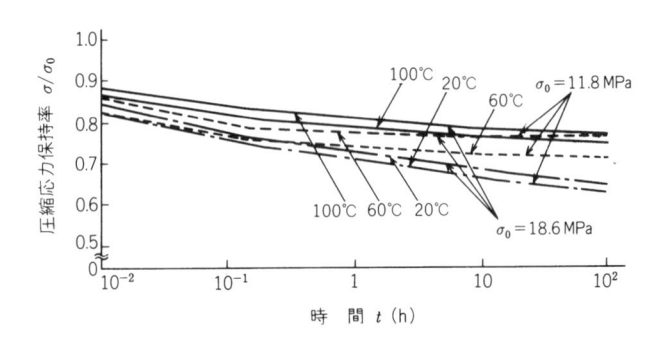

**図2.8.28** 20，60及び100℃におけるPTFE円柱試験片の圧縮応力緩和曲線[141]

---

133) 田中章浩：潤滑，Vol.34, No.5, p.391-392
134) 平岡尚文：日本潤滑学会第30期全国大会予稿集，p.361-364
135) 田中章浩：日本潤滑学会第32期全国大会予稿集，p.453-456
136) 田中章浩，岡喜秋：日本潤滑学会，第33期全国大会予稿集，p.673-676

2.8 機械部品への応用

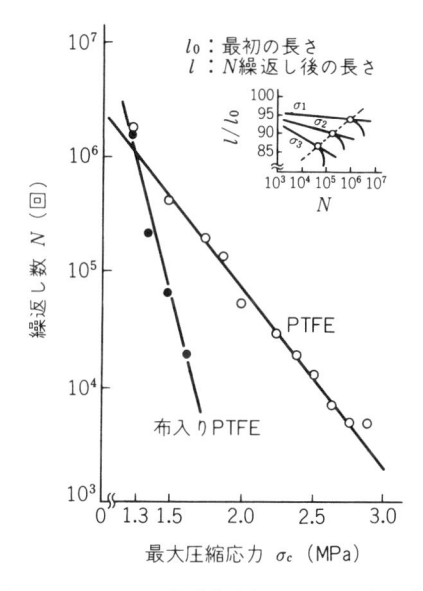

図2.8.29 PTFE及び布入りPTFEの変曲点の応力振幅と繰返し数の関係[141]

### 2.8.6 締結部品

プラスチック製品及び種々の環境下での締結に非強化又は繊維強化プラスチックボルトや大きい弾性変形を利用したスナップフィット及び結合爪が用いられている．プラスチックボルトの強度[138]，試験法[139),140)]に関する研究が見られるが，電話機のダイヤルにおける簡単な締結構造のスナップフィットの一例を表2.8.4に示す．

---

137) 山口章三郎，新鍋秀文：工学院大学研究報告，No.35, p.43–47
138) 斉当建一，大川明光，内山一男：精密機械，Vol.50, No.2, p.365–370
139) 斉当建一，星野悟，井上平治：精密機械，Vol.53, No.6, p.885–890
140) 井上平治，斉当建一：精密工学会誌，Vol.55, No.4, p.767–772
141) 成沢郁夫ほか：成形加工，7, 5, 308–315

表2.8.4 部品締結の形式と適用箇所

| 形 式 | 部品名 | |
|---|---|---|
| | A | B |
| スナップフィット | アッパプレート | ベースプレート |
| | ピニオン | ワッシャ |
| 結合爪 | ベースプレート | ナンバプレート |
| | | フィンガストップ |
| | ダストカバー | ベースプレート |
| | メインスプリングケース | フィンガプレート |
| | インストラクションカバー | |
| | ガバナシャフトフライバ | ガバナウェイト |
| | メインギヤインパルスカム | 押さえばね |
| きょう持 | アッパプレートベースプレート | インパルス接点ばね |
| | | 共通接点ばね |
| | | シャント接点ばね |
| ねじ | アッパプレート | メインスプリング支持具 |

## 2.8.7 ブ レ ー キ

プラスチックを結合材としたブレーキ・クラッチなどの摩擦材の用途は自動車用ブレーキライニング及びパッド（JIS D 4411），自動車用クラッチフェーシング（JIS D 4311），鉄道車両用合成制輪子（JIS E 4309）がある．

ブレーキ材の主要素であるアスベストに発がん性が認められて以来，自動車ブレーキではスウェーデン，ドイツ，アメリカ，日本などで使用禁止となった．

ノンアスベスト化に伴いアラミド繊維／フェノール樹脂をベースとしたブレーキ材の研究[141]〜[147]や一般的に使用されているフェノール樹脂より質量減少開始温度が100℃高い，420℃のフェノールアラルキル樹脂を用いた耐熱性ブ

レーキ材の研究が行われている．プラスチック系ブレーキの代表的な配合例を表2.8.5に示す．アスベストは耐熱性が優れ，熱伝導性が小さく，安価で，原料供給が安定しているが，発がん性の面からアラミド繊維が主流となり，スチール，ガラス，セラミック，炭素，チタン酸カリウムウィスカ及びロックウールによる代替により非アスベスト化へ進んだ．結合材は耐熱性，加工性に優れ，比較的安価なフェノール樹脂の変性体が多く用いられている．メラミン，シリコーン，ジアリルフタレート（DAP）樹脂，ポリイミド[149]やフェノールアラルキル樹脂[147]が耐熱性の面から検討されているが，コスト及び加工性の点か

**表2.8.5** 摩擦材の配合例[148]

質量%

| 原材料 | | 摩擦材 ブレーキ・ライニング | | ディスク・パッド | | |
|---|---|---|---|---|---|---|
| | | アスベスト | アスベスト・フリー | アスベスト | セミメタリック | アスベスト・フリー |
| 繊維 | 石綿 | 40〜60 | | 20〜40 | | |
| | 鋼繊維 | | | | 20〜40 | 0〜10 |
| | 非鉄金属，無機繊維 | | 3〜30 | | | 0〜30 |
| | 耐熱性有機繊維，カーボン・ファイバ | | 0〜5 | | | 0〜5 |
| フィラ | 無機質系 | 10〜25 | 5〜30 | 2〜10 | 2〜10 | 20〜50 |
| | 有機質系 | 10〜30 | 5〜20 | 5〜16 | 1〜5 | 5〜20 |
| 摩擦調整材 | 潤滑剤 | 0〜5 | 0〜10 | 0〜10 | 8〜20 | 10〜30 |
| | 金属系 | 2〜10 | 0〜10 | 5〜20 | 20〜30 | 2〜10 |
| | 酸化物 | 1〜5 | 1〜5 | 1〜5 | 1〜5 | 1〜5 |
| 結合材 | 熱硬化レジン | 15〜20 | 10〜20 | 6〜12 | 7〜15 | 5〜20 |

142) P. Gopal et al.: Wear, 193, 180–185
143) M. Eriksson et al.: Tribology Inter., 33, 817–827
144) S.J. Kin et al.: Tribology Inter., 33, 477–484
145) H. Jang et al.: Wear, 251, 1477–1483
146) P. Filip et al.: Wear, 252, 189–194
147) 三和高明，関口勇ほか：材料技術，18, 5, 150–157
148) 青木和彦(1987)：ブレーキ，山海堂，p.185
149) 関口勇，山口章三郎，勝義明，鴨志田弘司：潤滑，Vol.27, No.11, p.845–852

ら実用化に至っていない．摩擦調整材としては黒鉛，$MoS_2$，鉄，銅，アルミニウム粉，硫酸バリウム，炭酸カルシウムなどが用いられ，耐フェード及び耐摩耗性の向上が行われている．

**(1) なじみ性**

プラスチック複合ブレーキは摩擦係数の調整が可能で，軽く，耐摩耗性が優れていることから，多くのブレーキ材として用いられている．鉄道車両ブレーキでは熱伝導率が小さく，なじみ性が悪いと，ブレーキ片に付着した相手材の金属摩耗粉が局部的に加熱され，これが核となり，成長し，これらが相手材を著しく損傷させることがあり，熱伝導性の向上，相手面に均一に接触するためになじみ性が要求される[150]．なじみ性の指標としては摩擦係数及び相手材温度上昇値変動率が小さいことが知られている[151]．これらの値は圧縮弾性係数，弾性ひずみ率，硬さの減少とともに小さくなる傾向があり，その一例を図2.8.30に示すが，弾性係数が小さくなるに従いなじみ性が高くなる．

**(2) ブレーキ用プラスチック複合材料**

相手材の損傷が少なく，耐熱性が優れ，水分が付着しても摩擦係数の低下の少ない鉄道用ブレーキの一例として，表2.8.6に示す構成のブレーキの比摩耗量について示したのが図2.8.31である．結合材がジアリルフタレート(DAP)樹脂のD1〜D4ブレーキ材は少し比摩耗量が大きいが，相手材への損傷の一原因である相手材の金属摩耗粉の付着が少ない．表2.8.7は乾燥時及び水分が付着(散水時)したときの摩擦係数の比を乾湿摩擦係数比 $\beta$ として示したものである．ブレーキ面に縦溝又は斜溝を施したB10，B101及び硬い石英，ガラスビーズを充てんしたB102，アルミニウム，酸化亜鉛を充てんしたB108，B113ブレーキ材の $\beta$ は小さく，水潤滑膜を破断し，水に対するフェード性が少ないものと考えられる．

---

[150] 出村要：潤滑, Vol.21, No.3, p.133–137
[151] 出村要：潤滑, Vol.28, No.8, p.573–578
[152] 関口勇三郎, 山口章三郎, 日下敬二, 鈴木泰之, 出村要：工学院大学研究報告, No.63, p.57–63
[153] 山口章三郎, 関口勇, 高瀬忠明, 大竹協二：工学院大学研究報告, No.34, p.42–52

2.8 機械部品への応用

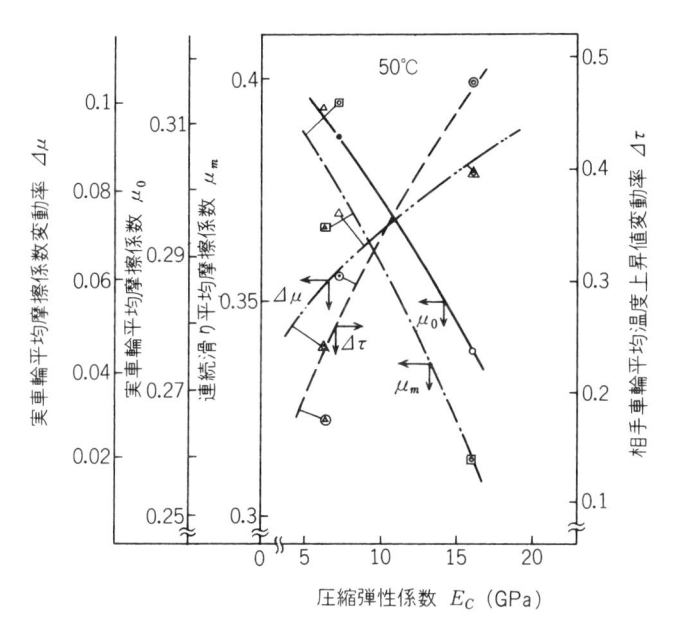

**図 2.8.30** 圧縮弾性係数と摩擦係数変動率,上昇温度値変動率との関係[152]

**表 2.8.6** ブレーキ片の種類[153]

| 複合材 | 記号 | 充てん材(wt%) | | | | | | | | |
|---|---|---|---|---|---|---|---|---|---|---|
| | | 鉄 | アスベスト | グラファイト | 鉛 | 銅 | アルミニウム | 白陶土 | ゴム | 石英 |
| DAP樹脂 | D1 | 40 | 5 | 5 | 5 | 5 | | | 5 | |
| | D2 | 40 | 5 | 5 | | | | | | |
| | D3 | 40 | 5 | 5 | | | 5 | | | |
| | D4 | 40 | 5 | 5 | | | | 5 | | 10 |
| ストレートフェノール樹脂 | A1 | 40 | 5 | 5 | 5 | 5 | | | 5 | |
| | A2 | 40 | 5 | 5 | | | | | | |
| | A3 | 40 | 5 | 5 | | | 5 | | | |
| | A4 | 40 | 5 | 5 | | | | 5 | | 10 |
| 特殊ゴム変性フェノール樹脂 | B1 | 40 | 5 | 5 | 5 | 5 | | | 5 | |
| | B2 | 40 | 5 | 5 | | | | | | |
| | B3 | 40 | 5 | 5 | | | 5 | | | |
| | B4 | 40 | 5 | 5 | | | | 5 | | 10 |
| H[*1] | | 10〜45 | 2〜5 | 3〜5 | 2〜10 | 3〜5 | | | 2〜5 | |
| L[*2] | | 5〜25 | 2〜5 | 25〜60 | 2〜15 | 3〜5 | 2〜5 | | | |

注 [*1] 鉄道用高摩擦ブレーキ片
　 [*2] 鉄道用低摩擦ブレーキ片

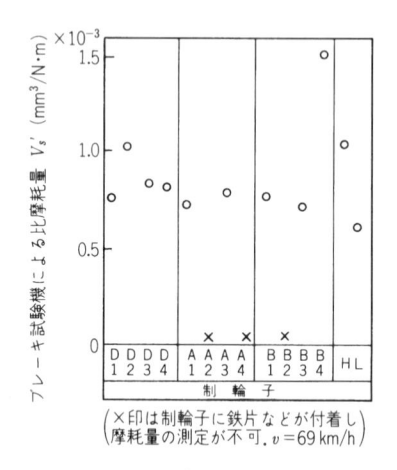

図2.8.31　各種ブレーキ片のブレーキ試験機による比摩耗量[153]

(3) 高性能ブレーキの開発の試み

耐熱性の優れたポリイミド，シリコーン，ポリフェニレンオキシド（PPO）を結合材としたブレーキ材の摩擦，摩耗特性を示したのが図2.8.32，図2.8.33である．ポリイミドにけい砂を充てんしたCのブレーキ材の比摩耗量は最も小さい値を示した．

表2.8.8は耐熱性の優れたフェノールアラルキル樹脂に黒鉛，ポリフェニレンスルフィド，カーボン繊維，アラミド繊維，窒化珪素（$Si_3N_4$），炭化珪素（SiC）などとの複合材の摩擦係数，比摩耗量について示したものである．硬い$Si_3N_4$，SiCを5，10%充てんした複合材では優れた耐摩耗性を示し，また水などが付着して潤滑膜を形成してもこれらの粒子が破断し，降雨時においても摩擦係数が安定した値を示すことが期待される．

## 2.8 機械部品への応用

**表 2.8.7** 各種ブレーキの乾燥及び散水時の平均摩擦係数[154]

| 結合材 | 記号 | 充てん材 (wt%) | | | | | | | | | | | | | | | 乾燥時の平均摩擦係数 $\mu_d$ | 散水時の平均摩擦係数 $\mu_w$ | $\beta = \dfrac{\mu_w}{\mu_d}$ |
|---|---|---|---|---|---|---|---|---|---|---|---|---|---|---|---|---|---|---|---|
| | | 鉄 | アスベスト | グラファイト | $MoS_2$ | Al | ゴム | 石英 | ガラスビーズ | ZnO | 雲母 | PPS | Pd | Cu | CF | 白陶土 | カーボンファイバー | | | |
| DAP樹脂 | D 1 | 40 | 5 | 5 | | | 5 | | | | | | 5 | 5 | | | | 0.357 | 0.086 | 0.24 |
| | D 2 | 40 | 5 | 5 | | | | | | | | | | | | | | 0.376 | 0.148 | 0.39 |
| | D 10 | 40 | 5 | 5 | | 5 | | | | | | | | | | | | 0.350 | 0.123 | 0.35 |
| | D 12 | 40 | 5 | 5 | | | | | 10 | | | | | | 5 | | | 0.376 | 0.101 | 0.27 |
| ストレートフェノール | A 1 | 40 | 5 | 5 | | | 5 | | | | | | 5 | 5 | | | | 0.333 | 0.088 | 0.26 |
| | A 107 | 30 | 10 | 10 | 10 | 5 | 5 | | | | | | | | | | | 0.339 | 0.118 | 0.35 |
| 変性フェノール | B 1 | 40 | 5 | 5 | | | 5 | | | | | | 5 | 5 | | | | 0.355 | 0.108 | 0.30 |
| | B 10 | 40 | 5 | 5 | | 5 | | | | | | | | | | | | 0.442 | 0.110 | 0.25 |
| | B 10(縦) | | | | | | | | | | | | | | | | | 0.423 | 0.134 | 0.32 |
| | B 101 | 30 | 10 | 10 | | 5 | 5 | 10 | | 10 | | | | | | | | 0.385 | 0.110 | 0.26 |
| | B 101(横) | | | | | | | | | | | | | | | | | 0.382 | 0.118 | 0.31 |
| | B 102 | 30 | 10 | 10 | | 5 | 5 | 10 | 10 | | | | | | | | | 0.437 | 0.179 | 0.41 |
| | B 103 | 40 | 5 | | | | | | | | | | | | | | 5 | 0.432 | 0.05 | 0.13 |
| | B 104 | 40 | 5 | | | | | | | | | | | | | | 20 | 0.447 | 0.212 | 0.47 |
| | B 105 | 30 | 10 | 10 | | 5 | 5 | | 10 | 10 | | | | | | | | 0.362 | 0.092 | 0.25 |
| | B 106 | 30 | 10 | 20 | 5 | 5 | 5 | | | | | | | | | | | 0.292 | 0.134 | 0.46 |
| | B 107 | 30 | 10 | 10 | 10 | 5 | 5 | | | | | | | | | | | 0.342 | 0.218 | 0.37 |
| | B 108 | 30 | 10 | 10 | | 5 | | | | 15 | | | | | | | | 0.408 | 0.189 | 0.46 |
| | B 109 | 30 | 10 | 10 | 5 | 5 | | | | | 20 | | | | | | | 0.364 | 0.164 | 0.45 |
| | B 110 | 40 | 5 | 10 | 5 | | | | | | | | | | | | | 0.414 | 0.154 | 0.37 |
| | B 111 | 40 | 5 | 10 | | | | | | 15 | | | | | | | | | | |
| | B 112 | 40 | 5 | 10 | | | | | | | | | | | 4 | | | 0.375 | 0.109 | 0.29 |
| | B 113 | 40 | 5 | 10 | | | | | | 10 | | | | | | | | 0.412 | 0.214 | 0.52 |
| メラニン+フェノール | MA107 | 30 | 10 | 10 | 10 | 5 | | | | | | | | | | | | 0.417 | 0.106 | 0.25 |

---

154) 関口勇, 山口章三郎, 後藤博章, 耕納和喜夫: 潤滑, Vol.21, p.838–843

## 2. 機械材料

### 各種試験片の構成

| 母　　材 | 試片記号 | 充　て　ん　材　(%) | | |
|---|---|---|---|---|
| メラミン樹脂 (MF) | A | — | — | — |
| | B | 鉄(20) | アスベスト(10) | — |
| ポリイミド (PI) | C | 鉄(20) | アスベスト(10) | け　い　砂(20) |
| シリコーン樹脂 (SI) | D | 鉄(20) | アスベスト(10) | 酸化亜鉛(20) |
| | E | 鉄(20) | アスベスト(10) | 灰　カ　ル(20) |
| ポリフェニレンオキサイド (PPO) | F | 鉄(20) | アスベスト(10) | 銅　　　　(20) |
| | G | 鉄(20) | アスベスト(10) | マ　イ　カ(20) |
| 各　　一　　種 | H | 鉄(20) | アスベスト(10) | タ　ル　ク(20) |

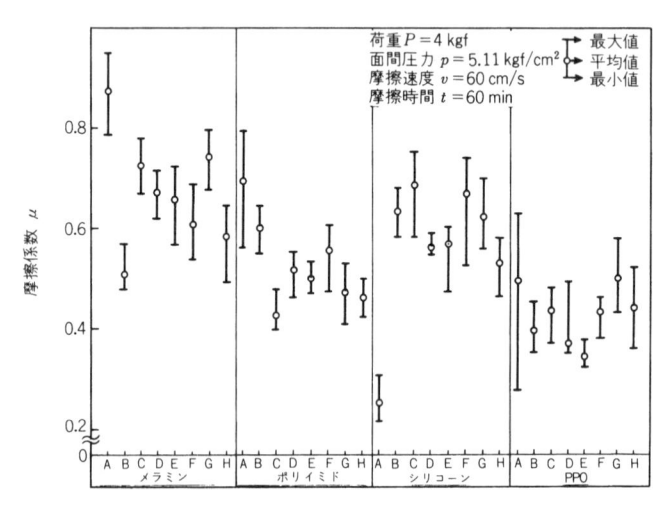

図 **2.8.32**　各種材料の摩擦係数[149]

## 2.8 機械部品への応用

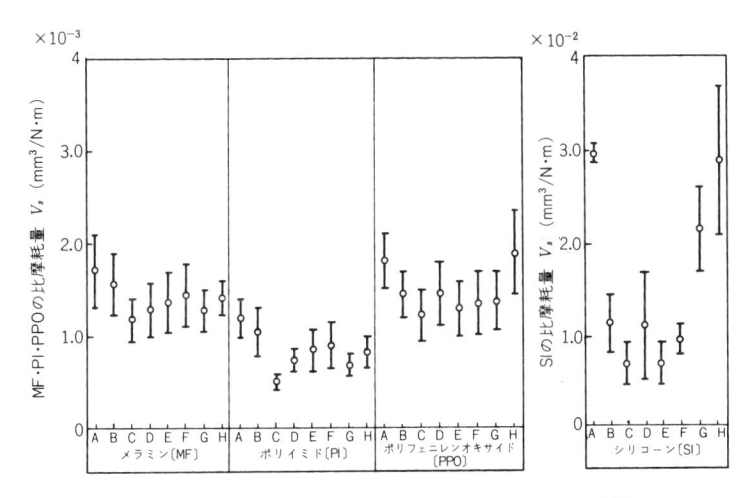

図2.8.33　各試験片の相手断続滑り比摩耗量[149]

表2.8.8　PF複合材の摩擦，摩耗特性[147]

| 試験片 | 摩擦係数 | | 摩耗量 | | |
|---|---|---|---|---|---|
| | 範囲 | 平均 | 摩耗量 (mgf) | 相手材 (mgf) | 比摩耗量 (mm$^3$/kgf·km) |
| PF 100% | 0.179～0.266 | 0.219 | 11.70 | 1.70 | 0.320 |
| Gr 10wt% | 0.192～0.238 | 0.211 | 7.43 | 1.72 | 0.193 |
| Gr 20wt% | 0.159～0.205 | 0.183 | 5.62 | 1.02 | 0.140 |
| PPS 10wt% | 0.217～0.237 | 0.229 | 11.20 | 1.16 | 0.306 |
| PPS 20wt% | 0.194～0.255 | 0.221 | 6.68 | 0.87 | 0.177 |
| ZnO 10wt% | 0.216～0.270 | 0.247 | 15.61 | 0.97 | 0.390 |
| ZnO 20wt% | 0.206～0.250 | 0.230 | 10.14 | 1.12 | 0.233 |
| CF 10wt% | 0.304～0.372 | 0.340 | 19.84 | 2.98 | 0.521 |
| CF 20wt% | 0.329～0.406 | 0.384 | 17.40 | 3.86 | 0.442 |
| AF 10wt% | 0.204～0.236 | 0.220 | 13.01 | 2.79 | 0.348 |
| AF 20wt% | 0.208～0.299 | 0.252 | 8.06 | 1.49 | 0.211 |
| Si$_3$N$_4$ 5wt% | 0.145～0.192 | 0.166 | 7.57 | 0.92 | 0.196 |
| Si$_3$N$_4$ 10wt% | 0.189～0.218 | 0.200 | 8.94 | 2.19 | 0.229 |
| Si$_3$N$_4$ 15wt% | 0.234～0.280 | 0.271 | 13.77 | 2.95 | 0.334 |
| Si$_3$N$_4$ 20wt% | 0.257～0.298 | 0.279 | 14.91 | 3.65 | 0.353 |
| SiC 10wt% | 0.134～0.161 | 0.148 | 4.22 | 0.68 | 0.109 |
| SiC 20wt% | 0.154～0.197 | 0.181 | 9.85 | 2.22 | 0.235 |

# 3. 電気・電子材料

## 3.1 電気・電子材料としての特徴

プラスチックは優れた電気絶縁性，機械的性質，成形加工性の良さがあり，電気・電子機器の分野で，本来のもつ特性以外に，いくつかの機能が付加された使い方がなされている．電力・エネルギーの分野においては，エポキシ樹脂がその主流をしめ，屋内用樹脂がいし，ブッシング，計器用変成器，開閉保護装置，受配電用変圧器及び回転機用絶縁構成材料に用いられている．また，受配電機器の絶縁遮へい板，絶縁筒，操作用絶縁棒などには繊維強化プラスチックが多く用いられている．

送電分野では，高電圧化・大容量化及び環境の調和を兼ねた地中配線には架橋ポリエチレン電力用ケーブルが用いられている．

IT（情報化技術）関連機器は高分子材料の進歩による特性の向上，加工技術により，電了機器ではコンピュータ・モバイル情報機器，コンピュータ周辺端末装置，OA機器，通信機器，業務用情報端末・自動認識装置，カーエレクトロニクス，音響機器，映像機器，エンターテイメント機器，家電用電気機器など幅広く市場化されいる．これら機器の主要部品は半導体をはじめ，デスプレイデバイス，オプトエレクトロニクス，受動部品（高周波デバイス，水晶振動子，抵抗器，コンデンサ，コイル，トランス），機能部品（小型モータ，アンテナ，磁気ディスク，磁気テープ，光ディスク，ICカード型記録媒体），機構部品（プリント配線板，コネクタ，スイッチ，リレー），並びに電池，自動車用電子部品に多くの高分子材料が用いられている．

これら製品及び部品の構成材料は絶縁・保護並びに構造的要素をもったものであるが，エレクトロニクス分野には導電性プラスチックが用いられている．

一方，2001年には環境問題と資源の有効活用を目指し，"循環型社会形成推進基本法"の中で，特定家庭用機器再商品化法（家電リサイクル法）が施行され，テレビ，冷蔵庫，洗濯機，エアコンの回収，リサイクルが義務づけられた．

これからの電気・電子機器材料は地球環境と資源の有効活用，省資源化を考慮に設計段階から製造工程を含めた省資源，リサイクルができるようなプラスチックの選択が望まれている．また，高機能化に対して，いくつかの試験評価によるデータをもとに技術開発が望まれている．

## 3.2 電気・電子材料の用途と性質

### 3.2.1 電気絶縁材料の耐熱性区分

プラスチックの耐熱温度として，荷重たわみ温度による評価法[1]があるが，電気絶縁機器について，JISでは，電気絶縁設計と絶縁材料の熱的特性が機能的に運用できるように，電気絶縁物の長期連続する耐熱性が評価される．評価方法は図3.2.1に示すように，選ばれた温度で機械的及び電気的特性を評価し

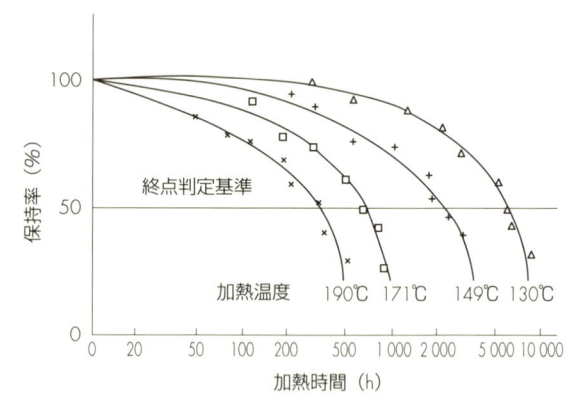

**図3.2.1** 各温度の終点に達する時間の求め方
―特性の変化［IEC 60216–1 [2]による．］

---

1) JIS K 7191（プラスチック―荷重たわみ温度の試験方法，第1部～第3部）

て，その保持率が50%となる加熱時間を判定基準として，図3.2.2に示す耐熱グラフ（アレーニウスグラフ）を作成して，グラフ上の20 000時間に相当する摂氏の温度を耐熱クラス・許容温度として評価するものである[3]．表3.2.1に絶縁物の種類とJISの耐熱クラスと許容温度について示す．

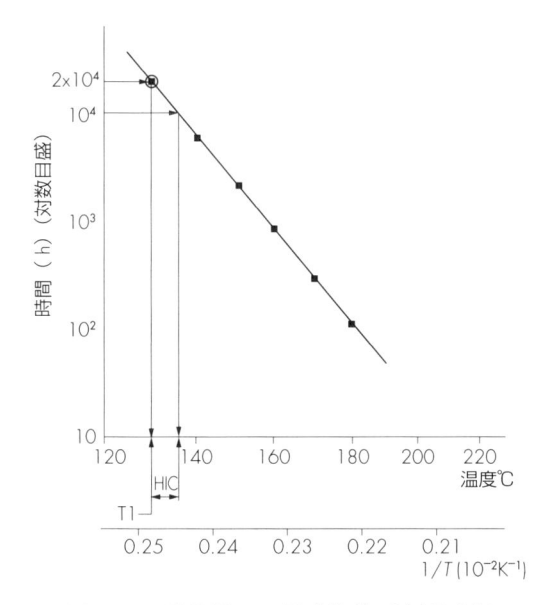

**図3.2.2** 耐熱グラフ-温度指数-半減温度幅
（IEC 60216-1による．）

一方，電気用品の安全について，技術上の基準に基づき電気用品安全法が施行され，事業者の自己責任を基本とした適合検査制度が新たに導入された[5]．プラスチックについては，燃焼性，ボールプレッシャー試験及び耐熱グラフによる使用上限温度など登録制度で認定を受けなければならない[6]

---

2) IEC 60216–1（Electrical insulating materials — Properties of thermal endurance — Part 1: Ageing procedures and evaluation of test results）
3) JIS K 7226（プラスチック—長期熱暴露後の時間—温度限界の求め方）
4) JIS C 4003（電気絶縁の耐熱クラス及び耐熱性評価）
5) 商務情報政策局消費経済部製品安全課，資源エネルギー庁原子力安全・保安院電力安全課編（2003）：電気用品安全法関係法令集，㈳日本電気協会

表3.2.1 各種絶縁材料の耐熱性区分例[4]

| 種別 | 最高許容温度 (°C) | 絶 縁 材 料 |
|---|---|---|
| Y | 90 | 動植物繊維，紙製品，ポリアミド繊維，ユリア樹脂，ポリスチレン，アクリル樹脂，加硫天然ゴム |
| A | 105 | 上記繊維類を絶縁ワニス又は油中に浸したもの，ポリエステル樹脂，ポリビニル，ホルマール（エナメル線），クロロプレンゴム，ニトリルゴム |
| E | 120 | メラミン樹脂及びフェノール樹脂の成形品や紙積層品，エポキシ及びウレタンエナメル電線，ポリエチレンテレフタレートのフィルム及びワニス処理クロス |
| B | 130 | 無機質充てん又は積層のフェノール及びエポキシ樹脂，シリコンエナメル電線，ポリ三ふっ化塩化エチレン |
| F | 155 | マイカ製品，ガラス及びアスベストのワニスクロス（エポキシ，けい素，アルキド樹脂などで固めたもの） |
| H | 180 | 上記のクロス，マイカなどをけい素樹脂で固めたもの．ガラス，アスベストのけい素樹脂積層品，けい素ゴム，ポリ四ふっ化エチレン |
| 200 | 200 | マイカ，アスベスト，磁器などを単独で用いたもの．特に耐熱性のよいけい素樹脂製品，ポリイミド |
| 220 | 220 | |
| 250 | 250 | |

ここで，絶縁物とは体積抵抗率が常温において100 MΩ·cm 以上のものをいう．

対象電気用品は電線類，ヒューズ，配線器具，電流制限器，小型単相変圧器類（小型単相変圧器，電圧調整器，放電用安定器），小型交流電動機，電熱器具，電動力応用機械器具，光源及び光源応用機械器具，電子応用機械器具，交流用電気機械器具などがある．

## 3.2.2 燃 焼 性

電気・電子機器は閉鎖空間や筐体(きょうたい)内に収容され使用されるケースが多い．

---

6) 通商産業省資源エネルギー庁公益事業部電力技術課編(1998)：電気用品の技術基準の解説，㈳日本電気協会

## 3.2　電気・電子材料の用途と性質

使用上の安全から使用されるプラスチックには難燃性が要求される．JISでは[7]試料を燃焼円筒管中に固定し，酸素及び窒素ガスをそれぞれの容器から任意の割合で燃焼管に供給して，試料に着火し，燃焼を持続するに必要な酸素の容量パーセントの最低酸素濃度の数値を酸素指数［OI］と呼び，材料の燃焼の尺度とするものである．

$$酸素指数　[OI] = \frac{[O_2]}{[O_2]+[N_2]} \times 100 \tag{3.2.1}$$

表3.2.2に電気機器で多用されるプラスチックの酸素指数を示す．空気の組成はOI≒20なので，この数値より小さな値，目安として，22以下は可燃性，23～27は自己消化性，27以上が難燃性といえる．

**表3.2.2**　プラスチックの難燃性[8),9)]

|  | 酸素指数 OI | UL 94* |
|---|---|---|
| ポリアセタール | 15～16 | HB |
| メタクリル樹脂 | 17～18 | HB |
| ポリエチレン | 18～19 | HB |
| ポリプロピレン | 18～19 | HB |
| ポリエステル | 18～19 | HB |
| ポリスチレン | 18～19 | HB |
| ポリアミド　ナイロン66 | 24～25 | V-2 |
| ポリカーボネート | 24～25 | V-2 |
| ポリ塩化ビニル | 28～38 | V-0 |
| ポリフェニレンオキサイド | 27～29 | V-1 |
| 難燃EPゴム | 24～28 | V-1 |
| 架橋ポリエチレン | 34～36 | V-0 |
| 難燃クロロプレンゴム | 30～35 | V-0 |
| ポリビニリデンフロライド | 40～44 | V-0 |
| シリコーンゴム（RTV） | 26～32 | V-0 |
| テトラフロロエチレン | 95 | — |

\*　Tests for flammability of plastic materials for parts in devices and appliances

---

7)　JIS K 7201（プラスチック―酸素指数による燃焼性の試験方法，第1部～第2部）
8)　西沢仁(1981)：プラスチックの難燃化はどこまで進んだか，工業材料，Vol.29, No.6, p.18–26
9)　乾泰夫(1981)：エンジニアリングプラスチックの難燃化，工業材料，Vol.29, No.6, p.44–48

258    3. 電気・電子材料

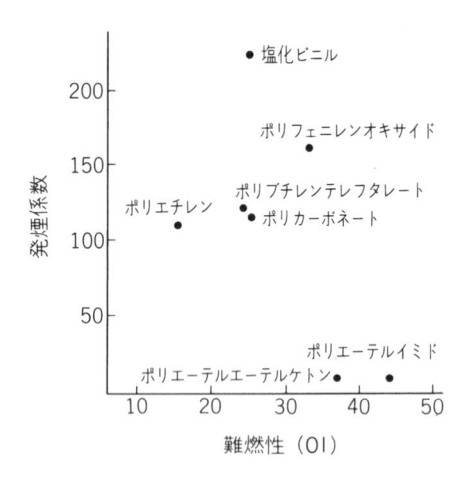

**図3.2.3** 各種プラスチックの難燃性と発煙係数[11]

難燃性に属するポリマーは塩素を有するPVC以外，C–C結合に比べて結合エネルギーが大きい．ベンゼン環，複素環，S原子，N原子で構成されている．一方，火源を取り除いても延焼するタイプには分子中に酸素原子で構成されているPOM, PMMAなどがある．

難燃化の要求が多い電気・電子機器では，難燃性付与材が添加される．付与材の代表的な材料は臭素系［テトラブロモビスフェノールA（TBBA），デカブロモジフェニルオキシドなど］，塩素系，りん系［トリフェニルホスフェート（TPP），トリクレジルホスフェート（TCP）など］及び無機系（水酸化アルミニウム，水酸化マグネシウム，三酸化アンチモンなど）である．

材料は燃焼温度によって，燃焼生成ガス組成も異なるが，表3.2.3に材料がJISの試験法で発生が予測される主なガス組成と毒性を示す．

### 3.2.3 絶縁抵抗と絶縁破壊の強さ

プラスチックの多くは電気の絶縁体である．プラスチックに直流電圧（$V$）

---

10) 労働省安全衛生部監修(1998)：化学物質の危険・有害便覧，中央労働災害防止協会編
11) 石川泉也(1989)：耐熱ポリマー絶縁電線の検討，電気学会研究会資料，EIM–89–35–45, p.29–34

## 3.2 電気・電子材料の用途と性質

**表3.2.3** プラスチックの燃焼時の主な生成ガスと人体への影響[10]

| 燃焼生成ガス | | 日本産業学会許容濃度 | | 人体への作用 |
|---|---|---|---|---|
| | 化学記号 | ppm | mg/m$^{-3}$ | |
| 水溶性 | アンモニア | NH$_3$ | 25 | 17 | 200〜300 ppm 鼻,のどを刺激する.<br>2 500〜5 000 ppm 短時間30分で生命危機 |
| | 塩化水素 | HCl | 5 | 7.5 | 40〜50 ppm 短時間耐え得る.<br>1 000 ppm 生命危険 |
| | シアン化水素 | HCN | 5 | 5.5 | 10〜12.5 ppm 0.5〜1時間で生命危機<br>270 ppm 直ちに死亡 |
| | 二酸化硫黄 | SO$_2$ | 1 | 1 | 5〜10 ppm 鼻,のどを刺激する. |
| | 二酸化窒素* | NO$_2$ | 3 | 26 | 吸気量が多い場合,肺水腫を起こす. |
| 非水溶性 | 一酸化炭素 | CO | 50 | 57 | 600〜900 ppm 頭痛,吐き気が生じる.<br>900〜1 200 ppm 生命危機 |
| | 二酸化炭素 | CO$_2$ | 5 000 | 9 000 | 3〜4% 頭痛,めまい<br>7〜10% 数分で意識不明 |
| | メタン | CH$_4$ | 無毒であるが,気中の酸素濃度を低下させ酸素欠乏を起こす.<br>これらガスは最低約3%濃度で爆発範囲となる. | | |
| | エタン | C$_2$H$_4$ | | | |
| | エチレン | C$_2$H$_2$ | | | |

注* NO$_2$の許容濃度はACGIH (American Conferance of Govermental Industrial Hygienists) による.

を印加すると,わずかながら電流($I$)が流れる.この電流は試料表面に付着した湿気又は他の導電性物質の層を通る電流($I_s$)と試料内部を通る電流($I_v$)とから成っている.$V/I$を絶縁抵抗,$V/I_s$を表面抵抗,$V/I_v$を体積抵抗という.材料規格などでは電圧印加後1分目の値を採用する.電圧印加による電流は試料に対し,充電電流,吸収電流,漏れ電流の和で表され,特に漏れ電流($I_r$)は電界下での荷電坦体の定常的な移動により,絶対温度($T$)と近似的に $I_r = A\exp[-B/T]$ で表される.ここで $A, B$ は定数である.

さらに試料への印加電圧を上昇していくと,漏れ電流が急に増加し,絶縁物中を電流が貫通し,その部分の絶縁が失われる.この現象を絶縁破壊といい,絶縁物が破壊される最小の電圧を絶縁破壊電圧,平等電界のもとでの電気絶縁破壊電圧を破壊点の絶縁物の厚さで割った値を絶縁破壊の強さという.単位はV/mm,MV/cmで表される.材料試験には,通常,商用周波の交流が用いられ,空気中でなく絶縁油中で行うことが多い.

実用的厚さの範囲では，試料の厚さ ($d$) と絶縁破壊電圧 ($V$) との間には $V=Ad^n$ の関係があり，直流の場合 $n\fallingdotseq 1$，交流の場合 $n=1/3\sim 1$ である．

図3.2.4に各種プラスチックの絶縁破壊の強さを示す．熱可塑性プラスチックの場合の絶縁破壊の強さは熱変形温度以下のガラス領域では 5 MV/cm 以上の絶縁破壊の強さを示す．もちろん，熱硬化性樹脂であるエポキシ樹脂，フェノール樹脂，ポリイミド系樹脂もこの範ちゅうにある．

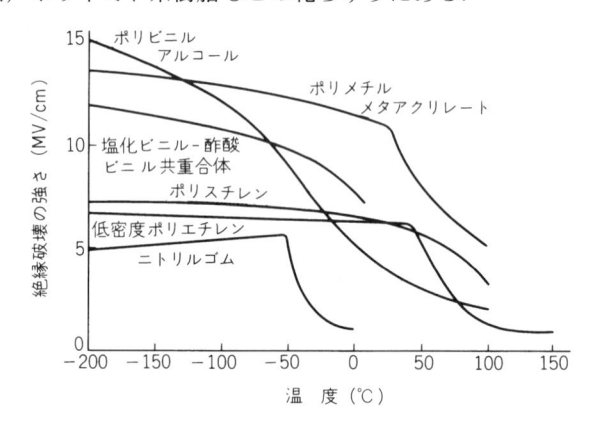

**図3.2.4** 各種プラスチックの絶縁破壊の強さ[12]

### 3.2.4 誘電率と誘電体損

真空又は絶縁物中に直流電圧を印加すると，電極間に電荷が蓄えられる．単位電界のもとで単位体積中に蓄えられるエネルギーの大きさを表す量を誘電率，絶縁物の誘電率を真空の誘電率で割った値を比誘電率という．CGS単位系では真空の誘電率は1で，比誘電率とは数値的に一致するので，通常，比誘電率を単に誘電率と呼んでいる．測定には一般に交流が用いられる．

絶縁物は一種のコンデンサと見なすことができる．絶縁物に交流が印加されると理想状態では電圧と電流とに 90°の位相差を生じる．実際の絶縁物は 90°から $\delta$ 角だけ遅れた電流が流れる．いいかえれば，電圧 ($V$) と同相の電流

---

12) 水谷照吉(1989)：固体構造と絶縁破壊，電気学会技術報告（II部），第304号，p.25-59, 69-73

3.2 電気・電子材料の用途と性質

($I_r$) が存在し，$V \cdot I_r$ なる電力損失（$W$）を生じる．

$$W = V \cdot I_r \fallingdotseq \frac{V_{\text{eff}}^2}{R} = \omega \varepsilon C_0 V_{\text{eff}}^2 \tan \delta \tag{3.2.2}$$

ここに，$\omega$：角周波数

$\varepsilon$：誘電率

$V_{\text{eff}}$：印加電圧の実効値＝$V_0/\sqrt{2}$

この電力損失（$W$）を誘電体損と呼び，絶縁物中に熱として消費されて，絶縁物の温度を上昇させ，絶縁特性を低下させたり，材料の劣化を促進させたりする．誘電体損は $\tan \delta$ によって支配されるので，$\tan \delta$ を誘電体力率又は誘電正接と呼ぶ．図3.2.5にプラスチックの比誘電率と誘電正接を示す．

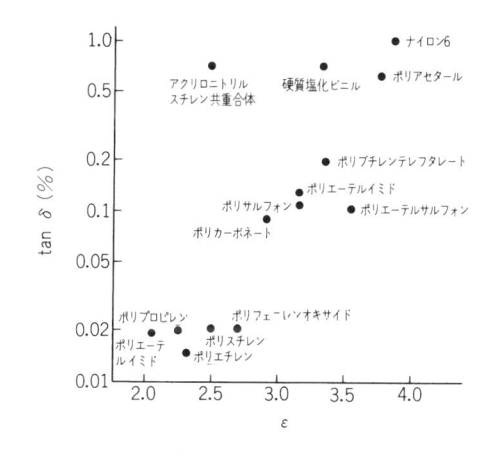

**図3.2.5** プラスチックの比誘電率（$\varepsilon$）と誘電正接（$\tan \delta$）[11]
（室温，商用周波数）

### 3.2.5 耐アーク性，耐トラッキング性

遮断器の消弧室やヒューズの保護筒のように，アークの発生する場所で使用される絶縁物は耐アーク性が要求される．また絶縁物がアークの高温にさらされて遊離する炭素の導電路並びに絶縁物表面に流れるジュール熱によって，絶縁物が熱的に分解して，その結果生じた遊離炭素で作られる導電路をトラッキ

# 3. 電気・電子材料

**表3.2.4** 各種プラスチックの耐アーク性（ASTM法）

| 高 分 子 | 耐アーク性（s） |
|---|---|
| フェノール樹脂 | トラック |
| ユリア樹脂 | 100～150 |
| メラミン樹脂 | 100～145 |
| ガラス基材エポキシ樹脂 | 150～180 |
| ガラス基材シリコーン樹脂 | 150～250 |
| 硬質塩化ビニル樹脂 | 60～80 |
| ポリスチレン | 60～80 |
| 低密度ポリエチレン | 135～160 |
| テトラフロロエチレン | ＞360 |
| ポリカーボネート | 10～120 |

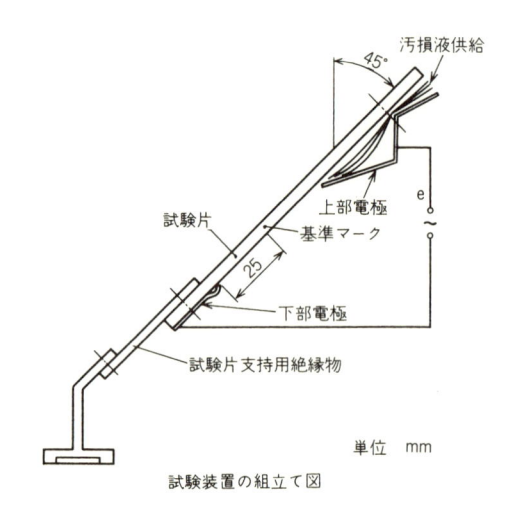

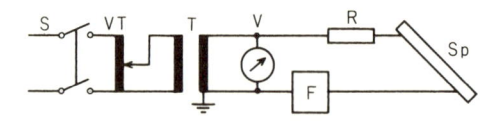

試験装置の組立て図

単位 mm

S：電源スイッチ，VT：可変比変圧器，T：高電圧変圧器，
R：直列抵抗，Sp：試料，F：過電流装置，ヒューズ，リレー

回 路 図

**図3.2.6** IEC 60587 耐トラッキング性試験装置，測定回路[14]

## 3.2 電気・電子材料の用途と性質

ングと呼ぶ．絶縁材料にとって耐アーク，耐トラッキング性評価は不可欠である．表3.2.4に各種プラスチックの耐アーク性を示す．

耐トラッキング性試験にはIEC 60112 [13] がある．トラッキングによる導電路の形成は電気機器にとって，製品の寿命を支配し，電気的な災害にも連なる．電気学会の絶縁材料耐トラッキング性調査専門委員会でIEC 60112で評価できない場合の試験方法について検討されたIEC 60587の試験装置・回路図を図3.2.6に示す．表3.2.5は同試験方法で評価された各プラスチックの耐トラッキング特性を示す．絶縁材料の代表であるエポキシ樹脂において，分子構造

**表3.2.5** IEC 60587*試験による耐トラッキング性 [14]

| 材料名 \ 印加電圧 | 破壊時間(分) | | | 重量変化(mg) | | | 最大浸食深さ(mm) | | |
|---|---|---|---|---|---|---|---|---|---|
| | 2.5 | 3.5 | 4.5 | 2.5 | 3.5 | 4.5 | 2.5 | 3.5 | 4.5 |
| ビスフェノールエポキシ樹脂（シリカ入り） | 55.3 | 3.7 | 2.7 | 70 | 8 | 5 | 1.64 | 0.33 | 0.29 |
| シクロアリファテイク系エポキシ樹脂（シリカ入り） | >360 | >312 | >144 | 14 | 66 | 192 | 0.49 | 0.65 | 1.50 |
| シクロアリファテイク系エポキシ樹脂（シラン処理シリカ） | >360 | 325 | 207 | 89 | 38 | 149 | 0.83 | 0.76 | 1.20 |
| シリコーンゴム | >360 | >360 | >321 | 38 | 57 | 368 | 0.69 | >1.15 | >1.54 |
| ポリカーボネート | 1.42 | 2.49 | 0.99 | 18.4 | 13.9 | 15.6 | 0.24 | 0.25 | 0.28 |
| 変性ポニフェニレンオキサイド | 0.85 | 0.89 | 0.27 | 8.6 | 6.3 | 6.5 | 0.45 | 0.41 | 0.41 |
| 紙基材フェノール樹脂積層板 PL-3 | 0.84 | 0.39 | 0.41 | 64.9 | 62.2 | 66.2 | 0.37 | 0.31 | 0.33 |
| ポリブチレンテレフタレート | 7.06 | 3.39 | 2.48 | 40.5 | 30.5 | 37.1 | 0.57 | 0.54 | 0.54 |
| ポリエステルプレミックス BMC | >306 | 33 | 32 | 524 | 99 | 126 | >2.74 | 0.67 | 0.96 |

\* Test method for evaluating resistance to tracking and erosion of electrical insulating materials used under severe ambient conditions

---

13) IEC 60112 (Method for the determination of the proof and the comparative tracking indices of solid insulating materials)
14) 能登文緒他(1989)：IEC 60587耐トラッキング性試験方法に関する検討，電気学会技術報告（II部），第302号，p.4–31

中にベンゼン核をもつビスフェノール系エポキシ樹脂は環状脂肪族系（シクロアリファティック）エポキシ樹脂に比べ，ベンゼン核が遊離炭素の形で分離するので耐トラッキング特性が低い．

### 3.2.6 熱刺激電流（TSC）

熱刺激電流（TSC）はプラスチックのような誘電体や絶縁体の試験片フィルムの両面に電極を付着させ，ポーリング電界（誘電分極やトラップへの電荷を起こさせるための電界）を印加，双極子分極を発生させ，この状態で試験片を冷却し，双極子を凍結状態に維持する．しかる後に，試験片の温度を上昇させ，凍結状態・低温で凍結された誘電分極やトラップされた電荷が，昇温によって開放されて熱平衡に移行するときに，試験片外部回路に流れる電流・昇温過程の電荷を電流計で測定するものである[15]．

この試験は非平衡状態での電荷の動きを観察するものであり，高分子材料の双極子分極，誘電緩和による相転移現象，転移温度，材料の硬化反応を知ることができる．観測される外部回路に流れる電流は試料内部の空間電荷の変化による電界変化に起因する変位電流と試料中を電荷が移動する伝導電流の和で表されるので，電気的な伝導キャリア・不純物イオンや伝導イオンについて評価できる．導電性高分子では結晶構造及び導電性の発現やドーピング効果の解析の手段として用いられている[16]〜[18]．

さらに応用面では数多いプラスチックフィルムコンデンサのフィルムの製造過程の加熱温度，圧力等の物理的影響による誘電特性に与える影響[19]，高分

---

15) JIS K 7131（プラスチックフィルムの熱刺激電流試験方法）
16) 小高正嗣(1997)：熱刺激電流と空間電荷分布の同時測定による伝導電流の解析，電気学会報告資料，DEI-97-07, p.1-6
17) 吉浦昌彦他(1997)：ポリアニリンフィルムの熱刺激電流，電気学会研究会資料，ED-97-64, p.7-12
18) 大木義路他(1997)：エンジニアリングプラスチックの電気伝導，電気学会研究会資料，DEI-97-10, p.1-6
19) 増田純一他(1999)：PETの電気伝導特性に与える張力と熱処理の影響，電気学会研究会資料，DEI-99-90, p.13-18

子粉体・複写用トナーの帯電に関する情報及び高分子エレクトレットの帯電性評価などに展開されている[20]．

### 3.2.7　機 械 特 性

#### (1)　静的特性

電気機器は導体と絶縁体で構成される．導体と絶縁体との物性差と温度変化によって発生する応力の緩和，また高電圧・大容量化される電気機器は重力に対して受ける絶縁物のクリープを考慮しなければならない．

機械特性は外的に与えられる応力又はひずみが加えられる静的特性と繰り返し加えられる動的特性の挙動が重要である．プラスチックは弾性項であるスプリング（$E$）と粘性項であるダッシュポット（$\eta$）の物理的要素で構成される．模型の基本形はスプリングとダッシュポットが直列で構成されるマックスウェル模型と並列で構成されるフォークト模型がある．この二つの模型を複合化した模型は四要素模型として取り扱われる．図3.2.7にマックスウェル模型，フォークト模型，四要素模型を示す．

この模型に荷重を付加すると，時間の経過とともに図3.2.8に示す変位が生

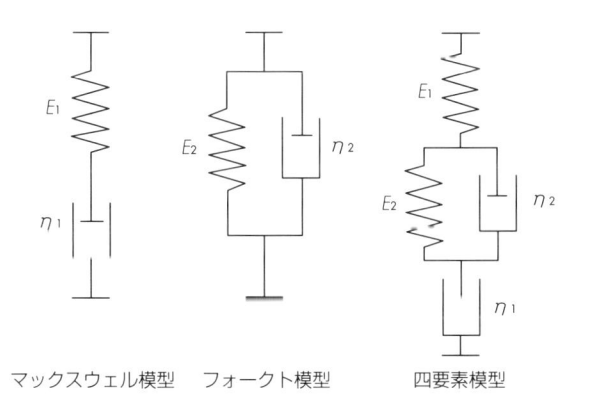

**図3.2.7**　粘弾性体模型

---

20)　池田和男他(1998)：微粒子粉黛状態での基礎電気物性，静電学誌，Vol.22, p.78–82

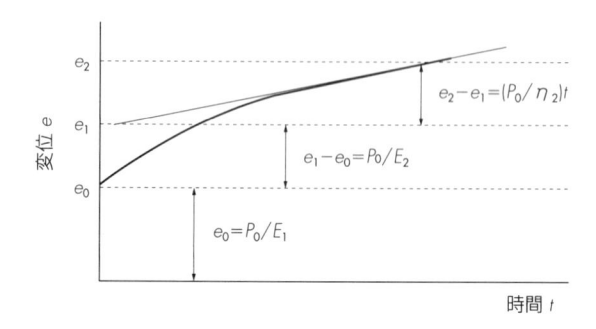

**図3.2.8** 四要素模型のクリープ挙動

じる．

荷重 $P_0$ に対する四要素模型（線形）での変位（ひずみ）$e$ は

$$e = \frac{P_0}{E_1} + \frac{P_0}{E_2}\left(1 - e^{-\frac{t}{\tau}}\right) + \frac{P_0}{\eta_2}t \tag{3.2.3}$$

ここに，$\tau = \eta_1/E_2$

となる．

初期弾性率 $E_1$ は初期ひずみ $e_0$ から，粘性率 $\eta_2$ はクリープ後期の直線部分の傾斜から求められる．この直線（点線）を外装して縦軸との交点を求めればフォークト模型部の $E_2$ が求められ，$\eta_2$ も知ることができる．

この変位から模型の $E_1, E_2, \eta_1, \eta_2$ が分離でき，応力緩和やクリープに与える機械特性が相対的に比較できる．

**(2) 動的特性**

一方，電気機器は交流による電磁振動や外部からの振動（外部からの引張りと圧縮荷重又はひずみの繰り返し）を受ける機器も多い．粘弾性体として，周期的に正弦的振動，動的応力 $\sigma(t) = \sigma_A \exp(i\omega t)$ が与えられるフォークト模型における複素弾性率 $E^*$ は次式で表され，実数部 $E'$ を貯蔵弾性率，虚数部 $E''$ を損失弾性率という．ここに，$\omega = 2\pi f, \sigma_A$ は応力振幅，$f$ は周波数である．

$$\text{複素弾性率} \quad E^* = E' + iE'' \tag{3.2.4}$$

一方，遅延時間の分布スペクトルを表す複素弾性率の逆数・複素コンプライ

アンス $J^*$ は次式で表される.

$$複素コンプライアンス \quad J^* = J' - J'' \tag{3.2.5}$$

$$動的コンプライアンス \quad J' = \frac{1}{E}\frac{1}{1+\omega^2\tau^2} \tag{3.2.6}$$

$$損失コンプライアンス \quad J'' = \frac{1}{E}\frac{\omega\tau}{1+\omega^2\tau^2} \tag{3.2.7}$$

ここに,$\tau$:遅延時間,$\tau = \eta/E$

ひずみは粘性項の影響で応力振幅に対し位相角 $\delta$ の遅れを生じ,図3.2.9に示すヒステレシス・ループを描く.このループ面積 $\Delta E$ は粘性による1周期当たりのエネルギー損失に等しく,力学的エネルギーを熱として失う量である.動的粘弾性と損失係数 $\tan\delta$ との関係は次式で表される.

$$\tan\delta = \frac{E''}{E'} = \omega\tau \tag{3.2.8}$$

ヒステレシス・ループ1サイクル当たりの消費エネルギーは次式の関係にある.$\tan\delta$ はまた $Q^{-1}$ で表し,振動吸収係数とも呼ばれている.

$$\Delta E = \pi\eta\omega e_0^2 = \pi E' e_0^2 \tan\delta \tag{3.2.9}$$

これら各動的特性はJIS K 7224-1〜-6の各方法で求めることができる.

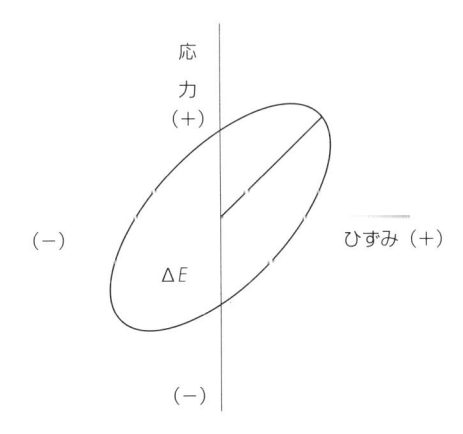

**図3.2.9** 粘弾性体 1サイクルの応力〜ひずみ
(ヒステレシス・ループ)

2.2.5項に記載されている自由ねじり振子法[21]から測定される対数減数率 $\Lambda$ と $G''/G'$ とは次式の関係で表される.

$$\frac{G''}{G'} = \frac{4\pi\Lambda}{4\pi^2 - \Lambda^2} \qquad (3.2.10)$$

ここに,　$G'$：ねじりによる貯蔵せん断弾性率
　　　　　$G''$：損失せん断弾性率

対数減衰率が小さいとき,　$G''/G' = \Lambda/\pi$ となる.

動的諸物性の関係から対数減衰率が大きい場合は,繰り返し加えられる振動や繰り返し加えられる応力を熱として失い,振動の吸収や疲労強さに寄与することが分かる.図3.2.10は接着層が凝集破壊した系のエポキシ系接着剤の繰り返し定屈曲応力による疲労破断繰り返し数と自由ねじり振子法で求めた対数減衰率,図3.2.11には鋼／鋼を同接着剤で接合した試験片での定屈曲応力による繰り返し数と接着強さの例を参考例として示す.

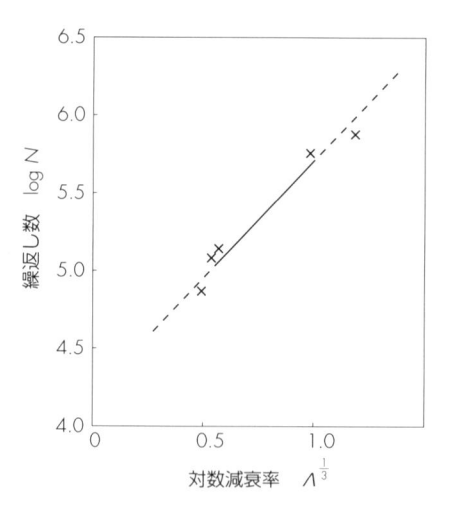

**図3.2.10**　繰返し応力6.8 MPaでの破断までの繰返し数〜
接着剤対数減衰率（接着剤：エポキシ樹脂,有機
酸無水物,可とう性付与材0〜100 wt添加物）

---

21)　JIS K 7244–2（プラスチック―動的機械特性の試験方法,第2部：ねじり振子法）

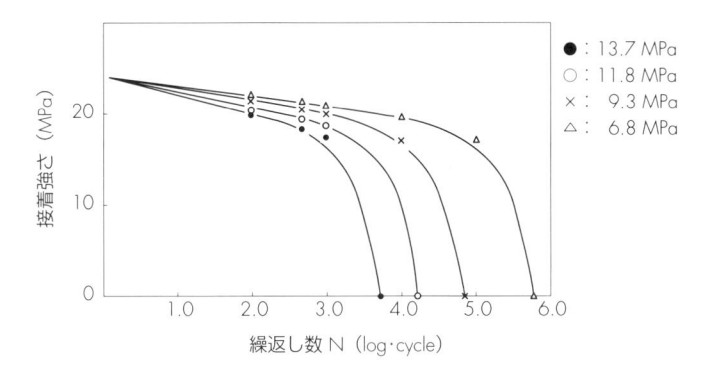

**図3.2.11** 一定繰返し応力での繰返し数と接着強さ [22]

### 3.2.8 耐薬品・環境応力き裂

電気・電子機器の多くは種々の環境にさらされ長期間使用されるものが多い．薬品応力環境き裂をストレスクラッキングともいう．プラスチックは化学薬品によっては溶解したり，膨潤したりもする．プラスチックは成形による残留応力及び外部より負荷される荷重と薬品の相乗作用によってき裂を生じて，プラスチック製品や部品に好ましくない影響を与えられたりもする．

材料の構成分子は同種の構成分子と互いに凝集しようとする．このエネルギーを凝集エネルギー密度と呼び，1 ml の液体を蒸発させるエネルギー量で取り扱われている．Small [23] はこの物理的な関係について，分子引力定数，化合物の構造式における原子，原子団の分子引力定数 $G$ を与え，溶解度パラメータ値・$SP$ 値として，式(3.2.11)で表した．

$$SP\left(\mathrm{J/m^3}\right)^{\frac{1}{2}} \cdot 10^{-3} = 2.045 \cdot \frac{\delta \sum G}{M} \tag{3.2.11}$$

ここに，$\delta$：構成材料の密度
$M$：構成材料の分子量

---

22) 元起巌他(1964)：定屈曲繰り返しによる接着剤の疲労強度，工化誌，Vol.67, No.11, p.1944–1948
23) P.A. Small (1953)：J. Appl. Chem. Vol.3, 71

材料相互や有機溶剤と相互に混じり合ったり，膨潤が可能な範囲は（プラスチックは結晶の有無によって異なるが），SP 値 ±3 にある．この指標で有機溶剤に対するプラスチックの溶解性や膨潤の可能性及び耐溶剤性が推測できるが，成形時の残留応力や外部から負荷されるわずかな荷重によって，またわずかな濃度の有機溶剤，無機薬品及び界面活性剤によっても，クラックが発生したりする．この環境応力き裂について JIS [25] では適用する引張応力，試験液が定められ評価される．

一般に，鎖状構造で強い水素結合を持ち，結晶化度が高く，立体規則性があり，網状構造をもつプラスチックの場合がよい．逆に，非晶性か結晶性が低く，結合力が弱い場合，環境応力き裂が起こりやすい．例えば，ポリエチレンの場合，環境応力き裂が起こりやすい順は低密度＞高密度＞架橋ポリエチレンであ

**表 3.2.6** Small の分子間引力定数 $G$，JIS 試験で使用される有機薬品及び主な汎用プラスチックの SP 値

SP 値単位 $(J/m^3)^{\frac{1}{2}} \cdot 10^{-3}$

| 原子，原子団 分子間引力定数 $G$ | | 原子，原子団 分子間引力定数 $G$ | | JIS 薬品環境応力き裂，液体薬品への浸漬効果試験で使用される有機溶剤 SP 値 | | 電気・電子機器に使用される主な汎用プラスチックの SP 値 | |
|---|---|---|---|---|---|---|---|
| ―CH₃ | 214 | 共役結合 | 20〜30 | エーテル | 15.1 | ポリ4フッ化エチレン | 12.7 |
| ―CH₂ | 133 | 活性水素 | 80〜100 | 4塩化炭素 | 17.6 | シリコンゴム類 | 14.9 |
| ―CH＜ | 28 | ―O― | 70 | トルエン | 18.2 | ポリエチレン | 16.6 |
| ＞C＜ | −93 | ―C＝O | 275 | 酢酸エチル | 18.6 | ポリプロピレン | 16.6 |
| ―CH＝ | 190 | Esters | 310 | アセトン | 20.2 | ポリスチレン | 18.7 |
| ＞C＝ | 19 | ―CN | 410 | 酢酸 | 20.7 | ポリメチルメタ | |
| CH＝C― | 285 | ―Cl | 270 | アニリン | 21.1 | アクリレート | 18.9 |
| ―C＝C― | 222 | ＞CCl | 260 | エタノール | 26.0 | ポリ塩化ビニル | 19.6 |
| Phenyl | 735 | ―Br | 340 | メタノール | 29.7 | ポリカーボネート | 20.1 |
| Phenylen | 658 | ―I₂ | 425 | エチレング | | ポリエチレン | |
| Napthyl | 1 148 | Sulfides | 225 | リコール | 29.9 | テレフタレート | 21.9 |
| 5員環 | 10〜115 | ―SH | 315 | アンモニア | 33.4 | ポリアセタール | 22.9 |
| 6員環 | 95〜105 | ―NO₂ | 〜440 | 水 | 47.7 | ポリアミド | 27.5 |

---

24) H. Burrell (1975): Solubility Parameter Values, Polymer handbook, 2nd edition, IV-337–359 John Wiley & Sons, Inc.
25) JIS K 7108（プラスチック―薬品環境応力き裂の試験方法―定引張応力法）

る．表3.2.6に，Smallの原子，原子団の分子間引力定数 $G$，薬品環境応力き裂に用いられる有機薬品及び電気・電子機器に用いられる主なプラスチックのSP値を示す[24)~27)]．

## 3.3 電気・電子材料

### 3.3.1 注型・成形・封止・保護材料

電力機器の多くは電気絶縁性と構造機能を兼ねた用途が多い．電子機器に多く使用される半導体・IC部品は絶縁・機械的な保護（外的環境からの水分の浸入防止など）を目的に樹脂封止される．これにはエポキシ樹脂が多く用いられる．エポキシ樹脂は化学的に一次の反応形態を取り，図3.3.1に示すS字曲線で表され，化学反応（硬化反応）を完了する．温度が一定のとき，この反応式は式(3.3.1)で与えられる[28)]．

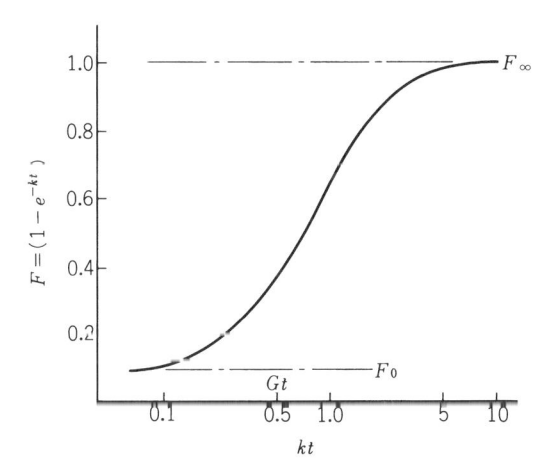

図3.3.1 エポキシ樹脂硬化過程における物性変化図

---

26) JIS K 7107（定引張変形下におけるプラスチックの耐薬品性試験方法）
27) JIS K 7114（プラスチック―液体薬品への浸せき効果を求める試験方法）
28) 元起巌(1986)：材料の低収縮化，熱可塑性高分子の精密化，CMC, p.93–109

$$F = F_\infty (1 - e^{-kt}) \tag{3.3.1}$$

ここに，$F$：任意時間 $t$ に対する物性値（弾性率，引張強さなど）

　　　　$F_\infty$：反応完了時の物性値

　　　　$k$：反応速度定数

また，この系で，樹脂が液状から固状に移行する変位点はゲル化時間に相当する．このゲル化時間 $Gt$ は式(3.3.2)の関係で与えられる．

$$\log Gt = A - \frac{B}{T} \tag{3.3.2}$$

ここに，$A, B$：材料によって定まる値

　　　　$T$：反応系の絶対温度

図3.3.1からも明らかなように，この系の化学反応が完了する時間はゲル化時間の10倍を与えればよいことになる．

ここで，所定温度でのゲル化時間（$Gt$），そのゲル化時間内で任意に設定される硬化時間（$t$）に対する反応割合（$R$）とすれば，$R = t/Gt$ で表され，化学反応の完了は $R = 10$ となる．製品の形状，大きさを考慮に硬化温度を数段階に変えて硬化を完了するには式(3.3.3)が成り立つ．

$$R_1 + R_2 + \cdots + R_i = \frac{t_1}{Gt_1} + \frac{t_2}{Gt_2} + \cdots + \frac{t_i}{Gt_i} \geqq 10 \tag{3.3.3}$$

また，$t$ なる時間で，硬化温度が直線で $T_1$ から $T_2$ に至るとき，温度上昇に伴う反応割合は式(3.3.4)で与えられる．

$$R = \frac{t}{Gt_1} \left[ \ln \left( \frac{Gt_1}{Gt_2} \right)^{-1} \right] \left( \frac{Gt_1}{Gt_2} - 1 \right) \tag{3.3.4}$$

これら化学反応に関する諸関連を製品の容量や製造工程の管理に適用することが品質の管理，製造の合理化に役立つ．

このような管理下で，制作された電気機器，特に重電機器分野における樹脂がいし，スペーサ類の絶縁破壊の強さは交流と瞬時に加わるインパルス電圧による絶縁破壊の強さに差異がある．図3.3.2では設計上考慮しなければならな

い絶縁物破壊の強さを示す．絶縁厚さとともに絶縁破壊の強さが低下するのは厚さに対する破壊の欠陥数が増すものと考えられる[29]．重電機分野で使用される絶縁物は構造体として，機械的な強度も要求される．部品によっては電流の投入，遮断時に衝撃的な力を受ける．図3.3.3にエポキシ樹脂で作られた電

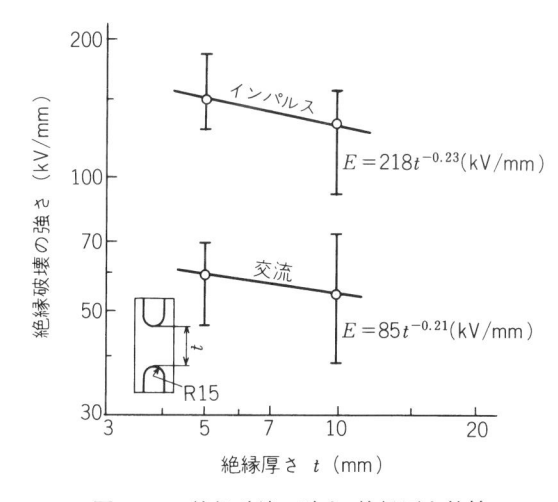

**図3.3.2** 絶縁破壊の強さ-絶縁厚さ特性

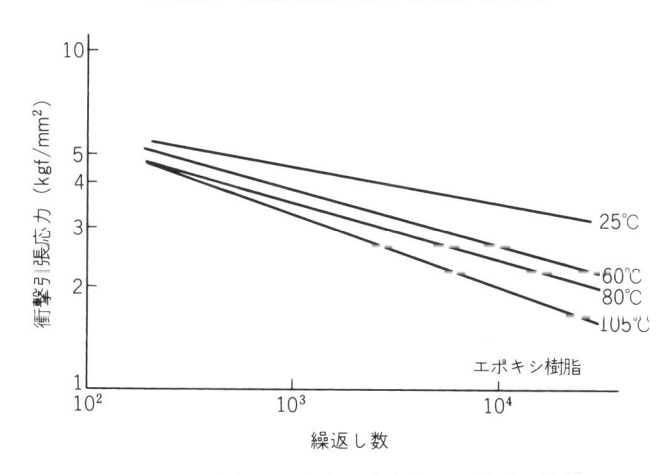

インパルス: $E = 218 t^{-0.23} (\text{kV/mm})$

交流: $E = 85 t^{-0.21} (\text{kV/mm})$

**図3.3.3** 衝撃引張応力と破壊までの繰返し数[30]

---

29) 夏目文夫他(1985)：機器絶縁の絶縁破壊，電気学会研究会資料，EIM-77-15

気・機構部品の衝撃引張応力と繰返し数による衝撃強さの関係を示す．このような応力と繰返し数の関係を示す線図はS–N曲線と呼ばれる．金属材料であれば，繰返し数$10^6$回近辺で材料の疲労限がある．その値は静的破壊強さの約1/4に相当する．プラスチックの場合は明りょうな疲労限を見ることができない．

図3.3.4にIC封止の代表的モデルを示す．この場合にもエポキシ系樹脂による封止が大半である．構成部品である半導体チップ，リードフレーム，ボンディングワイヤなど，それぞれ物性を異にする．これら構成部品は封止材料と熱膨張係数や弾性率に大きな差異があり，成形温度や使用環境下の温度変化で，物性差による熱応力を誘起し，製品や素子にクラックを生じたり，ボンディングワイヤに損傷を与えたりもする．熱応力によるひずみの低減には無機質充てん材が添加される．

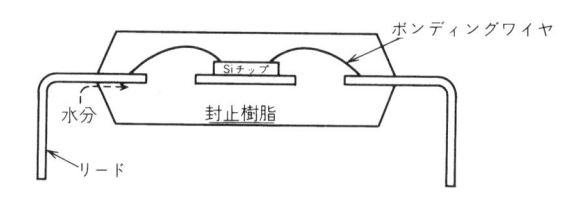

**図3.3.4** IC樹脂封止モデル

IC封止用の代表的な樹脂配合を表3.3.1に示す．近年ICは集積度を増し，微細パタン化すると同時に，使用される材料中に含まれる化学的な不純物，充てん材に使用される無機質成分中に含まれるウランやトリチウムなどの放射性不純物・$\alpha$線が素子の特性に誤動作を発生させ，機器・システム全体として信頼性に重大な影響を与える．表3.3.2に半導体IC封止に用いられる材料の$\alpha$線量のいくつかを示す．同じく重電機分野で使われる無機質充てん材は熱応力の低減ばかりでなく，機能的な使い方がされる．

---

30) 岡部永年他(1985)：高温条件下でのエポキシ樹脂注形剤の衝撃疲労強度とその信頼性，材料Vol. 34, No.378, p.333–339

例えば，$SF_6$ガス開閉装置用遮断器では，遮断時に遮断アークによって，$SF_6$ガスは分解して，$SOF_2$, $SOF_4$, $SO_2F_2$やHFを発生する．充てん材にシリカ系の材料が用いられている場合には，遮断時の分解によって発生するHFガ

表3.3.1 封止用エポキシ樹脂の代表的な配合組成

| 配合組成 | 原　材　料 |
|---|---|
| エポキシ樹脂 | クレゾールノボラックエポキシ<br>フェノールノボラックエポキシ<br>ビスフェノールAタイプエポキシ |
| 硬化剤 | 有機酸無水分<br>芳香族アミン<br>フェノールノボラック樹脂 |
| 硬化促進剤 | イミダゾール化合物<br>アミン化合物 |
| 充てん材 | シリカ粉<br>アルミナ粉 |
| 難燃剤 | 三酸化アンチモン<br>りん系化合物<br>ブロム化エポキシ樹脂 |
| その他 | 顔料<br>カップリング剤 |

表3.3.2 樹脂から出る$\alpha$線量[31]

| 材　料 | $\alpha$線量 |
|---|---|
| エポキシ樹脂 | 0.005 |
| 臭素化エポキシ樹脂 | 0.010 |
| 硬化剤 | 0.005 |
| 充てん材溶融性シリカ　1 | 0.16 |
| 〃　　　　　　　　2 | 0.071 |
| 〃　　　　　　　　3 | 0.037 |
| 〃　　　　　　　　4 | 0.63 |
| 結晶性シリカ　1 | 0.023 |
| 〃　　　　　2 | 0.013 |
| アルミナ | 0.020 |

---

31) 日野太郎他(1988)：電子部品絶縁材料，電気学会技術報告（II部），第268号，p.69-77

スで，シリカ系材料は化学的に侵され，充てん材の機能を失うと同時に，構造的にも弱くなる．このためにHFガスに侵されないアルミナ充てん材やドロマイト［$MgCa(CO_3)_2$］系充てん材が用いられる．

### 3.3.2 電線・ケーブル

絶縁・保護を兼ね電力の受配電に必要なのは被覆ケーブルである．表3.3.3にケーブル，ワイヤの絶縁材料を示す．中でも受配電の近代化を担う，地中配線，海底ケーブルにはポリエチレン被覆ケーブルが多く用いられる．ケーブル素材も絶縁性に関して，素材の密度も関係する．図3.3.5にポリエチレンの密度と絶縁破壊の強さを示す．特に瞬時，衝撃的に加わるインパルスに対しては，密度が大きいほど絶縁破壊の強さが大きい．3.2.2項で難燃性について述べた

**表3.3.3** ケーブル，ワイヤの絶縁材料[11]

| ケーブルの分類 | | 電圧，周波数 | 絶縁材料 |
|---|---|---|---|
| 電力用ケーブル | 送電用ケーブル | 66～500 kV | 油浸紙，XLPE |
| | 高圧配電用ケーブル | 3～33 kV | PE, XLPE, EPゴム，ブチルゴム |
| | 低圧配電用ケーブル | 100～1 500 V | PE, XLPE，ブチルゴム，PVC |
| | その他 | | 天然ゴム，けい素ゴム，ナイロン，ふっ素系ポリマー |
| 通信用ケーブル | 市内通信路用ケーブル | 300～3 400 Hz | 絶縁紙，PE，発泡PE |
| | 市外通信路用 | | |
| | データ通信テレビ伝送 | 4～60 MHz | |
| マグネットワイヤ | 巻線 | | 紙，ガラス，ポリイミド，ポリエステル |
| | エナメル線 | | ポルマール，ポリエステル，ウレタン，ポリアミドイミド，ポリエステルイミド，ポリヒダントイン |

## 3.3 電気・電子材料

が,配線ケーブルは公共的に重要な位置付けにあり,難燃であることのほか,異常時の類焼などによる発煙量が災害の度合いを支配する.表3.3.4に,いくつかの電力用ケーブルについての発煙量を示す.

表3.3.5は大形電動機・回転機器,精密小形各種回転機に用いられる各種エナメル線と設計面で必要な耐熱区分を示す.図3.3.6は絶縁皮膜電線の皮膜厚さと交流破壊電圧の関係を示す.図3.3.7は絶縁皮膜電線が加工時,あるいは製品として用いられる場合,電線相互,層間の接触による機械的な安定性の尺度となる耐摩耗特性を示す.

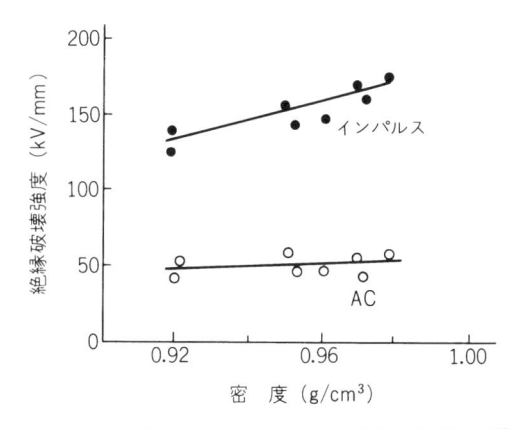

**図3.3.5** ポリエチレンの密度と絶縁破壊強さ[12]

**表3.3.4** ケーブル被覆材料の発煙性[32]

| 材料<br>特性 | 従来難燃材料 | | ハロゲンフリー難燃材料 | | | |
|---|---|---|---|---|---|---|
| | ブチルゴム<br>(絶縁) | クロロプレン<br>(シース) | PO<br>(絶縁) | PO<br>(シース) | ラバー<br>(絶縁) | ラバー<br>(シース) |
| 減光係数 ($m^{-1}$) | 1.56 | >3.0 | 0.82 | 0.91 | 0.76 | 0.67 |
| 発煙係数 ($m^{-1}/g$) | 0.43 | >0.75 | 0.26 | 0.29 | 0.20 | 0.17 |
| 発煙速度 ($m^{-1}/min$) | 1.52 | 3.96 | 0.27 | 0.45 | 0.30 | 0.19 |
| 燃焼速度 (g/min) | 1.20 | 1.68 | 0.78 | 0.52 | 0.56 | 0.44 |
| 最大燃焼温度 (℃) | 862 | 638 | 890 | 935 | 869 | 823 |

---

32) 浜義昌也(1989):JIS K 7228による被覆材料の発煙性,電気学会技術報告(第II部),第316号,p.20

表3.3.5 各種エナメル線と耐熱区分[33]

| 種類 | 略号 | 耐熱区分 |
|---|---|---|
| 油性エナメル線 | EW | A |
| ホルマール線 | PVF | A |
| ポリウレタン線 | UEW | E |
| ポリエステル線 | PEW | B |
| エポキシエナメル線 | — | E |
| ポリエステル-イミド線 | EIW | F |
| ポリイミドエナメル線 | — | C以上 |
| ポリアミド-イミド線 | — | H |

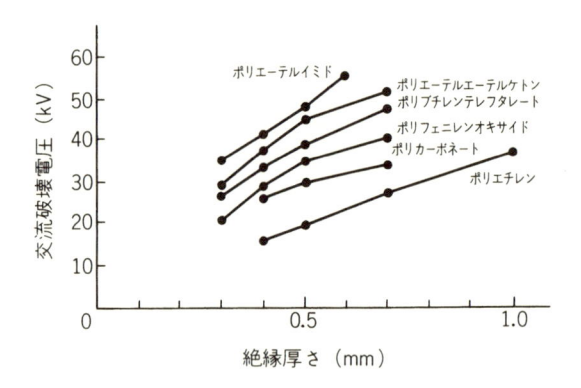

図3.3.6 絶縁電線の交流絶縁破壊電圧

## 3.3.3 フィルム

### (1) 絶縁フィルム

計器用変成器,樹脂モールド変圧器の巻線の層間絶縁には,クラフト紙やプラスチックフィルムが用いられる.表3.3.6に電気機器用に使用される主なプラスチックフィルムの種類と特性値を示す.これらプラスチックフィルムは乾式方向にあるコンデンサへの用途に多く用いられる.コンデンサ用に使用されるフィルムは図3.3.8に示すようにフィルムの占積率の大きいほど破壊電界が高い.実用面における長時間値で見ると直流破壊電圧値の1/4〜1/5値のよう

---

33) 田中良平他(1988):エナメル線,材料利用ハンドブック,日刊工業新聞社,p.372

## 3.3 電気・電子材料

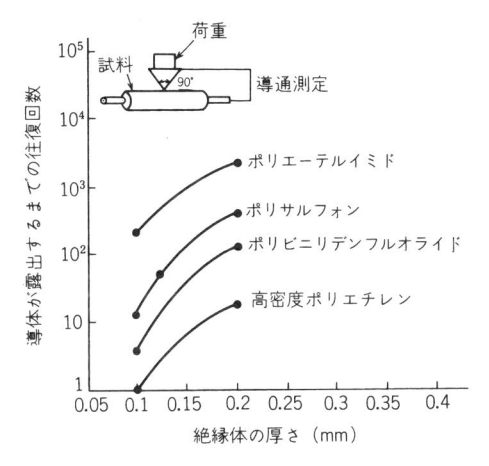

図 3.3.7 電線被覆材の耐摩耗性[34]

**表 3.3.6** プラスチックフィルムの特性値[35]

(25 μm)

| 特　性 | ポリイミド ®カプトン | ポリエチレン テレフタレート | ポリサル フォン | ポリエーテル サルフォン | 四ふっ化エチ レン-六ふっ 化プロピレン 共重合体 |
|---|---|---|---|---|---|
| 密度 (g/cm$^3$) | 1.42 | 1.4 | 1.24 | 1.37 | 2.15 |
| 引張強さ (kgf/mm$^3$) | 18 | 24 | 8 | 8 | 1.8〜2.1 |
| 引張伸び (%) | 70 | 150 | 140 | 150 | 300 |
| ガラス転移 (℃) | — | 69 | 190 | 230 | — |
| 熱膨張係数 (mm/mm/℃) | $2.0\times10^{-5}$ | $1\times10^{-5}$ | $6\times10^{-5}$ | $1.4\times10^{-5}$ | $2\times10^{-5}$ |
| 融点 (℃) | — | 260 | 350 | 350 | 260〜280 |
| 吸湿率 (75%HR, %) | 2.2 | 0.5 | 0.4 | 1.3 | — |
| 絶縁破壊電圧 (kV/mm) | 280 | 300 | 300 | 100 (100 μm) | 280 (1 mil) |
| 誘電率 (1 kHz) | 3.5 | 3.3 | 3.07 | 3.5 | 2.0 |
| 誘電正接 (%, 1 kHz) | 0.25 | 0.4 | 0.08 | 0.35 | 0.04 |
| 体積抵抗率 (Ω·cm) | $10^{18}$ | $5\times10^{18}$ | $5\times10^{16}$ | 10 | — |

---

34) 渡辺清他(1989)：芳香族プラスチックスの電線への応用，電気学会研究会資料，EIM-89-35-45
35) 小林明弘(1979)：耐熱絶縁フイルム，工業材料　Vol.27, No.11, p.68-73

である[6]. 図3.3.9に示すようにフィルムコンデンサの耐寿命尺度となる印加電圧～寿命時間（$V \sim t$）は緩やかに低下する傾向をもつ．図3.3.10は半導体素子リードフレームの端子の固定，TABベース基材，フレキシブル印刷回路基板，H種回転機絶縁に用いられるポリイミドフィルムの各種特性に関し，温度に対する半減時間を示す．特にポリエステルフィルム，ポリイミドフィルムを基材としたフレキシブル配線基板は設計の自由度が大きく，小形軽量，コネクタ接続組立工数の低減，屈曲配線ができるので用途が大きい．

一方，プラスチックフィルムは電気・電子分野における包装に対しても，外

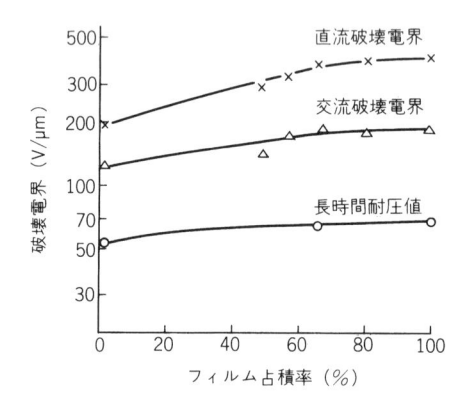

**図3.3.8** フィルムコンデンサの破壊電界とフィルム占積率

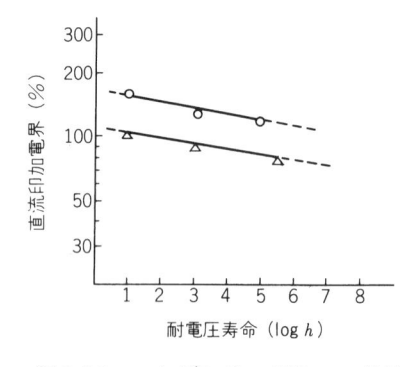

**図3.3.9** コンデンサの直流$V$–$T$特性

3.3 電気・電子材料

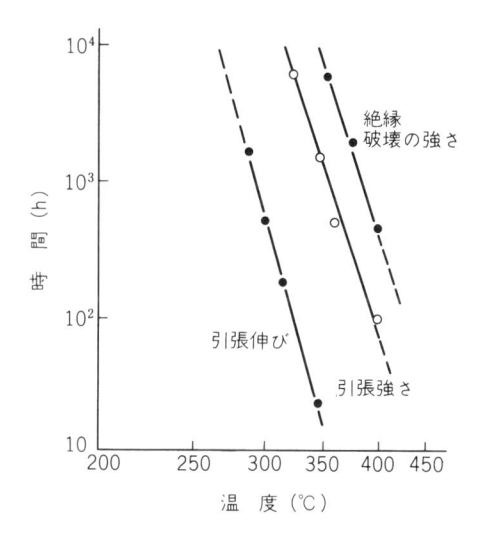

図3.3.10 ポリイミドフィルムの各種特性の半減時間

気からの保護,製品・部品の安定性に欠かせない.

**(2) 導電性フィルム・プラスチック**

導電性プラスチックはそれ自体が導電性をもつプラスチック（例えば,ポリアセチレンなど）,それ自体には導電性はないが導電性をもった物質を混入,成形したプラスチック,又は導電性をもつ物質を塗布若しくは積層したプラスチックなどを称する.図3.3.11に絶縁体,半導体,良導体の導電率と物質について示す.

本質的に導電性をもつプラスチックは共役系ポリマーに電子受容性（$I_2$, $AsF_5$ など）又は電子供与性（アルカリ物質 Li, Na など）の化合物のドーピングによって,金属転移を起こして高い導電率を示すものである.導電性を利用した用途はポリピロールやポリチオフェンなど,その複素環化合物及びポリアニリンは導電率が高く,各種高性能の電界コンデンサの電極に使用されている.また,ポリアリーレンビニレン（PAV）が発光素子として,ポリチオフェン（PT）やポリチエニレンビニレンは薄膜トランジスタ・TFT 素子に展開され

ている.その他,導電性プラスチックは外的要因による導電率の変化を用いて,センシング機能・ガス,温度,湿度,光,圧力,ひずみセンサーとしても応用展開がなされている[36),37)].

プラスチックの性質は電気に対する絶縁性ばかりでなく,加工性,軽量性,耐食性に優れており,電子機器筐体や部品に多く用いられているが,その絶縁性が逆に静電気を帯電させ,IC(集積回路)を使用した事務機器や家庭電器製品を破壊する静電気障害が大きな問題である.この障害を防ぐために,非導電性プラスチックに導電物質・金属系物質やカーボンの分散させた複合系ポリ

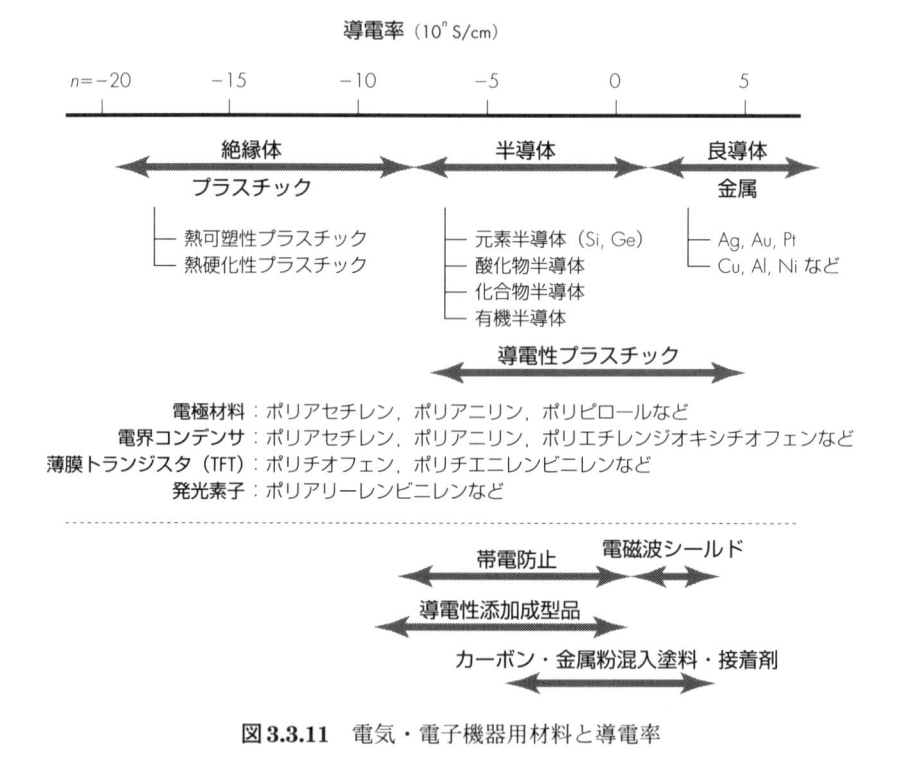

**図3.3.11** 電気・電子機器用材料と導電率

---

36) 電子絶縁材料調査専門委員会(1988):有機機能性・絶縁性材料の現状と発展方向,電気学会技術報告(第II部)第268号,p.33–59
37) 城田康彦他(2002):特集 プラスチックエレクトロニクス,高分子,Vol.51, No.2, p.66–81

マーの成形体並びに真空蒸着，スパッタリング，イオンプレーティング法による物理的手段やそのフィルムが用いられている．複合系成形体は静電防止成形品，電磁波障害シールド材料，抵抗発熱体，電極材料などに用いられ，透明電極用途では熱線シールド材料，EL発光面電極，熱線シールド材，面状発熱体などに用いられている．これらフィルム，薄膜の導電性はJIS[38]では抵抗率$10^6 \sim 10^{-7}$Ω·cmの範囲が測定できる．

### 3.3.4 積層板・積層管・積層棒

重電機分野では隔壁の絶縁，機構部品の絶縁に用いられているが，電子分野では印刷回路用銅張積層板がある．この基板に要求される特性は表3.3.7に示すように，配線のファイン化と特性の安定化及び信頼性の向上にある．現在用いられている印刷回路配線基板・成形体のアウトラインを表3.3.8に示す．平面である硬質の積層板，フレキシブルな基板，エンジニアリングプラスチックの成形体に構成される二次，三次元の回路部品もある．表3.3.9にプリント配線板用銅張積層板（JIS C 6480）の種類を参考に示す．

表3.3.10はフィルムを用いたフレキシブル銅張回路基板材料の適用温度範囲を目安として示す．表3.3.11は熱硬化性樹脂積層板（JIS K 6912），積層棒（JIS K 6913），積層管（JIS K 6914）について，その代表特性を示す．

**表3.3.7 配線板の傾向と材料要求特性**

| 配線板の傾向 | 材料に要求される特性 |
|---|---|
| 多層化 | 寸法安定性（精度・ねじれ歪） |
| ファインパタン化 | 銅との密着性 |
| スルホールの密集化 | 絶縁抵抗の確保 |
| スルホールの径小化 | 穴加工性 |
| スルホール接続の高信頼化 | 耐熱性（高二次転移温度） |
| 電磁波シールド対応化 | 低熱膨張係数 |
| 高周波域への対応化 | 耐熱・放熱性 |
|  | 低誘電率・低損失 |

---

38) JIS K 7194（導電性プラスチックの4探針法による抵抗率試験方法）

## 表3.3.8 印刷回路配線基板・成形体

| 形状 | 基板 | 用途 |
|---|---|---|
| 硬質 | 紙, GF/フェノール | 普及用 |
| | GF/エポキシ | ハイグレード用 |
| | ふっ素系ポリマー | 高周波用 |
| フレキシブル | ポリイミド（PI） | ハイグレード用 |
| | ポリエチレンテレフタレート（PET） | 普及用 |
| 成形体 | 二次元・立体平面に配線 | 機能用 |
| | 三次元曲面に配線 | |
| | セラミック | 高熱伝導ICパッケージ用 |

## 表3.3.9 プリント配線板用銅張積層板（JIS C 6480）

| 積層板 | 特性記号 | 絶縁抵抗値：常態 | はんだ耐熱性 | 耐熱性 |
|---|---|---|---|---|
| 紙基材フェノール樹脂（PP） | 3, 3F* | $10^{11}\Omega$ | 246°C, 5秒（厚さ0.8 mm以下） | $V_1$ |
| | 5, 5F | $10^{10}\Omega$ | 厚さ0.8 mm | $V_0$ |
| | 7, 7F | $10^{9}\Omega$ | 260°C, 10秒（厚さ1.0 mm以上） | |
| 紙基材エポキシ樹脂（PE） | 1F | $10^{11}\Omega$ | 260°C, 10秒 | $V_1$ $V_0$ |
| 合成繊維布基材エポキシ樹脂（SE） | 1, 1F | $10^{11}\Omega$ | 246°C, 5秒（厚さ12 mm以下） | $V_1$ |
| | | | 260°C, 10秒（厚さ12 mm以上） | |
| ガラス布・紙複合基材エポキシ樹脂（SPF） | 1F | $10^{11}\Omega$ | — | $V_0$ |
| ガラス布・ガラス不織布複合基材エポキシ樹脂（CGE） | 3F | $5\times10^{11}\Omega$ | — | $FV_0$ |
| ガラス布基材エポキシ樹脂（GE） | 2, 2F 4, 4F | $5\times10^{11}\Omega$ | 260°C, 20秒 | $FV_1$ $FV_0$ |
| ガラス布基材ポリイミド樹脂（GI） | 1, 1F 2, 2F | $5\times10^{11}\Omega$ | — | $FV_1$ $FV_0$ |
| ガラス布基材ビスマレイミド／トリアジン／エポキシ樹脂（GT） | 1, 1F 2, 2F | $5\times10^{11}\Omega$ | — | $FV_1$ $FV$ |

注* Fは耐燃性表示.

## 3.3 電気・電子材料

**表 3.3.10** フレキシブル銅張板用材料の使用温度範囲[39]

| フィルム基材 | 使用温度範囲（℃） |
|---|---|
| ポリエステル | −60 〜 +120 |
| ポリアミド紙 | −40 〜 +130 |
| ポリイミド（熱硬化性接着剤使用） | −40 〜 +150 |
| ガラス−耐熱樹脂 | −20 〜 +150 |
| ふっ素系共重合体 | −85 〜 +250 |
| ポリイミド（接着剤なし） | −100 〜 +400 |

**表 3.3.11** 熱硬化性樹脂積層板・積層棒・積層管

| 種類 | | | 記号 | 絶縁抵抗（常態）(MΩ) | 絶縁抵抗（煮沸後）(MΩ) | 貫層耐電圧 (MV/m) |
|---|---|---|---|---|---|---|
| 積層板 | 紙基材フェノール樹脂積層板 | | PL-PEV | $5\times10^3$ 以上 | 50 以上 | 16 |
| | | | PL-PEM | $5\times10^2$ 以上 | 10 以上 | 13 |
| | | | PL-PEM-PF | $5\times10^3$ 以上 | 5 以上 | — |
| | 布基材フェノール樹脂積層板 | | PL-FLE | $10^3$ 以上 | 30 以上 | 10 |
| | ガラス布基材けい素樹脂積層板 | | SL-GSE | $10^4$ 以上 | $10^2$ 以上 | — |
| | 紙基材エポキシ樹脂積層板 | | EL-PEF | $10^5$ 以上 | $5\times10^2$ 以上 | — |
| | ガラス布基材エポキシ樹脂積層板 | | EL-GEM | $5\times10^5$ 以上 | $10^3$ 以上 | — |
| | | | EL-GEHF | | | — |
| | ガラスマット基材ポリエステル樹脂積層板 | | TL-GEM | $5\times10^4$ 以上 | 10 以上 | 9 |
| | | | TL-GEF | | | 9 |
| 積層棒 | 紙基材フェノール樹脂積層棒 | | PB-PEV | $10^3$ 以上 | 10 以上 | 7 |
| | 布基材フェノール樹脂積層棒 | | PB-FLE | $5\times10^2$ 以上 | 5 以上 | 6 |
| | ガラス布基材エポキシ樹脂積層棒 | | EB-GEM | $10^4$ 以上 | — | 4 |
| 積層管 | 1類 | 紙基材フェノール樹脂積層管 | PTM-PEM | — | — | 7 |
| | | 布基材フェノール樹脂積層管 | PTM-FLE | — | — | 6 |
| | 2類 | 紙基材フェノール樹脂積層管 | PTR-PEO | — | — | 12 |
| | | | PTR-PEM | — | — | 12 |
| | | 布基材フェノール樹脂積層管 | PTR-FLE | — | — | 7 |
| | | ガラス布基材エポキシ樹脂積層管 | ETR-GEM | — | — | 8 |

---

39) 原沢涓也(1982)：フレキシブル配線基板，工業材料　Vol.30, No.3, p.27–31

図3.3.12は積層板の代表である複合材料・FRP積層板のガラス含有率と電気特性,交流絶縁破壊の強さを示す.機械強度はガラス含有率が増すにつれて向上する傾向にあるが,電気特性面ではガラス含有率の増大は逆に絶縁破壊の強さが低下する.これは未処理ガラスを用いた場合,ガラス繊維と樹脂との密着性,気泡の介在率の増加により電気絶縁性の低下を招いているものと考えられる[12].

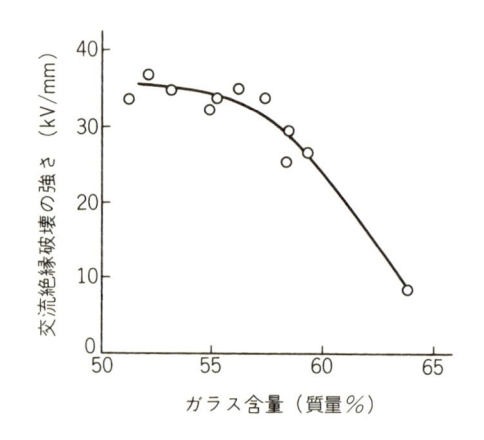

**図3.3.12** 不飽和ポリエステルFRP(未処理ガラスクロス)の絶縁破壊の強さとガラス含量

## 3.4 用途面からの選択のポイント

電気・電子分野で用いられるプラスチックの用途面における機能を表3.4.1に示す.電気的な機能別特性は重電機分野では絶縁性と機械特性がポイントになり,新しい導電・圧電機能材料は電子機器分野に利用されている.電気・電子・家庭電気製品において,使用環境から要求される耐熱面からの用途,成形性と量産性を対象にした機器には各種エンジニアリングプラスチックが多く用いられる.また,電気機器で絶縁と構造要素をもつ製品には複合材料が用いられる.複合材料については1章と2章を参考にされたい.

半導体素子を中心としたマイクロエレクトロニクス分野では,デバイスの高

## 3.4 用途面からの選択のポイント

集積化,高密度実装化に伴う絶縁・保護に関する材料技術及び導電性プラスチックの適用技術がポイントになる.中でも樹脂封止に関して,封止による低応力化,高熱伝導性が要求され,低応力化には弾性率の小さな材料が望まれ,海島構造を持った材料配合,充てん材の粒度分布を考慮した熱膨張係数の低減化が,それぞれの材料技術分野で検討されている.表面実装に用いられる印刷回路基板,実装部品には寸法精度やはんだ耐熱性が要求されるので,耐熱性の高

**表3.4.1 プラスチックの機能,用途,分野**

| 機能 | 用途 | | 分野 | 材料例 |
|---|---|---|---|---|
| 電気的機能 | 電気絶縁性 | 注型・成形材料 | ケーブル,変圧器,遮断器,計器用変成器 | エポキシ樹脂,ポリエステル樹脂 |
| | | ワニス | 電源,ケーブルコーティング,回転器 | ポリアミドイミド,ポリイミド,ポリエステルイミド,トリアジン樹脂 |
| | | フィルム | 電卓,フレキシブル回路板,コンデンサ | ふっ素樹脂,ポリイミド樹脂,ポリエステルイミド,ポリエチレン |
| | 導電性 | 帯電防止材 | IC 帯電防止材,運搬送ケース | 導電性プラスチック(ポリウレタンフォーム,ポリオレフィン,ポリスチレン,ABS樹脂,ポリアセタール)+カーボン,導電性フィルム |
| | | | 包装フィルム | ポリエチレン,その他熱可塑性フィルムなど |
| | | | TVブラウン管 | ポリエステル+導電性薄膜 |
| | | | 電気集じん器カバー | ガラス繊維強化プラスチック+カーボン,カーボン繊維強化プラスチック |
| | | 面発熱体 | フロアヒータ,融雪板,冷蔵庫デフロスタ | ポリエステル+導電薄膜,ポリオレフィン+カーボン,熱可塑性樹脂,合成ゴム+導電性物質,導電性フィルム |
| | | 抵抗体 | 電子・電気部品 | ポリオレフィン+カーボン,合成ゴム |
| | | 遮へい材 コネクタ・スイッチ | 電子機器ケースシールド,電磁遮へい体,電卓,電話機,電子計算機,キーボードスイッチ | (ポリオレフィン,エポキシなど)+導電性物質,非等方性導電ゴム(シリコーンゴム+カーボン銀),導電性ゴム |
| | | センシング | ガス,温度,湿度,光,圧力などのセンサー | 導電性フィルム |
| | | 電極 | 電解コンデンサ | 導電性プラスチック |
| | | 接合 | 回路電極・バンプ電極の接着 | 導電性物質+ポリオレフィン |
| | 圧電性 | 圧電材料 | スピーカ,マイクロフォン | ポリふっ化ビニリデンフィルム,ポリふっ化ビニリデン+圧電セラミック |

**表3.4.1** （続き）

| 機能 | | 用途 | 分野 | 材料例 |
|---|---|---|---|---|
| 熱的機能 | 耐熱性 | 成形材料 | 電子・電気機器，重電・汎電の部品，家庭電気製品 | フェノール樹脂，ポリエステル樹脂，エポキシ樹脂，けい素樹脂，スチレン樹脂，ABS樹脂，アクリル樹脂，塩化ビニル樹脂，ポリエチレン樹脂，ポリプロピレン樹脂，ポリアミド樹脂，ポリアセタール樹脂，ポリフェニレンオキサイド，ポリサルホン，ポリエーテルエーテルケトン，ポリイミド樹脂など，各種エンジニアリングプラスチック |
| | | 積層板 | 銅張積層板，プリント回路など | エポキシ樹脂，フェノール樹脂，ポリイミド樹脂，トリアジン樹脂 |
| 機械的機能 | 強度 | 軽量機械部品 | 電子・電気機器 | 工業用プラスチック，繊維強化プラスチック |

い熱硬化性樹脂が用いられる．

電気機器に用いられるプラスチックの電気的な特性試験はJIS K 6911（熱硬化プラスチック一般試験方法），その他，電気・電子材料（銅張積層板，絶縁被覆ケーブル・電線など）の試験方法，特性については，JIS C 5012（プリント配線板試験方法），C 5101–1（電子機器用固定コンデンサ―第1部），C 3005（ゴム・プラスチック絶縁電線試験方法）及びC 3851（屋内用樹脂製ポストがいし）を参照されたい．

# 4. 建築材料

## 4.1 最近の建築界の動向とプラスチック建材

### 4.1.1 はじめに

　プラスチック建築材料の原料樹脂は，熱可塑性のものから熱硬化性のものまで，極めて多様でかつ個性に富み多彩である．これらの原料を幅広く活用しているプラスチック系建材は，コンクリート，鉄鋼，木材など従来からの建築材料では発揮できない特徴のあるところから，これらの魅力ある特性を，都市と建築の空間の性能や造型の創造に生かそうと多くの建築デザイナーや技術者たちが活躍した．今やプラスチック建材は，多くの建材との厳しい生存競争に打ち勝って，社会と共に歩む建築の発展に大きく貢献してきている．

　これからも，プラスチック建材の持つほかの材料には見られない独自性と，限りない発展性を秘めた合成化学の技術から生み出される性能の可能性とから，建築におけるプラスチック材料のますますの活用は，疑う余地のない将来性を秘めたものとなっている．

　しかし，現在の我々は，今までの拡大を続けてきた社会経済活動によって生じてきた環境への負荷が，このままの状況で推移すれば，我々の生存ばかりでなく，人類の将来にも決定的な種の保存を損なうかもしれない泥沼的な危険性が存在することに目覚めることとなった．

　今までの建築物が人間社会のいろいろな活動の容器として経済の高度成長を支え，より高度の生活水準を提供し続けてきた大きな功績は，今になってみると結果的には，建築が環境への負荷を引き起こし，我々の生存権を大きく損なう結果を惹起したことになってしまった．建築界は，この大きな責任を直視しなければならない．

　そして，今までの社会が容認してきた使い方や廃棄の仕方では，プラスチッ

ク建材は，建築材料の中で行われている厳しい新しい観点での建築材料選択競争に敗退してしまうことを覚悟しなければならないといわざるを得ない．地球環境と資源の問題が建築のライフサイクルを通して大きくのしかかってきている．

多くの建築家は，プラスチック建材が一刻も早く人工材料としての強みを発揮して，サスティナブル建材として変身して，建築生産の場に装いも新たにさっそうと登場してくることを期待している．また，建築材料の中では最も技術的な合理性と，高度な合成化学技術のバックアップが期待できる点から見て，これからの環境建築に役立つ最も実現性の高い立場にある建築材料であることは間違いないのではないかと考えている．

このように大きい影響を与えている地球環境資源に関する問題の経緯をここで簡単に振り返ってみることとしたい．

### 4.1.2　循環社会への建築パラダイムシフト
#### (1)　国連環境開発会議（地球サミット）

1992年6月3日から14日まで，リオデジャネイロで国連環境開発会議（地球サミット）が開かれた．

この会議で，このまま各国が開発を続けていけば地球そのものの破滅になるとし，これからの開発は持続可能な循環社会を基盤とした開発でなくてはならないことを合意した．そして持続的な開発に必要な27項目の原則を定め，この原則を実行するための行動計画（アジェンダ21）が採択された．

この27原則では，人類は自然と調和することで健康的で生産的な生活を送ることができるので，開発行為には必ず環境保護が必要で，地球の浄化能力には限界があること，そして消費は資源の持続可能な範囲内とすることなどが謳われている．

行動計画は4章40項目あるが，その中の社会経済的側面の章で，建設廃材による環境や健康への悪影響を防ぐために，化学物質による健康被害のデータの充実のための各国の協力の重要性をはじめ，各国独自の建材の開発，適切な

土地使用政策の策定などの実施，また開発資源の保護と管理の章では，大気汚染，有害化学物資の健康上と環境上の健全な管理の実施，廃棄物の最小化と管理の行動を定めている．

異常な人口の爆発と，より多くの豊かさを求めてやまない地球資源の乱用と合成化学物質の無計画な廃棄などによって，地球環境をこれ以上悪化させてはならないとする世界の人たちの共通な危機感がこの行動計画に現れている．

**(2) 国連環境計画**

国連環境計画（UNEP）は有害な恐れのある化学物資に関する公式な論文として『化学汚染』を刊行した．この中で，固体廃棄物は再生利用し，処分の国際協力を行うとともに，生物による分解が困難なプラスチックを段階的に使用禁止にすることが提案されている．

廃棄物を不適切に取り扱ったための過ちを償う費用は，適正処分の費用の10倍から100倍に及ぶという．建築の解体材には，いろいろな化学物資が含まれている．これからは，分別方法と焼却方法を検討してダイオキシンをはじめとする有毒化学物資の放散を防ぐ対策の確立が重要であるとしている．

そして，UNEPはエコデザインとして次の8項目を提示している．

① 新しい製品コンセプトの開発
② 環境負荷の少ない材料の選択
③ 材料使用量の制限
④ 最適生産技術の適用
⑤ 流通の効率化
⑥ 使用時の環境影響の低減
⑦ 寿命の延長
⑧ 使用後の最適処理のシステム化

**(3) 国際建築家連合**

地球サミットにおけるリオ宣言を受けて，1993年6月，国際建築家連合（UIA）は，米国建築家連合（AIA）と共同で，建築家は建築の規格，設計，生産，利用，保全，再利用の各ライフサイクルの段階で，持続可能な社会の構

築のために最大限の努力をすることを宣言した.

**(4) 京都議定書**

1997年12月,気候変動枠組条約第3回締結国会議・京都議定書 (COP 3) で,温室効果ガスである炭酸ガス,メタン,亜酸化窒素,代替フロン,六ふっ化硫黄の総排出量を,1990年に比べて,世界全体で5.2%,EUが8%,米国7%,日本6%の削減の考え方が決まり,地球環境保全のための対策の基本方針が定められた.

**(5) 地球環境・建築憲章**

2000年6月,(社)日本建築学会,(社)日本建築士会連合会,(社)日本建築士事務所協会連合会,(社)日本建築家協会,(社)建築業協会の建築関連5団体は,地球環境・建築憲章を制定し,持続可能な循環社会の実現に向かって,連携して取り組むことを宣言した.その後,住宅・建築維持保全協会と空気調和衛生工学会が加わって,建築憲章の運用指針が2000年10月に発表された.その内容は,持続的社会の実現を,建築における諸活動において展開する上での共通の課題として,長寿命,自然共生,省エネルギー,省資源循環,継承の5項目を挙げている.

建築は,世代を越えて使い続けることができる価値ある社会資産となるように,住む人たちの合意と参加協力により建てられて,維持保全がしやすくて,社会の変化に順応できて,更新が容易な柔軟な建築を目指す必要がある.そして自然と共生するために自然生態系を育む建築環境とし,各種の緑化対策を実行することとしている.

地球温暖化の要因の4割は建築のライフサイクルでの炭酸ガスの排出が原因といわれている.化石資源によるエネルギーの利用を効率化するのはもちろん,自然エネルギーや未利用エネルギーの活用を早急に実現するように努める.

省資源・循環に貢献する建築となるため環境負荷の小さい材料をできるだけ利用し,材料の再使用,再生利用により廃棄物の削減を図り,併せて建設副産物の流通促進,利用拡大を目指す.

建築物を先人たちの遺産として後世に伝え,より良い建築文化を継承してい

くため，今後も一層魅力ある街づくりと子供たちの良好な成育のための環境整備を行って，建築物を通して持続的社会のすばらしさを実感してもらうことが必要であるとしている．

**(6) わが国の行政の対応**

2001年1月，環境省が発足し，循環社会を目指すリサイクル行政が一元化の方向となり，そのための法整備も一段と加速した．

『循環型社会形成推進基本法』は2000年6月の公布で，廃棄物の発生の抑制，資源の循環的な利用と適正な処分が確保されることによって，天然資源の消費を抑制して，環境への負荷をできる限り低減する社会を循環型社会と定めた．そして，有価，無価を問わず，有用な廃棄物を循環資源と位置づけて，その循環的な利用を促進するとしている．

処理の優先順位は，①発生抑制，②再使用，③再生利用，④熱回収，⑤適正処分と定めた．また，生産者が自ら生産する製品に対して，それが使用されて廃棄物となった後まで一定の責任を負ういわゆる"拡大生産者責任"の一般原則を定めて，汚染者負担原則が環境利用の場合にも適用されることとなった．

基本法と一体的に整備された法律は関連6法と呼ばれ，建設リサイクル法，廃棄物処理法，資源有効利用促進法，容器包装リサイクル法，家電リサイクル法，食品リサイクル法で，この他にグリーン購入法があって国などが率先して再生品などの調達を推進するものである．

『建設工事に係わる資材の再資源化等に関する法律』(建設リサイクル法)は，2000年5月に公布された．これは，コンクリート，アスファルトコンクリート及び木材の分別解体と再資源化を促進するため，建物の規模が一定以上のものの受注者又は自主施工者には，分別解体の実施義務が生じることとした．また解体工事業者の登録制度が開始された．

### 4.1.3 一方通行の開発だったプラスチック建材

我々は，身近にあるもので建築空間を構成できる材料であれば，すべて有用な材料として活用してきた．鉄鋼材料の精錬技術，セメント・コンクリートの

焼成・調合技術，木材の製材加工技術などいずれもすばらしい研究の成果とその応用技術の開発があったからこそ今日の建築の基幹材料としての存在がある．しかしこれらの建築材料は，基本的には地球が長年貯蔵したり，育ててきたりした地球の財産を原料として，これらを建築で利用するのに都合の良いように精製したり，混合したり，加工したりしてできたものである．

20世紀の最大の発明は，原子力とプラスチックといわれているが，プラスチックが石油や天然ガスを原料とし，有機合成化学という人類が発見した素晴らしい基礎理論とその応用技術によって，地球には存在していなかった新素材を人類の力で次々と生み出して，建築に新しい建築空間構成材料を提供し，建築の生産に新しい夢と希望を与えてくれ，我々の生活の向上に大きな役割を果たしてくれたからであろう．

プラスチック建材が建築生産の向上と発展に重要な役割を演じてきたことは，疑いのない事実であるが，一方で潜在的に環境や健康へのリスクも併せて作り出したことも事実である．優れた有機合成化学の研究者ばかりでなく関連した多くの技術者は新素材の開発とその実用化の厳しい競争に専念していたあまり，後始末の技術開発まで手が回らなかったし，多くの建築材料がそうであるように，プラスチック材料もいずれ地球が処理してくれるものと地球の浄化力を過信していたのかもしれない．地球が生産した材料は，地球が処理してくれるが，人間が創造したプラスチックは，人間が処理をしなければならないのに，当然のことをしなかった天罰が，ダイオキシンをはじめ有毒な化学物質による健康被害をもたらしたとも考えられる．

### 4.1.4　生分解性系とバイオ系プラスチック

ポリオレフィン系プラスチックは，重合体分子鎖の中にバクテリアのような微生物が分解することができる弱い結合体を作って，生物により分解できるプラスチックとすることができる．また，セルロースやバクテリアから合成できるバイオ系プラスチックが，ICI社，カーギル社，モンサント社などで製造されている．これの一部は包装材として医療用に使われている．まだ価格の点，

## 4.1 最近の建築界の動向とプラスチック建材

耐久性が短いことなどのため限定使用の状態である．既に循環社会システムに焦点を絞った新しいプラスチックの開発が急ピッチで進められている．やがて効果的な循環プラスチック材料が開発され，それが建築の有用な材料として活用されて，持続的開発を目指している建築生産に役立つ材料となるものと期待されている．

### 4.1.5 新しい循環人工材料として

地球は，原材料の供給源としても，浄化回復源としても，有限なものであることが分かった．地域的な環境負荷の偏在が環境破壊を引き起こすばかりでなく，地球全体が限界を超えてしまって，社会も経済も持続が不可能になってしまうことが懸念されている．この環境負荷の大きな原因に，建築に使われた膨大な量の建築材料がある．

現在約50億の人口は50年後には推定で90億人になると予想されている．今でも限界を超えている建材の供給は，一体どうなるのだろう．世界自然保護基金（WWF）の試算によれば，地球が更に2個必要になるとのことである．

有機合成化学者たちは，この50年の間に，我々を生み育ててくれた地球の能力をもってしても作れなかった20世紀で最もすばらしいプラスチック材料を開発してくれた．

しかし残念なことに先を急ぐあまり後始末の方法の検討を忘れてしまった．早くに気がついた化学者達は現在既にその対策に着手して着々と成果を挙げている．やがて，人間が，人間による，人間のための新しい循環人工材料を次々に開発して，第2のプラスチック黄金時代がやってくるであろう．そして，設計要件に適合したプラスチック建材によって，爆発的に増加する建築需要にも十分応えることのできる数量が供給可能になるものと期待されている．

プラスチック材料は，建築材料の中で唯一の人工材料である．地球から頂いた原油や天然ガスを原料とした人間の英知を結集した人造化学材料である．人造であるだけに，その無害化も再生利用も我々が責任を持ってやり遂げて，安心できる循環人工材料とすることが次の世代への責任である．またそれが，

『母なる地球』へのせめてもの恩返しになるだろう.


## 4.2 建築材料・部品・部材選択のポイント

### 4.2.1 建築の性能指向に対応した選択のポイント

　建築の諸活動を，建築に「性能」という概念を導入し，要求される性能を基盤として組み立てていく，という考え方は1970年代の中頃から開始されている.「建築物に要求される性能」は，基本的にその建築物を使用する「使用者の要求」に基づいた，定性的な「要求機能」が，変換されて定量的に表示した性能である（「要求性能」）.

　建築での性能に関連する(社)日本建築学会での定義[1]は，以下のようである.

　　「性能」：目的又は要求に応じてものが発揮する能力
　　「機能」：目的又は要求に応じてものが果たす役割
　　「使用者の要求」：（建築物が）満たすべき必要事項の記述
　　「要求機能」：要求される機能の定性的表現
　　「要求性能」：要求機能の定量的表現

　建築への性能概念の導入はいまや世界的な傾向で，建築関連法規の中にも採用されてきている. わが国の建築基準法[2]及びこれに関する諸規定も近年の改正時に性能指向型に移行され，その後に制定された住宅を対象にした「住宅の品質確保の促進等に関する法律」[3]（通称，品確法）は，この性能規定型の法令の一つである.

　建築関連法規を世界に先駆けて性能指向型に移行したのは英国で,そこでは,従前のように細部にわたる規制的記述を避け，基本的に目標とする性能項目を示し，その実現の方法・手段は設計者などの裁量と責任に任せる方向に転換し

---

1) 建築物・部材・材料の耐久設計手法・同解説, 2003, (社)日本建築学会
2) 建設省住宅局建築指導課監修(1999)：改正建築基準法, 新日本法規出版
3) 住宅の品質確保等の促進に関する法律, (財)ベターリビング, 1999

ている．この方式の基本はその後オーストラリア，ニュージーランド，わが国などで採用されてきており，一般には，設計者などの責任は増大するが，設計の自由度の拡大と新しい技術の発展に多大な貢献が期待できる，とされている．

使用者が建築に何を要求するかは，使用者の個性と使用者がその建築物で行う活動の種類，その活動を行うに必要な環境条件が基本であるが，国際的な建築研究開発機関が加盟しているCIB（建築研究国際協議会）の「人間の要求と建築設計」委員会[4]では表4.2.1に示す分類を行っている．

**表4.2.1　CIB W45による人間の要求の分類項目**

- 音に関する要求
- におい及び呼吸に関する要求
- 触感に関する要求
- 視覚に関する要求
- 温湿度に関する要求
- 建物の振動・変形に関する要求
- 磁気，電気，イオン，日照，放射線に関する要求
- 安全性に関する要求
- 衛生に関する要求
- プライバシーに関する要求
- 生活に関する要求
- 思いがけない事故や災害に関する要求
- 経済性に関する要求

また，EU（ヨーロッパ共同体）では，建設工事で使用される製品に対して，「建設製品指令」が設定されており，その中では基本的要求条件として以下の6項目があげられている．

① 物理的耐力及び安全　　④ 使用上の安全
② 火災時の安全　　　　　⑤ 騒音の防御
③ 衛生．健康及び環境　　⑥ エネルギーの経済性及び断熱

さらに，ISO規格ではこれらの要求に基づく「建築に要求される性能」を設

---

[4] CIB W 45委員会

**表4.2.2** ISO 6241「建築の性能基準―その作成の原則と考慮すべき要因」[5]に示された使用者の要求（user requirement）

| カテゴリー | 例 |
|---|---|
| 安全性に関する要求 | 個々の，及び複合した静的，動的な作用に対する力学的強度衝撃，意図及び意図しない誤用，事故に対する強さ，繰返し（疲労）の影響 |
| 火災安全性に関する要求 | 火災の発生，延焼の危険性／煙及び熱に対する生理的影響警報時間（検知及び警報システム）／避難時間（避難通路） |
| 使用安全性に関する要求 | 危険因子に関する安全性（爆発，燃焼，尖った先端や端部，運動機構，感電，放射線源，有害物資の吸入・接触，病気の感染） |
| 水密性，気密性に関する要求 | 水密性（雨，地下水，飲用水，廃水など）／空気，ガスの気密性／雪，ほこりに対する水密性，気密性 |
| 温度，湿度に関する要求 | 空気温度，熱輻射，空気の流速及び関係湿度の制御（時間的，空間的変動の限度，制御の応答性） |
| 空気の清浄性に関する要求 | 換気<br>臭気の制御 |
| 音響に関する要求 | 外部，内部騒音（連続的及び断続的）の制御／音響の明瞭度／残響時間 |
| 視覚に関する要求 | 自然及び人工照明（要求照度，グレアの防止，照度のコントラスト，安定性）<br>日照（遮断）<br>暗くできること<br>空間及び表面の外観（色，テクスチャー，規則性，平面度，垂直・水平性など）<br>内部及び外部に対する視線（連続性・プライバシーの確保，視線のひずみ防止） |
| 触感に関する要求 | 表面の特性，粗さ，乾燥性，暖かさ，しなやかさ／静電防止性 |
| 動作に関する要求 | 前進の加速及び振動の限度（瞬間的及び連続的）<br>風の強い地域での歩行者の快適性／移動の容易さ（斜路のこう配，階段のこう配）<br>操作性（ドア・窓の操作，設備の制御など） |

---

5) ISO 6241 Performance standard in building — Principle for their preparation and factors to be considered

## 4.2 建築材料・部品・部材選択のポイント

定するに際して考慮されるべきものとして，表4.2.2に示すものが具体例とともに示されている．

性能指向による建築設計・施工の体系が的確に機能するためには，人間の要求に基づく条件が要求機能・要求性能として明確になっている必要がある．

参考として，JISで定めている建築の壁・床・天井・屋根の性能を表示するための性能項目，測定及びその単位並びにそれに基づく級別を表4.2.3～表4.2.5に示す．

**表4.2.3　JIS A 0030　参考表1による性能項目（抜粋）[6]**

| 性能の種別 | 作用因子 | 性能項目 | 測定項目 | 性能項目の意味 |
|---|---|---|---|---|
| 建物の存続と安全に関する性能 | 力 | 配分布圧性 | 単位荷重 | 各部位にかかる分布荷重による曲げ力に耐える程度 |
| | | 変形能 | 許容変形能 | 性能を劣化させずに変形に追従する能力 |
| | | 耐せん断力性 | 面外せん断耐力 | 面外せん断に耐える程度 |
| | | | 面内せん断耐力 | 面内せん断に耐える程度 |
| | | 耐局圧性 | 局圧荷重 | 局圧に耐える程度 |
| | | 耐ひっかき性 | | ひっかきに耐える程度 |
| | | 耐衝撃性 | 安全衝撃エネルギー | 衝突物などによって起こる衝撃力に耐える程度 |
| | | 耐摩耗量 | 摩耗量 | 摩耗に耐える程度 |
| | | 耐振動性 | | 振動に耐える程度 |
| | 熱 | 耐熱性 | | 熱によって起こる変質，変形，破壊などに耐える程度 |
| | | 耐寒性 | | 寒さによって起こる変質，変形，破壊などに耐える程度 |
| | 水 | 耐水性 | | 水によって起こる変質，変形，破壊などに耐える程度 |

---

6) JIS A 0030（建築の部位別性能分類）

**表 4.2.4　JIS A 0030 による性能項目及び測定単位**[6]

| 性能項目 | 測定項目 | 測定単位 | 備　考 |
|---|---|---|---|
| 反射性 | 光反射率 | (%) | 45°C の可視光線に対する拡散反射率（部位平均） |
| 断熱性 | 熱貫流抵抗 | $W/m^2K$ $\{m^2 \cdot h \cdot °C/kcal\}$ | 常温における熱貫流抵抗（部位平均） |
| 遮音性 | 透過損失 | dB | 指定周波数における透過損失（部位平均） |
| 衝撃音遮断性 | 標準曲線上の音圧レベル差 | dB | 床衝撃音レベルの標準曲線 |
| 吸音性 | 吸音率 | (%) | 指定周波数における吸音率（部位平均） |
| 防水性（水密性） | 水密圧力 | $Pa\{kgf/m^2\}$ | 雨量 4 $l/m^2 \cdot min$ をかけながら，表 4.2.5 に示す平均圧力を中心とした振動圧を順次加えたときの漏水しない限界の平均圧力 |
| 防湿性 | 透湿抵抗 | $m^2 \cdot day \cdot mmAq/g$ | 部位平均の透湿量の逆数（部位平均） |
| 気密性 | 気密抵抗 | $m^2 h/m^3$ | 圧力差 98 Pa $\{10\ kgf/m^2\}$ のときの単位面積当たりの通気抵抗 |
| 耐分布圧性 | 単位荷重 | $N/m^2\{kgf/m^2\}$ | 最大たわみ $l/100$ の荷重，残留変形が最大変形量の 2.5% の荷重，破壊荷重の 2/3 の荷重，有害な損傷を受けない範囲の荷重の 4 種のうち最小のものをとる． |
| 耐衝撃性 | 安全衝撃エネルギー | $N \cdot cm\{kgf \cdot cm\}$ | 重すいを落下したときの損傷を受けない限界エネルギー |
| 耐局圧性 | 局圧荷重 | $N/cm^2\{kgf/cm^2\}$ | 径 25 mm の半球による荷重を受けたとき損傷を受けない範囲の荷重 |
| 耐摩耗性 | 摩耗量 | mm | 人が通常のはきもの（履物）で 12 万回歩行接触したときの摩耗量 |
| 耐火性 | 加熱時間 | 分 | JIS A 1304 に規定する加熱時間に耐える範囲の時間 |
| 難燃性 | 防火材料の種別 | — | 建築基準法に定める防火材料の種別で発熱係数，発煙係数などで判定する． |
| 耐久性 | 耐久年数 | 年 | 普通の状態において予想される耐久年数 |

## 4.2 建築材料・部品・部材選択のポイント

**表4.2.5 JIS A 0030 表3による性能の級別（抜粋）[6]**

| 性能項目＼級別号数 | (0) | 1 | 2 | 3 | 4 | 5 | 6 | (7) | 備考 測定項目 | 測定単位 |
|---|---|---|---|---|---|---|---|---|---|---|
| 防水性 | 98.0 {10} | 156.8 {16} | 245.0 {25} | 392.0 {40} | 617.4 {63} | 980.0 {100} | 1568.0 {160} | | 水密圧力 | Pa{kgf/m$^2$} |
| 防湿性 | 0.1 | 1 | 10 | 100 | 250 | 630 | 1000 | | 透湿抵抗 | m$^2$·day·mmAq/g |
| 気密性 | 0.015 | 0.06 | 0.25 | 1.0 | 4.0 | 15 | 60 | | 気密抵抗 | m$^2$h/m$^3$ |
| 耐分布圧性 | 392.0 {40} | 695.8 {71} | 1225.0 {125} | 2254.0 {230} | 3920.0 {400} | 6958.0 {710} | 12250.0 {1 250} | | 単位荷重 | N/m$^2${kgf/m$^2$} |
| 耐衝撃性 | 441.0 {45} | 617.4 {63} | 1568.0 {160} | 3920.0 {400} | 9996.0 {1 020} | 24500.0 {2 500} | 61740.0 {6 300} | | 安全衝撃エネルギー | N·cm{kgf/m$^2$} |
| 耐局圧性 | 127.4 {13} | 294.0 {30} | 784.0 {80} | 1960.0 {200} | 4900.0 {500} | 12250.0 {1 250} | 29400.0 {3 000} | | 局圧荷重 | N/cm$^2${kgf/cm$^2$} |
| 耐摩耗性 | 3.2 | 1.8 | 1.0 | 0.56 | 0.32 | 0.18 | 0.1 | | 摩耗量 | mm |
| 耐火性 | 5 | 10 | 15 | 30 | 60 | 120 | 180 | | 耐熱時間 | 分 |
| 難燃性 | — | — | — | — | — | — | — | | 防火材料の種別 | — |
| 耐久性 | 5 | 8 | 12 | 20 | 32 | 50 | 80 | | 耐久年数 | 年 |

### 4.2.2 建築関連法令及び最近のニーズに対応した選択のポイント

**(1) 建築関連法令に対応した選択**

プラスチック系材料に限らず，建築関連法規で規定している性能を下回る品質の材料は建築物に使用できない．建築基準法及び関連する法令が改正・新設されたことに伴い，建築材料・部材の指定・選択にも変化がみられる．

従前の規定では，材料・部材が直接指定され，指定されたものを使用する限り少なくとも法令上は支障がないケースが多かった．しかし，性能規定化以降は，実務上は従前と類似していても図4.2.1に示す基本ルールが主流である．この図はオーストラリアの建築基準で明文化されているものであるが，わが国においても共通するルールである．すなわち，初めにすべての「対象」に対して「要求条件と要求性能」が示され，これを充足するための「手段」と，その手段を「認定する方法」が示されている．手段には二通りがあり，その一つは同等とみなせる規定による［当局よりあらかじめこれなら充足する，として提示されている手段（材料や工法）］場合と，他方は設計者等が独自に考案・開

## 4. 建築材料

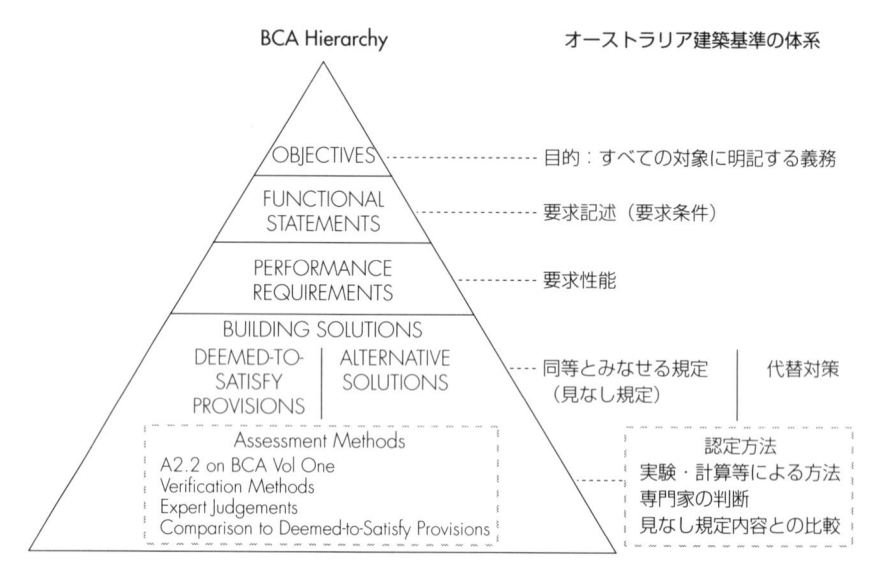

```
           BCA Hierarchy                         オーストラリア建築基準の体系

            OBJECTIVES ················· 目的：すべての対象に明記する義務

           FUNCTIONAL
           STATEMENTS  ················· 要求記述（要求条件）

          PERFORMANCE
          REQUIREMENTS ················· 要求性能

         BUILDING SOLUTIONS
    DEEMED-TO-  │ ALTERNATIVE    ········ 同等とみなせる規定 │ 代替対策
     SATISFY    │  SOLUTIONS              （見なし規定）
   PROVISIONS   │

       Assessment Methods                       認定方法
       A2.2 on BCA Vol One              ········ 実験・計算等による方法
       Verification Methods                    専門家の判断
       Expert Judgements                       見なし規定内容との比較
       Comparison to Deemed-to-Satisfy Provisions
```

**図4.2.1** オーストラリア建築基準[7]における性能に基づく体系

発した手段である．一般にみなし規定に合致するものはそのままで適法となるが，独自に考案・開発されたものは当局又は第三者機関による認定・評価が必要になる．

1999年に施行された「住宅の品質確保の促進等に関する法律」（通称「品確法」）では，新築住宅の取得契約（請負・売買）において，基本構造部分（柱，梁など住宅の構造耐力上主要な部分等）に対して10年間の瑕疵担保責任が義務付けられているほか，住宅性能表示制度の創設が定められている．表示制度そのものは義務ではないが，住宅の諸性能について客観的な指標を用いた表示のための共通ルールとして「日本住宅性能表示基準」と「評価方法基準」が定められている．これらは住宅の設計・生産の性能目標としてもとらえることができるもので，当然ながら具体的なプラスチック系材料・部材の性能設計目標や性能評価，具体的な選定との関連が深い．表4.2.6に日本住宅性能表示基準

---

7) Building Code of Australia, Vol.1, Australian Building Code Board, 1996

4.2 建築材料・部品・部材選択のポイント

で示されている性能項目と表示事項の概要を示す．

建築基準法の改正に伴い，プラスチック系建築材料の選択において従前と異なる点は，防耐火性能と室内空気環境性能があげられる．防耐火性能に関しては性能評価のための試験方法が改正されたことも含めて，性能基準を満たしていればプラスチック材料の選択の幅が拡大されたという見方もできる．この詳細は 4.3.11 項 (2) を参照されたい．また，住宅の室内空気環境については次項を参照されたい．

**(2) 環境・資源問題に対応した選択**

従来，資源問題は，限りある天然資源をできるだけ有効に利用しようという程度に考えられていた．しかし，いまやすべての原材料を対象に，製品化されるまでに必要とされるエネルギー量も含めて考慮に入れ，地球温暖化防止や，リサイクルによる循環型社会への移行が強調されている．

環境問題に関しては，地球環境の保全を大目標に，人間の居住・室内環境向上にいたる広範な要求に対応することが求められている．

建築物において，プラスチック系建築材料は極めて広範に活用されてきており，建築界が当面する環境・資源問題の解決の成否を握っているといっても過言ではない．

例えば，住宅の室内空気質に関する大きな問題とされてきた，建築材料等から放散される揮発性有機化学物質（VOC: Volatile Organic Components）に起因するシックハウス――この問題は新規に制定された品確法では，表 4.2.6 に示すように，住宅の内装に対するホルムアルデヒド対策として性能表示がなされるようになった．また，建築基準法では 2002 年 7 月の改正で，「居室内における化学物質の発散に対する衛生上の措置」（第 28 条 2 項）が追加され，2003 年 7 月に施行された．これにより化学物質（ホルムアルデヒド）を発散する内装用建築材料の使用が制限されることになった．使用制限の対象は，合板・フローリング，壁紙，接着剤，保温材，塗料，仕上塗材などがあり，これに対応するため JIS・JAS（日本農林規格）をはじめとするこれらの材料の品質・性能規格が改正されている．

**表 4.2.6** 日本住宅性能表示基準による表示事項と表示の方法[8]

| | 表 示 事 項 | 表 示 の 方 法 |
|---|---|---|
| 構造の安定に関すること | 耐震等級（構造躯体の倒壊等防止） | 等級（3～1）で表示 |
| | 耐震等級（構造躯体の損傷防止） | |
| | 耐風等級（構造躯体の倒壊等防止及び損傷防止） | 等級（2～1）で表示 |
| | 耐積雪等級（構造躯体の倒壊等防止及び損傷防止） | |
| | 地盤又は杭の許容支持力等及びその設定方法 | 許容支持力等（数値）と，地盤の調査方法等を表示 |
| | 基礎の構造方法及び形式等 | 直接基礎の場合は構造方法と形式を，杭基礎の場合は杭種と杭径・杭長（数値）を表示 |
| 火災時の安全に関すること | 感知警報装置設置等級（自住戸火災時） | 等級（4～1）で表示 |
| | 感知警報装置設置等級（他住戸等火災時）※ | |
| | 避難安全対策（他住戸等火災時・共用廊下）※ | 排煙形式，平面形状の区分を表示 ［一定の場合は，あわせて避難経路の隔壁の開口部の耐火等級（3～1）を表示］ |
| | 脱出対策（火災時） | 脱出対策の区分を表示 |
| | 耐火等級（延焼のおそれのある部分（開口部）） | 等級（3～1）で表示 |
| | 耐火等級（延焼のおそれのある部分（開口部以外）） | 等級（4～1）で表示 |
| | 耐火等級（界壁及び界床）※ | |
| 劣化の軽減に関すること | 劣化対策等級（構造躯体等） | 等級（3～1）で表示 |
| 維持管理への配慮に関すること | 維持管理対策等級（専用配管） | 等級（3～1）で表示 |
| | 維持管理対策等級（共用配管）※ | |
| 温熱環境に関すること | 省エネルギー対策等級 | 等級（4～1）で表示［あわせて地域区分（6区分）を表示］ |
| 空気環境に関すること | ホルムアルデヒド対策（内装） | 居室の内装材の区分を表示 ［パーティクルボード，MDF，合板，構造用パネル，複合フローリング，集成材又は単板積層材を使用する場合，あわせてホルムアルデヒド放散等級（4～1）を表示］ |
| | 全般換気対策 | 全般換気対策の区分を表示 |
| | 局所換気設備 | 便所，浴室及び台所の換気設備の区分を表示 |

4.2 建築材料・部品・部材選択のポイント　　305

表 4.2.6　（続き）

| | 表 示 事 項 | 表 示 の 方 法 |
|---|---|---|
| 空気環境に関すること | 室内空気中の化学物質の濃度等 | 測定した化学物質の名称，濃度，測定器具，採取年月日，採取時刻，採取条件（室内の温度，湿度等）等を表示 |
| 光・視環境に関すること | 単純開口率 | 数値を表示 |
| | 方位別開口比 | 東西南北及び真上についてそれぞれ数値を表示 |
| 音環境に関すること | 重量床衝撃音対策　※ | 上階・下階住戸間の居室の界床について，次のどちらかを選択し，最高・最低の性能を表示<br>・重量床衝撃音対策等級（5〜1）<br>・相当スラブ厚（重量床衝撃音）（数値） |
| | 軽量床衝撃音対策　※ | 上階・下階住戸間の居室の界床について，次のどちらかを選択し，最高・最低の性能を表示<br>・軽量床衝撃音対策等級（5〜1）<br>・軽量床衝撃音レベル減量（床仕上げ構造）（数値） |
| | 透過損失等級（界壁）　※ | 等級（4〜1）で表示 |
| | 透過損失等級（外壁開口部） | 東西南北についてそれぞれ等級（3〜1）で表示 |
| 高齢者等への配慮に関すること | 高齢者等配慮対策等級（専用部分） | 等級（5〜1）で表示 |
| | 高齢者等配慮対策等級（共用部分）　※ | |

注 1：※印の事項は，一戸建ての住宅には適用されない．
　2：下線を付した事項は選択制．

　厚生労働省が定めている人体に影響を及ぼすとされる化学物質の種類は，ホルムアルデヒド，アセトアルデヒド，トルエン，キシレン，エチルベンゼン，クロルピリホス，スチレンなどがあり，それぞれに室内濃度の指針値が示されている．

　これらのうち，今回の建築基準法のシックハウス対策で対象になっている化学物質は，防虫・防蟻薬剤に含まれているクロルピリホスと合板・繊維板・接着剤・塗料などに含まれているホルムアルデヒド（HCOH）の 2 種類で，クロルピリホスを含むものの使用は禁止となった．

　ホルムアルデヒドに関する主な規定の概要は以下のようである．
　① 内装仕上げの制限：居室の種類とその居室の換気量によって，内装仕

---

8) 国土交通省住宅局住宅生産課監修：住宅性能表示制度パンフレット

上げに使用できるホルムアルデヒドを発散する内装材の使用面積が制限される．

② 換気設備の設置：原則としてすべての建築物に換気設備を設置する．

③ 天井裏などの制限：天井下地材にはホルムアルデヒドの発散が少ない材料を使用するか，天井裏を換気できる機械換気設備を設定する．

まず，①に関連して，建築材料はホルムアルデヒドの放散速度に応じて表4.2.7に示すように第1種・第2種・第3種ホルムアルデヒド発散材料に区分された．このうち，第1種ホルムアルデヒド発散建築材料は内装材料として使用が禁止になり，2種・3種の材料では居室の種類や換気回数により使用できる面積に制限が設けられた．また，ホルムアルデヒドの放散速度が 0.005 mg/m$^2$h 以下の建築材料，すなわち，新 JIS・JAS 規格表示で F☆☆☆☆に合致している建築材料に対しては上記の面積制限はない．

**表4.2.7** ホルムアルデヒド発散材料区分と JIS・JAS 表示

| 放散速度 [mg/(m$^2$·h)] | 名　　称 | JIS・JAS | 内装仕上げの制限 |
|---|---|---|---|
| 0.005 以下 | | F☆☆☆☆ | 制限なし |
| 0.005 超 0.02 以下 | 第3種ホルムアルデヒド発散建築材料 | F☆☆☆ | 使用面積を制限 |
| 0.02 超 0.12 以下 | 第2種ホルムアルデヒド発散建築材料 | F☆☆ | |
| 0.12 超 | 第1種ホルムアルデヒド発散建築材料 | | 使用禁止 |

ホルムアルデヒドを発散するおそれのある材料と指定された（国土交通省告示1113号，2002年12月）建築材料は，日本農林規格（JAS）による普通合板・構造用合板・集成材などの木質系材料のほか，塗料・接着剤・繊維板・壁紙など40品目以上にわたっている．そこでこれらの材料では，改正建築基準法への整合を図るため，個々の材料の JAS・JIS 規格内容が変更され，それぞれのホルムアルデヒド発散量・放散速度による区分とこれに基づく新しい表示方法（F☆☆，F☆☆☆及びF☆☆☆☆）が設定された．

## 4.2 建築材料・部品・部材選択のポイント

例えば，内装用木質材料の表面仕上げに使用される合成樹脂調合ペイントでは，品質基準として表4.2.8に示すホルムアルデヒド放散等級が設定されている．

**表4.2.8** JIS K 5516（合成樹脂調合ペイント）によるホルムアルデヒド放散等級

| ホルムアルデヒド放散等級分類記号 | F☆☆☆☆ | F☆☆☆ | F☆☆ | —* |
|---|---|---|---|---|
| 放散量 | 0.12 mg/L以下 | 0.35 mg/L以下 | 1.8 mg/L以下 | 1.8 mg/Lを超え |

注* ハイフン（—）は，ホルムアルデヒド放散等級を規定しないことを示す．

また，JIS A 6909（建築用仕上塗材）の例では，内装用の製品すべてについて製造時に，ユリア・メラミン・レゾルシノール樹脂及びホルムアルデヒド系防腐剤のいずれをも使用しないことを品質規定に盛り込み，結果としてF☆☆☆☆の表示がなされている．

内装材料としての使用が制限されるのは，表4.2.7での第2種及び第3種ホルムアルデヒド発散材料で，使用面積は次式と下表により算定される．

$$A \geq N_2 \cdot S_2 \times N_3 \cdot S_3$$

ここに，$A$：居室の床面積

　　　　$S_2$：第2種ホルムアルデヒド発散建築材料の使用面積

　　　　$S_3$：第3種ホルムアルデヒド発散建築材料の使用面積

| 居室の種類 | 換気回数（回/時） | $N_2$ | $N_3$ |
|---|---|---|---|
| 住宅等の居室 | 0.7以上 | 1.20 | 0.20 |
| | 0.5以上0.7未満 | 2.80 | 0.50 |
| 住宅等以外の居室 | 0.7以上 | 0.88 | 0.15 |
| | 0.5以上0.7未満 | 1.40 | 0.25 |
| | 0.3以上0.5未満 | 3.00 | 0.50 |

ここでの居室には，常時開放された開口部を通じて居室と相互に通気が確保される廊下なども含まれている．また，換気については，中央管理方式の空気

調和設備が設けられている場合には使用面積に制限はない.

　建築材料のホルムアルデヒド発散の有無・放散量は，JIS・JAS規格に合致しているものは，それぞれの規格で定めている試験に基づくF☆☆，F☆☆☆，F☆☆☆☆表示で確認できる．一方，ホルムアルデヒド規制対象材料で，かつ，JIS・JAS製品でないものは，国土交通大臣により指定された指定性能評価機関［2003年3月現在で，例えば（財）ベターリビングを含めて12機関が指定されている．］でのホルムアルデヒド放散量試験に基づく大臣認定で確認できる．

　この場合のホルムアルデヒドの発散・放散に対する評価は，JIS A 1901［建築材料の揮発性有機化合物（VOC），ホルムアルデヒド及び他のカルボニル化合物放散測定方法—小形チャンバー法］か，JIS A 1460（建築用ボード類のホルムアルデヒド放散量の試験方法—デシケーター法）の試験によって行われる．

### (3) 耐久・保全問題に対応した選択

　歴史的な記念物や遺構を除いて，一般の建築物ではその耐用年数が長ければ長いほどよい，という評価は一概にできない．どのくらいの耐用年数が妥当かは，建築物の用途・規模・構造はもちろん，経済的側面からの評価も重要になる．また，建築物の耐久・耐用性はその建築物が完成後，継続的に実施される保全を抜きにして考えられない．

　耐久・保全は，建築物を新設する場合にも，既存建築物に対しても重要な役割をもっている．

　耐久性を考慮した建築の設計（耐久設計）では，「まず建築物全体・部位・部材などの耐用年数を設定する（例えば，全体として100年間）．次いでこの目標（100年）をクリヤーできるような設計（材料の選定を含む.），施工条件，維持保全条件を設定し，これらに基づいて建築物を建設する．竣工後は，あらかじめ設定された維持保全条件に基づいて保全（100年間）がなされる．」という方法があるので参考にされたい[1]．なお，この方法の基本的な概念は，ISO規格の中にも既に採り入れられている[8]．

## 4.2 建築材料・部品・部材選択のポイント

住宅の耐久年数に関する具体例としては，住宅を対象にした品確法の性能表示制度［本項 (1) 参照］で定められている劣化対策等級（表 4.2.6 参照）がある．

ここでの耐用年数は，戸建て及び集合住宅の構造躯体（柱・梁・土台など）に使用される材料などが交換等の大規模な改修工事が必要になるまでの期間として設定され，以下の三つの等級で表示されている．

［等級 3］ 通常想定される自然条件及び維持管理の条件のもとで 3 世代（おおむね 75～90 年）まで，大規模な改修工事を必要とするまでの期間を延長するために必要な対策が講じられている．

［等級 2］ 通常想定される自然条件及び維持管理の条件のもとで 2 世代（おおむね 50～60 年）まで，大規模な改修工事を必要とするまでの期間を延長するために必要な対策が講じられている．

［等級 1］ 建築基準法に定める対策が講じられている．

上記の年数は，住宅を設計する際の目標耐用年数となり，また，必然的に使用される材料・工法に要求される耐久性能のレベルが示されていることにもなる．

この場合，どのような材料・工法が上記の等級を満たすかが提示されており[9]，鉄骨系住宅を例にとれば，耐用年数に関する技術資料・ISO 規格[1],[10]を基本にした耐用年数推定方式が示されているので参考になる．

現在わが国では建築ストックが膨大な量に達し，このストックをいかに維持保全を継続しながら有効に活用していくかが，資源エネルギー・環境保全・循環型社会形成という大目標を達成するために重要な問題である．

既存建築物の有効利用・延命化に対する手段として，修繕・改修・改装があげられるが，前述の大目標は別にして近年の社会・経済状況からわが国では補修改修工事額が新設投資額を上回るようになり，補修改修工事に関心が高まっ

---

9) 日本住宅性能表示基準・評価方法基準技術解説 2001，工学図書
10) ISO 15686–1 Buildings and constructed assets – Service life planning – Part 1: General principles

てきた．

 既存建築物の補修・改修が的確に実施されるためには，図4.2.2に示すような幾つかの一連の段階的な要素技術が確立されていなければならない．具体的には，建築物又は部位・部材などにどのように点検・診断するか（「点検」・「診断方法」と「手段」），また，点検結果の劣化や不具合が発生したら修繕・改修をすべきか（「劣化の点検，劣化の診断・判定」），劣化した建築物にどのような材料や部品がどのような工法で適用できるか（「改修設計」，「工事仕様」，「工事監理」），更に改修工事完了後はどのような維持管理がなされるべきか，などである．

 このうち，点検・診断方法については，建築学会「調査・診断」[11]や多くの劣化診断法の基本として活用されている建設省（現国土交通省）官庁営繕部「優先度判定」[12]が，また，改修設計・工事仕様・工事監理については，建築学会「改修の考え方」[13]や官庁営繕部で設定している「改修設計基準」[14]，「仕

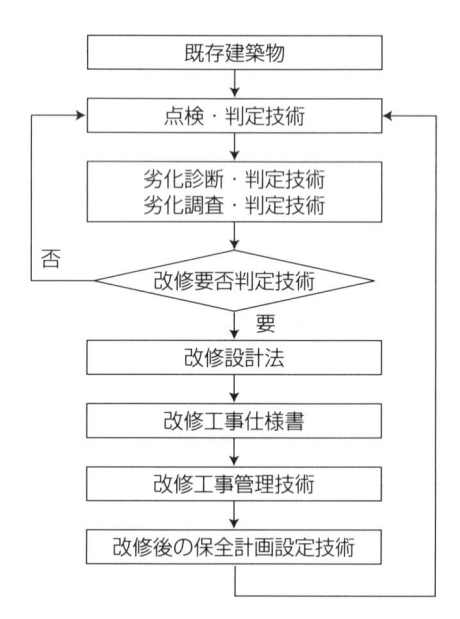

```
          ┌─────────────┐
          │  既存建築物  │
          └──────┬──────┘
                 ↓
    ┌──→┌─────────────┐←──┐
    │    │ 点検・判定技術│    │
    │    └──────┬──────┘    │
    │           ↓            │
    │    ┌─────────────┐    │
    │    │劣化診断・判定技術│ │
    │    │劣化調査・判定技術│ │
    │    └──────┬──────┘    │
   否          ↓            │
    │       ◇改修要否◇      │
    │       ◇判定技術◇──────┘
    │           │要
    │           ↓
    │    ┌─────────────┐
    │    │  改修設計法  │
    │    └──────┬──────┘
    │           ↓
    │    ┌─────────────┐
    │    │改修工事仕様書│
    │    └──────┬──────┘
    │           ↓
    │    ┌─────────────┐
    │    │改修工事管理技術│
    │    └──────┬──────┘
    │           ↓
    │    ┌─────────────────┐
    │    │改修後の保全計画設定技術│
    │    └─────────────────┘
```

**図4.2.2** 既存建築物の維持保全に必要な各種要素技術

様書」[15],「工事監理指針」[16] が役立つ.

上記のうち,日本建築学会発行のものは建築物一般を対象とし,官庁営繕部が設定している一連の刊行物は,本来官庁建築物を対象にしているものであるが,その内容は一般建築物にも適用できる.一方,住宅(主に集合住宅)を対象にした「仕様書」[17] が都市基盤整備公団で整備されている.

改修工事に使用されるプラスチック系材料は,新築工事に使用されているものと同種のものも多いが,改修工事であるがゆえに使用されるものがかなりある(例えば,コンクリート構造体のひび割れに注入されるエポキシ樹脂,コンクリート構造体の耐震性向上を目途とした炭素・アラミド繊維並びに繊維を固着補強するエポキシ・メタクリル樹脂など).

改修により環境保全に期する工事が官庁営繕部の仕様書には平成14年版[14]から「環境配慮(グリーン)改修工事」として付加され,外断熱・断熱防露・屋上緑化工事などが指定され,それぞれに各種のプラスチック材料が指定され重要な役割を担っている.

## 4.3 工事別に見たプラスチック材料

### 4.3.1 はじめに

我々は,自然の空間の中に,人間の生存や活動などに適応する建築空間を区切って建築物とするが,建築材料は,その建築空間を構成する基本的な要素の一つとして重要な役割を果たす.

注文主の建築物を造ろうという動機と,できあがった建築物への熱い期待とがやがて現実の建築物となるまでの建築生産の複雑な過程の中で,建築材料が

---

11) 建築物の調査・劣化診断・修繕の考え方(案)・同解説,日本建築学会,1993年
12) 建築物修繕措置判定手法,(財)建築保全センター,1993年
13) 建築物の改修の考え方・同解説,日本建築学会,2002年
14) 建築改修工事共通仕様書(平成14年版),(財)建築保全センター,2002年
15) 建築改修設計基準及び同解説,(財)建築保全センター,1999年
16) 建築改修工事監理指針(平成14年版)上巻・下巻,(財)建築保全センター,2002年
17) 都市基盤整備公団保全工事共通仕様書,(財)住宅共済会,2001年

具体的な形で検討され，選択の対象となるのはどの段階であって，どのような情報が必要なのかなどを明らかにすることは，設計者にとっても施工者にとっても更には材料供給者にとっても必要な事柄である．

建築主の依頼を受けた設計者は，まず企画書から基本設計を作成し企画段階で意図したとおりの建築物ができる見通しを立て建築主の基本的合意を得る．次いで実施設計に入る．実施設計は，建築主の意向を建築物として施工者が生産できるように具体化する業務で，設計図，構造計算書，設備計算書，工事仕様書，予算書などからなる実施設計図書の作成が行われる．

以上のような建築生産の流れの中で，建築材料に関する情報が最も必要な段階は，実施設計における工事仕様書の作成時である．すなわち，工事仕様書は，設計図では表現しにくい，例えば，建築材料の品質，性能，施工法，あるいは検査確認に関する事項などを記述によって表現して，設計図の内容を補完する役割を持つ．この工事仕様書の記述による補完の役割によって，設計者は設計図だけでは表現できなかった建築空間のできあがった形態をより詳細に確認することができる．そのことは，取りも直さず工事施工者に対する建築材料の種類や，取り扱いや施工法，養生法などの指示内容ともなる．また，材料製造者にとっては，自社の建築材料の生きた姿の確認であり，次の材料開発のヒントにもなる．

設計図と工事仕様書の使い分けを決めるルールはないが，工事仕様書には一般に，工事の概要，基本要求品質，使用材料，施工方法，検査，その他の注意事項などの項目がある．使用材料の項目には，種類，品質，寸法，特性などがある．

このことは，建築材料に関する情報には工事仕様書の作成に役立つ内容が十分に盛り込まれていて，工事を請け負った施工者にとってもまた材料製造者にも役に立つものとなっていることが分かる．

このように工事仕様書は，建築物の新築時や改修時ごとに作られるので，当然のことながら極めて多種多様なことは当然である．しかし一方では学術上の成果を取り入れ，工業水準の現状を踏まえた形で，常に新しい内容を取り入れ

た標準的な工事仕様書があれば，建築生産のあっていいはずの品質と工事施工法との水準を提示するものとして有用であり活用されるはずである．この考えから，日本建築学会は，『建築工事標準仕様書・同解説』を発行していて，広く活用されている．

一方，同じような用途の建築物を多く発注する機関では，工事ごとに建築材料の種類や品質などや施工法が異なっていたのでは，完成した建築物の品質を一定のレベルに保持することは困難であるし効率的ではない．そこでこのような発注体では，組織内に通用する共通の仕様書を作成して，『共通工事仕様書』と名づけて所管するどの建物工事にも共通する部分の仕様書としている．そして，当該建物の工事にしか適用されない事項や補足したい事項，更には材料や工法の特別な選び方などは，特記仕様書として別途に作成する．このように，共通仕様書と特記仕様書の組合せで建築材料を指定し，工法の適正化を図っている．

いろいろな共通仕様書のある中で，現在最も活用されているのは，官庁営繕部監修の建築工事共通仕様書と建築改修工事共通仕様書である．したがって，ここでは，標準的な仕様書として前述の日本建築学会『建築工事標準仕様書・同解説』を，共通仕様書と代表として前述の官庁営繕部の2種類の仕様書を参考にして，工事の種類を選び，それぞれの工事ごとにプラスチック材料の種類，寸法，品質などについて記述して，工事仕様書作成に役立たせるとともに，プラスチック材料や部品の工法に役立たせることとした．

なお，官庁営繕部の仕様書には，それぞれ，工事監理指針が発行されている．これらの図書は，共通仕様書の解説書として，また，工事監理の業務に携わる技術者のための指針として役立っている図書なので，仕様書同様，本節の内容に盛り込んで，その充実を期することとした．

### 4.3.2 葺屋根工事

一般に葺屋根の葺(ふき)き材料には藁・萱・日本瓦・セメント瓦など使用されるが，ここではプラスチック系の材料に限って記す．なお，合成高分子系・塗膜

防水などについては4.3.3項を参照されたい.

**(1) ガラス繊維強化ポリエステル波板（FRP）及び硬質塩化ビニル波板，ポリカーボネート板（JIS A 5701, A 5702, K 6735）**

ガラス繊維強化ポリエステル波板（JIS A 5701）は，繊維強化プラスチック用液状不飽和ポリエステル樹脂（K 6919）を成形結合材とし，ガラスチョップドストランドマット（R 3411）と，ガラスロービング（R 3412）を補強材として成形した波板で，主としてこう配屋根葺材として用いられる.

この波板は，ガラス繊維の含有量と形状によって区分されている．ガラス繊維の含有量は，製品質量に対するガラス繊維含有量（質量%）によって，52 FS（52%以上で自消性樹脂），28 FS（28%以上で自消性樹脂），28 FG（28%以上で一般用），22 FG（22%以上で一般用）の4区分がある．形状による区分は，ピッチ寸法が約32 mmのものを32波，63 mmのものを63波，76 mmのものを76波，130 mmのものを130波とする4区分がある.

**(a) 品質** 波板の外観は，使用上有害なキズ，色むらなどの欠点がなく，所定の試験方法によって，曲げ性能，衝撃性能，難燃性能が試験され，曲げはたわみ量によって合否が判定され，基準値以下であることが要求される．衝撃に対する抵抗性は，1 kgの重錘を120 cmあるいは，150 cmの高さより自然落下させ，裏面に通る穴を生じない品質を有するものがJIS規格品としての条

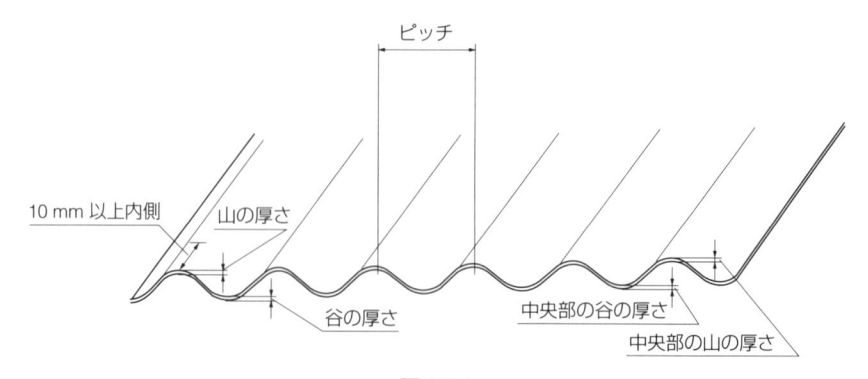

図 4.3.1

件である．難燃性は，所定の試験に合格するとともに，防火上著しく有害な変形が生じない品質が要求されている．

**(b) 寸法** 波板の長さは 182 cm のみ，幅は 66 cm, 72 cm, 80 cm, 96 cm の 4 種，厚さは，0.8 mm から 2.0 mm までの 5 種類となっている．

ポリカーボネート波板の種類は，一般用と難燃用に区分され，形状は基本的に FRP と同様である．

FRP 製波板・平板の生産量は，2001 年で 5 300 トンに達するという（「強化プラスチックの需要動向－2002 年」強化プラスチック，Vol.49, No.2）．施工は FRP・塩ビ波板とも，流れ方向，幅方向の重ねしろを表 4.3.1，表 4.3.2 のようにし，木造下地にあっては，釘，木ねじで，鉄骨・アルミニウム下地にあっては，亜鉛めっき又は軽金属のフックボルトを座金，専用のフェルト・プラスチック板とともに使用する．

**表 4.3.1 流れ方向の重ねしろ**

| こう配 | 2.5/10 | 3/10 | 4/10 | 5/10 |
|---|---|---|---|---|
| 重ねしろ (cm) | 18 | 15 | 12 | 10 |

**表 4.3.2 幅方向の重ねしろ**

| ピッチ (mm) | 32 | 63 | 76 | 130 |
|---|---|---|---|---|
| 重ねしろ 山数 | 1.5 以上 | 1 以上 | 1 以上 | 0.5 以上 |

いずれの屋根材も，建築基準法第 22 条第 1 項及び第 63 条の規定があるため，どこのどんな屋根にも自由に使用することはできない．すなわち，市街地火災を防止するために指定された区域内の建築物の屋根は，火災により発生する火の粉に対して一定の防火性能を有するものでなければならない．この規定に適合する屋根として，ポリカーボネート板や強化プラスチック板などを用いた屋根が国土交通大臣の認定を受けているが，その多くは「火の粉により燃え抜け

はするが燃え広がりは起こさない」屋根として認定されたものである．このような屋根は，収納可燃物がほとんどない不燃性の物品を保管する倉庫やこれに類するもの（スケート場，水泳場，スポーツの練習場，アーケードなど）に限り使用することができる．

塩化ビニル系のものは，熱による挙動が大きく，施工に当たっては釘穴を大きめにあけるなどの対策（逃げ）がとられる．また，板厚を薄くして下地受材のピッチを大きくとると中間部に極度の変形が生じる．降雪がひんぱんに予想される地域では，厚手のものを使用した方がよい．

カーポート，小さな物置などを除いて，屋根全体をFRP，塩ビ波板でふくという例は少ないが，意外に衝撃力に対して弱く，特に古くなったものは降雹（ひょう），軟式野球のボール，テニスボール（硬式）でも部分的な破損を生じることが多い．また，施工当初は美しい色をもっていても，比較的短年月に変退色してしまう例も多く，長期的にわたっての美観保持は通常期待しない方がよい．

FRPにあっては，経年とともに黄色になったり（黄変），表面の樹脂が劣化し，内部のガラス繊維が露出して表面が毛羽立ってくる．

一方，最近はこうした現象を防止し，耐用性を向上させる目的でふっ素系の塗料やフィルムを表面に施したものがある．

**(2) トップライト**（JIS K 6719–1, –2, K 6735）

本来のトップライトとは，天井あるいは屋根面からの採光のために用いる角形，円形のガラス製品であった．プラスチック製のものは，商品名を○○ドーム，○○ライトと称するものが多く，FRPとメタクリル樹脂板（JIS K 6718–1, –2），ポリカーボネート板（JIS K 6735）が多い．

FRP製のものが出現したての頃は，黄変，応力集中による割れなどがあったが，最近では製造技術も進歩してきている．

製品の形状は，半球，角形，半円形などがあり，大きさも$\phi 600$ mmくらいから2 400×2 400 mmという大きなものもそろっている．また，難燃性をもたせたものも市販されている．

ユーザとしての選択は，色，大きさ，形状，換気の有無などであり，取付けは，一般に専用取付金物で取り付けられることになる．

最近はポリカーボネート板をプール，体育施設，外部のエスカレータ屋根，通路などに使用する例が多くなっている．建築基準法第22条第1項又は第63条に規定された区域内の建築物の屋根にポリカーボネート板などを使用する場合は，前述のように，これらの屋根には一定の防火性能が要求され，また建築物の用途が制限されることに注意しなければならない．なお，建築基準法施行令第136条の9に定める「簡易な構造の建築物」であるスケート場，水泳場，スポーツの練習場などの屋根で，延焼のおそれのある部分以外には，JIS K 6719（ポリカーボネート成形用材料）及びK 6735（ポリカーボネート板）に適合する厚さ8 mm以下のポリカーボネート板を用いることができる．

**(3) 塩化ビニル鋼板・断熱鋼板葺**

屋根に利用される塩ビ鋼板は，JIS K 6744（ポリ塩化ビニル被覆金属板）に該当するものが多い．

一般に他の金属系葺屋根材料の中でも耐食性が優れているといわれているもので，金属板の上に塩化ビニルシート，フィルムを被覆したものである．

金属板葺屋根は夏季に太陽輻射熱を受け内部空間の温度上昇が問題になるため，その裏面にプラスチック系発泡板を張り付け，遮熱効果を期待した断熱鋼板が折板屋根を中心に多用されている．

塩ビ鋼板の耐食性は，その表面の被覆厚さが大であるほど有利とされているが，屋根に使用する場合はその被覆厚さによっては，皮膜そのものが可燃性であるため，防火法規の制約を受けることがある．塗装鋼板は，その表面の塗膜が劣化した場合は再塗装という手段があるが，塩ビ鋼板では維持保全が難しくなる．

施工に当たっては皮膜を損傷しないことが肝要で，また切断面には塩ビ系塗料を，ふき板，けらば，むねなどを釘で止めつけた際にも塗装を施しておく必要がある．

### (4) 膜構造物屋根

膜構造建築物は構造形式からみると図4.3.2に示す3種に区分され，その用途は，展示場，スポーツ施設（プール，テニスコート，野球場等），倉庫などである．1987年までは膜構造建築物は建築基準法上からは仮設建築物として取り扱われてきたが，現在は恒久的な建築物としても取り扱われ，最近の代表例としては東京の後楽園の野球場があげられる．この種の建築物の特徴は，屋根（壁）が1枚の膜材料から構成されている点にある．

使用されている膜材料は，A，B及びC種に区分されており，代表的な構成は図4.3.3に示すようである．

膜材料は，各種繊維織物へ浸せき法，塗付法，トッピング法，ラミネート法によりコーティング材（表4.3.3，表4.3.4）をコーティングすることによっている．最近では膜材料表面の汚染防止・耐久性向上を目的に光触媒系コーティングを施したものが開発されている．

前述のように，この種の建物の耐用性は，膜材料の耐用性に負うところが大

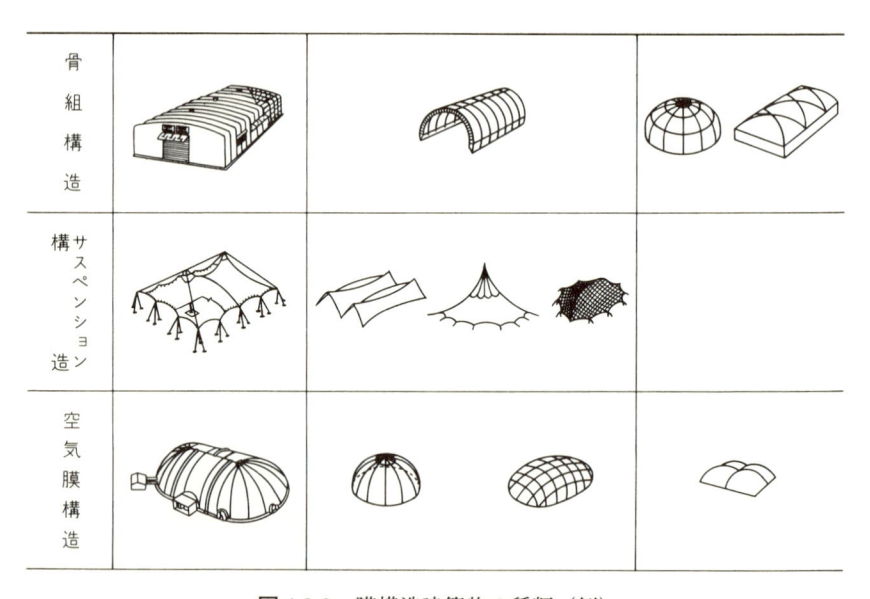

| 骨組構造 | | | |
| --- | --- | --- | --- |
| サスペンション構造 | | | |
| 空気膜構造 | | | |

図4.3.2　膜構造建築物の種類（例）

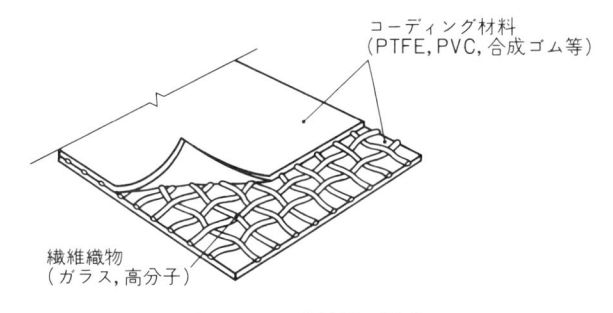

4.3 工事別に見たプラスチック材料

**図4.3.3** 膜材料の構成

**表4.3.3** 織物の素材と特徴

| | 素材名 | 記号 | 代表的な商品名 | 長所 | 留意事項 |
|---|---|---|---|---|---|
| 繊維素材 | ガラス繊維 | FG | ベータヤーン | 防火性,耐候性,透明性に優れている | 耐折り曲げ性,耐引裂性 |
| | ポリアミド系 | PA | ナイロン | モジュラスが小さいため,融通性があり染色性良い | 耐候性 |
| | ポリアラミド系 | PAr | ケブラーテクノーラ | 高強度,耐熱性に優れている | 耐候性 |
| | ポリエステル系 | PET | テトロンエステル | 耐候性良い.バランスのとれた性質を有する | |
| | ポリビニルアルコール | PVA | ビニロン | 耐候性良い | 吸湿性 |

である.このうち,ポリエステル繊維にPVCをコーティングした膜材（C種に該当）の屋外暴露による性能変化を,図4.3.4,図4.3.5に示す.

**(5) 軒どい,たてどい[JIS A 5706（硬質塩化ビニル雨どい）]**

といに利用される材料は非常に多い.金属系では,鉛,銅,鉄,アルミニウムなどで,それ以外では木板,竹などがある.プラスチックが関係しているのは,(3)に記した塩ビ鋼板と塩ビ成形品である.

塩ビ鋼板は,鉄板,ぶりき,亜鉛鉄板のといで必要な塗装を不要とし,価格

**表 4.3.4** コーティング材の種類と特徴

<table>
<tr><th colspan="2">素材</th><th>記号</th><th>代表的な商品名</th><th>長所</th><th>留意事項</th></tr>
<tr><td rowspan="5">コーティング素材</td><td>四ふっ化エチレン樹脂</td><td>PTFE</td><td>テフロン ダイフロン</td><td>耐候性,防火性,防汚性に優れている</td><td>皮膜が硬いため,膜材接合加工時,建設時のハンドリング</td></tr>
<tr><td>塩化ビニル樹脂</td><td>PVC</td><td>多数あり</td><td>最もはん用性に富む<br>安価,着色性良い<br>膜材接合加工性良い</td><td>防汚性</td></tr>
<tr><td>クロロプレンゴム</td><td>CR</td><td>ネオプレン</td><td>接着加工ができるため複雑な加工ができる</td><td>耐候性</td></tr>
<tr><td>クロロスルフォン化ポリエチレンゴム</td><td>CSM</td><td>ハイパロン</td><td>耐候性良い.比較的防汚性良い.着色性良い</td><td>膜材接合加工一般にミシン縫製が多く用いられる</td></tr>
<tr><td>ふっ素樹脂フィルム</td><td>PVF<br>PVDF<br>etc.</td><td>テドラー KFなど</td><td>耐候性,防汚性良い</td><td>皮膜が硬いため,膜材接合加工時,建設時のハンドリング</td></tr>
</table>

備考 特定膜構造建築物の場合,これらの膜材料は,(社)日本膜構造協会が作成した"膜材料性能判定基準"によって評価され,同協会に登録されたものを使用しなければならない.

はプラスチック成形品に比べて高いが強度性能は優れている.

雨どいには,軒どい,たてどいがあり,更にこれに付属する継手,曲り軒どい,エルボ,じょうごがある.

塩ビ雨どいは,JIS A 5706 に規格がある.しかし,この規格の中で対象としているものは軒どいと,たてどいの差であり,これらについては,強度,熱変形などの品質規定がなされている.一般建物ではたてどいを露出したものが多いが,建物の中に埋め込んでしまうことも多く,この際は通常上記の JIS のたてどいではなく,肉厚のある硬質塩化ビニル管(JIS K 6741)が使われる.

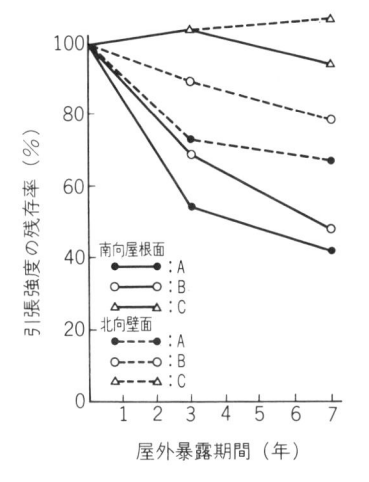

図 4.3.4　引張強度の変化[18]
　　　　（実大暴露試験）

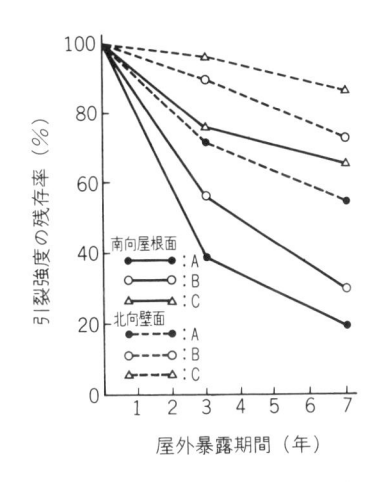

図 4.3.5　引裂強度の変化[18]
　　　　（実大暴露試験）

図 4.3.6　空気膜構造建築物の例（UFO を模したものとか）
　　　　（膜材料は四ふっ化エチレン樹脂コーティング
　　　　　ガラス繊維布）

　塩ビといは，塩化ビニルへ安定剤，充てん剤が配合され，押出し，射出，真空成形により付属品も含めて製造される．軒どいの断面形状は半円形のものが多いが角型のものもある．

　どの程度の寸法のものが適当かは，表 4.3.5 のような目安がある．

　製品の色としては，グレー，茶，クリーム色など通常の使用には満足するも

**図 4.3.7** サスペンション膜構造の例
（膜材料は図 4.3.6 と同種）

のがある．

　軒どいは継手部品を使って専用の接着剤で接合される．一方，たてどい，たてどいブランチは，たてジョイナーを用い接着接合される．

　塩ビといは耐食性があり，再塗装が不要であるため維持保全の面をも考えると経済性は金属性のものより優れているといわれている．総合化された形で良否は論じなければならないが，筆者の経験による事実のみを記すと，塩ビといのうち軒どい，たてどい並びに付属部品とも，直射日光を多く受ける部分は，変退色が著しく，茶色が白色に近くなってしまうものや，5, 6 年ぐらいでかなりぜい化してしまうものがある．結果として降雪や，強風による荷重で損傷を受ける．また，この段階になったものは，衝撃力に弱く，人の手の届く範囲のたてどいは壊されやすい．

---

18) T. Nireki et al. (1990) : Durability of PVC-Coated Fabrics for Membrane Structures Proceedings of 5 th DBMC (Int. Conf. on Durability of Building Materials and Components), Brighton, U.K

4.3 工事別に見たプラスチック材料

**表 4.3.5** 軒どい,たてどいの組合せ

| 軒どい径<br>(mm) | たてどい径<br>(mm) | 適用屋根水平面積<br>($m^2$) |
|---|---|---|
| 75 | 36 | 17 |
| 90 | 50 | 26 |
| 105 | 60 | 40 |
| 120 | 75 | 60 |
| 150 | 90 | 100 |
| 240 | 90〜120 | 200 |

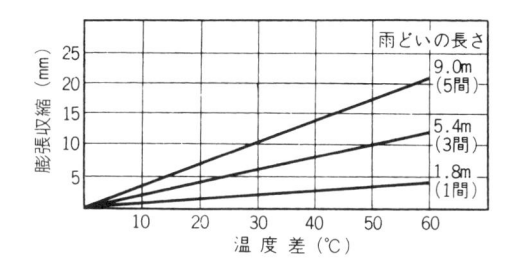

**図 4.3.8** 雨どいの温度と熱変形

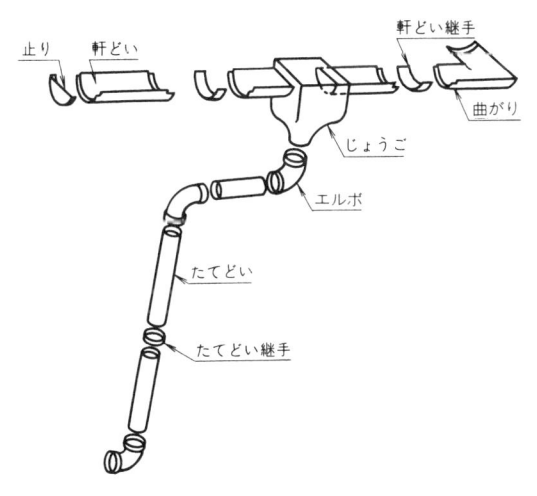

**図 4.3.9** 軒どい,たてどい及び付属品

### 4.3.3 屋根防水工事

防水工事は，各種の防水材料や部品等を使って，建築物の屋根，地下部分，室内床，各種水槽などに対して，下地と接着して一体化した形で水の不透水性の膜層（impermeable barrier）を造って，雨水や使用水の浸入を防いだり，貯水能力を確保したり，被圧水の浸透を防止したりする建築工法の一つで，こう配によって雨水の速やかな排水を考慮して行う屋根工事とは区別される．また建設業法によっても両工事は明りょうに区分され，それぞれが専門工事業として法的に認められている．

水は建築物内に浸入することにより，あるときは財産や生活を傷つけ，建物の寿命を縮める．気温の変化によって水（液体）は氷（固体）や湿分（気体）に変化してその劣化作用を一層増幅させることがある．また，水は状況に応じて雨水，使用水，貯蔵水，結露水など，いろいろな形で建物を劣化させるので，建物の防水対策は極めて重要である．

また，建築物は土地に定着し，一品受注生産を原則として生産される財産なので，防水の仕様は建設地の気象環境条件によって大幅に変化するし，また建物の用途によっても防水性能に対する確実性の要求度にかなりの幅がある．こうした事情から経験と実績の積み重ねの結果が重視されるのが防水工法である．

建築での一般的な防水工事は以下のように大別できる．

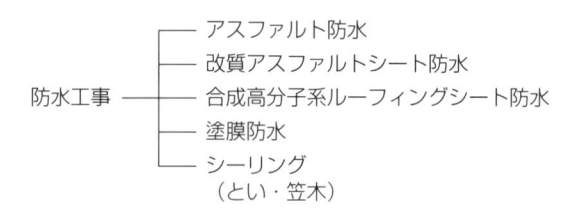

```
                 ┌── アスファルト防水
                 ├── 改質アスファルトシート防水
   防水工事 ─────┼── 合成高分子系ルーフィングシート防水
                 ├── 塗膜防水
                 └── シーリング
                     （とい・笠木）
```

防水工事を施工する側面からみると，使用される材料との組合せは表4.3.6のようになる．

ここに「熱工法」とは加熱溶融したアスファルトでアスファルトルーフィングを下地へ張り付けるもの，「トーチ工法」はトーチバーナーで改質アスファ

## 4.3 工事別に見たプラスチック材料

**表4.3.6 防水層の種類と適用部位（外部）**[14]

| 防水層の種類 | | 部位 屋根 歩行 | 屋根 非歩行 | 庇 | バルコニー | 屋外廊下 | 地下外壁 |
|---|---|---|---|---|---|---|---|
| アスファルト・改質アスファルト | | ○ | ○ | | ○ | ○ | |
| シート | 加硫ゴム | △ | ○ | ○ | △ | | |
| | 塩化ビニル | ○ | ○ | | ○ | ○ | |
| | 非加硫ゴム | | | | △ | △ | |
| | 熱可塑性エラストマー | ○ | ○ | | ○ | | |
| | エチレン酢ビ | | | | △ | △ | △ |
| 塗膜 | ウレタン | △ | ○ | ○ | ○ | △ | △ |
| | アクリル | | | | ○ | △ | |
| | ゴムアスファルト | | | | △ | | ○ |

○：適　　△：条件によって可

ルトルーフィングをあぶって下地へ張り付けるものをいう．

「密着工法」とは，下地面に防水材を全面にわたって張り付けるもの，「絶縁工法」とは下地面に全面密着させずに部分接着とするものである．

また，防水層の上にコンクリート，コンクリートブロックなどを設置する工法を「保護防水」，屋根スラブの外側に防水層と組み合わせて断熱材を設ける工法を「保護断熱防水」，防水層の最上層に保護層を設けない工法を「露出防水」という．

上記を組み合わせると，例えば，「屋根保護防水絶縁断熱工法」，「屋根露水防水密着工法」などとなる．

防水工事に使用される材料の種類は多種にわたり，これを工法と組み合わせるとかなりの組合せができる．

どこにどのようなものが適用されるかについては標準的なものとして以下の図書が参考になる．

・建築工事標準仕様書・同解説，JASS 8 防水工事，日本建築学会
・建築工事共通仕様書，国土交通省官庁営繕部監修，平成14年版，（社）公

共建築協会
・建築工事監理指針，国土交通省官庁営繕部監修，平成13年版，(社)公共建築協会

### (1) アスファルト防水

この工法は最も防水信頼性が高く，アスファルトルーフィングフェルト（JIS A 6005）やストレッチアスファルトルーフィングフェルト（A 6022）を3層以上積層して，熱溶融された石油アスファルト（K 2207）で溶着する工法で，歴史の古い防水工法である．

アスファルト防水に使用される材料には改良が加えられ，工法にも従前のもののほか，断熱材（JIS A 9511による押出法ポリスチレンフォーム，ビーズ

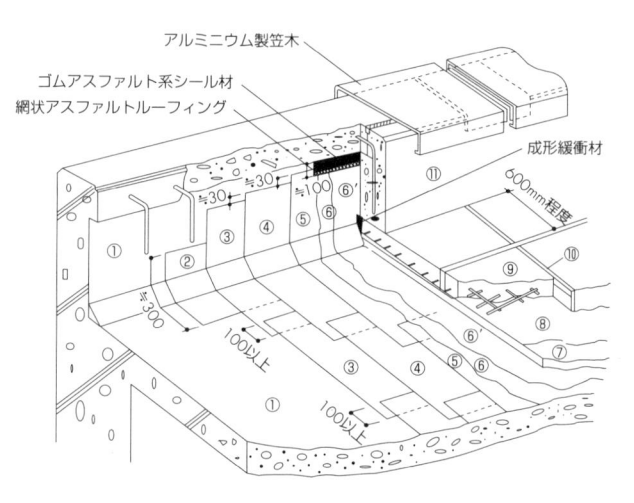

① アスファルトプライマー塗り
② ストレッチルーフィング増張り
③ アスファルトルーフィング
　　（アスファルト流し張り）
④ ストレッチルーフィング
　　（アスファルト流し張り）
⑤ アスファルトルーフィング
　　（アスファルト流し張り）
⑥ アスファルトはけ塗り
⑦ 断熱材
⑥' のアスファルトにより張付け
　　（ポリスチレンフォーム保温板　3種b）
⑧ 絶縁用シート
　　（フラットヤーンクロス）
⑨ 押さえコンクリート
　　溶接金網敷込み
⑩ 伸縮調整目地
　　（成形伸縮目地材）
⑪ 立上がり押さえコンクリート

**図 4.3.10** 屋根保護防水断熱工法[16]

法によるポリスチレンフォーム，硬質ウレタンフォーム保温板）を組み込んだものが多く採用されるようになっている（図4.3.10，図4.3.11参照）．

**(2) 改質アスファルトシート防水**

この防水はJIS A 6013（改質アスファルトルーフィングシート）で定められているシートを，「トーチ工法」又は「常温（粘着）工法」により施工するものである．

改質アスファルトは，アスファルトにSBR系ゴムやアタクチックポリプロピレンなどを添加してアスファルトの性質を改良したものである．トーチ工法では，改質アスファルトシートの表面をトーチ状のガスバーナーで溶融させながら下地へ施工する．一方，常温工法では，シートにあらかじめ粘着層が設けられているため，この粘着層付シートの裏面のはく離紙をはがしながら下地へ

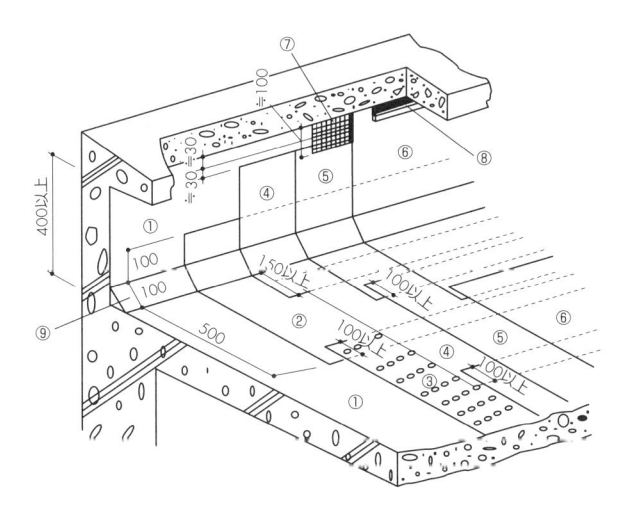

① アスファルトプライマー塗り
② 増張りストレッチルーフィング
　（アスファルト流し張り）
③ 砂付あなあきルーフィング
④ ストレッチルーフィング
　（アスファルト流し張り）
⑤ アスファルトルーフィング
　（アスファルト流し張り）
⑥ 砂付ストレッチルーフィング
　（アスファルト流し張り）
⑦ 増張り網状ルーフィング
　（アスファルト目つぶし）
⑧ 押さえ金物
　（ゴムアスファルト系シール材塗り）
⑨ 成形キャント材

**図4.3.11** 屋根露出防水絶縁工法[16]

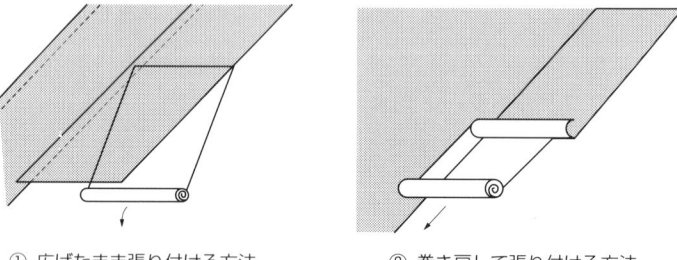

① 広げたまま張り付ける方法　　② 巻き戻して張り付ける方法

図 4.3.12　粘着層付きシートの張付け例[16]

ゴムアスファルト系
テープ張り

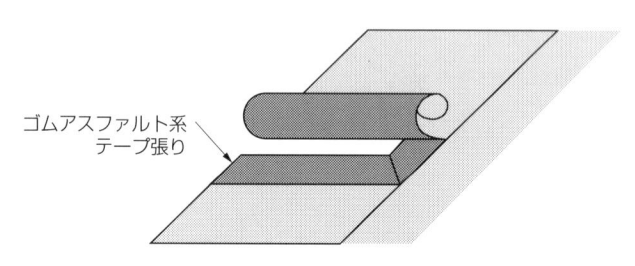

図 4.3.13　重ね部の処理例[16]

張り付ける.
張付け例を図 4.3.12, 図 4.3.13 に示す.

**(3)　合成高分子系ルーフィングシート防水**（シート防水）

合成高分子系ルーフィングシート防水は, 一般に「シート防水」と総称され, この防水工法は, 合成ゴム又は合成樹脂を原料とし, 工場で一定の寸法のシートに圧延成形したルーフィングシート（厚さ 1〜2 mm）を専用の接着剤で下地に接着するとともに, シート相互も接着又は熱融着によって接合して防水層を形成させる工法である.

防水用シートは 1936 年にアメリカでクロロプレン系ゴムシートが屋根用としてテストされ, 1938 年にはポリイソブチレンを防水シートとして西ドイツで実用化された. 日本は西ドイツより合成ゴムシートを輸入してシート防水工事を行ったが, 同じ頃（1957 年）, 塩化ビニル樹脂シートを防水用として実用化した. 次いで 1962 年にはブチルゴムによるシートの製造を行って一般にも

## 4.3 工事別に見たプラスチック材料

使用するところとなった．

　下地はアスファルト防水工法と同様，床コンクリートこて仕上げとし，立上がり入隅及び床入隅は通りよく直角とし，出隅は通りよく丸面とする．

　接着剤の適切な乾燥状態を見計らい，ルーフィングに引張りを与えないよう，気泡が入らないよう，しわを生じさせないように入念に張り付ける．ルーフィングの張付け後，ローラで十分密着させる．特に接合部は入念に行う．

　加硫系ゴムルーフィングは，下地に全面接着とし，接合部の重ねは100 mm以上とする．立上がり面は150 mmとする．接着完了後は保護塗料塗りを行う．

　非加硫ゴムルーフィングの場合は，ルーフィングは下地へ全面接着とし，接合部は長手方向100 mm，幅方向70 mmとする．立上がり面は150 mm以上とし保護塗装を行う．

　塩化ビニル樹脂系ルーフィングの場合は，原則として全面接着とし，シートの重ねは40 mm以上とする．接合部は，熱溶着及び溶接により接合する．

　ルーフドレン，配管などの取合い及び出隅，入隅は増張り用シートで補強する．ルーフドレンなどとの取合い部分はシーリング材で処置する．

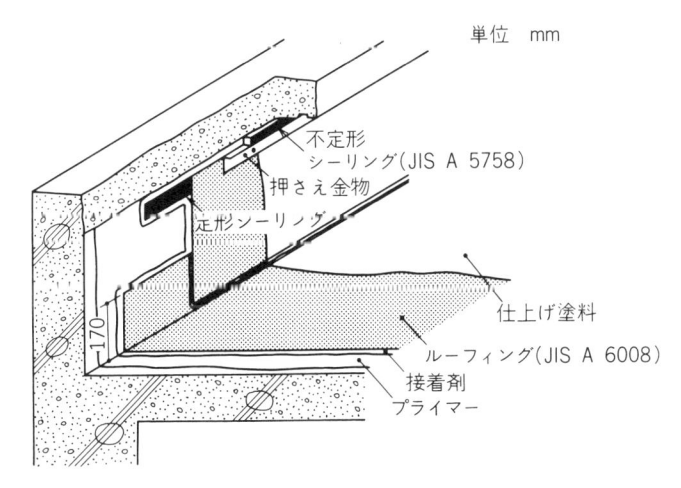

**図4.3.14**　合成高分子系ルーフィング（JIS A 6008）張りの例

ルーフィングシートの種類は，JIS A 6008（合成高分子系ルーフィングシート）に規定されている（表4.3.7参照）．

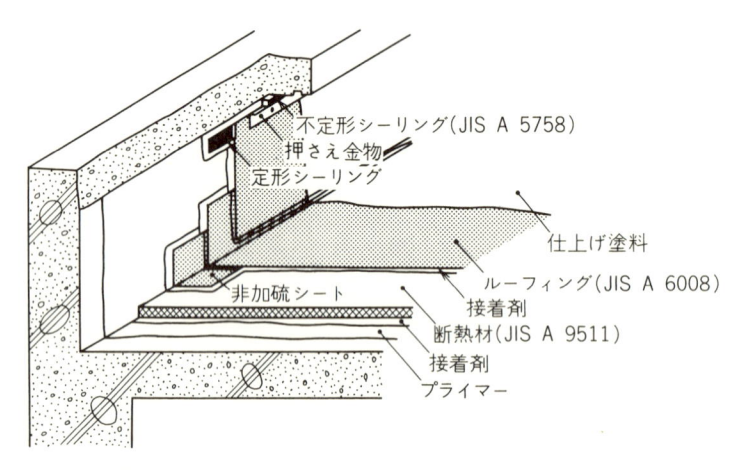

**図4.3.15** 断熱合成高分子系ルーフィング張りの例

**表4.3.7** 合成高分子系ルーフィングシートの種類

| 種類 | | 略称 | 主原料 |
|---|---|---|---|
| 均質シート | 加硫ゴム系 | 均質加硫ゴム | ブチルゴム，エチレンプロピレンゴム，クロロスルホン化ポリエチレンなど |
| | 非加硫ゴム系 | 均質非加硫ゴム | ブチルゴム，エチレンプロピレンゴム，クロロスルホン化ポリエチレンなど |
| | 塩化ビニル樹脂系 | 均質塩ビ | 塩化ビニル樹脂，塩化ビニル共重合体など |
| | エチレン酢酸ビニル樹脂系 | 均質エチレン酢ビ | エチレン酢酸ビニル共重合体など |
| 複合シート | 一般複合タイプ | | |
| | 加硫ゴム系 | 一般複合加硫ゴム | ブチルゴム，エチレンプロピレンゴム，クロロスルホン化ポリエチレンなど |
| | 非加硫ゴム系 | 一般複合非加硫ゴム | ブチルゴム，エチレンプロピレンゴム，クロロスルホン化ポリエチレンなど |
| | 塩化ビニル樹脂系 | 一般複合塩ビ | 塩化ビニル樹脂，塩化ビニル共重合体など |
| | 補強複合タイプ | 補強複合 | 塩化ビニル樹脂，塩化ビニル共重合体，塩素化ポリエチレン，クロロスルホン化ポリエチレン，エチレンプロピレンゴムなど |

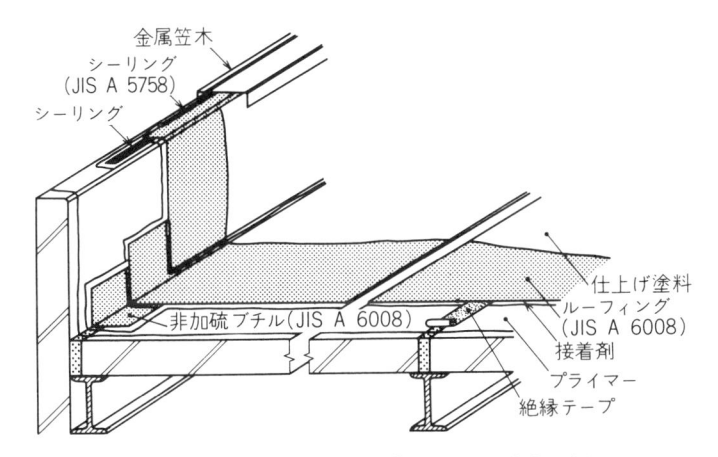

4.3 工事別に見たプラスチック材料

図4.3.16 ALCパネル屋根のシート防水の例

**(4) 塗膜防水**

塗膜防水工法は，下地面に合成樹脂系やゴムアスファルト系の防水材料を塗り重ねて連続的な防水層を構成するものである．防水材料の種類によっては補強材を挿入し，乾燥硬化させて防水層を形成する．

塗膜防水工法に用いる防水材料は，JIS A 6021（建築用塗膜防水材）に次の4種が規定されている．

① ウレタンゴム系防水材（1類・2類）
② ゴムアスファルト系防水材
③ アクリルゴム系防水材
④ クロロプレンゴム系防水材

塗膜防水工法は，1955年頃，酢酸ビニル樹脂エマルションを屋根に塗布して防水層としたのが最初で，タールエポキシ樹脂やアクリルエマルション系の液体が用いられたが，その後1962年から1964年頃にかけてアメリカからの技術導入によってクロロプレンゴム系防水材が用いられ，1966年頃からはウレタンゴム系の防水材が使用された．1976年にJIS A 6021が制定され，ウレタンゴム系，アクリルゴム系，クロロプレンゴム系，アクリル樹脂系及びゴムアスファルト系の防水材が含まれ，塗膜防水工事業の団体が結成され，本格的

な防水工法として認められるようになった．

　塗膜防水工法のうち，ウレタンゴム系防水材を用いる工法は，反応硬化形のウレタンゴムを用いるので一度に厚塗りが可能で複雑な形状の部分にも塗布しやすく，着色が自由なので色彩的に優れた屋根とすることができ，低温でのぜい化が少ないので寒冷地の防水層の修繕用として有効である．反面，主剤と硬化剤との調合を間違えると十分な性能が得られないし，水や湿気とも反応するので気泡が生じやすく立上がり部分や出隅部分の厚さを確保するのが難しいなどの問題点がある．発生する故障は，防水層の破断，ふくれ及び下地からのはく離が多い．ウレタン系防水材には1類と2類の区分があり，1類は主として露出用に，2類は非露出用並びに露出防水における1類の下塗りとして用いられる．

　アクリルゴム系防水工法は，エマルションタイプなので火気に対して安全でカラフルな仕上げが期待できる．しかし成膜速度が遅いので工事中の天候によって防水層としての性能が左右される．厚塗りが不可能で塗厚も均一に仕上げにくい．

　クロロプレンゴム系防水工法は，可燃性有機溶剤の揮発乾燥により硬化するので室内用や水槽用には使用できない．耐水性は良好であるが固形分が少ない

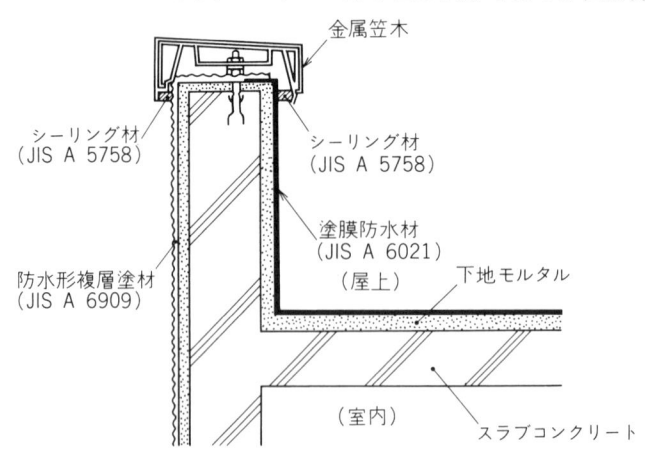

**図4.3.17　標準塗膜防水断面**

ので1回の塗布では十分な塗膜が期待できない．

アクリル樹脂系は，アクリレート，メタアクリレートを主な原料とするアクリル樹脂エマルション系防水材で，補強張りを行う工法と行わない工法がある．

ゴムアスファルト系防水材は，アスファルトとゴムを主な原料とするゴムアスファルトエマルション系防水材である．補強材を入れる工法のほか，通気させてふくれを防止させようとする工法や直接吹き付ける工法がある．

下地はこて仕上げとし，出隅は丸面に仕上げる．防水材は製造所の指定する配合により可使時間に見合った量をかくはん機を用いて十分練り混ぜる．

塗継ぎの重ね及び補強材の重ねは100 mm以上とする．コンクリートの打継ぎ箇所及び著しいひび割れ箇所はV形にはつり，シーリング材を充てんした後，打継ぎ箇所及びひび割れ箇所を20 mm程度絶縁し，幅100 mm以上の補強材を用い，厚さ2 mm程度の補強塗りを行う．

ルーフドレンなどとの取合いはシーリング材で処置する．ルーフドレン配管などの取合い，出隅及び入隅はそれぞれ100 mm以上を補強材を用い補強塗りを行う．

**(5) シーリング防水**

シーリング防水工法とは，各種の部材相互の接合部分や目地などにシーリング材を充てん装着して，その部分に水密性，気密性を付与して防水効果を期待する工法をいう．

建物の目地は，部材やパネルを組み立てていく上でできる施工目地（construction joint）と，部材などのムーブメントの調節の役割のために意図的に設けるき裂誘発目地などのような調節目地（control joint）とがある．目地からの漏水は，雨水の浸入する部分のあることと，雨水を内部に移動させる力が作用することの二つの作用により発生するが，シーリング防水（waterproofing by joint sealants）は，雨水の浸入する部分のないようシーリング材を充てんして，連続した防水層を形成して雨水の浸入を防ぐ工法である．

目地には，

① 温度変化による部材の伸縮
② 部材の含水率変化に伴う伸縮
③ 地震又は風による変形

などにより，ムーブメント（movement）が発生する．ムーブメントの大きさは，目地の種類，部材の種類，形状，寸法，色調，取付状況，更には方位や日照の状況によって相違する．

以上のような原因によって生じるムーブメントのほか，サッシ回りの目地，石張りやタイル張りの目地，打継ぎの目地などのムーブメントがあるが，前者と比べてその量は小さいので一般にノンワーキング（non working）目地と称し，比較的大きなムーブメントを生ずる目地をワーキング目地という．

シーリング防水に使用されるシーリング材は図 4.3.18 に示すように分類され，その品質・性能は JIS A 5758（建築用シーリング材）に規定されている．

どのような部分にどのようなシーリング材を選定するかについては，表 4.3.8 が役立つ．また，耐久性の側面からみた選定には，JIS A 5758 の附属書 2 付表 3 及び同付表 4 が参考になる．

シーリング材の施工は，日本建築学会 JASS 8 や文献 14), 15) に詳記されている．

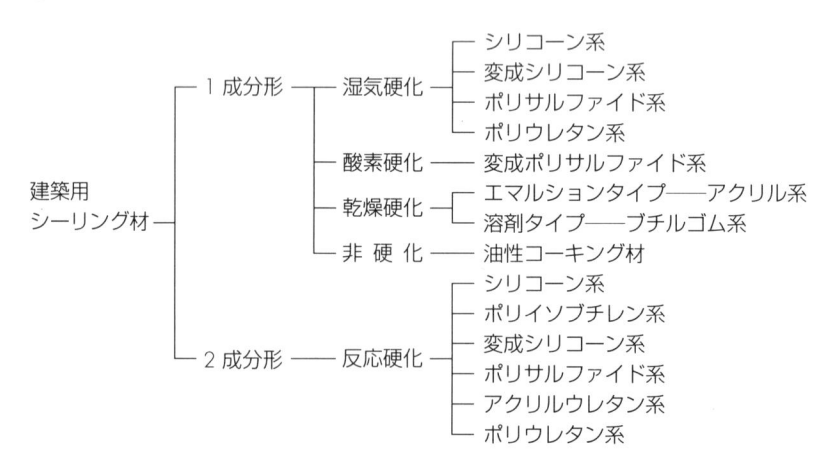

```
建築用         ┌─ 1成分形 ─┬─ 湿気硬化 ─┬─ シリコーン系
シーリング材 ─┤           │             ├─ 変成シリコーン系
              │           │             ├─ ポリサルファイド系
              │           │             └─ ポリウレタン系
              │           ├─ 酸素硬化 ─── 変成ポリサルファイド系
              │           ├─ 乾燥硬化 ─┬─ エマルションタイプ ── アクリル系
              │           │             └─ 溶剤タイプ ── ブチルゴム系
              │           └─ 非 硬 化 ─── 油性コーキング材
              │
              └─ 2成分形 ─── 反応硬化 ─┬─ シリコーン系
                                        ├─ ポリイソブチレン系
                                        ├─ 変成シリコーン系
                                        ├─ ポリサルファイド系
                                        ├─ アクリルウレタン系
                                        └─ ポリウレタン系
```

**図 4.3.18** 建築用シーリング材の一般的分類

## 4.3 工事別に見たプラスチック材料

**表4.3.8 構法・部位・構成材とシーリング材の適切な組合せ（JASS 8による）**

| 目地の区分 | 構法・部位 | | 構成材 | シリコーン系 2成分系 | シリコーン系 1成分系 | 変成シリコーン系 2成分系 | 変成シリコーン系 1成分系 | ポリサルファイド系 2成分系 | ポリサルファイド系 1成分系 | ポリウレタン系 2成分系 | ポリウレタン系 1成分系 | アクリル系 1成分系 |
|---|---|---|---|---|---|---|---|---|---|---|---|---|
| ワーキングジョイント | カーテンウォール | ガラス・マリオン方式 | ガラス回り目地 | ○ | ○ | | | | | | | |
| | | | 方立無目ジョイント | | | ○ | ○ | | | | | |
| | | 金属パネル方式 | ガラス回り目地 | ○ | ○ | | | | | | | |
| | | | パネル間目地 | | | ○ | ○ | | | | | |
| | 各種外装パネル | PCパネル方式（石打込みPC、タイル打込みPC、吹付塗装PC） | PCパネル間目地 [注3] | | | ○ | ○ | ○ | ○ | ○ | ○ | |
| | | | ガラス回り目地 | ○ | ○ | | | | | | | |
| | | ALCパネル（スライド・ロッキング（カバープレート）構法）[注1] | ALCパネル間目地 [注2]（塗装あり） | | | ○ | ○ | ○ | ○ | ○ | ○ | ○ |
| | | | ALCパネル間目地 [注2]（塗装なし） | | | ○ | ○ | | | | | |
| | | | 窓外枠回り目地 | | | ○ | ○ | | | | | |
| | | 塗装アルミニウムパネル（強制乾燥・焼付塗装） | パネル間目地 | | | ○ | ○ | | | | | |
| | | 塗装鋼板，ほうろう鋼板メタル | パネル間目地・窓外枠回り目地 | | | ○ | ○ | | | | | |
| | | GRC，セメント押出成形板 | 窓外枠回り目地 [注5] | | | ○ | ○ | ○ [注5] | ○ [注5] | | | |
| | | 窯業系サイディング | パネル間目地 [注6] | | | ○ [注6] | ○ [注6] | | | | | |
| | 金属製建具 | | ガラス回り目地 | | ○ | | | | | | | |
| | | | 建具回り | | | ○ [注4] | ○ [注4] | | | | | |
| | | | 水切・皿板回り目地（水切・皿板なし） | | | ○ | ○ | | | | | |
| | 工場シール | | シーリング材受け | | | ○ | ○ | | | | | |
| | 笠木 | 金属製笠木 | 笠木間目地 | ○ | ○ | | | | | | | |
| | | 石材笠木 | 笠木間目地 | | | ○ | ○ | ○ | ○ | | | |
| | | PC笠木 | 笠木間目地 | | | ○ | ○ | ○ | ○ | | | |
| ノンワーキングジョイント | コンクリート壁 | RC壁，壁式PC | 打継目地・収縮目地 | | | | | ○ | ○ | ○ | ○ | |
| | | | 窓外枠回り目地 | | | | | ○ | ○ | ○ | ○ | |
| | | 石張り（湿式） | 石目地 | | | | | ○ | ○ | | | |
| | | （石沢込みPC，石目地を含む） | 窓外枠回り目地 | | | | | ○ | ○ | ○ | ○ | |
| | | タイル張り（タイル打込みPCを含む） | タイル目地 | | | | | | | | | ○ |
| | | | タイル下駄目地 | | | | | ○ | ○ | | | |
| | | | 窓外枠回り目地 | | | | | ○ | ○ | ○ | ○ | |
| | 外装パネル | ALCパネル（挿入筋，ボルト止め構法）[注1] | ALCパネル間目地 [注2]（塗装あり） | | | ○ | ○ | ○ | ○ | ○ | ○ | ○ |
| | | | （塗装なし） | | | ○ | ○ | | | | | |
| | | | 窓外枠回り目地 [注2]（塗装あり） | | | ○ | ○ | ○ | ○ | ○ | ○ | ○ |
| | | | （塗装なし） | | | ○ | ○ | | | | | |

（注1）低モジュラス系の材料を使用する．（注2）塗装性について事前確認をすることが必要である．（注3）汚染の可能性があるので注意を要する．
（注3）高モジュラス型も使用できる．（注5）窯業系サイディングを使用する応用範囲を使用する．（注6）窯業系サイディングを使用する材料であることを確認する．
（接着性）耐震性．（注7）この表は一般的な目安であり実際の適用に際してはシーリング材製造業者に問い合わせを行い，十分に確認することが必要である．

図4.3.19にシーリング材による目地充てん処理の例を示す．図中のバックアップ材は，シーリング材の充てん深さと裏面の形状を確保するために，目地に装てんされる材料（発泡プラスチック）で，ボンドブレーカーは，金属パネルのムーブメントによりシーリング材裏面に応力が作用しないよう装着されている材料（シリコーンテープなど）である．

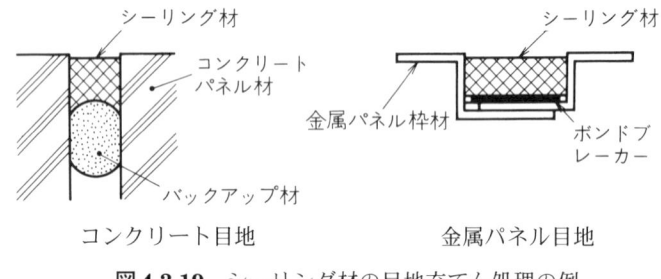

**図4.3.19** シーリング材の目地充てん処理の例

シーリング材の充てんに当たっては，目地は必要な接着面積を十分に確保できる構造となっていて，目違いがなく平坦でぜい弱部分のないことが要求される．また目地面には，水分，油分，さび，汚れ，ほこりなどが付着していないことも要求される．

充てん用のガン（gun）のノズルは，目地幅よりわずかに細いものを使用し，十分すみずみまで行きわたるよう加圧しながら充てんする．充てん後はへらで十分押さえ，下地と密着させて表面を平滑に仕上げる．シーリング材は目地の交さ部あるいは角部から行い，すき間，打ち残し，気泡のないよう目地のすみずみまで十分に充てんする．

**(6) ガスケット防水工事**［JIS A 5756（建築用ガスケット）］

建築で使用されるガスケットは，定形のシーリング材の一つで用途別に以下のように大別できる．

① グレイジングガスケット：ドアやサッシにガラスなどを取り付けるためのもの（図4.3.20参照）

② 気密ガスケット：ドアやサッシの可動部分や枠に装着し，機密性を保

持するためのもの(図4.3.21参照)
③ 目地ガスケット:建築構成材(金属・コンクリート板などの目地部分に使用し,機密性・水密性を確保するためのもの(図4.3.22参照)
④ 構造用ガスケット:建築構成材の開口部に取り付けて,ガラスなどを直接支持し水密性・機密性を確保するためのもの(図4.3.23参照)

ガスケットの品質・形状・性能は,JIS A 5756に規定され,上述の用途別区分の他に材質(塩化ビニル,クロロプレン,EPDM,シリコーン系)による区分がなされている.

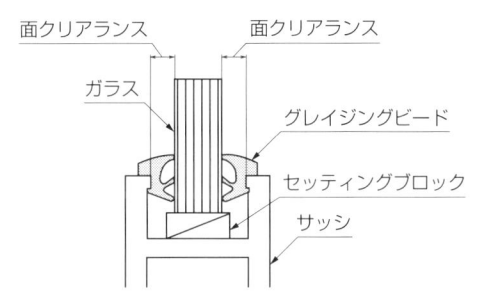

**図 4.3.20** グレイジングビード(例図)
(JIS A 5756)

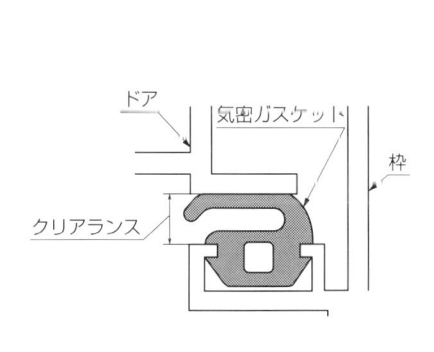

**図 4.3.21** ドアと枠とのクリアランス
(例図)(JIS A 5756)

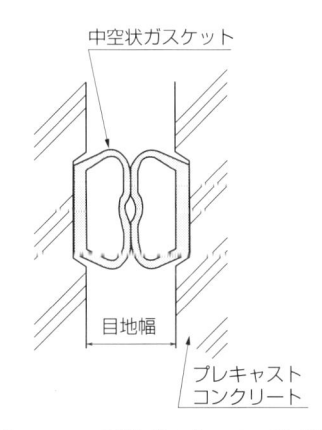

**図 4.3.22** 目地ガスケット(先付け)
(例図)(JIS A 5756)

338   4. 建築材料

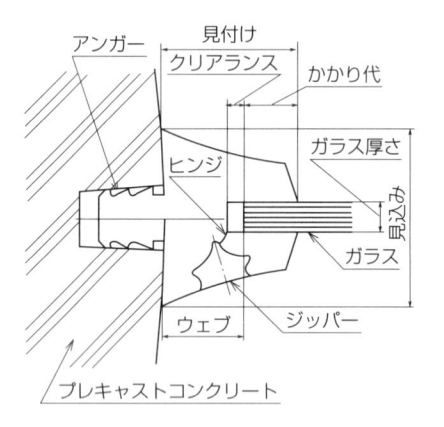

**図 4.3.23** Y型ガスケット（例図）
（JIS A 5756）

ガスケットの形状・性能の選定は，用途によって個別に決定される．

### 4.3.4 外装・サッシ工事

**(1) 仕上塗材工事**

かつて一般に建築で"吹付材"と呼ばれていた材料はJISの改正によって"建築用仕上塗材"となっているが，非常に種類が多い．その生産量は2001年で年間約29万トンに達しているという[19]．

表4.3.9にJIS A 6909（建築用仕上塗材）による種類と呼び名を示す．

建築用仕上塗材のうち，内装用の製品については2003年7月から施行された改正建築基準法に対応するため，製造時にホルムアルデヒドを放散する原料の使用を禁止し，内装用であってもF☆☆☆☆相当になるようJISが改正された［4.2.2項(2)参照］．

もともと，吹付材といえば色セメント吹付材を指した時代もあったし，1950年頃からは，防水をかねた防水リシン吹付材のことも含めて呼称されたりもした．その後，建物の仕上げの多様化とともに各種のプラスチックエマル

---

[19] 水俣一夫：建築用仕上塗材の平成13年生産量にみる，月刊建築仕上技術，2002年5月号，p.70–72，工文社

## 4.3 工事別に見たプラスチック材料

**表 4.3.9　JIS A 6909 による建築用仕上塗材の種類及び呼び名**

| 種類 | | 呼び名 | 参考 | | |
|---|---|---|---|---|---|
| | | | ①用途　②層構成　③塗り厚 | 主な仕上げの形状 | 通称（例） |
| 薄付け仕上塗材[2] | 外装けい酸質系薄付け仕上塗材 | 外装薄塗材 Si | ①主として外装用 ②下塗材＋主材又は主材だけ ③3mm 程度以下 | 砂壁状 | シリカリシン |
| | 可とう形外装けい酸質系薄付け仕上塗材 | 可とう形外装薄塗材 Si | | ゆず肌状 | |
| | 外装合成樹脂エマルション系薄付け仕上塗材 | 外装薄塗材 E | | 砂壁状 | 樹脂リシン，アクリルリシン，陶石リシン |
| | 可とう形外装合成樹脂エマルション系薄付け仕上塗材 | 可とう形外装薄塗材 E | | 砂壁状，ゆず肌状 | 弾性リシン |
| | 防水形外装合成樹脂エマルション系薄付け仕上塗材 | 防水形外装薄塗材 E | | ゆず肌状，さざ波状，凹凸状 | 単層弾性 |
| | 外装合成樹脂溶液系薄付け仕上塗材 | 外装薄塗材 S | | 砂壁状 | 溶液リシン |
| | 内装セメント系薄付け仕上塗材 | 内装薄塗材 C | ①内装用 ②下塗材＋主材又は主材だけ ③3mm 程度以下 | 砂壁状 | セメントリシン |
| | 内装消石灰・ドロマイトプラスター系薄付け仕上塗材 | 内装薄塗材 L | | 平たん状，ゆず肌状，さざ波状 | けい藻土塗材 |
| | 内装けい酸質系薄付け仕上塗材 | 内装薄塗材 Si | | 砂壁状，ゆず肌状 | シリカリシン |
| | 内装合成樹脂エマルション系薄付け仕上塗材 | 内装薄塗材 E | | 砂壁状，ゆず肌状，さざ波状 | じゅらく |
| | 内装水溶性樹脂系薄付け仕上塗材[1] | 内装薄塗材 W | | 京壁状，繊維壁状 | 繊維壁，京壁，じゅらく |
| 厚付け仕上塗材[2] | 外装セメント系厚付け仕上塗材 | 外装厚塗材 C | ①外装用 ②下塗材＋主材 ③4〜10mm 程度 | スタッコ状 | セメントスタッコ |
| | 外装けい酸質系厚付け仕上塗材 | 外装厚塗材 Si | | | シリカスタッコ |
| | 外装合成樹脂エマルション系厚付け仕上塗材 | 外装厚塗材 E | | | 樹脂スタッコ，アクリルスタッコ |

表 4.3.9 （続き）

| 種類 | 呼び名 | 参考 ①用途 ②層構成 ③塗り厚 | 主な仕上げの形状 | 通称（例） |
|---|---|---|---|---|
| 厚付け仕上塗材[2] | 内装セメント系厚付け仕上塗材 | 内装厚塗材 C | ①内装用<br>②下塗材＋主材又は主材だけ<br>③4〜10mm 程度 | スタッコ状<br>かき落とし状<br>平たん状 | セメントスタッコ |
| | 内装消石灰・ドロマイトプラスター系厚付け仕上塗材 | 内装厚塗材 L | | | けい藻土塗材 |
| | 内装せっこう系厚付け仕上塗材 | 内装厚塗材 G | | | けい藻土塗材 |
| | 内装けい酸質系厚付け仕上塗材 | 内装厚塗材 Si | | | シリカスタッコ |
| | 内装合成樹脂エマルション系厚付け仕上塗材 | 内装厚塗材 E | | | 樹脂スタッコ，アクリルスタッコ |
| 軽量骨材仕上塗材 | 吹付用軽量骨材仕上塗材 | 吹付用軽量塗材 | ①主として天井用<br>②下塗材＋主材<br>③3〜5mm 程度 | 砂壁状 | パーライト吹付，ひる石吹付 |
| | こて塗用軽量骨材仕上塗材 | こて塗用軽量塗材 | | 平たん状 | |
| 複層仕上塗材[3] | ポリマーセメント系複層仕上塗材 | 複層塗材 CE | ①内装及び外装用<br>②下塗材＋主材＋上塗材<br>③3〜5mm 程度 | ゆず肌状<br>月面状<br>平たん状 | セメント系吹付タイル |
| | 可とう形ポリマーセメント系複層仕上塗材 | 可とう形複層塗材 CE | | | セメント系吹付タイル（可とう形，微弾性，柔軟形） |
| | 防水形ポリマーセメント系複層仕上塗材[4] | 防水形複層塗材 CE | | | |
| | けい酸質系複層仕上塗材 | 複層塗材 Si | | | シリカタイル |
| | 合成樹脂エマルション系複層仕上塗材 | 複層塗材 E | | | アクリルタイル |
| | 防水形合成樹脂エマルション系複層仕上塗材[4] | 防水形複層塗材 E | | | ダンセイタイル（複層弾性） |
| | 反応硬化形合成樹脂エマルション系複層仕上塗材 | 複層塗材 RE | | | 水系エポキシタイル |

4.3 工事別に見たプラスチック材料

**表 4.3.9** （続き）

| 種類 | | 呼び名 | 参考 | | 通称（例） |
|---|---|---|---|---|---|
| | | | ①用途 ②層構成 ③塗り厚 | 主な仕上げの形状 | |
| 複層仕上塗材([3]) | 防水形反応硬化形合成樹脂エマルション系複層仕上塗材([4]) | 防水形複層塗材RE | ①内装及び外装用 ②下塗材＋主材＋上塗材 ③3～5mm程度 | ゆず肌状 月面状 平たん状 | |
| | 合成樹脂溶液系複層仕上塗材 | 複層塗材RS | | | エポキシタイル |
| | 防水形合成樹脂溶液系複層仕上塗材([4]) | 防水形複層塗材RS | | | |
| 可とう形改修用仕上塗材([3]) | 可とう形合成樹脂エマルション系改修用仕上塗材 | 可とう形改修塗材E | ①外装用 ②主材＋上塗材 ③0.5～1mm程度 | 凹凸状 ゆず肌状 平たん状 | |
| | 可とう形反応硬化形合成樹脂エマルション系改修用仕上塗材 | 可とう形改修塗材RE | | | |
| | 可とう形ポリマーセメント系改修用仕上塗材 | 可とう形改修塗材CE | | | |

注([1]) 内装水溶性樹脂系薄付け仕上塗材には，耐湿性，耐アルカリ性，かび抵抗性の特性を付加したものがある．
　([2]) 内装薄付け仕上塗材及び内装厚付け仕上塗材で吸放湿性の特性を付加したものについては，調湿形と表示する．
　([3]) 複層仕上塗材及び可とう形改修用仕上塗材で，耐候性を区分する場合は，耐候形1種，耐候形2種，耐候形3種とする．
　([4]) 防水形複層塗材で耐疲労性の特性を付加したものについては，耐疲労形と表示する．

備考1. セメント系とは，結合材としてセメント又はこれにセメント混和用ポリマーディスパージョンを混合した仕上塗材をいう．
　　2. けい酸質系とは，結合材としてけい酸質結合材又はこれに合成樹脂エマルションを混合した仕上塗材をいう．
　　3. 合成樹脂エマルション系とは，結合材として合成樹脂エマルションを使用した仕上塗材をいう．
　　4. 合成樹脂溶液系とは，結合材として合成樹脂の溶液を使用した仕上塗材をいう．
　　5. 水溶性樹脂系とは，結合材として水溶性樹脂又はこれに合成樹脂エマルションを混合した仕上塗材をいう．
　　6. ポリマーセメント系とは，結合材としてセメント及びこれにセメント混和用ポリマーディスパージョン又は再乳化形粉末樹脂を混合した仕上塗材をいう．
　　7. 反応硬化形合成樹脂エマルション系とは，結合材としてエポキシ系などの使用時に反応硬化させる合成樹脂エマルションを使用した仕上塗材をいう．
　　8. 内装消石灰・ドロマイトプラスター系とは，結合材として消石灰及び／又はドロマイトプラスター又はこれにポリマーディスパージョン又は再乳化形粉末樹脂を混合した仕上塗材をいう．
　　9. せっこう系とは，結合材としてせっこうを使用した仕上塗材をいう．

ション，最近はエポキシ樹脂を使ったものも出現し，前述のとおり，かなり細分化された種類のものがあり，ユーザとしてもその選択にとまどうほどである．

仕上塗材を生産している業界団体には，日本建築仕上材工業会があり，ここではその定義を，"建築物の内外壁又は天井の表面に，ある種の造形的テクスチャー・パターンを与えると同時に，必要に応じて着色・つや出しを行うため，主として吹付工法により施工する化粧用仕上材で，そのテクスチャー・パターンには，砂壁状・ゆず肌模様，スチップル模様，凸部処理模様，クレーター模様，スタッコ状などがあり，山の部分の厚さが 0.3～15 mm 程度の仕上材"としている．これらの仕上塗材の施工については，日本建築学会建築工事標準仕様書のうちで JASS 23 が制定されている．

仕上塗材を構成する原料面からみると，無機系のものでは，セメント，混和材，骨材，顔料，防水剤など，有機系のものでは，エマルション型，溶剤型，化学反応型樹脂が主流で，これへ顔料，溶剤，可塑剤などが添加される．また，近年は従来の仕上塗材に弾性を付与し，防水機能をも付加したものが市販されている．

一般的に仕上塗材は，従来の塗料と左官材料の中間に位するものともいえるが，建築での使用例も多く，メーカの数も上記工業会に加盟しているものだけで 70 社を超えている（1989 年）といい，各メーカから出されている商品名別にあげると膨大な数になっている．

最近は，仕上塗材に対し単に化粧（外観性）ではなく，下地への保護性能が強く期待されている．このうち，下地の中性化の防止効果については，塗膜層の均一性と厚さが寄与し（図 4.3.24，図 4.3.25），下地の動き（挙動）への追従性の経年変化の傾向については図 4.3.26，図 4.3.27 を参照されたい．

仕上塗材の耐用年数は，建物の躯体のそれに比べて一般に短い．したがって，ある期間ごとに塗り替えが必要になるため，このことをあらかじめ考慮に入れ（劣化した場合の補修・改修仕様，例えば図 4.3.28 のような）ておかなければならない．

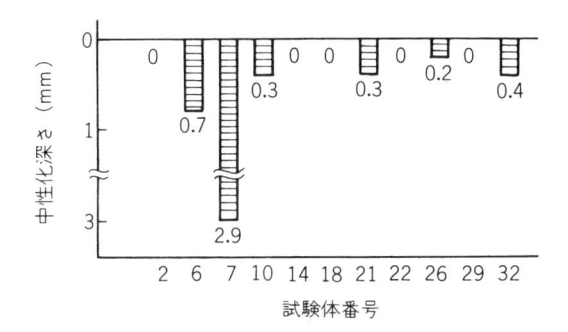

4.3 工事別に見たプラスチック材料

**図 4.3.24** モルタルの中性化深さ（JIS A 6909 の材料）[20]

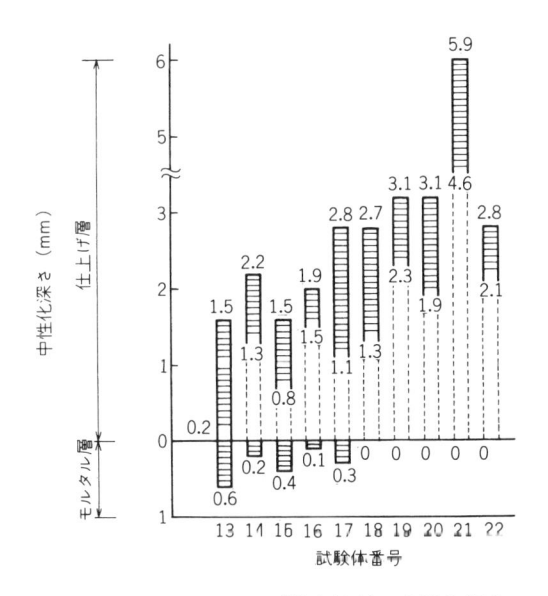

**図 4.3.25** モルタル及び仕上塗材の中性化深さ
（JIS A 6909 の材料）[20]

---

20) 楡木他(1989)：耐久性能試験方法に関する研究（その36）外装用仕上塗材の中性化抑制効果，日本建築学会大会学術講演梗概集，p.27–28
21) 建築用仕上塗材の耐久性能に関する研究報告書(1990)：日本建築仕上材工業会・建設省建築研究所

344   4. 建築材料

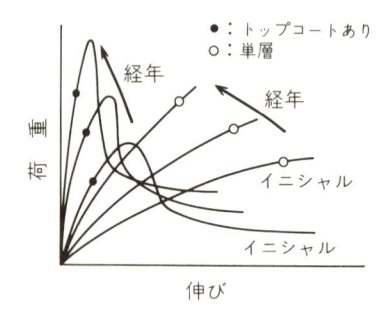

**図 4.3.26** 可とう形仕上塗材の経年による伸び-荷重の関係モデル図[21]

**図 4.3.27** 可とう形仕上塗材の屋外暴露による厚さと伸びの関係[21]

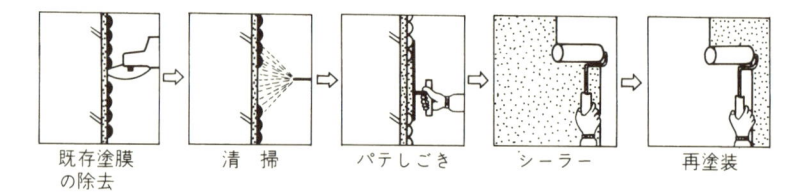

**図 4.3.28** 仕上塗材の改修の工程例

既存塗膜の除去 → 清掃 → パテしごき → シーラー → 再塗装

**図 4.3.29** 各種暴露角度による塗仕上材の耐久性能評価（水平に近くなると劣化の進行が速くなる．）

**図 4.3.30** 実大壁に施工された状態での耐久性能評価（実用的な試験結果が得られる．窓回りは汚れやすく，劣化が早期に進む．必ずしも南面が早期に劣化するとは限らない．）

**(2) 塗装工事**

建築用仕上塗材は，下地表面に 0.3 〜 10.0 mm くらいの厚い皮膜をローラ，吹付けなどでつくるものであるが，ここでは，いわゆる塗料（ペイント）による塗装工事を対象とする．

建築では下地の種類が木質系のものから，鉄，アルミニウム，コンクリートと多種に及んでいるため，使われる塗料の種類，更に塗装系，塗装工程も非常に複雑である．合成樹脂系のもので JIS に規定があるものだけでも 10 数種があり，本項でこれらのすべてを記述することは不可能でもあるため，用途別に概要を示すことにする．なお，建築現場での塗装工事については，代表として日本建築学会工事標準仕様書（JASS 18 塗装工事）や国土交通省官庁営繕部建築工事共通仕様書があり，塗装対象別に適用可能な塗料・塗装の種別が示されている．図 4.3.31 に下地がコンクリート及びボードの場合の塗料選定の目安を示す．

2003 年 7 月に施行されたシックハウス問題に対応した改正建築基準法に関連して，一般用さび止めペイント，合成樹脂調合ペイントなどを含む約 10 種の塗料がホルムアルデヒドを発散する材料として指定された［4.2.2 項 (2) 参

4. 建築材料

```
コンクリート・ボード等
├─ 外部
│   ├─ 透明
│   │   ├─ 高耐候性
│   │   │   ├─ 常温乾燥形ふっ素樹脂ワニス塗り
│   │   │   ├─ アクリルシリコーン樹脂ワニス塗り
│   │   │   └─ 2液形ポリウレタンワニス塗り
│   │   └─ 美装性 ─ 汎用性 ─ アクリル樹脂ワニス塗り
│   └─ 不透明着色
│       ├─ 高耐候性
│       │   ├─ [常温乾燥形ふっ素樹脂エナメル塗り]
│       │   ├─ [アクリルシリコーン樹脂エナメル塗り]
│       │   └─ [2液形ポリウレタンエナメル塗り]
│       └─ 美装性
│           ├─ 高度美装性
│           │   ├─ アクリル樹脂エナメル塗り
│           │   ├─ 非水分散形アクリル樹脂エナメル塗り
│           │   └─ 塩化ビニル樹脂エナメル塗り
│           ├─ 模様性 ─ [マスチック塗材塗り]
│           └─ 汎用性
│               ├─ [つや有合成樹脂エマルションペイント塗り]
│               └─ [合成樹脂エマルションペイント塗り]
└─ 内部
    ├─ 透明
    │   ├─ 2液形ポリウレタンワニス塗り
    │   └─ アクリル樹脂ワニス塗り
    └─ 不透明着色
        ├─ 防食性・耐水性
        │   ├─ 2液形タールエポキシ樹脂塗料塗り
        │   ├─ 2液形厚膜エポキシ樹脂エナメル塗り
        │   └─ 2液形エポキシ樹脂エナメル塗り
        ├─ 美装性・耐水性
        │   ├─ [アクリル樹脂エナメル塗り]
        │   ├─ [非水分散形アクリル樹脂エナメル塗り]
        │   └─ [塩化ビニル樹脂エナメル塗り]
        ├─ 床仕上用
        │   ├─ 2液形エポキシ樹脂エナメル塗り
        │   ├─ 2液形ポリウレタンエナメル塗り
        │   └─ アクリル樹脂エナメル塗り
        └─ 美装性
            ├─ 模様性
            │   ├─ [マスチック塗材塗り] *
            │   ├─ [多彩模様塗料塗り] *
            │   └─ [合成樹脂エマルション模様塗料塗り] *
            └─ 汎用性
                ├─ [つや有合成樹脂エマルションペイント塗り] *
                └─ [合成樹脂エマルションペイント塗り] *
```

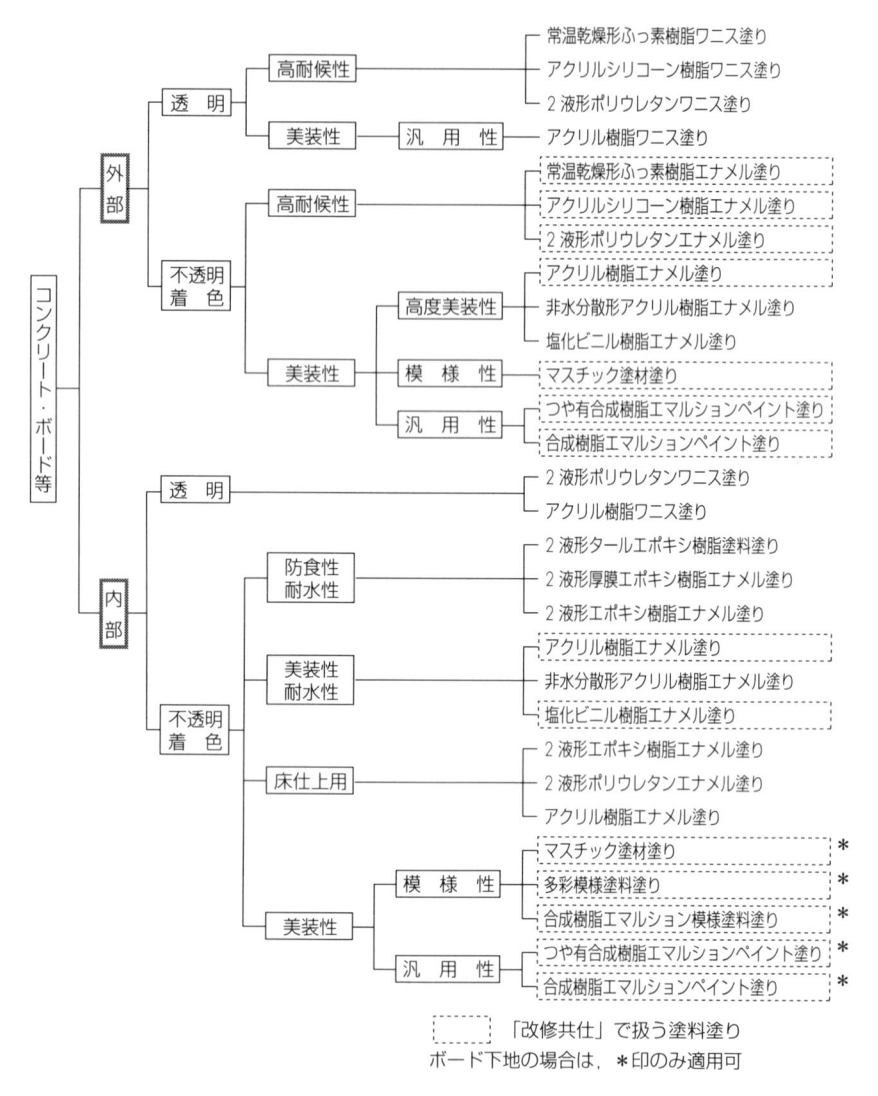

[____] 「改修共仕」で扱う塗料塗り
ボード下地の場合は，＊印のみ適用可

**図4.3.31** コンクリート・ボード等下地における塗料選定の目安[16]

## 4.3 工事別に見たプラスチック材料

照].

このため，2003年3月までに指定された各材料のJISを改正し，ホルムアルデヒド放散等級を設けるなど，建築物の居室の内装への安全な利用が図られている.

ここで，建築の一般部分に利用されているものを一般用塗料と呼ぶとすれば，この中には油性塗料（ボイル油，油性ペイント，油ワニス，油性エナメル），酒精塗料（ラックニスの類），水性塗料，合成樹脂塗料（アルキド，フェノール，ビニル，メラミン，エポキシ，ウレタン，エマルションなど），さび止め塗料があげられよう．

建築のうち，特に防食性が要求される場合（強アルカリ，強酸が作用するおそれのある化学工場，海浜に接している場所，海洋構造物など）には防食，重防食塗料が使われる．主なものは，塩化ゴム，塩化ビニル，エポキシ系，ふっ素系のものが多い．このうち，特にふっ素系のものは従来のものに比べて高耐久という面から注目されている．

塗料の性能は，最終的には組み合わせられた塗装系（システム）として評価される．この例を図4.3.32，表4.3.10，表4.3.11に示す．

塗装系の性能は，地域によって左右される．イギリスでの鉄鋼構造物の防食に関する規格（BS 5493）の中では，使用環境を，田園，一般工業，化学工業，

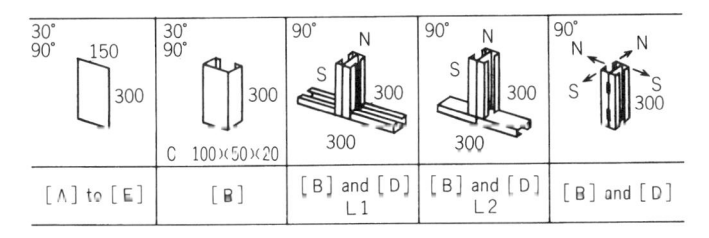

| [A] to [E] | [B] | [B] and [D] L1 | [B] and [D] L2 | [B] and [D] |
|---|---|---|---|---|

試験体の下地鋼板はJIS G 3350による厚さ2.3 mmとし，形状・寸法は図に示すように平板のみでなく，溝形鋼，及びこれを溶接したものを対象としている．
　鋼材の表面処理は，A（黒皮付脱脂のみ），B（A＋りん酸塩系化成処理），C（黒皮除去りん酸塩系化成処理），D（溶融亜鉛めっき；片面90 g/m²）及びE（D＋りん酸塩系化成処理）の5種としている．また，塗装は，すべて工場塗装によっている．

**図4.3.32　試験体の寸法と形状**[22]

**表 4.3.10** 腐食面積とデグリー [22]

| R 0 | 0% |
| R 1 | 5% |
| R 2 | 10% |
| R 3 | 30% |
| R 4 | 60% |
| R 5 | 60%以上 |

**表 4.3.11** 屋外暴露10年後の外観観察結果 [22]

| | 塗装システム | | No. | 30° | | | 90° | | |
|---|---|---|---|---|---|---|---|---|---|
| | 下塗り（μm） | 上塗り（μm） | | A | B | E | A | B | E |
| 1 | 一般用さび止めペイント（刷毛塗り：30） | | 24 | R3 | R2 | — | R2 | R1 | — |
| | | | 39 | 5年 | 5年 | — | 5年 | R4 | — |
| 2 | 一般用さび止めペイント（刷毛塗り：30） | 合成樹脂調合ペイント（刷毛塗り：25） | 24 | 5年 | R1 | — | 5年 | R1 | — |
| | | | 39 | R2 | R1 | — | R2 | R1 | — |
| 3 | ジンククロメートさび止めペイント（刷毛抜り：20） | 合成樹脂調合ペイント（刷毛塗り：25） | 39 | R2P | R1 | P | R2P | R1 | P |
| | | | 49 | R2P | R1P | P | R2P | R1P | P |
| 4 | ジンククロメートさび止めペイント（刷毛塗り：20） | フタル酸樹脂エナメル（刷毛塗り：20） | 39 | 5年 | R1 | — | 5年 | R1 | — |
| | | | 49 | 5年 | R1 | — | 5年 | R1 | — |
| 5 | 鉛酸カルシウムプライマー（刷毛塗り：30） | 合成樹脂調合ペイント（刷毛塗り：25） | 39 | — | — | R1CR | — | — | R1 |
| | | | 49 | — | — | R1 | — | — | R1 |
| 6 | 塩化ゴム系プライマー（刷毛塗り：40） | 塩化ゴム系上塗り塗料（刷毛塗り：30） | 49 | — | — | R1P | — | — | R1P |
| | | | 36 | — | — | R1 | — | — | R1 |
| 7 | エポキシエステルプライマー（刷毛塗り：30） | エポキシエナメル（刷毛塗り：30） | 84 | 5年 | R2B | — | 5年 | R1 | — |
| | | | 36 | R2PB | R1 | — | 6年 | R1 | — |
| 8 | 2液形エポキシプライマー（吹付け：40） | ポリウレタンエナメル（吹付け：20） | 24 | R2B | R1B | R0 | 5年 | R1B | R0 |
| | | | 39 | R2B | R1B | R1 | R1B | R1 | R0 |
| | | | 49 | 5年 | 5年 | R0 | 5年 | 5年 | R0 |
| 9 | 2液形タールエポキシ樹脂塗料（刷毛塗り：70） | | 24 | 5年 | 5年 | 6年 | R3PB | R2B | R1 |
| | | | 39 | R2B | R2B | R1 | R2B | R0 | R0 |
| 10 | 有機系ジンクリッチプライマー（吹付け：15） | | 84 | 5年 | 5年 | — | 5年 | 5年 | — |
| | | | 36 | 2年 | 5年 | — | 4年 | 5年 | — |
| 11 | 有機系ジンクリッチプライマー（吹付け：15） | 塩化ゴム系上塗り塗料（刷毛塗り：30） | 84 | 5年 | R3PB | — | 5年 | R3PB | — |
| | | | 24 | R1 | R2 | — | R1 | R2 | — |

4.3 工事別に見たプラスチック材料

**表4.3.11** （続き）

| | 塗装システム | | No. | 30° | | | 90° | | |
| --- | --- | --- | --- | --- | --- | --- | --- | --- | --- |
| | 下塗り（μm） | 上塗り（μm） | | A | B | E | A | B | E |
| 12 | 有機系ジンクリッチプライマー（吹付け：15） | 水溶性焼き付け塗料（浸せき：15） | 84 | R1B | R2B | — | R1B | R1B | — |
| | | | 49 | 5年 | 5年 | — | 5年 | 5年 | — |
| | | | 36 | R1B | R1 | — | R1B | R1 | — |
| 13 | 水溶性焼き付け塗料（浸せき：20） | | 84 | 5年 | R3PB | R1 | R3PB | R3PB | R0 |
| | | | 24 | 5年 | 5年 | R3 | 5年 | 5年 | R0 |
| | | | 36 | 5年 | R1 | R0 | 5年 | R1 | R0 |
| 14 | 水溶性焼き付け塗料（浸せき：20） | 水溶性焼き付け塗料（浸せき：15） | 84 | R1 | R1 | R0 | R2B | R1 | R0 |
| | | | 24 | 5年 | R2 | R0 | 5年 | R1 | R0 |
| | | | 36 | R2P | R1CR | R2 | R1 | R1 | R1 |
| 15 | 水溶性焼き付け塗料（浸せき：15） | アミノアルキド樹脂エナメル（吹付け：15） | 84 | R2 | R2 | R1 | R1 | R1 | R1 |
| | | | 24 | 5年 | R2 | R1 | 5年 | R1 | R1 |
| 16 | 水溶性焼き付け塗料（カチオン系電着：20） | | 84 | 5年 | 5年 | — | 7年 | 7年 | — |
| | | | 36 | 4年 | 4年 | — | 5年 | 5年 | — |
| 17 | 水溶性焼き付け塗料（アニオン系電着：20） | | 84 | 2年 | 2年 | — | 3年 | 3年 | — |
| | | | 36 | 5年 | 5年 | — | 5年 | 5年 | — |
| 18 | 水溶性焼き付け塗料（アニオン系電着：20） | 熱硬化形アクリルエナメル（吹付け：25） | 49 | 5年 | R2 | — | 6年 | R1 | — |
| | | | 36 | R3PB | R2PB | — | R2PB | R1 | — |
| 19 | 水溶性プライマー（吹付け：20） | 水溶性上塗り塗料（吹付け：25） | 84 | R1 | R1P | R1 | R1 | R1 | R0 |
| | | | 49 | 5年 | R1 | R1 | 7年 | R1 | R1 |
| 20 | | エポキシ系粉体塗料（70） | 84 | 3年 | R0 | R0 | 4年 | R0 | R0 |
| | | | 39 | 4年 | 9年 | 7年 | 5年 | R1 | R0 |
| 21 | | ポリエステル系粉体塗料（70） | 84 | 3年 | R2 | R0 | 4年 | R0 | R0 |
| | | | 24 | 5年 | R2 | R0 | 5年 | R1 | R0 |
| | | | 39 | R3PB | R1 | R1 | R3PB | R1 | R1 |
| 22 | | アクリル系粉体塗料（70） | 84 | R1P | R1 | R0 | R1 | R1 | R0 |
| | | | 24 | R4PB | R1 | R0 | 4年 | 5年 | R0 |
| | | | 39 | 3年 | R1 | R0 | 4年 | R1 | R0 |

備考 P：はがれ CR：割れ B：ふくれ

海辺，海洋の五つに区分し，これと建物の部位を組み合わせて塗装系をグレード化して推奨している．この点に関する我が国での実験結果を，表4.3.12，表4.3.13に示すが，地域による差が大きい．

防かび塗料は，油性，合成樹脂系のビヒクルへ重金属，PCPなどを混入し

---

22) 楡木他(1987)：耐久性能試験方法に関する研究（その31）塗装鋼材の10年間の屋外ばくろ試験結果，日本建築学会大会学術講演梗概集，p.665-666

表 4.3.12 対象としたさび止め塗装システム[23]

| No. | さび止めペイント |
|---|---|
| 1 | |
| 2 | |
| ⋮ | 水系さび止めペイント |
| 13 | |
| 14 | |
| 15 | JIS K 5621（一般用さび止めペイント）1種 |
| 16 | JIS K 5621（一般用さび止めペイント）2種 |
| 17 | JIS K 5622（鉛丹さび止めペイント）1種 |
| 18 | JIS K 5622（鉛丹さび止めペイント）2種 |
| 19 | JIS K 5625（シアナミド鉛さび止めペイント）1種 |
| 20 | JIS K 5625（シアナミド鉛さび止めペイント）2種 |
| 21 | JIS K 5627（ジンククロメートさび止めペイント）2種A |
| 22 | JIS K 5628（鉛丹ジンククロメートさび止めペイント）2種 |
| 23 | アクリルエマルション系さび止めペイント |
| 24 | 水系エポキシさび止めペイント |
| 25 | JIS K 5624（塩基性クロム酸鉛さび止めペイント） |

たものであるが，殺虫効果をもった合成樹脂塗料の中へBHC, DDTなどの有機系殺虫剤を入れた殺虫塗料とともに不用意に取り扱えない塗料である．

　ストリップペイントは，塗膜の付着力が自然にははがれない程度のもので，必要な際にはシート状にはがすことができる．このペイントは，建築金物，金属部品，パネルなどの一時的な養生材として多く使われている．

　X線を使う部屋では，壁面からの2次散乱を防ぐ目的でX線防御塗料が利用される．X線に関連し，放射線を扱う場所では，放射能汚染防御塗料が使用される．

　従来，建築での塗装は現場で行われてきた．しかし，近年は部品化したものを工場で塗装し，現場では組み立てるだけ，ということが多くなっている．工場における塗装は設備・品質管理の面からも信頼性の高い塗装が期待しうる．しかし，現状での塗料の性能からみるといずれは塗膜が劣化し，補修，再塗装を行うことは明らかである．この際にはほとんどの場合に現場で行わざるを得ないことを勘案すると，従来からの現場で行われた塗装も含めて，現場におけ

4.3 工事別に見たプラスチック材料

る具体的な補修のための材料仕様，塗装方法をあらかじめ念頭においておくことが肝要である．

**表 4.3.13** 屋外暴露 5 年後の地域別劣化傾向[23]

| 劣化度[1] | 暴露地 | 劣化形態[2] | | | | | | | | | 合計 |
|---|---|---|---|---|---|---|---|---|---|---|---|
| | | R | C | B | P | M | BR | PR | CR | MR | |
| 0 | 札幌 | | | | | 8 | | | | | 8 |
| | 宮崎 | | | | | 0 | | | | | 0 |
| | 筑波 | | | | | 7 | | | | | 7 |
| | 横浜 | | | | | 2 | | | | | 2 |
| 1 | 札幌 | 11 | 11 | 1 | 0 | 9 | 9 | 2 | 1 | 13 | 57 |
| | 宮崎 | 0 | 0 | 0 | 0 | 0 | 0 | 0 | 0 | 19 | 19 |
| | 筑波 | 16 | 2 | 0 | 0 | 0 | 6 | 1 | 0 | 32 | 57 |
| | 横浜 | 2 | 8 | 0 | 0 | 2 | 1 | 0 | 0 | 31 | 44 |
| 2 | 札幌 | 0 | 2 | 1 | 0 | 1 | 2 | 0 | 0 | 1 | 7 |
| | 宮崎 | 0 | 0 | 0 | 0 | 0 | 0 | 0 | 0 | 27 | 27 |
| | 筑波 | 0 | 0 | 0 | 0 | 0 | 0 | 0 | 1 | 9 | 10 |
| | 横浜 | 0 | 1 | 1 | 0 | 0 | 0 | 0 | 0 | 16 | 18 |
| 3 | 札幌 | 0 | 0 | 0 | 0 | 0 | 0 | 0 | 0 | 3 | 3 |
| | 宮崎 | 0 | 0 | 0 | 0 | 0 | 0 | 0 | 0 | 26 | 26 |
| | 筑波 | 0 | 0 | 0 | 0 | 0 | 0 | 0 | 0 | 5 | 5 |
| | 横浜 | 0 | 0 | 0 | 0 | 0 | 0 | 0 | 0 | 6 | 6 |
| 4 | 札幌 | 0 | 0 | 0 | 0 | 0 | 1 | 0 | 0 | 0 | 1 |
| | 宮崎 | 0 | 0 | 0 | 0 | 0 | 0 | 0 | 0 | 9 | 9 |
| | 筑波 | 0 | 0 | 0 | 0 | 0 | 0 | 0 | 0 | 0 | 0 |
| | 横浜 | 0 | 0 | 0 | 0 | 0 | 0 | 0 | 0 | 2 | 2 |
| 5 | 札幌 | 0 | 1 | 0 | 0 | 3 | 0 | 0 | 0 | 4 | 8 |
| | 宮崎 | 0 | 0 | 0 | 0 | 0 | 0 | 0 | 0 | 5 | 5 |
| | 筑波 | 0 | 0 | 0 | 0 | 0 | 0 | 0 | 2 | 3 | 5 |
| | 横浜 | 0 | 0 | 1 | 0 | 1 | 0 | 0 | 0 | 7 | 9 |

注 ([1]) 劣化度 0 は異常なし，5 は最も劣化の著しいものとした．
　([2]) 劣化形態の分類　R：さび，C：われ，B：ふくれ，P：はがれ，BR：ふくれさび，CR：われさび，PR：はがれさび，M：C, B, P の混在，MR：BR, CR, PR の混在
　備考　表中の数字は平板の試験体における，劣化した試験体の数を示す．

---

23) 楡木他(1987)：耐久性能試験方法に関する研究（その 30）防食塗装システムの耐久性能評価について（III），同上，p.655-656

塗膜の実用的な耐久性能データを得るためには，実寸法の下地，溶接部を含んだ性能試験が必要になる．

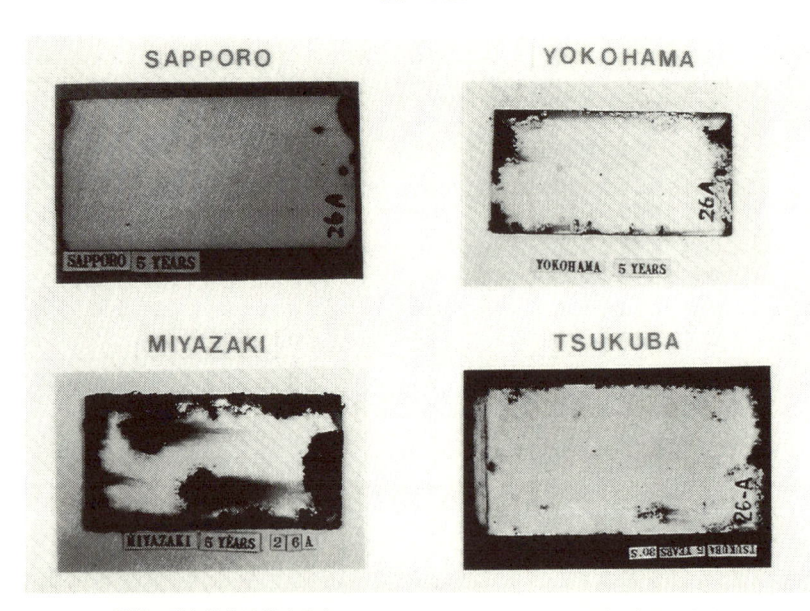

**図 4.3.33**

塗膜の耐久性能は地域環境によって異なる．この例では温暖・多湿な宮崎が最も劣化の進行が速い．札幌では他の地域にみられない割れが進行する．

**図 4.3.34**

## (3) 外壁サイディング張り工事

外壁サイディング張り工事は，木造・鉄骨造系建築物の外壁に適用される．サイディング材は主として無機質（繊維強化されたものを含む．）系ボード，塩化ビニル鋼板と断熱材を組み合わせたものなど多種の製品があり，サイディング材の接合部・目地にはシーリング防水・金物が使用される．

## (4) プラスチック製サッシ取付工事［JIS A 4706（サッシ）］

建物の断熱は外壁，屋根等を入念に断熱化しても，開口部分の断熱対策がなされないと，開口部からの熱の流出・流入量が多いため，居室の断熱性能は確保できない．こうした流れの中で開発されてきたものが複層ガラス（例えば3 mm厚のガラス2枚の間に12 mmの空気層を入れて1枚のガラスにしたもの）を用い，更に構成部材にも断熱材を採用したいわゆる断熱型サッシである（図4.3.35）．

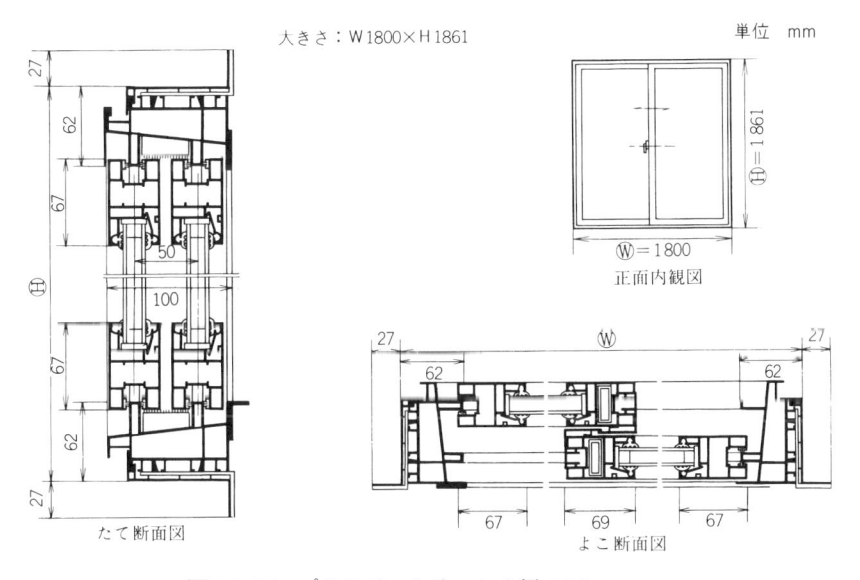

図4.3.35　プラスチックサッシの例［断熱型サッシ，(財)ベターリビング発行による．］

354　　　　　　　　　　　4. 建築材料

　建築の外壁の窓（除く天窓）用のサッシの性能は，JIS A 4706 で耐風圧・気密・水密・遮音・断熱性などが規定されている．

　通称「断熱サッシ」又は「断熱タイプサッシ」といわれているものは，断熱性能区分（5等級 H–1 〜 5，熱貫流抵抗値 0.215 〜 0.430 $m^2 \cdot K/W$ 以上）のうち，H–1 以上のものである．

　プラスチック製サッシは，通常は強度補強材として鋼材が使用されている．また，主要枠材として木材を用い，その表面を塩化ビニルで被覆した製品もある．

　優良住宅部品の認定を受けた断熱型サッシ・天窓には，従来からのアルミニウム，木製のほか，プラスチック製のものがある．プラスチック製サッシは，その断熱性能が評価され，当初は北海道などの寒冷地で多く活用されたが，最近は一般地域にも広く使用されるようになっている．

　プラスチックサッシの使用実績は比較的浅く，耐用性を予測しうる資料は乏しいが，図 4.3.36，図 4.3.37 に，我が国で市販されている 5 種類のプラスチックサッシの性状の経年変化を示す．

**図 4.3.36**　実大レベルの屋外暴露試験実施状況（つくば市）

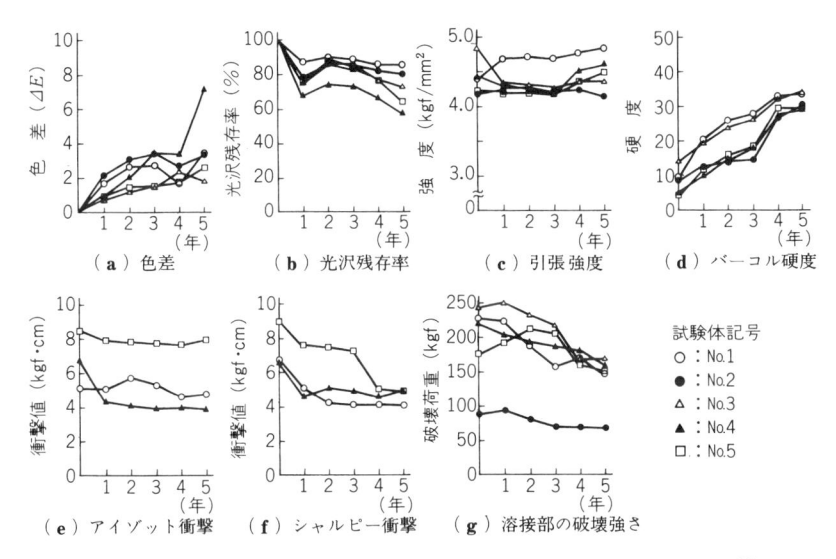

**図 4.3.37** 屋外暴露試験によるプラスチックサッシの性状の変化[23]

### (5) 窓ガラス用フィルム張り工事

窓ガラス用フィルムは，建築物の窓ガラスに以下の目的で貼付される．

① 日射遮蔽フィルム：室内空間の冷・暖房効果の向上
② ガラス飛散防止フィルム：地震・爆発時などの衝撃によるガラスの飛散落下被害の軽減
③ 日射遮蔽・ガラス飛散防止フィルム：上記①と②の双方の目的

フィルムの種類・品質・性能は，JIS A 5759（建築窓ガラス用フィルム）に規定されている．

フィルムはガラス面の外側及び内側から貼付するものに区分される．使用上の留意として，曇りガラスの粗面側に貼るとフィルムに膨れが生じやすいこと，有機ガラスには貼らないこと，上記のうち①及び③種を網入りガラスや熱線吸収ガラスに貼るとガラスに熱割れ現象が発生するおそれがあることがあげられる．

### 4.3.5 内装工事における床材料

床は"ユカ"と読んで人間の歩行のための部位であることを定義して，"トコ"が歩行動作を受けない部位［例えば床の間（トコノマ）］であることと明確に区別している．したがって床にとって床の上を歩行するときの歩行感の良否は重要である．また履物の使用の有無も材料の選択にとって重要である．先進国の中で唯一建物内部で履物を脱ぐ習慣のある我が国の建物の床材の使用条件は，幅が広く，床材に対する性能要求も多様となっている．このような複雑な要求に応えられるように，床材料の種類は極めて多い．したがって，プラスチック系のほかに，木質系，石材系，窯業製品系，金属系，繊維系など空間の用途に応じて，各種の材質のものが存在する．その中でプラスチック系は，他の材質にはみられない色彩の豊かさとその多様性，軟質のものから硬質のものまで人工的に製造することのできるフレキシビリティ，更には耐摩耗性の良さ，耐水性の良好なことなどの理由から，早くからその利用が図られていて，利用される空間の用途やニーズの高度化に柔軟に対応することのできる材料として，今後とも一層の進展が期待される材料である．プラスチック床材は，施工法によって張り床材と塗り床材の二つに区分される．

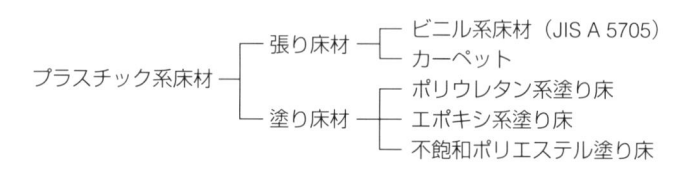

```
                          ┌─ 張り床材 ─┬─ ビニル系床材（JIS A 5705）
プラスチック系床材 ─┤           └─ カーペット
                          │           ┌─ ポリウレタン系塗り床
                          └─ 塗り床材 ─┼─ エポキシ系塗り床
                                      └─ 不飽和ポリエステル塗り床
```

**図 4.3.38** プラスチック系床材の種類

**(1) 張り床工事**

プラスチック系張り床材は，大別して，ビニル系床材（JIS A 5705）及びカーペットの2種に区分される．

**(1.1) 張り床タイル** 張り床タイルは粘結材，充てん材などの種類によって，ビニル床タイル，ゴム床タイル及びレジンテラゾーの三つに区分される．

**(a) ビニル床タイル** ビニル床タイルの品質は，JIS A 5705に規定され，

ホモジニアス床タイル（塩化ビニル樹脂の含有量が多く，ファッション性の高い模様のタイルで意匠性に富み，高級感があるが，湿分と温度の変化に敏感ではく離防止のため高強度接着剤を使用する.），及びコンポジションビニル床タイル（充てん材として有機繊維又は石綿以外の無機繊維を含むもので，半硬質と軟質とに分けられる．半硬質は20℃のJISへこみ値が0.15 mm以下，軟質は0.23 mm以下で区分する．最も多く使用されているタイルで，管理も容易でマーブル模様のものが多い．表面が平滑なものは滑りやすく，耐摩耗性も良くない.）がある.

**(b) ゴム床タイル** JISには規定されていない．合成ゴム，天然ゴムを粘結材とし，加硫剤，軟化剤，充てん材，顔料を用いて製造され，ゴム独特の弾力性による歩行感がある．耐摩耗性も大であるが，施工に手間がかかり，耐油性に乏しい．

**(c) レジンテラゾータイル** JISには規定されていない．大理石片や人工チップを不飽和ポリエステル樹脂又はエポキシ樹脂を粘結材として厚さ4 mm程度に成形したタイルで，特に耐摩耗性と耐熱性に優れていて，テラゾー意匠感があるので，店舗，玄関ホールなどに使われる．

```
                                ┌─ ホモジニアスビニル床タイル
                ┌─ ビニル床タイル ─┼─ コンポジションビニル床タイル（半硬質）
                │   (JIS A 5705)  └─ コンポジションビニル床タイル（軟質）
張り床タイル ──┼─ ゴム床タイル ───┬─ 合成ゴム系タイル
                │                  └─ 天然ゴム系タイル
                └─ レジンテラゾータイル ┬─ 不飽和ポリエステル系タイル
                                       └─ エポキシ系タイル
```

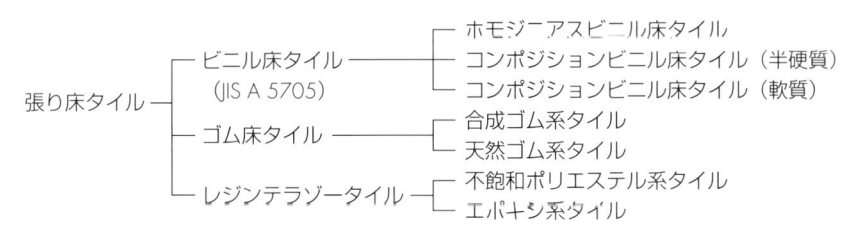

**図4.3.39** 張り床タイルの種類

**(1.2) 張り床シート** 張り床シートは，ビニル床シート，ゴム床シート及びリノリウムシートに大別される.

**(a) ビニル床シート** ビニル床シートは粘結材，充てん材及び積層基材の種類によって，発泡層のないものとあるものに分け，更に積層基材によって区分され，ビニル床タイルとともにJIS A 5705に品質・性能等が規定されている.

```
                                            ┌─ 単体シート
                            ┌─ 発泡層のないもの ─┼─ 織布シート
                            │   (JIS A 5705)   ├─ フェルトシート
              ┌─ ビニル床シート ─┤                └─ ビニル層シート
              │             │
張り床シート ──┤             └─ 発泡層のあるもの ─┬─ ビニル層シート
              │                (JIS A 5705)    └─ クッションフロアシート
              ├─ ゴム床シート ─┬─ 合成ゴムシート
              │              └─ 天然ゴムシート
              └─ リノリウムシート
```

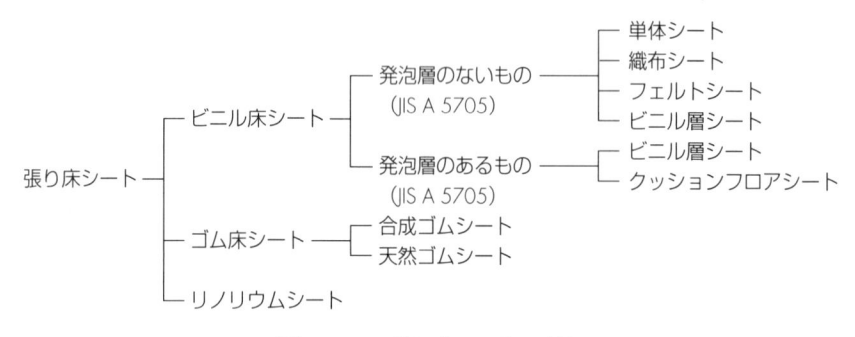

**図 4.3.40** 張り床シートの種類

発泡層のないものは，表層から裏面まで均一な成分の単体シート（均一なので摩耗が進んでも外観変化はないが，反面，装飾性に乏しく，接着剤の選定が難しい．）のほか，織布積層ビニル床シート（ビニル床シートの代表的な製品で，長尺塩ビシートという俗称からもわかるように塩ビ，可塑剤，安定剤，充てん材，顔料を混練して裏打ち用甲織布に積層し，長さ 9 m 巻きとして提供される．）や，フェルト積層ビニル床シート（フェルトで裏打ちされ輸入品が多い．軽量で床衝撃音が小さく装飾性に富むので店舗への利用が多い．）やビニル層シート（ビニル層のほか，不織布を積層したりして，歩行感も良好で重歩行にも耐え，デザイン性も高く，店舗などへの利用が多い．）がある．

発泡層のあるものには，ビニル層シート（発泡したビニルシートの上に表面層としてビニルシートが積層された複合シートで，表面層は耐摩耗性が大で，発泡層は，弾力性，断熱性があり，歩行時の衝撃吸収，転倒時の安全性が高い．熱風による溶接によってシート相互の目地の処理が可能なタイプもあり，幼稚園，病院，シルバーマンションなどに利用される．）とクッションフロアシート（表面層は透明ビニル層でその直下に印刷層を設け，その下に発泡層があり，ケミカルエンボス法によって製造される．デザイン性に富み，発泡層による衝撃吸収性があって，一般住宅用や店舗に用いられる．）がある．

**(b) ゴム床シート** JIS には規定されていない．合成ゴム又は天然ゴムに加硫剤，促進剤，炭酸カルシウム，クレー，顔料などを混練してシート状にし

たもので，帯電防止，導電性マットなど特殊用途向けのシートである．

**(c) リノリウムシート** JISには規定されていない．酸化アマニ油，松ヤニの混練物に，炭酸カルシウムやコルク粉末，木粉などを加えて混練し，麻などの上に積層圧延してシートとし，空気酸化させて強度を与えて製造したシートで，微量に発生するアルデヒド系ガスによる殺菌性があることで特に医療機関の床仕上げに用いられた．現在は輸入のみで，施工性が悪く特殊な用途の床材として利用されるのみである．

**(1.3) カーペット（じゅうたん）**

**(a) 種類** 床（ユカ）の敷物として使われる厚い織物を総称して，カーペットという．カーペットは，大別して，パイル（pile）の有無で2種類になる．パイルは，カーペットをはじめ，ビロードのけば，タオルの輪など織物の基布の面の上に飛び出しておおっている小突起をいう．

パイルのあるカーペットには，ペルシャ絨毯やウイルトンのような織カーペットやタフテッドカーペットのような刺繍カーペットなどがある．

パイルのないカーペットには，圧縮カーペットであるニードルパンチカーペットや花むしろ，三笠織などがある．

これらカーペットのうち，タフテッドカーペットは，カーペットの全生産量

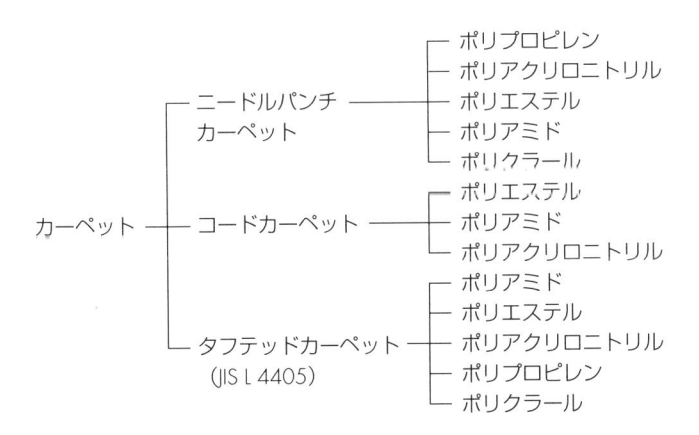

```
カーペット ┬─ ニードルパンチ     ┬─ ポリプロピレン
          │  カーペット         ├─ ポリアクリロニトリル
          │                    ├─ ポリエステル
          │                    ├─ ポリアミド
          │                    └─ ポリクラール
          │
          ├─ コードカーペット ───┬─ ポリエステル
          │                    ├─ ポリアミド
          │                    └─ ポリアクリロニトリル
          │
          └─ タフテッドカーペット ┬─ ポリアミド
             (JIS L 4405)       ├─ ポリエステル
                                ├─ ポリアクリロニトリル
                                ├─ ポリプロピレン
                                └─ ポリクラール
```

**図 4.3.41** カーペットの種類

の98%を占め，タイルカーペットとしてオフィス用（パイル長4 mm程度），ロールカーペットとして，業務用，家庭用，自動車用など用途が広い．

**(i) タイルカーペット** 最も多く使われているタフテッドカーペットによるタイルカーペットは，50 cm角のタイル状のカーペットを，再はく離可能なズレ防止用接着剤で下地に市松状又は流し張状で施工でき，フリーアクセスフロア用の床上げ材としても使われている．

タフテッドカーペットは，パイル系を基布に刺してパイルを形成するが，基布の下面にバッキング材を接着し形状を安定し，施工性を向上させている．このバッキング材は，塩ビシートとガラス繊維強化ポリエステル樹脂板との積層シートが使われている．

最近，塩ビ樹脂の燃焼時の健康安全性への危惧から，オレフィン系の樹脂シートへの転換が検討されているが，使用実績は低いといわれている．

**(ii) ニードルパンチカーペット** 着色された原料繊維を混ぜ合わせて繊維ウエッブとし，これをニードルで突きさして基布にからませてフェルト状とし，SBRラテックスなどを浸み込ませて乾燥させて仕上げたものが大部分であるが，最近は張り合わせたものや裏面から特殊な処理をしてパイル状の表面のように見えるものもある．しかし，不織布でパイルのないカーペットであって実用上の機能性を重視した床材である．

不織布なので裁断が自由でほつれが出ず，施工が平易で経済的な床材であるが，厚み方向の弾力性に乏しく，表面感触が固く，デザインが不自由で色の変化だけの外観デザインとなってしまうなどの問題点がある．

ニードルパンチを用いたタイルカーペットは，オフィスビルの床材として，インテリジェントビルの配線収納床に広く用いられている．

**(iii) コードカーペット** コードカーペットは不織布や糸を凹凸うね状に成型して，この成型したものを基布に接着剤で接着して製造する．接着剤は塩化ビニル樹脂系のものが多いが，発泡性をもつ接着剤を使用することもある．タフテッドのような風合いを出すので，ニードルパンチの材質より評価は高いが需要量は少ない．

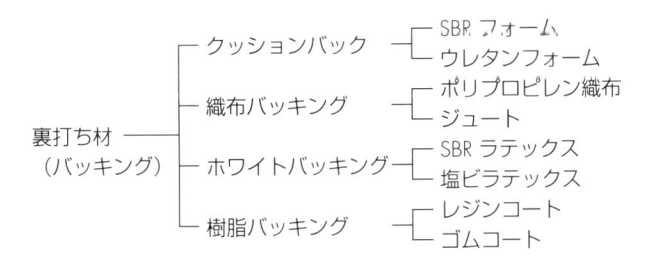

## 4.3 工事別に見たプラスチック材料

**(iv) タフテッドカーペット** タフテッドカーペットはJIS L 4405（タフテッドカーペット）にその品質の規定があり，L 1021（繊維製床敷物の構造に関する試験方法）によりテスト結果を求めることができる．

タフテッドカーペットは表面パイルの形状をカット状，ループ状，カットアンドループ状など高級感を与えるものからはん用のものまで極めて多くのバリエーションがあって多種多様の製品があり，かつ生産スピードが速く，全カーペットの80％のシェアを有している．

```
                    ┌ 手織りカーペット ── だんつう
                    ├ 機械折りカーペット ─ ウィルトン
         ┌ パイルのある ├ 刺しゅうカーペット ─ タフテッド
         │ カーペット   ├ 編みカーペット ─── ニット
カーペット ┤           ├ 接着カーペット ─── コード
         │           └ 電着カーペット ─── フロック
         └ パイルのない ┌ 圧縮カーペット ─── ニードルパンチ
           カーペット   └ 織りカーペット ─── 平織り
```

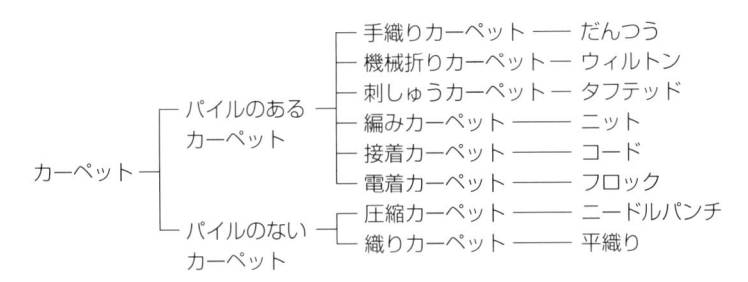

**図 4.3.42** 製法によるカーペットの分類

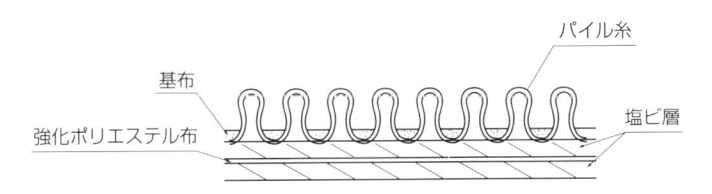

**図 4.3.43** タフテッドカーペットの塩ビバッキング材

```
                    ┌ クッションバック ┬ SBRフォーム
                    │                └ ウレタンフォーム
         ┌ 織布バッキング ┬ ポリプロピレン織布
裏打ち材 ┤               └ ジュート
（バッキング）           
         ├ ホワイトバッキング ┬ SBRラテックス
         │                   └ 塩ビラテックス
         └ 樹脂バッキング ┬ レジンコート
                         └ ゴムコート
```

**図 4.3.44** タフテッドカーペットのバッキング

タフテッドによるタイルカーペットの利用も拡大していて，パイル素材もアクリル（主として日本）やナイロン（主として米国，土足用）が多いが，弾力性の回復力のあるポリエステルもホットカーペットに用いられて伸びている．

タフテッドによるタイルカーペットの品質は，パイルに左右されるのはもちろんであるが，同時に裏打ち材（バッキング）の材質によっても差が出るとされる．アスファルト系のものと塩化ビニル系の裏打ち材があるが，最近は塩ビ系のバッキングのものが伸びている．

**(b) 性能** カーペットに要求される性能としては，歩き心地，防音性，断熱性，防じん性，防汚染性，防虫・防ダニ性，抗菌性，防炎性，制静電気性，消臭性，色彩性，維持管理容易性などが挙げられるが，一方で芸術的な感覚を基にした心理的な癒し性への要求も大きい．また転倒安全性に対する要求も大きく，これらの性能がバランスよく満足するカーペットとして，施工性，経済性などの良さが加えられて，タイルカーペットの生産が他のカーペットを圧倒している．

**(c) 繊維の種類** カーペットに使用される繊維は，ウールのほか，ナイロン，アクリル，ポリプロピレン，ポリエステルなどが挙げられる．

ナイロン系は，帯電性に劣るが，土足用としても使える耐久性が良好で，タイルカーペット用として使用される．

アクリル系は，耐久性，耐摩耗性などは劣るがウールの風合いがあり，経済

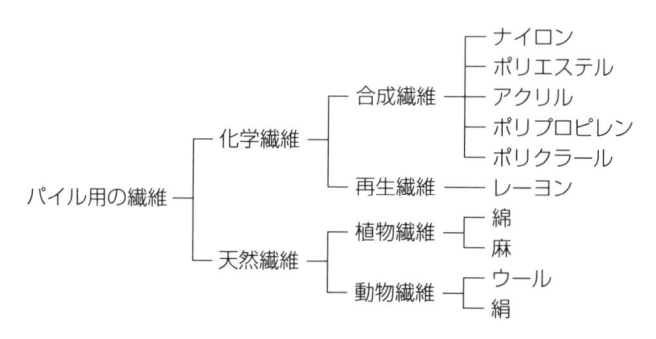

**図 4.3.45** パイルに用いる繊維の種類

的なので，各種マット類に用いられる．

ポリプロピレン系は，毛玉ができにくく，ナイロン系より経済的なので，一部タイルカーペットとして用いられるが，耐熱性が低い．

ポリエステル系は，耐熱性があるので，ホットカーペット用として多用される．弾力性があるので，ピース，ラグ，折りたたみカーペット用としてボリューム感のある点が活用される．

**(d) カーペット類の環境対策** カーペットの環境対策として，長寿命化のため，洗浄を工場で行い，交換するシステムが有効とされ，同時に管理コストの低減化を図っている．再利用は実施例が少ないが高炉還元剤としての利用やセメントの製造時の燃料への利用が進んでいる．

**(2) 塗り床工事**

建設現場で施工して継ぎ目なしの床仕上げとすることができる床材として教育用建物，工場，集会場，運動場などのほか，水掛りとなる床や開放廊下などにも広く用いられる床材である．単色の仕上げとなるが，耐薬品性や耐摩耗性の高い床とすることができる特徴をもつ床材である．

塗り床材は結合材の種類によって，ポリウレタン系，エポキシ系及び不飽和ポリエステル系の床材の3種がある．

**(a) ポリウレタン系塗り床** 主剤にポリイソシアネート化合物を用い，硬化剤としてポリオール，ポリアミンを使用し，これに促進剤，充てん材，顔料，可塑剤，粘度低減剤などを配合して混練したものである．

仕上がり面をつや消しにする場合，ノンスリップにする場合，色調の変化を防止する場合などの要求に応じるため，トップコートを塗布する．トップコー

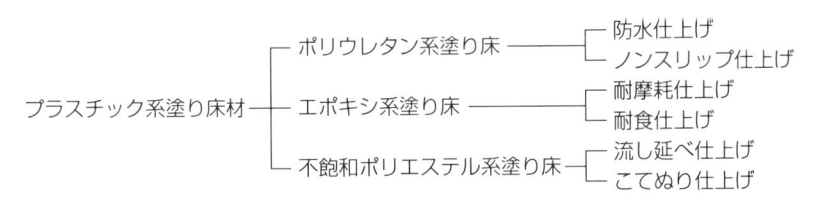

```
                         ┌─ ポリウレタン系塗り床 ──┬─ 防水仕上げ
                         │                          └─ ノンスリップ仕上げ
プラスチック系塗り床材 ──┼─ エポキシ系塗り床 ──────┬─ 耐摩耗仕上げ
                         │                          └─ 耐食仕上げ
                         └─ 不飽和ポリエステル系塗り床 ─┬─ 流し延べ仕上げ
                                                         └─ こてぬり仕上げ
```

**図4.3.46** 塗り床材の種類

トには，二成分形ポリウレタントップコートや二成分形アクリルウレタン樹脂トップコートや，一成分形ポリウレタントップコートなどが用いられる．

**(b) エポキシ樹脂系塗り床** エポキシ樹脂系塗り床は，主材はエポキシ樹脂を主成分とし，これにポリアミン系化合物を主成分とする硬化剤部分から成る結合材に，促進剤，充てん剤，添加剤などを加えたペーストである．樹脂ペーストを床面に流し，ローラバケで気泡が入らないように平坦に仕上げる方法と，金ゴテで押さえこみながら塗布する方法がある．トップコートにはエポキシ樹脂系のものが用いられる．

**(c) 不飽和ポリエステル樹脂系塗り床** 主剤の不飽和ポリエステル樹脂は，JIS K 6901（液状不飽和ポリエステル樹脂試験方法）に規定されるもので，常温硬化のオルソ系樹脂が最も一般的なものである．硬化促進剤はBPO/DMA系のものが多いが，MEKPO/CO系のものも使われる．ペースト状のものには超微粒子状無水シリカや炭酸カルシウムけい石粉などが用いられ，トップコートもポリエステル系のものである．樹脂モルタルとする場合は，細骨材にけい砂4号～7号のものを加え，コテ仕上げとする．

**(3) 畳・プラスチックデッキ・フリーアクセスフロア工事**

**(3.1) 畳（JIS A 5902）工事** JIS A 5902で規定する畳は，稲わら畳床及び稲わらサンドイッチ畳床（A 5901）又は建材畳床（A 5914）に，畳表や畳へり地を縫い付けた畳である．

この畳のうちプラスチック材料に関わるものは，畳床に，ポリスチレンフォーム板（A 9511）やポリオレフィンクロス用フラットヤーン（Z 1533）を裏面材に用い，ビニロン製，ポリエチレン製，ビニロン・レーヨン混紡製，ポリプロピレン製又はポリエステル製の縫糸で縫い付けた畳である．

**(a) 寸法** 寸法は記号として，95W–55, 91W–55, 88W–55 及び 88W–60 を定めている．

記号が95W–55の畳の寸法は，長さ1910 mm，幅955 mm，厚さ55 mm，記号が91W–55は，長さ1820 mm，幅910 mm，厚さ55 mmである．記号が88Wのうち88W–55は，長さ1760 mm，幅880 mm，厚さ55 mmで，

4.3 工事別に見たプラスチック材料

88W–60 は，厚さが 60 mm で，長さ及び幅は前者と同じ寸法である．

注文品の寸法は受渡当時者間の協定で定めることができる．

**(b) 品質**　畳の外観は使用に有害な汚れがなく，畳表が畳床に密着し，たるみ，いぐさ筋の曲がり，傷などの欠点がなく，隅部は正しく角度を保ったものでなければならないとしている．

**(c) 表示**　畳には種類，製造年月日，製造業者名を表示する．

**(3.2) 畳床**（JIS A 5901 及び A 5914）　畳床には，稲わら畳，ポリスチレンフォームサンドイッチ稲わら畳，タタミボードサンドイッチ稲わら畳及び建材畳の 4 種がある．ポリスチレンフォームサンドイッチ稲わら畳は，畳表（日本農林規格に定めるもの）と，JIS A 5901 に規定する畳床と畳ヘリなどで構成される．

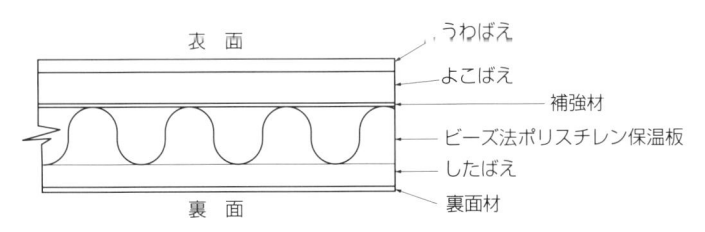

**(a) ポリスチレンフォームサンドイッチ稲わら畳床**　JIS A 5901 に規定する畳床は，ポリスチレンフォームサンドイッチ稲わら畳床である．この畳床は，"うわばえ"（畳床の見栄えを良くするために表面に配列するきれいな稲わら）の下にある"よこばえ"（うわばえの直下にあって，稲わらを縦横交互に配列させたときの横手方向に配列する稲わら）の下に補強材（プラスチック板又は厚紙）を置き，その下に JIS A 9511（発泡プラスチック保温材）に定めるビーズ法ポリスチレンフォーム保温板（厚さ 20 mm, 25 mm 又は 30 mm で，密度が 27 kg/m$^3$ 以上）を置く．この保温板の下部には，"したばえ"（畳床の下層に長手方向に平行に配列する稲わら）と裏面材（JIS Z 1533 に規定するテープヤーンの平織を JIS P 3401 に規定するクラフト紙 3 種に圧着したもの）

図 4.3.47　ポリスチレンフォームサンドイッチ稲わら畳床の構成

を設けた畳床をいう．

**(b) タタミボードサンドイッチ稲わら畳床** タタミボード（JIS A 5901で規定するタタミボード）の上部に"うわばえ"と"よこばえ"を置き，タタミボードの下面にしたばえと裏面材を配置した畳床を，"タタミボードサンドイッチ稲わら畳床"という．

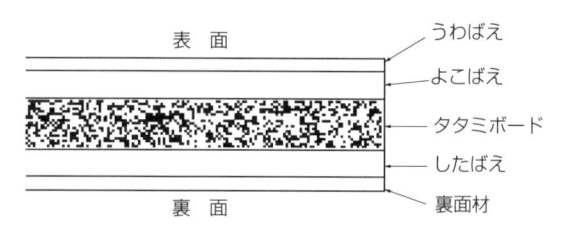

**図4.3.48** タタミボードサンドイッチ稲わら畳床の構成

タタミボードは，JIS A 5905（繊維板）に定める厚さ10 mm, 15 mm, 20 mmのもので，密度は0.27 g/cm$^3$以下，含水率5%以上13%以下の主に木材などの植物繊維を成形した繊維板である．タタミボードの曲げ強さは1.0 N/mm$^2$以上，吸水厚さ膨張率は10%以下の材質である．

このほか，畳床の製造には，JIS L 2501（ビニロン畳糸），ポリエチレン畳糸，ビニロン・レーヨン混紡畳糸，L 2504（ポリプロピレン畳糸），ポリエステル畳糸，Z 1533（ポリオレフィンクロス用フラットヤーン）などが使用される．

**(3.3) 建材畳床（JIS A 5914）**

**(a) 種類** 建材畳床は，タタミボード（A 5901）やポリスチレンフォーム板（A 9511）などを材料として製造した畳床で，Ⅰ形，Ⅱ形，Ⅲ形，K形，及びN形の5種類の区分がある．

 Ⅰ形：タタミボードを主な材料として構成したもので，タタミボードを3枚以上重ね，表面を保護材，裏面を裏面材で構成した畳床．

 Ⅱ形：タタミボードとポリスチレンフォーム板を主な材料として，2層に重ね，表面を保護材，裏面を裏面材で構成した畳床．

### 4.3 工事別に見たプラスチック材料

Ⅲ形：タタミボードとポリスチレンフォーム板を主な材料として，3層に重ね，表面を保護材，裏面を裏面材で構成した畳床．

K形：ポリスチレンフォーム板を主な材料として構成したもので，表面をクッション材と補強材，裏面をかまち補強材と裏面材で構成した畳床．

N形：ポリスチレンフォーム板を主な材料とし，これの表面にクッション材と補強材を重ね，裏面に裏面材を裏打ちした畳床で，かまち補強材のないもの．

**(b) 材料及び製造** 建材畳床に使用する材料は次の7種類で，畳床の種類に応じて使用する．Ⅰ形，Ⅱ形及びⅢ形は，次の①から④までの材料を組み合わせ，K形とN形は，②から⑥までの材料を組み合わせた後⑦に規定する縫糸を用いて製造する．

① タタミボード：JIS A 5905に規定するタタミボードで，その厚さは，10 mm, 15 mm及び20 mmとする．

② ポリスチレンフォーム板：JIS A 9511に規定する密度が27 kg/m$^3$以上で，燃焼試験で合格した品質を有し，厚さは，20 mm, 25 mm, 30 mm, 35 mm, 40 mm, 45 mm及び50 mmとする．

③ 裏面材：JIS Z 1533（ポリオレフィンクロス用フラットヤーン）に規定するテープヤーン1種又は2種で，密度は縦横とも10本/25.4 mmに平織にして，JIS P 3401に規定するクラフト紙3種に圧着したもの．

④ 保護材：保護効果，クッション性及び通気性をもち，虫害のおそれのない不織布，保護紙とする．

⑤ クッション材：引き裂きに強く，適切なクッション性を持っていて，虫害のおそれのないもの．

⑥ 補強材：合板，プラスチック板，厚紙などで使用に適したもの．

⑦ 縫糸：JIS L 2501（ビニロン畳糸），ポリエチレン畳糸，ビニロン・レーヨン混紡畳糸，L 2504（ポリプロピレン畳糸），又はL 2505（ポリエステル畳糸）に規定する糸．

**(c) 品質・寸法** 畳床の外観は四隅がほぼ直角で，使用上支障となる反り，ねじれ，欠け，糸切れ，及び裏面材に"しわ"のないものでなければならない．

**(3.4) 床用プラスチックデッキ工事** 住宅のベランダ，バルコニーなどの床にはポリエステル製，塩ビ製のプラスチックデッキが使われるが，その品質・寸法等はJIS A 5721（プラスチックデッキ材）に定められている．

**(a) 寸法・形状** デッキには，連結形と単独形とがあり，働き幅の寸法により，90形（90 mm），100形，150形，180形，200形及び300形がある．長さは，1 820 mm, 2 750 mm, 3 650 mm, 4 550 mmの4種で，高さは，25 mm, 28 mm及び30 mmのものがある．全体の形状は図4.3.49のとおりである．

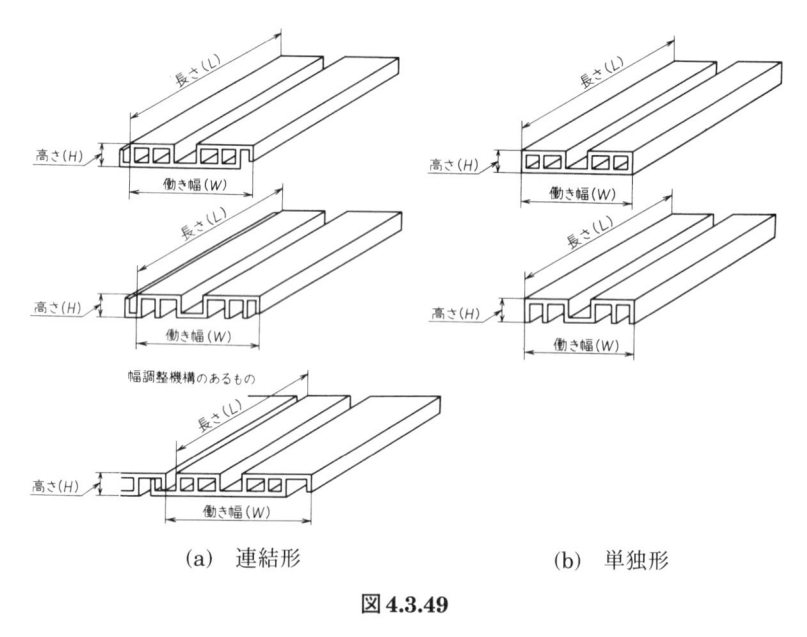

(a) 連結形　　　　　　　(b) 単独形

図 **4.3.49**

**(b) 性能** プラスチックデッキ材の性能は，JIS A 5721で定めている試験方法によって試験を行い，その結果，曲げ試験ではき裂がなく，たわみが3.5 mm以下であること．局部圧縮，衝撃ではき裂と割れの生じないこと，耐燃性

は燃え続けないこと，滑り出すのに 98.1 N（10 kgf）以上の力が必要であること，耐候性は，強さの変化が 15% 以内で伸びの変化が 50% 以内であることとしている．

**(c) 表示**　製品には，製造業者名，製造年月日，材料名を表示する．

**(d) その他の注意事項**　取扱時においては，熱による変形，重量物による長期クリープ性に注意するとともに，寒冷時に衝撃を加えないことにも注意を払う必要がある．

施工時においては，ビスによる固定作業を入念に行い，デッキ相互の突合せ接合部の目地を十分に突き合せることに注意するとともに，根太間隔を所定の寸法とし，たわみ変形をできるだけ少なくするように注意する．

**(3.5) フリーアクセスフロア工事**　フリーアクセスフロアは，構造床の上に設置する単位床を組み合わせた床で，電力配線，通信用配線，機器等の収納を容易にできる機能をもつ床である．製品規格は規定されていないが，JIS A 1450（フリーアクセスフロア構成材試験方法）がある．

フリーアクセスフロアの構成材は，パネル要素（表面仕上材一体のものを含む．）と支柱要素からなる単位床をいう．緩衝材は，パネル要素の下端又は支柱要素の上端にあって，パネル要素のガタツキ防止の役割をもつ．シートは構造床上に敷いて，パネル要素や支柱要素のガタツキを防止するものである．

フリーアクセスフロアの表面材には，タイルカーペット又はビニル床タイルが一般に用いられるが，帯電防止性能のあるものが望ましい．

プラスチック系の構成材には，ポリプロピレン，塩化ビニル樹脂，ABS 樹脂，FRP などがある．

敷設は，フリーアクセスの構法が，溝にパネルをはめこむ構法と，パネルを敷き並べる構法があり，それぞれの構法により異なる．工事の手順としては，墨出しの後，パネル下部の支柱を立て，その上にパネルを配置して表面材で仕上げるのが一般的である．

**(4) トイレブース**

パネルの主要構成基材は，JIS A 6512（可動間仕切）に規定する材料を用

いる．トイレブースのドア部分は，A 4702（ドアセット）による開閉繰返し試験を行って，10 万回開閉回数で開閉に異常がなくて，使用上の支障のないものを合格とする．

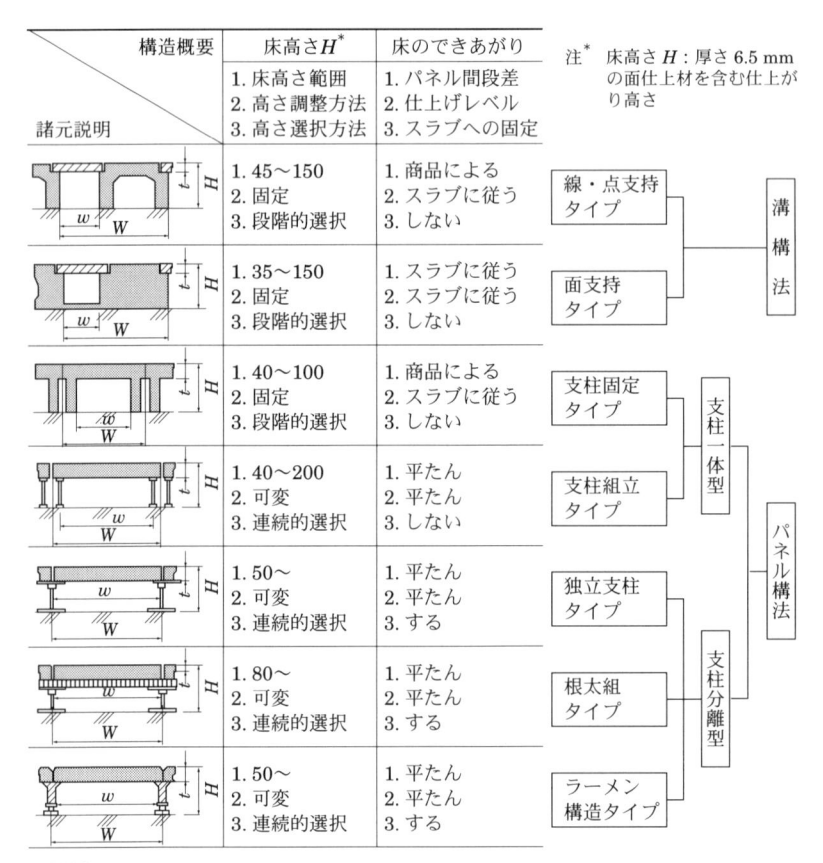

| 諸元説明 | 構造概要 | 床高さ$H^*$<br>1. 床高さ範囲<br>2. 高さ調整方法<br>3. 高さ選択方法 | 床のできあがり<br>1. パネル間段差<br>2. 仕上げレベル<br>3. スラブへの固定 | | | |
|---|---|---|---|---|---|---|
| | | 1. 45～150<br>2. 固定<br>3. 段階的選択 | 1. 商品による<br>2. スラブに従う<br>3. しない | 線・点支持タイプ | | 溝構法 |
| | | 1. 35～150<br>2. 固定<br>3. 段階的選択 | 1. スラブに従う<br>2. スラブに従う<br>3. しない | 面支持タイプ | | |
| | | 1. 40～100<br>2. 固定<br>3. 段階的選択 | 1. 商品による<br>2. スラブに従う<br>3. しない | 支柱固定タイプ | 支柱一体型 | パネル構法 |
| | | 1. 40～200<br>2. 可変<br>3. 連続的選択 | 1. 平たん<br>2. 平たん<br>3. しない | 支柱組立タイプ | | |
| | | 1. 50～<br>2. 可変<br>3. 連続的選択 | 1. 平たん<br>2. 平たん<br>3. する | 独立支柱タイプ | 支柱分離型 | |
| | | 1. 80～<br>2. 可変<br>3. 連続的選択 | 1. 平たん<br>2. 平たん<br>3. する | 根太組タイプ | | |
| | | 1. 50～<br>2. 可変<br>3. 連続的選択 | 1. 平たん<br>2. 平たん<br>3. する | ラーメン構造タイプ | | |

注* 床高さ $H$：厚さ 6.5 mm の面仕上材を含む仕上がり高さ

有効空間：$V = h \times W$
$h$：空間高さ $= H - t$
$H$：表面仕上材を含まない床高さ
$w$：有効幅 $= W - d$
$W$：標準グリッド幅
$d$：無効投影幅
$t$：無効高さ

**図 4.3.50** フリーアクセスフロアの構法と構造概要
（官庁営繕部監修，建築工事監理指針，平成 13 年版下巻）

4.3 工事別に見たプラスチック材料

**表 4.3.14** 可動間仕切の種類及び記号 (JIS A 6512)

| 構造及び構成 | | | 記号 | 備考 |
|---|---|---|---|---|
| 構造形式による種類 | 構造 | スタッド式 | S | スタッドとパネルによって構成されるもの. パネル スタッド パネル ☒ S |
| | | パネル式 | P | パネルによって構成されるもの. パネル パネル P |
| | | スタッドパネル式 | SP | パネルとスタッドが一体となって構成されるもの. スタッド パネル ☒☒ SP |
| | 空間の仕切り方 | 密閉形 | M | M O F |
| | | 開放形 | O | |
| | | 床置き形 | F | |
| 構成材の種類 | 構成部品 | 一般パネル | N | 開口部をもたないパネルをいう. |
| | | 出入口付パネル | D | ドア部分をもつパネルをいう. |
| | | 出入口以外の開口部付パネル | W | 欄間・がらり・窓などをもつパネルをいう. |
| | 主な構成基材[1] | スタッド | アルミニウム合金系 | AL | アルミニウム合金系スタッド |
| | | | スチール系 | ST | スチール系スタッド |
| | | | 上記以外 | E | 上記以外の材質のスタッド |
| | | パネル[2]（ドアを含む.） | 木質系 | w | 合板などを使用したもの及びこれと同等の性能をもつもの. |
| | | | スチール系 | st | 鋼板などを使用したもの及びこれと同等の性能をもつもの. |
| | | | ガラス系 | g | ガラス板を主に用いたもの. |
| | | | アルミニウム合金系 | al | アルミニウム合金板などを使用したもの及びこれと同等の性能をもつもの |
| | | | 樹脂系 | p | 樹脂板などを使用したもの及びこれと同等の性能をもつもの. |
| | | | 石こう系 | gy | 石こうボードなどを使用したもの及びこれと同等の性能をもつもの. |
| | | | 上記以外 | e | 上記以外の材質のもの. |

注[1] 主な構成基材とは，表面仕上を除いたものをいう.
　[2] 木桟・コア材，フレーム材などの内部構成材を含む.

(官庁営繕部監修，建築工事監理指針，平成13年版下巻)

**(5) 壁ボード張り工事**

内壁用プラスチック化粧ボード類（JIS A 5703）は，表面の化粧層によって，化粧板ばり板（プラスチック板又はプラスチック化粧板をボードにはり合わせたもの），熱硬化性樹脂オーバーレイ板（ボード類の表面にメラミン樹脂，ポリエステル樹脂，フェノール樹脂などの熱硬化性樹脂を用いてオーバーレイ加工したもの），熱可塑性樹脂オーバーレイ板（ボード類の表面に塩化ビニル樹脂などの熱可塑性樹脂を用いてオーバーレイ加工したもの），塗装板（ボード類の表面にメラミン樹脂塗料，ポリエステル樹脂塗料，フェノール樹脂塗料などの塗料を焼付け又は硬化させたもので，樹脂の厚さが 0.1 mm 以上のもの）及びプリント板（ボード類の表面にプラスチック塗料を用いて印刷したもので樹脂厚が 0.1 mm 以上のもの）の5種類がある．

ボードの寸法は，900×1 800，910×1 820，900×2 400，910×2 430，1 200×2 700（mm）などがあり，厚さはボード類によって種々のものがある．

内装用の化粧繊維板は，JIS A 5905（繊維板）のうち，ハードボードの表面を化粧して，密度 0.8 g/cm$^3$ 以上の板としたもので，表面の化粧は単板，合成樹脂シート，プラスチックフィルム又は紙・布類を接着したものか，合成樹脂塗料を用いて焼付け，硬化又は印刷したもの（塗装化粧硬質繊維板）もある．

化粧パーティクルボードは，パーティクルボード（JIS A 5908）に規定されるパーティクルボードの種類の一つで，素地パーティクルボードの表面に化粧単板やプラスチックシートやフィルムを接着したものと，合成樹脂塗料を焼付け，硬化又は印刷したものとがある．

これらのボード類は，建物の内壁に用いられ張り上げれば完成するので，現場での塗装や紙張りなどの作業が不要となり，かつ仕上がりも現場で行う場合より美しいパターンとすることができるので広く用いられている．

取り付けは，表面の化粧を傷つけないので接着剤で行うのが一般的で，くぎ等は仮り止め用として用いられ，硬化後は取り除かれる．

4.3 工事別に見たプラスチック材料　　　　373

内装用プラスチック系ボード類のうち，繊維板・パーティクルボードでは，建築基準法改正に対応するためにJISが改正され，区分が新設された（表4.3.15）．

**表4.3.15** 繊維板（JIS A 5905）のホルムアルデヒドに対する新基準

| 種　類 | 記　号 | ホルムアルデヒド放散量 | |
|---|---|---|---|
| | | 平均値 | 最大値 |
| F☆☆☆☆等級 | F☆☆☆☆ | 0.3 mg/l 以下 | 0.4 mg/l 以下 |
| F☆☆☆等級 | F☆☆☆ | 0.5 mg/l 以下 | 0.7 mg/l 以下 |
| F☆☆等級 | F☆☆ | 1.5 mg/l 以下 | 2.1 mg/l 以下 |

ボード類を取り付ける際に使用する接着剤についてもホルムアルデヒドの放出は問題になる［4.3.11項(1)参照］．

**(6) 壁紙張り工事**

内壁の仕上げ材としての紙・布類に要求される性能には，色彩とテクスチャーが最も大きな比重を占める．現在，和紙，洋紙を使用する例は少なく，量産化される化学繊維を原料として織られた薄手のものに紙を裏打ちしたもの，プラスチックを利用し，これをシート状に加工したものなどが大半を占めている．しかし，一方では，天然の原料を使ったものも"高級品"として使用されている．表4.3.16に構成材料の相違に基づいた分類を示す．

壁紙は，主に建築物の壁，天井などの内装仕上げとして張り付ける材料で，紙，繊維，無機質材（金属はくを含む．），プラスチック（塩化ビニル樹脂，エチレン酢酸ビニル共重合体樹脂，アクリル樹脂など）及びそれらを組み合わせた壁装用の製品をいう．あらかじめ，接着剤，粘着材などを塗布したものもこの中に含まれる．

**(a) 寸法**　壁紙の有効幅（施工可能な幅をいい，柄合せをするものは，柄合せ施工の有効幅をいう．）は，520 mm，920 mm及び460 mmの3種である．また，壁紙の長さは，有効長さ（施工可能な長さ）で表示する．

**(b) 品質**　壁紙には，使用上の実用性を損う外観上の色むら，きず，しわ，気泡，異物の混入，布目曲がり，柄ずれなどのないもので，退色性，耐摩耗性，

**表4.3.16** 壁装材料の種類

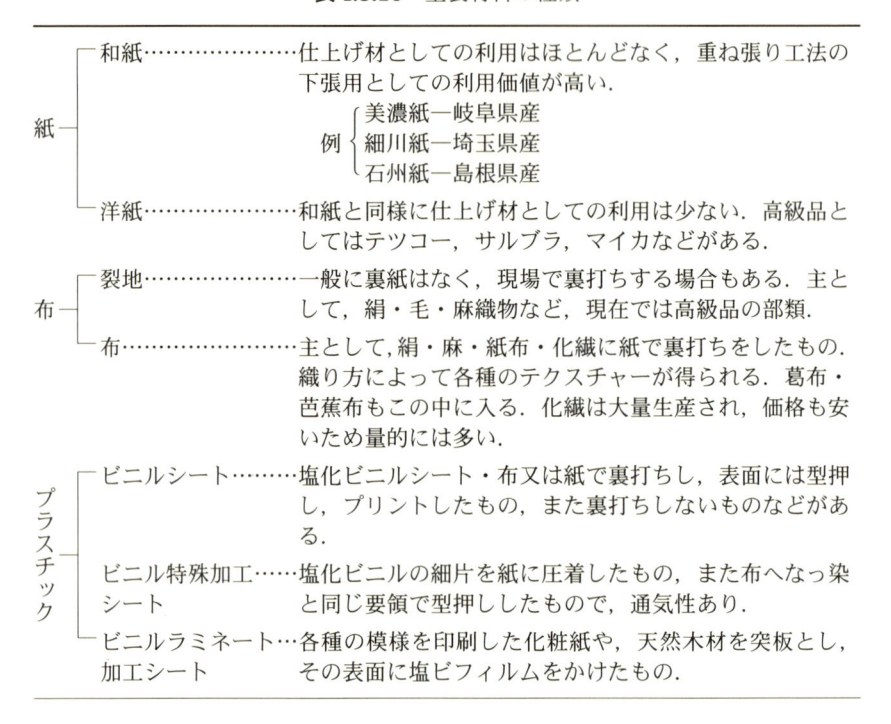

| | | |
|---|---|---|
| 紙 | 和紙 | 仕上げ材としての利用はほとんどなく，重ね張り工法の下張用としての利用価値が高い． 例 ｛ 美濃紙—岐阜県産 / 細川紙—埼玉県産 / 石州紙—島根県産 |
| | 洋紙 | 和紙と同様に仕上げ材としての利用は少ない．高級品としてはテツコー，サルブラ，マイカなどがある． |
| 布 | 裂地 | 一般に裏紙はなく，現場で裏打ちする場合もある．主として，絹・毛・麻織物など，現在では高級品の部類． |
| | 布 | 主として，絹・麻・綿布・化繊に紙で裏打ちをしたもの．織り方によって各種のテクスチャーが得られる．葛布・芭蕉布もこの中に入る．化繊は大量生産され，価格も安いため量的には多い． |
| プラスチック | ビニルシート | 塩化ビニルシート・布又は紙で裏打ちし，表面には型押し，プリントしたもの，また裏打ちしないものなどがある． |
| | ビニル特殊加工シート | 塩化ビニルの細片を紙に圧着したもの，また布へなっ染と同じ要領で型押ししたもので，通気性あり． |
| | ビニルラミネート加工シート | 各種の模様を印刷した化粧紙や，天然木材を突板とし，その表面に塩ビフィルムをかけたもの． |

隠ぺい性，施工性が良好であって，湿潤時の強度，ホルムアルデヒド放散量及び硫化汚染性に問題のないものである．

　この品質を試験するため，JIS A 6921（壁紙）では，それぞれの試験方法を決めている．

　退色性と耐摩耗性試験に対して，プラスチック系壁紙は紙，繊維，無機質のものと比べて，表面強度が優れていることを特徴の一つとしているので，新しい規格では以前の規格値の2倍の退色時間をかけ，また耐摩擦性も乾燥時で2倍，湿潤時で5倍の性能を有していることを示している．

　**(c) 表示**　壁紙製品には，1巻ごとに，寸法（有効幅，有効長さ），製品業者名，退色性と耐摩耗性の選択した試験条件，及び含有量の多い材料順に材料名を記載する．

4.3 工事別に見たプラスチック材料 375

プラスチックは樹脂名で表示し，あらかじめ接着剤・粘着剤などを塗布した材料は，その旨を明記する．

4.2.2項(2)で記したように，壁紙は国土交通省告示1113号によりホルムアルデヒド発散建材の一つとして定められた．このため，2003年3月のJIS改正によりすべての種類についてホルムアルデヒド放散量が0.2 mg/$l$ 以下（旧JISでは0.5 mg/$l$）に制限（表示ではF☆☆☆☆）されることとなった結果，4.2.2項(2)で記した建築基準法上での面積制限は受けないで使用できるようになっている．

一般に壁紙は現場ででん粉系接着剤で施工されることが多く，これについては，JIS A 6922（壁紙施工用及び建具用でん粉系接着剤）に規定があり，これについては4.3.10項(1)を参照のこと．

**(7) 可動間仕切工事**

建物の内部空間に用いられて内部を仕切るが，必要に応じ分解，移設，再使用ができる性能を持つもので，その性能は，JIS A 6512（可動間仕切）で定められている．プラスチックは，この中のボードとしてもっぱら化粧ボード類［JIS A 5703（内装用プラスチック化粧ボード類），A 5908（パーティクルボード），A 5905（繊維板）］が用いられる．

間仕切には，パネル式，スタッド式，スタッドパネル式があり，移動間仕切には，伸縮式（アコーディオンドア型），折れ戸式（フォールディングドア型）

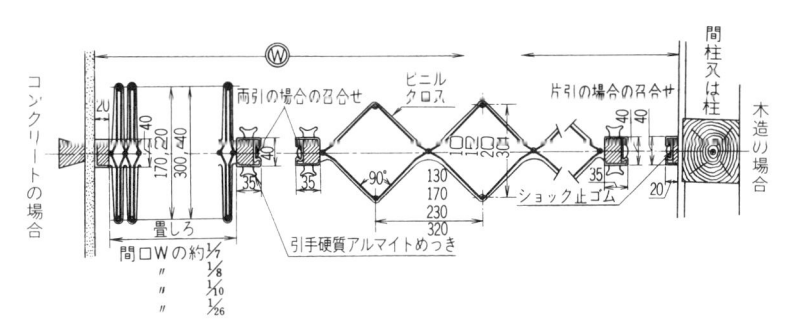

図 **4.3.51** アコーディオンドア型移動間仕切

及び引き戸式（スライディングドア型）がある．そのほか，空間の仕切り方には密閉形，開放形，床置き形の3タイプがある．

性能としては，耐衝撃性，遮音性，難燃性がそれぞれ定められ，耐衝撃性は，1 kg，3 kg及び5 kgの荷重に耐えられる三つのグレードがあり，遮音性は，500 Hzの音について五つのグレードのものがあり，難燃性は四つのグレードに分けられている．用途に応じて，最適な間仕切を選択できるようになっている．

可動間仕切の構成部品は，一般パネル，出入口付パネル，出入口以外の開口部付パネルがあり，スタッドとパネルを構成基材としている．パネルのうち，プラスチック材料を用いたものが使用され，特に内装用プラスチック化粧ボード類（A 5703）が多く用いられている．このほか，発泡プラスチック保温材（A 9511），ポリ塩化ビニル被覆金属板（K 6744）なども使われている．

**(a) 寸法** 可動間仕切の幅のモデュール呼び寸法（単位mm）は，800，900及び1 200の3種類，高さは1 000から3 000まで，見込みの寸法は，25から120までとなっている．

**(b) 品質** 可動間仕切は，外形に使用支障のある，反り，曲がり，ねじれ，その他の変形のないことが必要である．また，欠点，汚れなどで美観を損ねてはならない．

人体に触れるおそれのある部分には突起物のないことが必要で，化粧面は，光沢や色調が均等で，塗りむら，だれなどがあってはならない．

性能は，耐衝撃性，遮音性，難燃性が要求され，それぞれJIS A 6512に定める水準以上の性能が要求される．

**(c) 表示** 製品の呼び方は，左から構造，空間の仕切方，構成部品，スタッドの種類，パネルの種類，寸法，遮音性の順に並列に記すが，必要でない場合は，その部分は省略できる．

表示は，製造業者名及び製造年月日を製品につけるものとする．また，必要に応じて，取付方法に関する注文事項を添付する．

## (8) 光天井用工事

JIS K 6718-1, -2（メタクリル樹脂板，第1部，第2部）を活用して，照明器具からのダイレクトな照明を和らげ，柔和な光を空間に供給する手法はかなり以前からあり，現在多くの照明器具が多少なりともこうした間接的照明効果をねらっている．

これに対し，光天井とは，天井ふところに照明器具を配列し，その下部の全面をアクリル，スチロール又は塩化ビニル樹脂製のパネルでおおってしまうもので，完全な間接照明である．アクリルパネルは，性能もよいが，価格も高くなる．スチロールは中間に位置し，塩ビ系（JIS K 6745）は価格は安いが，性能は前二者に及ばない．

光天井では，光のむらをなくすため，パネルと照明器具の間の距離，照明器具相互の間隔が問題になってくる．パネルと照明器具が近すぎるとパネル内天井ふところの温度が上昇しやすく軟化を招く．また光天井は，ほこりがつきやすく，結果としてデザイン効果を低下させることになる．このため，ほこり付着の原因となる静電気を防ぐ帯電防止処理が必要である．

光の透過率をよくするためには，薄手のパネルが有利であるが，強度上の問題も出てくる．したがって，現在，パネルの1ユニットを小さくする，断面形状を異形にする，光源とパネル間の距離を離すなどのデザイン効果をも意図し

**表4.3.17** 光天井用プラスチックパネルの性能

| 樹脂＼項目 | 光透過率<br>(％) | 光拡散率<br>(％) | 表面反射率 | 耐熱温度 | 経済性 |
|---|---|---|---|---|---|
| アクリル | 43.5<br>(厚2 mm) | 76.4<br>(厚2 mm) | スチロール，塩ビよりやや低い | 90℃以上で軟化 | 高　価 |
| スチロール | 42.4<br>(厚2 mm) | 79.7<br>(厚2 mm) | 塩ビより低く，アクリルより高い | 80℃以上で軟化 | アクリルの70%くらい |
| 塩　ビ | 43.4<br>(厚0.5 mm) | 15.6<br>(厚0.5 mm) | 最も高い | 60℃以上で軟化 | アクリルより安い |

た設計が行われている．

### 4.3.6 設備ユニット工事

**(1) 浴槽，防水パン**［JIS A 5532（浴槽），浴室用防水パン］

FRP製浴槽・浴槽ユニットの1999年，2000年，2001年の生産量は，それぞれ10.1，10.2，9.9万トンに達するという（強化プラスチックの需要動向，強化プラスチック，Vol.49, No.2, 2003年）．

**(1.1) プラスチック浴槽**（JIS A 5532）

**(a) 種類** JIS A 5532で規定する浴槽の材質は，鋳鉄ほうろう，鋼板ほうろう，ステンレス鋼板及び熱硬化性プラスチックがある．このうち，プラスチック材料に係わる材質は，熱硬化性プラスチックである．

浴槽には，据置き形（浴室内の壁面又は床面に埋め込まれることなく，自由に設置できるもの）と，埋込み形（浴室内の壁面又は床面に埋め込まれるもので，浴室内で位置が固定されるもの）がある．

熱硬化性プラスチック浴槽に用いられるプラスチックは，繊維強化プラスチック用液状不飽和ポリエステル樹脂（K 6919）である．この樹脂を成形結合材とし，ガラスチョップドストランドマット（R 3411），ガラスロービング（R 3412），ガラス糸（R 3413），ガラスクロス（R 3414），ガラステープ（R 3415）などを補強材料として，主にハンドレイアップによる製造法で成形した浴槽である．

**(b) 品質** 浴槽とその付属品は，著しい変形，きず，欠け，ひび割れなどがなく，特に人体に接触する部は滑らかで，使用上有害な欠点のない品質をもっている．またその性能は，JIS A 1718（浴槽の性能試験方法）によって試験を行って，表4.3.18に定める性能を有するものと定められている．なお，このJISは，熱硬化性プラスチック浴槽のほか，熱可塑性プラスチック浴槽にも適用できる試験方法である．

4.3 工事別に見たプラスチック材料

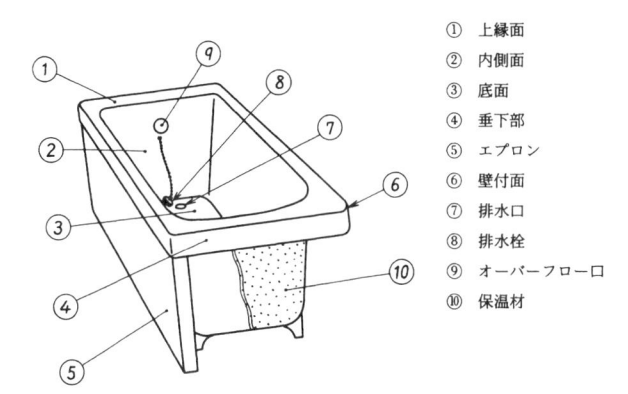

① 上縁面
② 内側面
③ 底面
④ 垂下部
⑤ エプロン
⑥ 壁付面
⑦ 排水口
⑧ 排水栓
⑨ オーバーフロー口
⑩ 保温材

図 4.3.52 浴槽の各部の名称（例図）

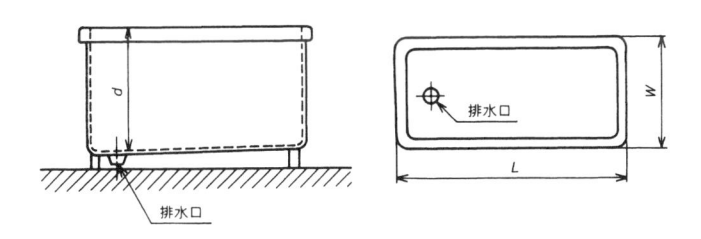

図 4.3.53 浴槽の寸法位置（例）

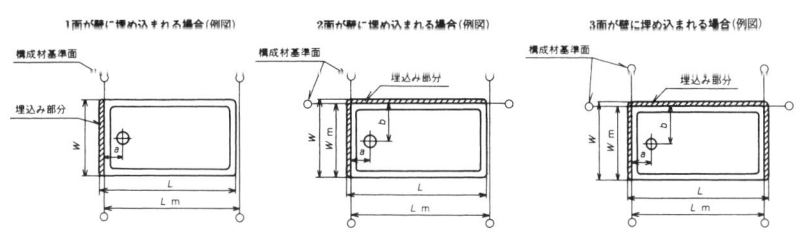

備考 モジュール寸法（$Lm/Wm$）及び排水口からの位置（a, b）は，構成材基準面からの指示による。

図 4.3.54 埋込み形浴槽の取付け位置

**表 4.3.18** 浴槽の性能

| 性能項目 | 性　　能 |
|---|---|
| エプロン面の変形 | 中央部のたわみは，10 mm 以内であること． |
| 満水時の変形 | 排水口部及び上縁面中央部のたわみは，4か所とも2 mm以内であること． |
| 砂袋衝撃 | 底部の表面にひび割れ，その他使用上有害な欠陥が生じないこと． |
| 落球衝撃 | 表面にひび割れが生じないこと． |
| 煮　沸 | 表面にひび割れ，泡又は著しい変色，退色を生じないこと． |
| 載　荷 | 底面及び上縁面の載荷とも表面にひび割れ，はく離を生じないこと． |
| 止　水 | 漏水量は，試験A：0.03 $l$/h 以内，試験B及び試験C：0.3 $l$/h 以内であること．また，取付け部から漏水が生じないこと． |
| 汚　染 | 汚染回復率85%以上であること． |
| 溶接部の状態 | 割れ，ピンホールその他使用上有害な欠陥が認められないこと． |
| 保　温 | 湯温降下は，2時間で5°C以内であること． |
| ピンホール検出 | ピンホールがないこと． |
| はく離，ひび割れ | はく離，ひび割れ，泡，欠けを生じないこと． |
| 耐　熱 | ひび割れ，はく離がないこと． |
| 密着性 | はく離を生じないこと． |
| 耐　酸 | 鉛筆の線マークが残ったり，著しい光沢変化が生じないこと． |
| 耐アルカリ | 変色又は鉛筆の線マークが残らないこと． |
| 排水器具の引張強さ | 200 N {20.3 kgf} で鎖，接続リングなどの破損，変形が生じないこと． |

4.3 工事別に見たプラスチック材料 381

**表 4.3.19 浴槽の寸法**

| 呼び | 寸法 mm | | | 参 考 |
|---|---|---|---|---|
| | 長さ ($L$) | 幅 ($W$) | 内のり深さ ($d$) | 容量 ($l$) |
| 8型 | 790~850 | 640~750 | 550~650 | 180以上 |
| 9型 | 890~950 | 690~800 | 550~650 | 200以上 |
| 10型 | 990~1 050 | 690~800 | 500~650 | 220以上 |
| 11型 | 1 090~1 150 | 690~800 | 450~650 | 220以上 |
| 12型 | 1 190~1 250 | 690~800 | 450~650 | 230以上 |
| 13型 | 1 290~1 350 | 690~900 | 450~650 | 150以上 |
| 14型 | 1 390~1 450 | 690~900 | 400~600 | 160以上 |
| 15型 | 1 490~1 550 | 690~950 | 400~550 | 160以上 |
| 16型 | 1 590~1 650 | 690~950 | 400~550 | 160以上 |

備考 1. 内のり深さ ($d$) の寸法は，排水口付近の内のり深さをいう．
    2. 容量は満水容量とする．ただし，オーバーフロー口のあるものは，あふれ面までの容量とする．
    3. この表以外の寸法については，受渡当事者間の協定による．

**(1.2) ガラス繊維強化ポリエステル洗い場付浴槽**（JIS A 5712）

**(a) 種類** ガラス繊維強化ポリエステル洗い場付浴槽は，不飽和ポリエステル樹脂とガラス繊維を主原料として，浴槽と洗い場を一体化して製造した浴槽で，据置き形と埋込み形の2種類がある（図 4.3.55，図 4.3.56 参照）．

**(b) 材料** この浴槽の製造に用いる材料は，プラスチック材料として JIS K 6919（繊維強化プラスチック用液状不飽和ポリエステル樹脂）である．プラスチック材料以外の材料には，JIS R 3411 から R 3417 に規定されているガラス繊維材料のほか，綿帆布，K 5107（カーボンブラック）がある．

**(c) 品質** 洗い場付浴槽は，浴槽と洗い場を一体成形したものと，浴槽と洗い場をそれぞれに成形した後に接合したタイプのものとがある．後者の構造の場合は，浴槽と洗い場との接合部は十分な防水性が必要である．

洗い場床面は滑りにくく，かつ使用上有害なたわみがなく，水はけのよい構造でなければならない．JIS A 5712 では煮沸試験，たわみ試験，止水試験など8種類の試験を行い，表 4.3.20 のような性能を保持することが要求されている．

浴槽の見えがかり部分には，小穴，ちぢれ，ひび割れ，泡含浸不良，欠け，

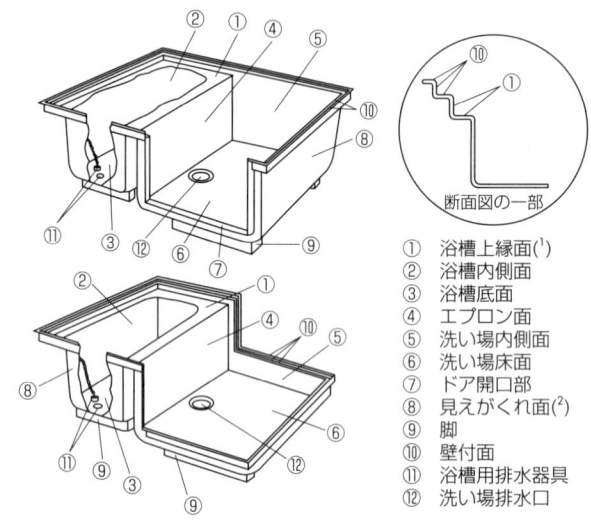

① 浴槽上縁面($^1$)
② 浴槽内側面
③ 浴槽底面
④ エプロン面
⑤ 洗い場内側面
⑥ 洗い場床面
⑦ ドア開口部
⑧ 見えがくれ面($^2$)
⑨ 脚
⑩ 壁付面
⑪ 浴槽用排水器具
⑫ 洗い場排水口

注($^1$) 上縁面の立上がり部は，上縁面の一部とみなす．
 ($^2$) 見えがくれ面とは，取付け後たやすく目につかない面をいう．

**図 4.3.55** 洗い場付浴槽（例図）（JIS A 5712）

**表 4.3.20**

| 項　目 | 性　　能 |
|---|---|
| 耐煮沸性 | 表面にひび割れ，泡又は著しい変色・退色を生じてはならない． |
| たわみ | 浴槽排水口部及び洗い場排水口部で 1 mm 以下，壁付面水平部の中央で 2 mm 以下，洗い場中央部で 5 mm 以下． |
| 止水性 | 1 時間の漏水量が止水試験 A の場合は，0.03 $l$ 以下，止水試験 B 及び止水試験 C の場合は，0.3 $l$ 以下． |
| 耐汚染性 | 汚染回復率 85% 以上． |
| 砂袋衝撃 | 浴槽の底面及び洗い場床面にひび割れ及び使用上有害な欠陥を生じてはならない． |
| 硬　さ | バーコル硬さ 30 以上． |
| エプロン面 洗い場内側 面のたわみ | 中央のたわみ 10 mm 以下． |
| 防水性 | 漏れ，浸潤のないこと． |

4.3 工事別に見たプラスチック材料　　　383

きず，集合欠点などの欠点の存在は許されない．

**(d) 表示**　洗い場付浴槽には，種類，製造年月及び製造業者名を見えやすい箇所に表示する．

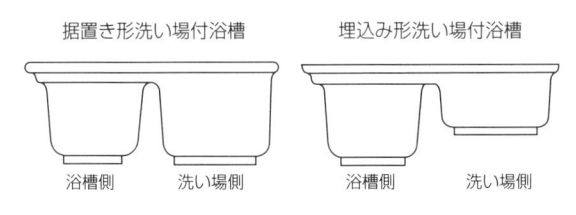

図4.3.56　浴槽の種類（JIS A 5712）

**(1.3)　浴室用防水パン**（JIS A 4419）

**(a) 種類**　浴槽の下に敷いて床の防水性と排水機能を確保する目的で設置する皿（パン）状の成形部品でFRP製とステンレス製のものがある．形状は立ち上がりの低い床形防水パンと，立ち上がりが腰壁の高さ程度の壁形防水パンがある．

床形防水パンの各部の名称を図4.3.57に，壁形防水パンの各部の名称を図4.3.58に示す．

**(b) 寸法**　寸法はモジュール呼び寸法とし，短辺（mm）は，900，1 200，1 350，1 500，1 800，長辺（mm）は，1 800，2 100，2 400である．このモジュール呼び寸法に対応する製品の最大外形寸法（水平投影面の最大寸法）は，表4.3.21のとおりである．

**(c) 品質**　FRP防水パンは，不飽和ポリエステル樹脂とガラス繊維とを用いて，手積み成形法，吹き付け成形法，圧縮成形法，注入成形法などの組合せ

表4.3.21

単位　mm

| モジュール呼び寸法 | 900 | 1 200 | 1 350 | 1 500 | 1 800 | 2 100 | 2 400 |
|---|---|---|---|---|---|---|---|
| 最大外形寸法 | 790~890 | 1 070~1 190 | 1 190~1 340 | 1 340~1 490 | 1 640~1 790 | 1 840~2 090 | 2 240~2 390 |

注　最大外形寸法とは，水平投影面の最大寸法をいう．
　　ただし，ドア開口部，排気筒取付けなどの突出部は含まない．

384    4. 建築材料

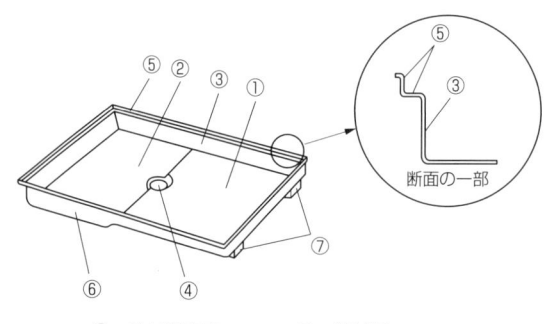

① 洗い場床面　　⑤ 壁付面
② 浴槽据付床面　⑥ 見えがくれ面($^1$)
③ 内側面　　　　⑦ 脚
④ 排水器具取付口

注($^1$) 見えがくれ面とは防水パンを据え付け後，目につかない面をいう．

**図 4.3.57**　床形防水パン（例図）（JIS A 4419）

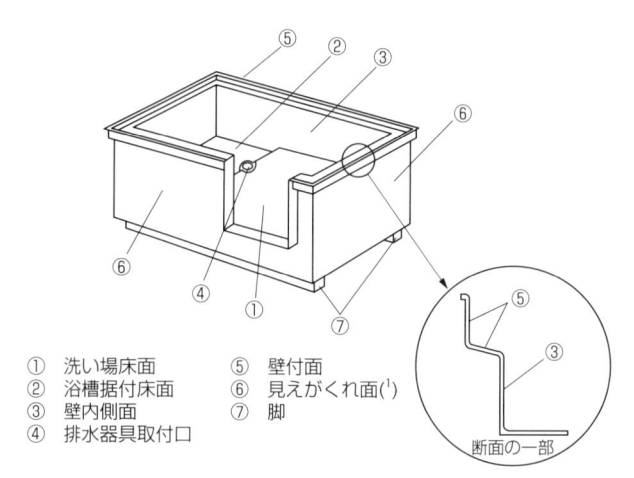

① 洗い場床面　　⑤ 壁付面
② 浴槽据付床面　⑥ 見えがくれ面($^1$)
③ 壁内側面　　　⑦ 脚
④ 排水器具取付口

注($^1$) 見えがくれ面とは防水パンを据え付け後，目につかない面をいう．

**図 4.3.58**　壁形防水パン（例図）（JIS A 4419）

による成形法によって成形する．このため，多少のピンホール，色むら，でこぼこなどいろいろな欠点が生じるが，このうち，内側面で存在が許されない欠点は，小穴，ちぢれ，ひび割れ，あれ，含浸不良，欠け，きず，集合欠点（補修跡，ピンホール，汚れなどの欠点が部分的に集中して存在する場合の用語）の8種である．見えがくれ面では，含浸不良及び欠けが挙げられる．

**(d) 性能** 防水パンの性能は，定められた試験方法によって，耐温水性，床面のたわみ，側面のたわみ，砂袋衝撃性，防水性，耐汚染性，硬さが検討され，表4.3.22の性能を満足することが要求される．

表4.3.22

| 項　目 | 性　　能 |
|---|---|
| 耐温水性 | 表面にひび割れ，著しい曲がり，変色及び退色を生じてはならない． |
| 床面たわみ | 排水器具取付口部で1 mm以下，壁付面水平部の中央で2 mm以下，洗い場中央部で3 mm以下 |
| 壁内側面たわみ | 中央のたわみ10 mm以下 |
| 砂袋衝撃性 | 浴槽設置面及び洗い場床面に，ひび割れ及び使用上有害な欠陥を生じてはならない． |
| 防水性 | 漏れ，浸潤のないこと． |
| 耐汚染性 | 汚染回復率85%以上 |
| 硬　さ | バーコル硬さ30以上 |
| 溶接部の状態 | 割れ，ピンホールその他性能上有害な欠陥が認められないこと． |

**(e) 表示** 防水パンには，次の事項を容易に消えない方法で，取付け後も見えやすい箇所に表示する．

① 種類と最大外形寸法
② 製造業者名
③ 製造年月

なお，防水パンの取扱説明書には，少なくとも，使用上の注意，清掃時の注意及び施工上の注意の記載がある．

**(2) バスユニット・浴室ユニット・サニタリーユニット [JIS A 4416（住宅用浴室ユニット），A 4417（住宅用便所ユニット），A 4410（住宅用複合サニタリーユニット）]**

一般にバスユニットと呼ばれているものには，浴槽と洗い場が一体となったもの，浴槽と便器が組み込まれているもの，これへ更に洗面器が組み込まれたものなどがある．後の二者はバスルームユニットなどとも呼ばれ，壁，天井に当たる部分も含めて工場で生産され，建物本体へ組み入れる方式をとっている．現在，バスルームユニットは個人住宅向けというより，ホテル，集合住宅向けとしての販路が多い．これらはいずれもFRPが多用されている．

浴室ユニットは，防水パン，洗い場付浴槽へ，更に壁パネル，天井パネルを付けてユニット化した自立型のもので，一般住宅のほか，主として集合住宅，ホテルなどに多く利用されている．これらについては，JIS A 4416が制定されている．また，便所のユニットについてはJIS A 4417がある．更に便所と浴室を一体化したものはJIS A 4410がある．

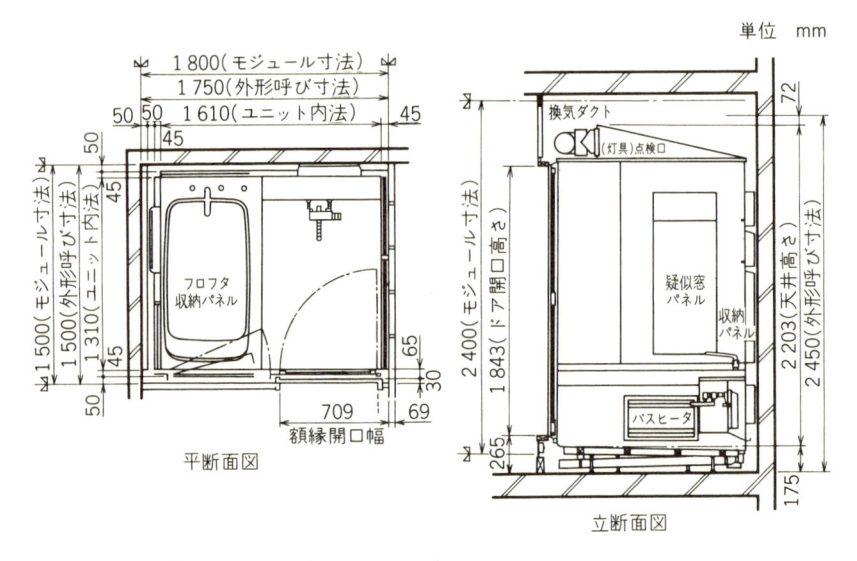

図4.3.59 浴室ユニットの例 [優良住宅部品データブック，(財)ベターリビング刊]

**(3) 衛生器具・洗面化粧台・キッチンシステム** [JIS A 4401（洗面化粧ユニット類），A 4418（住宅用洗面所ユニット），A 4420（キッチン設備の構成材），A 4414（住宅用収納間仕切り構成材）]

かつて，衛生器具は陶器と決まっていたようなものであったが，FRP，塩化ビニルなどの出現以来プラスチック製のものが出回り，バスユニット，バスルームユニットに組み込まれているものの多くはプラスチック製である．また，不特定多数のための施設（駅など）には特製の便器がよくみられる．洗面化粧ユニット類（JIS A 4401），住宅用壁形キッチンユニット（A 4420），住宅用収納家具，システムキッチン（A 4420）などは，住生活の質的向上に果たしている役割が大きく，FRP，プラスチック化粧板が多量に使用されている（図4.3.60～図4.3.62）．

収納ユニット，キッチンユニット，キッチンシステム，浴槽，浴室ユニット，後述する太陽熱温水器については，上記のJISの規定のほか，所要の性能をもっているものは（財）ベターリビングが優良住宅部品として認定し，これを受けたものは製品に証紙（BLマーク）を貼布できる制度がある．

**(4) FRP水槽・太陽熱利用温水器** [JIS A 4110（ガラス繊維強化ポリエステル製一体式水槽），A 4111（住宅用太陽熱利用温水器）]

鉄製水槽は，特に上水の場合に維持管埋が大変であったが，近年の水槽はFRP製のものが多く，高架水槽のみならず，耐食性がよいため地下埋設タンクとしても活用されている．

種類は，丸形と角形が主で，工場内で完成したものが多いが，パネルを組み立てる方式のものもある（図4.3.63参照）．

太陽エネルギーを熱に変換することは省エネルギー問題の顕在化とともに重視され，住宅用の温水器はこれが具体化されたものの一つである．

温水器は大別して，集熱部と貯湯部が一体となった"くみ置形"，集熱部と貯湯部が分離した"自然循環形"及び集熱部と貯湯部が一体となり，真空ガラス管で覆われた集熱貯湯を直接加熱・貯湯する"真空貯湯形"がある（表4.3.23，図4.3.64～図4.3.67参照）．

388  4. 建築材料

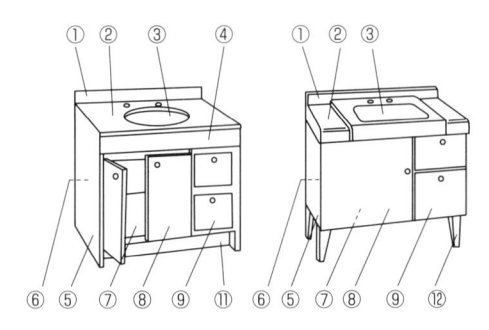

図 **4.3.60** 洗面化粧台（JIS A 4401）

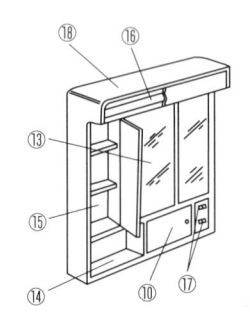

図 **4.3.61** 化粧キャビネット（JIS A 4401）

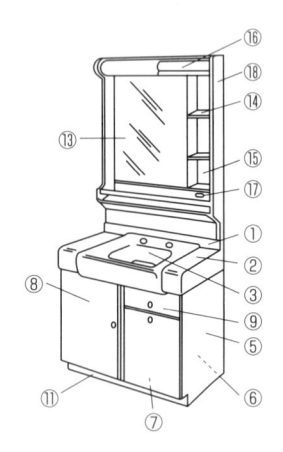

図 **4.3.62** 洗面化粧ユニット（JIS A 4401）

| 番号 | 名　称 | 番号 | 名　称 |
|---|---|---|---|
| ① | バックガード($^1$) | ⑩ | 引戸 |
| ② | 天板（てんいた） | ⑪ | けこみ板 |
| ③ | 洗面器 | ⑫ | 脚 |
| ④ | 幕板 | ⑬ | 鏡 |
| ⑤ | 側板 | ⑭ | 収納棚 |
| ⑥ | 背板 | ⑮ | 収納ボックス |
| ⑦ | 底板 | ⑯ | 照明器具 |
| ⑧ | 扉 | ⑰ | スイッチ，コンセント |
| ⑨ | 引き出し | ⑱ | 化粧キャビネット本体($^2$) |

注($^1$)　棚を含む場合もある．
　($^2$)　化粧キャビネット本体とは，鏡，照明器具，収納棚（扉のない棚），収納ボックス（扉付きの棚）などを支持する構造部分をいう．

4.3 工事別に見たプラスチック材料

温水器の透明板にはガラスのほか，FRP，ポリカーボネートが，構成材としてはFRP, PVCパイプ，ポリエチレンパイプなどが使用されている．

**(5) FRPし尿浄化槽**［JIS A 4101（ガラス繊維強化プラスチック製浄化槽構成部品）］

プラスチック製浄化槽は，そのほとんどがFRP製である．容量は一般家庭向けの5人用から500人処理用と多種に及び，形式も腐敗方式，酸化ばっ気方式など各種の考案がなされている．その構造，強さ，剛性，水密性，騒音などの性能については，処理対象人員50人以下のものはJIS A 4101に規定されている．浄化槽の本体外郭部にはFRPが，仕切板などには塩化ビニル，ポリプロピレンやポリエチレンが使用されている．いずれも，コンクリート製に比べれば単に穴を掘って埋め込むだけですみ，軽量かつ耐久性もあるFRPの特性を生かしたものである．

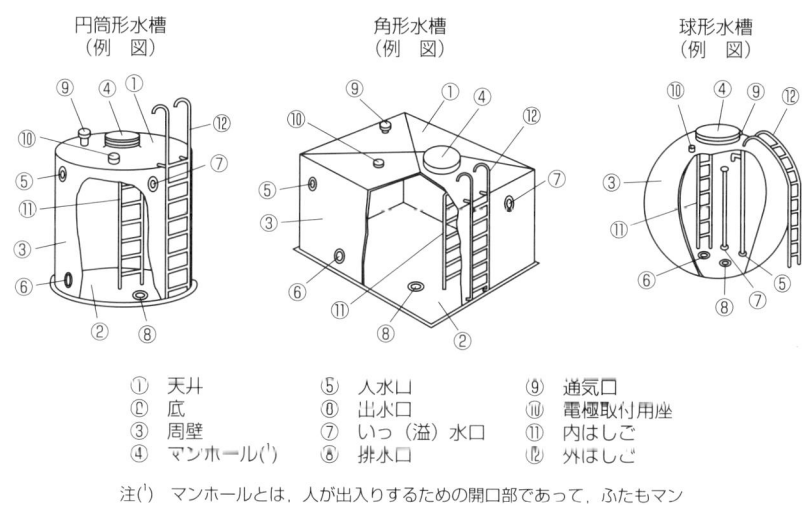

円筒形水槽（例 図）　角形水槽（例 図）　球形水槽（例 図）

① 天井　　　　　⑤ 入水口　　　　　⑨ 通気口
② 底　　　　　　⑥ 出水口　　　　　⑩ 電極取付用座
③ 周壁　　　　　⑦ いっ（溢）水口　⑪ 内はしご
④ マンホール(¹)　⑧ 排水口　　　　　⑫ 外はしご

注(¹)　マンホールとは，人が出入りするための開口部であって，ふたもマンホールの一部とみなす．

備考　1．入水口，出水口は，いっ水口及び排水口を総称して取出し口という．
　　　2．球形水槽においては，①及び②は，③に含まれる．
　　　3．水槽には，内はしご，外はしごのないものがある．
　　　4．水槽には，架台付のものがある．

**図 4.3.63　JIS A 4110による水槽の種類**

**表4.3.23　種類（JIS A 4111）**

| 種類 | 内容 |
|---|---|
| 自然循環形 | 集熱部で得た熱エネルギーを熱サイホン，ヒートパイプなどの自然循環作用を利用して貯湯部に輸送し，給湯用水を直接又は間接的に加熱し，保温した状態で貯湯する形式のもの. |
| くみ置形 | 集熱と貯湯の機能が一体となった集熱貯湯槽で，給湯用水をくみ置くだけで直接加熱し，貯湯する形式のもの. |
| 真空貯湯形 | 集熱と貯湯の機能が一体となった円筒形の真空ガラス管で覆われた集熱貯湯管で，給湯用水を直接加熱し，貯湯する形式のもの. |

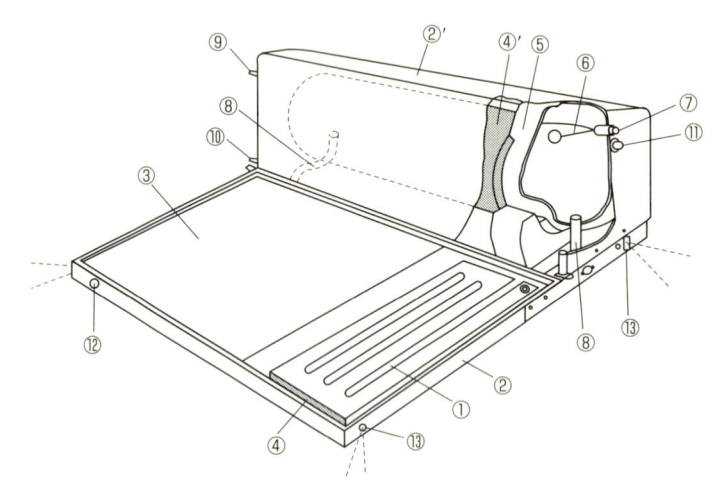

| 番号 | 名称 | 番号 | 名称 |
|---|---|---|---|
| ① | 集熱体 | ⑦ | 給水口 |
| ② | 外装箱 | ⑧ | 接続管 |
| ②′ | 外装箱 | ⑨ | 上部給湯口 |
| ③ | 透過体 | ⑩ | 下部給湯口 |
| ④ | 断熱材 | ⑪ | 越流管 |
| ④′ | 断熱材 | ⑫ | 水抜口 |
| ⑤ | 貯湯槽 | ⑬ | 固定部 |
| ⑥ | ボールタップ | | |

備考1. 集熱部とは，①〜④，⑫，⑬を組み立てたものをいう.
　　2. 貯湯部とは，②′，④′，⑤〜⑪，⑬を組み立てたものをいう.
　　3. 温水器には，集熱効率を上げるため反射体を設ける場合がある.

**図4.3.64　自然循環形（熱サイホン式）（例図）**

4.3 工事別に見たプラスチック材料

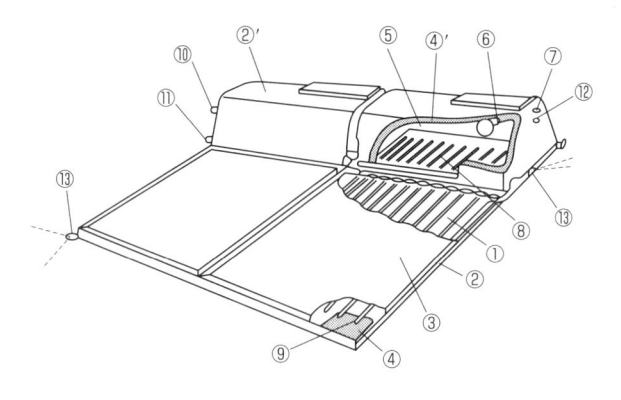

| 番号 | 名　称 | 番号 | 名　称 |
|---|---|---|---|
| ① | 集熱体 | ⑦ | 給水口 |
| ② | 外装箱 | ⑧ | ヒートパイプ（放熱部） |
| ②′ | 外装箱 | ⑨ | ヒートパイプ（集熱部） |
| ③ | 透過体 | ⑩ | 上部給湯口 |
| ④ | 断熱材 | ⑪ | 下部給湯口 |
| ④′ | 断熱材 | ⑫ | 越流管 |
| ⑤ | 貯湯槽 | ⑬ | 固定部 |
| ⑥ | ボールタップ | | |

備考 1. 集熱部とは，①～④，⑧，⑨，⑬を組み立てたものをいう．
2. 貯湯部とは，②′，④′，⑤～⑩，⑬を組み立てたものをいう．
3. 温水器には，集熱効率を上げるための反射体を設ける場合がある．

**図 4.3.65**　自然循環形（ヒートパイプ式）（例図）（JIS A 4111）

FRP 製浄化槽の生産量は，1999, 2000, 2001 年においてそれぞれ 7.6, 6.5, 6.1 万トンに達するという（強化プラスチックの需要動向，強化プラスチック, Vol.49, No.2, 2003 年）．

### 4.3.7　断熱・保温工事

建築分野で使われている断熱材料の種類は非常に多く，その性能も多岐にわたっている．したがって，使用する場所，施工条件に注意しないと，材料そのものの性能がカタログどおりに発揮されないばかりか，逆な効果が得られてしまうこともありうる．

壁の断熱という点だけをみても，従来の土壁に板ばり，中でも土蔵などは自

4. 建築材料

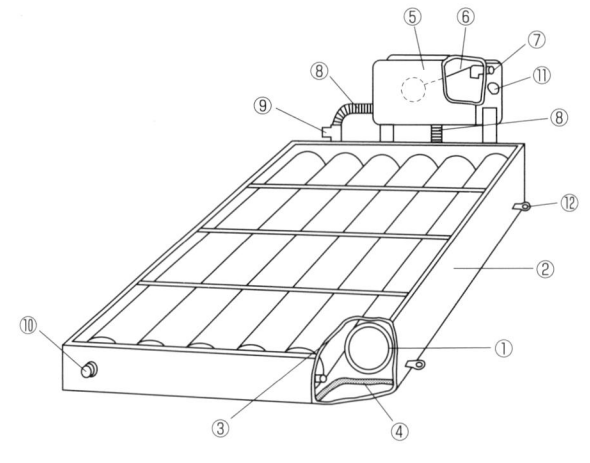

| 番号 | 名　　称 | 番号 | 名　　称 |
|---|---|---|---|
| ① | 集熱貯湯槽 | ⑦ | 給水口 |
| ② | 外装箱 | ⑧ | 接続管 |
| ③ | 透過体 | ⑨ | 上部給湯口 |
| ④ | 断熱材 | ⑩ | 下部給湯口（水抜口） |
| ⑤ | シスターン | ⑪ | 越流管 |
| ⑥ | ボールタップ | ⑫ | 固定部 |

備考　集熱部とは，①～④，⑩～⑫を組み立てたものをいう．
　　　給水部とは，⑤～⑦，⑪を組み立てたものをいう．

**図4.3.66**　くみ置形（例図）（JIS A 4111）

然風土と生活の知恵から生まれたもので，特に今様でいう断熱材として意識されたものかどうかは疑わしい．しかし乾式工法が主流になり，かつ，居住水準も高くなってきたため，一般住宅についても断熱材が利用されるようになってきている．こうした時代の要求，特に最近は省エネルギーの観点からも性能のよい断熱材が要求されるようになっている．

　建築分野での使われ方は，床，壁などに面状にしたもの，設備機器の断熱材で，管，筒状にしたものがある．

　建築で断熱材料といえば，もみがら，おがくずの類はかなり昔からあり，その後は，牛毛フェルト，けい藻土，コルク，岩綿などが主流をなしてきた．しかし，プラスチック材料を原料とする断熱材は，その熱伝導率と密度の面から

4.3 工事別に見たプラスチック材料

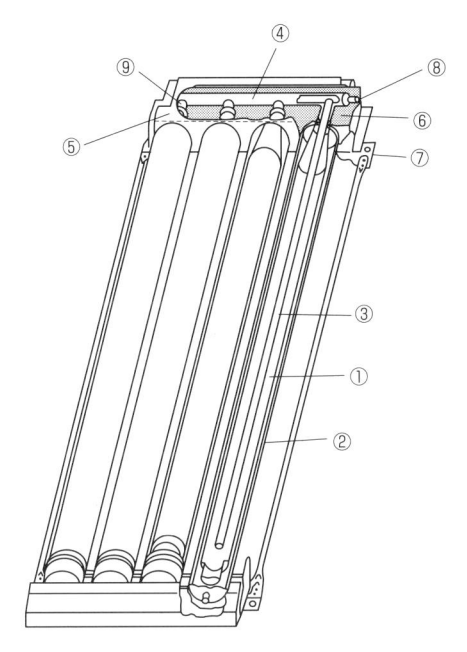

| 番号 | 名　称 | 番号 | 名　称 |
|---|---|---|---|
| ① | 集熱貯湯管 | ⑥ | 断熱材 |
| ② | 透過体 | ⑦ | 固定部 |
| ③ | 内管 | ⑧ | 給水口 |
| ④ | 接続管 | ⑨ | 給湯管 |
| ⑤ | 外装管 | | |

備考　真空貯湯管とは，①，②を合わせたものをいう．

**図 4.3.67**　真空貯湯形（例図）（JIS A 4111）

みても従来のものに比べて性能がよいため，ガラス繊維とともに広く建築で利用されている材料である．

　ここでの断熱・保温工事は建築物を新設する場合を考えているが，最近は既存建築物の外壁へ断熱材を施す外断熱改修工事が注目されており，これについては4.3.10項(2)を参照されたい．

　また，発泡プラスチック保温板を壁・天井へ取り付ける方法として接着工法があるが，これについては4.3.11項(1)を参照のこと．

## (1) ポリスチレンフォーム取付け工事

ポリスチレンフォームは，工場で連続的に押し出し発泡させるもの（押出法）と，発泡剤を含んだ粒状原料を加工工場において発泡成形するもの（ビーズ法）に分けられる．

ポリスチレンフォームの密度と熱伝導の関係をみると，密度が20～30 kg/m$^3$で熱伝導率が最小となり，JIS A 9511（発泡プラスチック保温材）でもこの範囲を規格の対象としている．

## (2) 硬質ウレタンフォーム取付け工事

硬質ウレタンフォームはJIS A 9511に定められている．ウレタンフォームのうち，建材としてはそのほとんどが硬質のものである．この硬質ウレタンフォームには，水発泡とフレオン発泡のものがあるが，後者がほとんどを占める．ウレタンはユリアとともに現場でも発泡できるし，サンドイッチパネルの心材として，断熱と両表面材料の接着という二役をかねさせることもできる．熱伝

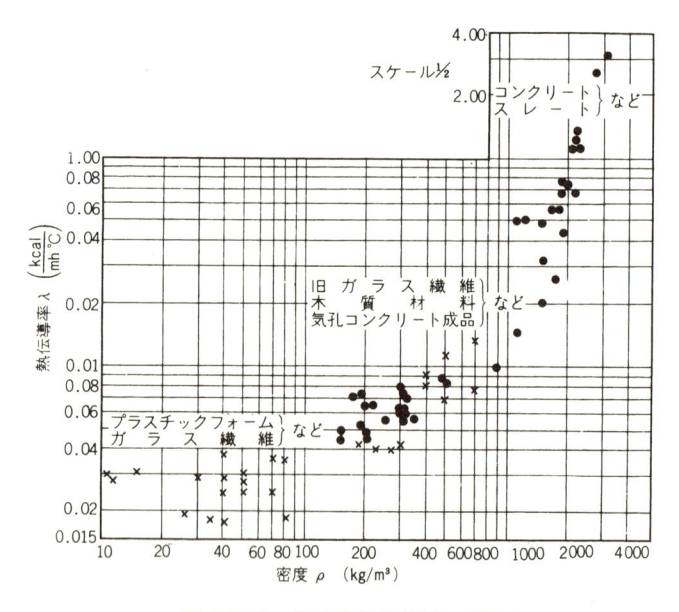

**図 4.3.68** 密度と熱伝導率の関係

4.3 工事別に見たプラスチック材料 395

導率そのものも他のものに比べて小さく，建築では多用されている断熱材である．

上記のほか，JIS A 9511にはポリエチレンフォームとフェノールフォームの品質・性能が定められている．

**(3) 硬質ウレタンフォーム吹込み工事**

上記の (1), (2) はあらかじめ成形されたものであるが，冷凍倉庫，蓄熱槽などの建築現場で吹き付けて硬質ウレタンフォームを形成させる方法があり，

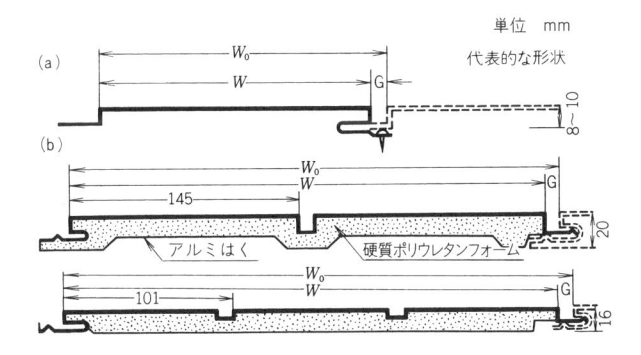

図4.3.69 断熱材を裏打ちしたアルミニウムサイディングの例

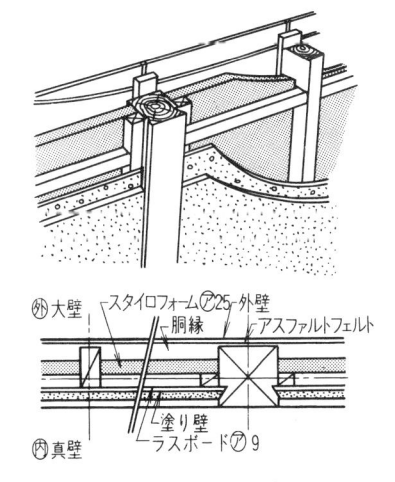

図4.3.70 在来工法による発泡プラスチック使用例

JIS A 9526（吹付け硬質ウレタンフォーム断熱材）に品質・性能・発泡方法が規定されている．不定形な対象・空げきに有効な断熱層を確保できる．

### 4.3.8 プラスチック配管・ダクト工事
**(1) 配管工事**

一般に建築物における配管は以下のように大別される．

- ・給水・給湯管
- ・冷却水管
- ・通気管
- ・ガス管
- ・給油管
- ・給気ダクト
- ・排気ダクト・廃棄管
- ・電線管

配管の材質・強度などは，管内を通過する物質によって異なるが，その多くは建築基準法以外の法令によって規制を受ける（ガス・水道水・電力など）．

住宅の場合の配管材料と使用区分を，JIS A 4413（住宅用配管ユニット）に示されているもので見ると表4.3.24のようで，硬質塩化ビニル管とポリエチレン管が利用されている．なお，電線管には硬質塩化ビニル電線管（JIS C 8430）が使用される．

**(2) ダクト工事**

建築物の内部空間の環境・室内空気質を確保するために，空気調和・換気設備が一般住宅にまで普及している．ダクトは空気調和・換気システムの一部として不可欠な部材で，その材質には亜鉛鋼鈑（溶融亜鉛めっき鋼鈑），ステンレス鋼鈑，グラスウールとともに硬質塩化ビニルがある．

ダクトの断面形状や接合方法と内圧の関係などは，JIS A 4009（空気調和及び換気設備用ダクトの構成部材）で定められている．

ダクトに使用される塩化ビニルは，JIS K 6741（硬質塩化ビニル管）及びK 6745（硬質ポリ塩化ビニルシート）に規定され，断面が円形のダクトとしては前者が，断面が長方形のダクトとしては後者が使用される．

塩化ビニルダクトの厚みは3～6 mmで，接合は熱風溶接による突合せ溶接又はボルト接合による（図4.3.71，図4.3.72参照）．

## 4.3 工事別に見たプラスチック材料

**表4.3.24** 配管材料（管類）（JIS A 4413）

| 区分 | 管種 | 名称 | 規格番号 | 給水 | 給湯 | 排水 | 通気 | ガス | 冷却水 | 冷温水 | 油 | 備考 |
|---|---|---|---|---|---|---|---|---|---|---|---|---|
| 金属管 | 鋳鉄管 | 排水用鋳鉄管 | JIS G 5525 | | | ○ | ○ | | | | | 1種, 2種 |
| | | ダクタイル鋳鉄管 | JIS G 5526 | ○ | | | | | | | | |
| | 鋼管 | 水配管用亜鉛めっき鋼管 | JIS G 3442 | ○ | ○ | ○ | ○ | | ○ | ○ | | |
| | | 配管用炭素鋼鋼管 | JIS G 3452 | ○ | ○ | ○ | ○ | ○ | ○ | ○ | ○ | 油用を除き亜鉛めっき |
| | | 圧力配管用炭素鋼鋼管 | JIS G 3454 | ○ | ○ | | | ○ | ○ | ○ | ○ | 油用を除き亜鉛めっき |
| | | 配管用ステンレス鋼管 | JIS G 3459 | ○ | ○ | | | | | | | |
| | 鉛管 | 一般工業用鉛及び鉛合金管 | JIS H 4311 | | | ○ | ○ | | | | | 1種, 2種 |
| | | 水道用ポリエチレン複合鉛管 | JIS H 4312 | ○ | | | | | | | | 1種, 2種 |
| | 銅管 | 銅及び銅合金継目無管 | JIS H 3300 | ○ | ○ | ○ | | ○ | ○ | ○ | | 配管用銅管 |
| 非金属管 | プラスチック管 | 硬質塩化ビニル管 | JIS K 6741 | | | ○ | ○ | | | | | VP 一般管 |
| | | 水道用硬質塩化ビニル管 | JIS K 6742 | ○ | | | | | | | | |
| | | 水道用ポリエチレン二層管 | JIS K 6762 | ○ | | | | | | | | |

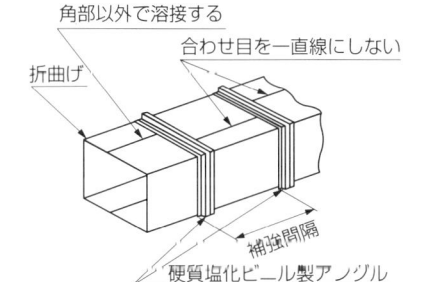

(a) 硬質塩化ビニル製ダクト製作の基本

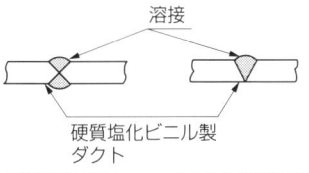

（角部以外で溶接する／合わせ目を一直線にしない／折曲げ／補強間隔／硬質塩化ビニル製アングル（補強材））

(b) 継目（熱風溶接による突き合わせ溶接）

溶接／硬質塩化ビニル製ダクト／両側溶接可能な場合（板厚 5mm 以上の場合）／片側だけ溶接可能な場合（板厚 3～4mm の場合）

**図4.3.71** 硬質塩化ビニル製ダクトの継目の例（JIS A 4009）

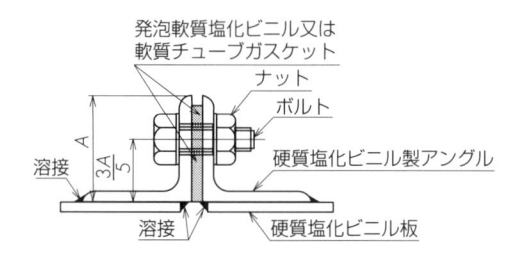

**図 4.3.72** 硬質塩化ビニル製長方形ダクトの継手の構成例
(JIS A 4009)

### 4.3.9 外構工事

外構工事には多種のプラスチック部品・材料が使用されている．主なものは庭園・植栽工事，舗装工事のほか，ユーザが直接購入する家庭用のものまで広範にわたる．

#### (1) プール，庭池，擬石

FRP製パン（水量 $3\sim7\,\mathrm{m}^3$ くらい）と循環式浄化装置を一式にしたプールも家庭用のものとして市販されている．庭池も池巣を備えて一式として日本庭園向けに市販されている．庭園に関連してはFRPを使った擬石（庭石，とうろうなど）が出現してきた．こうしたものの良い悪い，好ききらい等はユーザの嗜好によるものであり，他の部品，部材と同等にその性能を評すべきものではないと思われる．最近は景勝地の崖を護岸する目的でFRPを使って擬石風にする技術も開発されている．

#### (2) 植木鉢，花だんなど

FRP，塩化ビニルを活用した小植物栽培用の鉢がかなり市販され，中には都市域でも便利なよう，中に入れる土と込みで市販されているものもある．また，ポリエチレンを成形したものや，大形の花だんとも称せるようなものには，発泡スチロールとセメントを混合して成形したものもある．

#### (3) 人工芝

人工芝の基本構成例を図4.3.73に示す．パイル部の寸法は使用条件によって相違があるが，材料としては塩化ビニリデンが，基布にはポリエステル樹脂

4.3 工事別に見たプラスチック材料　　　　399

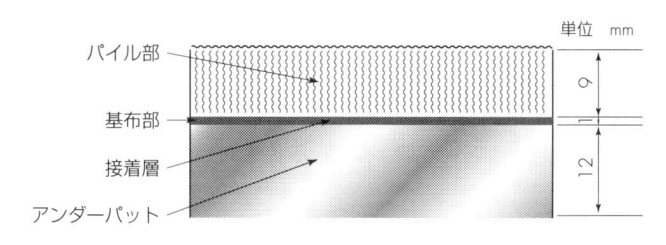

```
単位 mm
パイル部 ～～～～～～～ 9
基布部  ──────── 1
接着層  ▨▨▨▨▨▨▨▨ 12
アンダーパット
```

図4.3.73　人工芝の構成例

が，アンダーパット（クッション材）には塩化ビニル樹脂が使用されている例が多い．

また，接着剤にはエポキシ系，ウレタン系のものが使用される．

### 4.3.10　改修工事

ここでいう改修とは，劣化した建築物又はその部分の性能を初期の水準又はそれ以上の水準まで改善すること，とする．すべての建築物・部位・部材・部品・材料は経年とともに建設当初の性能水準は低下するが，この性能低下を保全によって回復できれば建築物の有効性は持続できる．

どこまで持続させればよいのか，持続させるためにはどのような材料・工法が的確なのかは，それぞれの建築物やその建築物の性能低下の状況によって必然的に異なるが，社会・経済的な側面が大きな判断要素となる．近年は特に4.2.2項(2),(3)に記したニーズへの対応が不可避である．このような背景にあって，いまや改修工事は新築工事に匹敵する重要な地位を占めてきている．

ここでは，プラスチック材料が多用されているコンクリート造建築物の改修工事を中心に，工事種別と各工事で使用されているプラスチック系材料・部品について概説する．

コンクリート造建築物の建築部分（設備・基礎などは除く．）の改修工事は，屋根，外壁，建具，内装，塗装に大別されるが，国土交通省官庁営繕部[14]では最近のニーズに対応させて，これらに耐震改修，環境配慮改修（外断熱，断熱・防露，屋上緑化など）工事が加えられている．

**(1) 外壁改修工事**

コンクリート外壁の改修工事は，改修する対象により以下のように区分される．

- **a) コンクリート打放し仕上げ外壁の改修**：打設されたコンクリート表面を，仕上げ材を施すことなくそのままにした外壁が対象．コンクリートに発生したひび割れ，はく落などを補修し，表面を塗装などで仕上げる．

- **b) モルタル塗り仕上げ外壁の改修**：外壁のコンクリートの外部側表面にセメントモルタルを施し，その外面に仕上塗材・塗料などで仕上げた外壁が対象．コンクリート部分にはa)が適用される．モルタル部分に対するひび割れ，浮き，はく落などを補修し，表面を塗装などで仕上げる．

- **c) タイル張り仕上げ外壁の改修**：外壁のコンクリートの外部側表面にタイル張りが施された外壁が対象．コンクリート部分にはa)が適用される．タイル張り部分に対する，タイル張り層（通常セメントモルタル）のひび割れ，浮き，はく落，タイル自体のはく落などを補修する．

- **d) 塗り仕上げ外壁の改修**：外壁のコンクリートの外部側表面を仕上塗材で仕上げられた外壁が対象．コンクリート部分にはa)が適用される．仕上塗材の割れ，はがれ，摩損などの補修が主対象となる．

上記のa)からb)の工事の具体的な方法は，「建築改修工事共通仕様書」[14]及び「建築改修工事監理指針」[16]に詳記されている．コンクリート・モルタル部分の改修で使用される主な材料は以下のとおりである．

・エポキシ樹脂（ひび割れ・浮き部分への注入）
・可とう性エポキシ樹脂（ひび割れ部Uカット充てん用）
・エポキシ樹脂モルタル（ひび割れ部Uカット充てん用）
・エポキシ樹脂モルタル（欠損部充てん用）
・ポリマーセメントモルタル（欠損部充てん用）
・ポリマーセメントスラリー（浮き部注入用）
・シーリング材（樹脂注入補助材，目地材として，JIS A 5758）

このうち，コンクリートやモルタル部分のひび割れ・浮き部分に注入される

エポキシ樹脂は，JIS A 6024（建築補修用注入エポキシ樹脂）に規定されている．

JISの品質規定では，引張破壊伸びが10%以下のものを「硬質形」，50%以上のものを「軟質形」，また，粘度により「低粘度形」，「中粘度形」及び「高粘度形」の区分がある．

ひび割れ注入には，硬質形の中粘度形又は低粘度形が一般に使用されている．ひび割れ幅が0.5 mm未満の場合に低粘度形が，ひび割れ幅が0.5 mm以上の場合には中粘度形が適用される．

浮きの注入には，硬質形の高粘度形が一般的に使用される．

コンクリートのひび割れ補修の例で，ひび割れ幅が0.2 mm以下で注入が困難な場合には，ひび割れに沿って，幅，深さとも約10 mmにU字状にカットし，パテ状のエポキシ樹脂モルタルやシーリング材などを封入し，ヘラおさえを行い，目立たないように処理する（図4.3.74）．

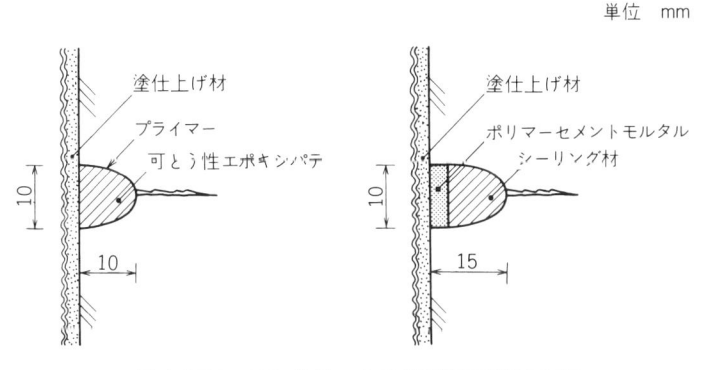

**図4.3.74** コンクリートのひび割れ補修の例

モルタル塗り仕上げ外壁の例で，モルタル層とコンクリート表面に浮き（空げき）が生じている場合は，注入口付アンカーピンニングエポキシ樹脂注入工法が適用されるが，その一連の工程を図4.3.75に示す．

(2) 外壁外断熱改修工事

既存建築物のうち，外壁・屋根部分に対して既に断熱・防露設計がなされて

402   4. 建築材料

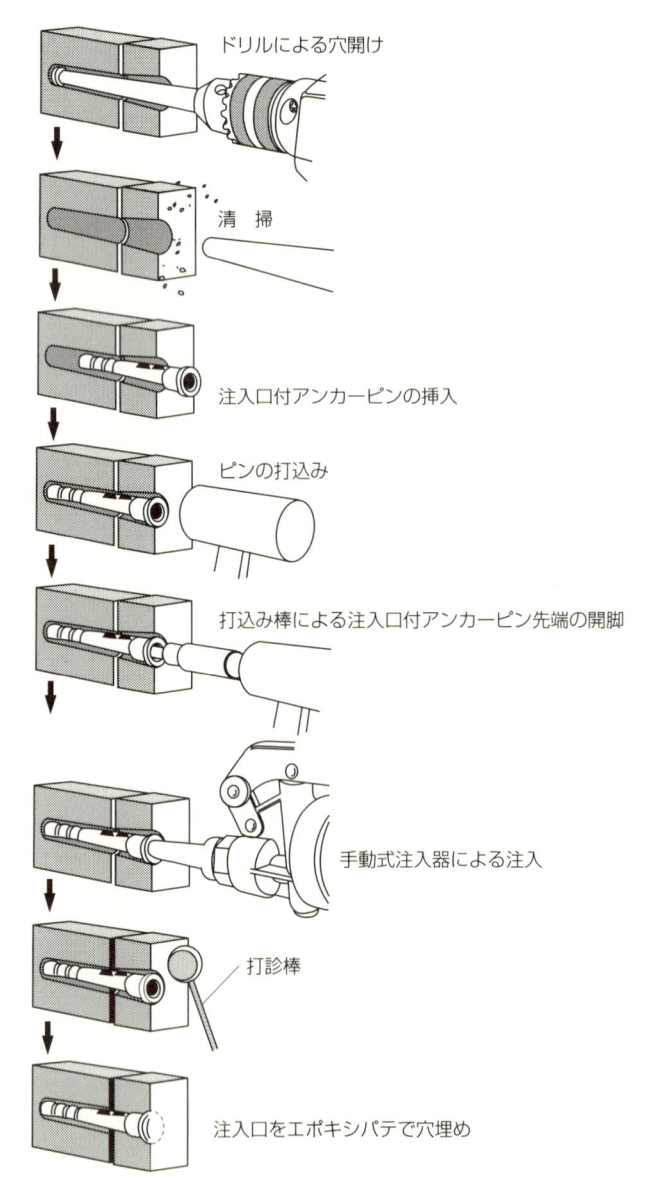

- ドリルによる穴開け
- 清　掃
- 注入口付アンカーピンの挿入
- ピンの打込み
- 打込み棒による注入口付アンカーピン先端の開脚
- 手動式注入器による注入
- 打診棒
- 注入口をエポキシパテで穴埋め

**図4.3.75**　注入口付アンカーピンニングエポキシ樹脂注入の施工工程[16]

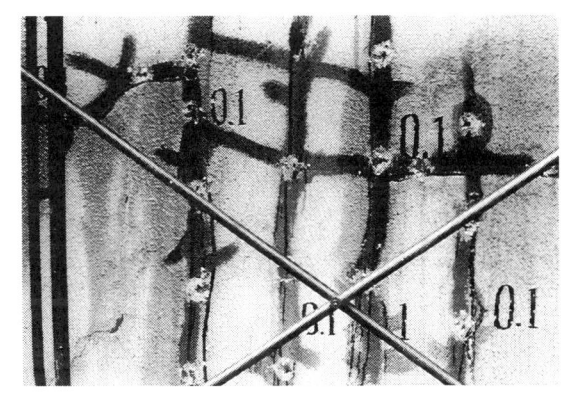

## 4.3 工事別に見たプラスチック材料

エポキシ樹脂注入によるコンクリート外壁のひび割れ補修例：ひび割れに沿ってU字形の溝を切り，シールしたのち，注入用ステンレスパイプを接着したところ．このあとパイプから樹脂を注入する．

**図 4.3.76**

低圧式注入法によるコンクリート外壁のひび割れ補修例．ここではゴム膜（中央のふくらんでいる部分内に樹脂が充てんされている）の収縮圧力を利用した方式．

**図 4.3.77**

いるものも多くなってきているが，一方で，新築時には断熱・防露性能に考慮がなされていなかったものもある．後者に対しては居住性・耐久性・省エネルギーの側面から外壁・屋根部分の断熱性向上を目途とした各種の断熱改修工事が実施されている．

ここでは，上記のうちで外壁外断熱改修工事について記す．

外壁の断熱性能を向上する工法は，以下のように大別される．外壁の室内側に断熱層を設ける（建物の外観は変わらないが，室内空間が狭くなる），外壁の壁体内断熱材を吹き込む（一般に木造・鉄骨造建築物には適用できるが，コンクリート造には不適），外壁の屋外側に断熱層を設ける（一般に既存の外装はそのまま残すが，新しい断熱層と外装が設けられるため，外観は一新する．）．

なお，いずれの場合にも外壁部分の断熱性能は向上できるが，開口部分からの熱損失は変わらないため，通常は開口部も断熱部材に交換する．開口部を断熱化する方法には，断熱形サッシ［4.3.4項(4)参照］への交換（「改修用」として市販されているものもある．），既存の開口部材のガラスのみを複層ガラスなどに交換（交換方法の詳細は各開口部製造所によるが，ほとんどのタイプに適用が可．ただし，枠材の熱的性能は変わらないため，枠材などへの表面結露防止は期待できない．），既存開口部の屋内（室内）側に，例えば内窓用としてのプラスチック製サッシを新規に設置する，などがある．

コンクリート造建築物の外壁外断熱工法の分類を図4.3.78に，また，基本となる概念を図4.3.79に示す．

外断熱工法に使用される断熱材は，JIS A 9511（発泡プラスチック保温材）によるビーズ法ポリスチレンフォーム，押出法ポリスチレンフォーム，硬質ウレタンフォーム及びフェノールフォームが多用されているが，JIS A 9504（人造鉱物繊維保温材）によるロックウール及びグラスウールも使用される．

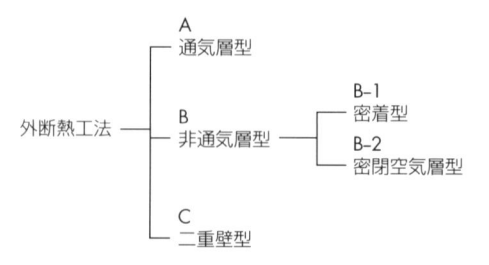

```
                  A
                  ┬── 通気層型
                  │
                  B            ┬── B-1
外断熱工法 ───────┼── 非通気層型 ┤    密着型
                  │            └── B-2
                  │                密閉空気層型
                  C
                  └── 二重壁型
```

**図 4.3.78** 外壁外断熱工法の分類[16]

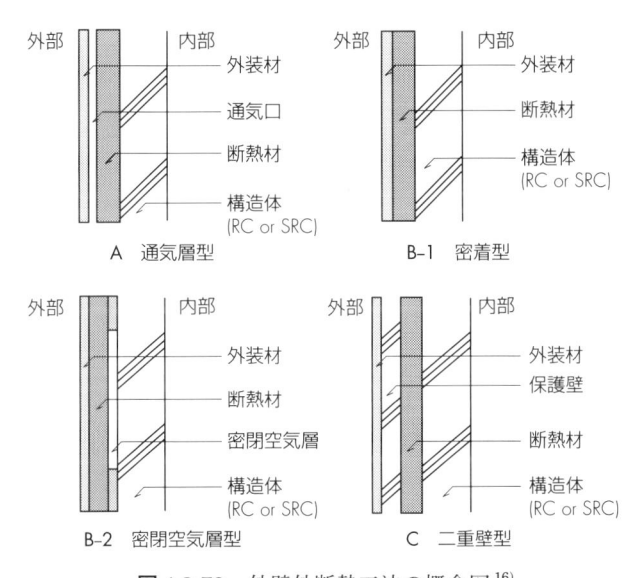

**図4.3.79** 外壁外断熱工法の概念図[16]

工法の種別・断熱材の種別・厚みなどの選定は，改修対象建築物に対する個別の改修設計により決定される．

**(3) 耐震改修工事**

1995年の兵庫県南部地震の発生により，多数の既存建築物が被災したことを契機に，既存建築物の耐震診断及び耐震補強技術に対する社会的要請が高まってきた．結果として，例えば木造建築物に対しては柱・筋交の増設や金物による補強工法が，コンクリート建造物に対しては高架橋・道路の柱脚を鋼鈑で被覆する，コンクリートを打ち増すなどさまざまな工法が開発されてきた．こうした背景にあって，補強効果が優れているのはもちろんのこと，軽量で施工性にも優れているとされる炭素繊維やアラミド繊維と樹脂とを組み合わせた連続繊維補強工法が開発され，建築・土木分野で採用されるようになった．

国土交通省官庁営繕部では，既存の官公庁建築物の耐震性能を確保するため，1998年から建築改修工事共通仕様書[14]の中へ「耐震改修工事」が加えられ，連続繊維補強工法が鋼鈑被覆など他の補強工法とともに示されている．

連続繊維による建築物・部位・部材の補修・補強（必ずしも耐震性向上だけが目的ではない．）の方法・具体的な手法には多くのものが開発されているが，基本的な設計概念も含めて基本となっているものは「連続繊維補強材を用いた既存鉄筋コンクリート造及び鉄骨鉄筋コンクリート造建築物の耐震改修設計・施工指針」[24]である．

連続繊維補強材による耐震改修工法の手順を図4.3.80に示す．

図中②の連続繊維シートとは，炭素繊維又はアラミド繊維などの高強度繊維の素線を一方向に敷き並べてシート状に加工されたものである．連続繊維とは長繊維ともいわれる，直径5～18 μm程度の極く細い連続した繊維をいう．含浸接着樹脂とは，連続繊維シートに塗布・含浸させ，硬化後に連続繊維を収束して繊維強化プラスチックとするためのもので，エポキシ系樹脂，メタクリル系樹脂が使用される．補強の対象は独立柱のほか，袖壁・腰壁がついた柱，梁

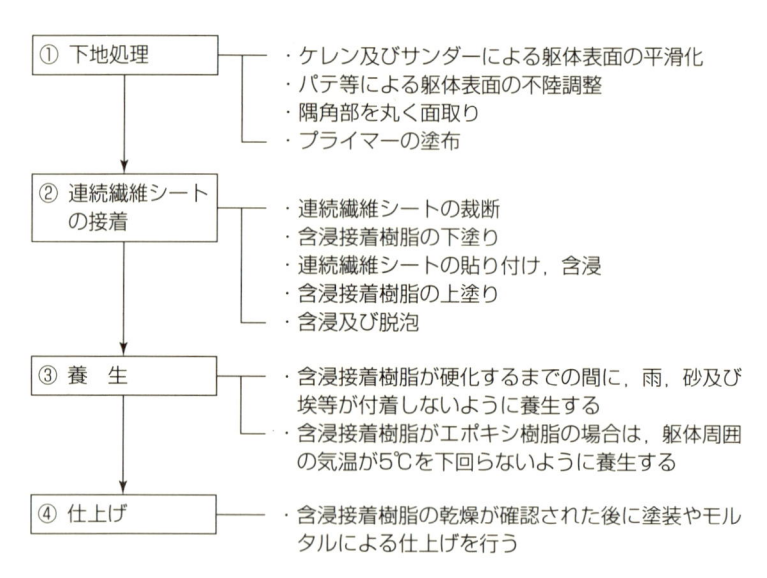

① 下地処理
- ケレン及びサンダーによる躯体表面の平滑化
- パテ等による躯体表面の不陸調整
- 隅角部を丸く面取り
- プライマーの塗布

② 連続繊維シートの接着
- 連続繊維シートの裁断
- 含浸接着樹脂の下塗り
- 連続繊維シートの貼り付け，含浸
- 含浸接着樹脂の上塗り
- 含浸及び脱泡

③ 養生
- 含浸接着樹脂が硬化するまでの間に，雨，砂及び埃等が付着しないように養生する
- 含浸接着樹脂がエポキシ樹脂の場合は，躯体周囲の気温が5℃を下回らないように養生する

④ 仕上げ
- 含浸接着樹脂の乾燥が確認された後に塗装やモルタルによる仕上げを行う

**図4.3.80　連続繊維補強材を用いた一般的な耐震改修工法の手順**[24]

---

24) 建設省住宅局建築指導課監修(1999)：連続繊維補強材を用いた既存鉄筋コンクリート造及び鉄骨鉄筋コンクリート造建築物の耐震改修設計・施工指針，(財)日本建築防災協会

や壁などである．独立柱に対するシートによる補強例を図4.3.81に示す．

連続繊維補強工法の種類は，含浸接着樹脂にエポキシ系樹脂又はメタクリル系樹脂を使用する場合には，以下の3種がある．

・炭素繊維-エポキシ樹脂工法
・炭素繊維-メタクリル樹脂工法
・アラミド繊維-エポキシ樹脂工法

エポキシ樹脂を使用した工法では，一般に気温が5℃以下では十分な性能が確保できないが，メタクリル樹脂の場合には－10℃程度の温度域でも施工が可能である．

樹脂が含浸された連続繊維シートの引張特性は，鉄筋に比べて約10倍の強度を保有し，ほぼ完全弾性体なので降伏域がなくぜい性的に破断する．炭素繊維はアラミド繊維に比べてヤング係数が高く，伸びにくい特性がある．これに対してアラミド繊維は，高い破断伸度を有し，じん性が優れている．このような特性の相違が繊維の種類の選択条件になる．

連続繊維補強工法は，改修対象ごとに現場で人力により施工される工法である．したがって，現場における施工管理，技能者の知識・技量が結果に影響を

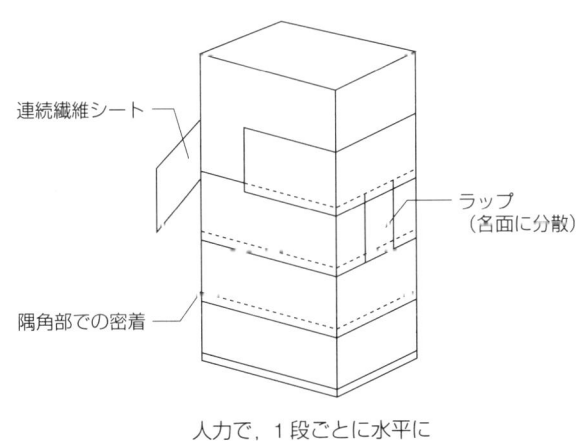

**図4.3.81** 連続繊維シートによる独立柱補強例[16]

与える度合いが大きい工法である．そこで，最近は施工の信頼性向上を目途に，施工管理士，施工技能士の資格を定める自主的な認定制度が設立・運用がなされてきている．

### 4.3.11 その他の工事
#### (1) 接着工事
建築に用いられる接着剤には，建築材料・部材等の生産のため主として工場で使用される接着剤と，建築の現場で各種の材料・部材等の取付け時に接合用の材料として用いられる場合の二とおりの使用法がある．接着剤の性能は，主として，接着剤自体の性能のほかに，接着技術の高低と，接着環境の状態とによって大きく左右される．接着剤を工場で使用する場合は，接着用機器・設備があり，建物内での温度条件が屋外ほど過酷ではないため，接着接合部の信頼性は高く，構造的にも安全性が高く評価される場合もあるが，建築現場では十分な接着用機器の使用も困難で，接着環境も悪く，信頼性の高い接着接合部を確保するためには特別な配慮が必要となる．

建築生産の合理化の必要性から，材料・部材はできるだけ工場生産により現場へ供給し，現場では接着材料による取り付けだけで仕上がる工法が開発され接着工法が定着した．

建築用の接着剤に対しては，
① 取り扱いやすい種類のものであること
② 引火性，毒性のないもの．特に近年は作業環境だけでなく，接着接合部からの揮発性成分の放散が最重要課題である．
③ 環境条件の悪化による接着効果の低減の程度の少ないものであること
④ 初期接着力の比較的大きいもの
⑤ オープンタイムの長短によって接着力が影響されにくいもの

などの特性が強く要求される．

接着剤に対しては，建物の部位の使用条件から選ばれた各種の材料を所定の下地材に接着して一体化し，複合集成された部位として構成し，それが設計当

## 4.3 工事別に見たプラスチック材料

初の目的に合致した性能を十分発揮することが要望される．したがって，接着剤の選定に当たっては接着剤そのものの性能のほかに，予想される使用条件，接着時における下地条件と施工技術の程度，接着後の養生と管理の条件等をチェックする必要がある．このうち，接着技術については，工場接着熟練技術に対しての接着性能の低減を約1/3，建築現場環境条件による接着性能に与える影響は，正常の環境時の接着性能に比べて約50％減となり，技術と環境条件とによって約1/6に接着性能が低下するといわれている．すなわち，実験室でのデータの約1/6程度の接着性能が，ほぼ建築現場で期待される性能であることとなり，安全率をほぼ5～6にとる必要があると推定される．

　接着作業に当たって考慮すべき事柄は，下地の条件，被着材料の性質，接着技能者の接着技術の水準，接着作業環境条件，養生と管理の条件などがあげられる．下地は，乾燥の度合い，清掃程度，表面硬さ，不陸，剛性などを主なチェックポイントとし，接着剤は，下地と被着剤の条件と部屋の使用条件に合致したものを選ぶこととし，接着作業では，作業時の気温と湿分，塗布と張付けの条件と方法，養生では，通風，日時，雨水の浸入などが重要なチェックポイントである．

　建築物にとって安全性は最も重要な性能で，接着剤に対しては，特に火災に対する安全性が要求されているが，不燃材料や準不燃材料が，加熱によって脱落して避難時の障害になったり，危害を加えるようになることは許されず，火災時にも耐力の低下しない接着剤を使用する必要のある部分の設計には十分考慮を払う必要がある．

　現行の建築基準法では，いわゆるシックハウス問題の顕在化とともに，建築材料から放散されるホルムアルデヒドの量が規制されている．これに対応するため合板，塗料，接着剤など多くの材料のJIS・JAS規格が改正されている．

　また，接着性能が次第に劣化して，初期の性能が期待できないことになっては信頼性に欠け，接着耐久性についても十分吟味する必要があろう．現状では，接着剤の進歩が著しいこと，使用実績が最も長くて20年であること，非破壊検査法のないことなどのため，耐久性の判定はできにくくなっているが，接着

技術と接着環境の条件も十分加味して，総合判定をするようにしたい．

**(a) 床用接着工法** 床仕上げは，建築の接着工法の中で，最も多種類の接着剤を使用する工法の一つである．室内で床は最も過酷な条件下で使用されることが多いので，使用する接着剤の選択には十分考慮を払う必要がある．

モルタル・コンクリート下地の材齢は，2,3週間以上のもので含水率は8%以下程度に乾燥していることが必要で，木造下地は合板を使い，十分に剛で，たわみの少ない構造とする必要がある．また使用条件が水分や湿分の多い場合には，床材に耐水性のある材料を選ぶとともに，接着剤はエポキシ系のものとする．通常に乾燥している標準的な下地では，酢酸ビニル系エマルションタイプのもの又は溶剤タイプのものがよいが，合成ゴム系ラテックスタイプのものも使用することが多くなってきた．

溶剤タイプのものは，接着強度の発現にあまり養生期間を必要としないことが多いが，一方では，火災の注意はもちろん，溶剤に対する健康安全管理の徹底を行う必要がある．

木造下地用の接着剤は，酢酸ビニル系溶剤タイプの接着剤が最も多く使われるが，長尺ビニルシートには，エマルションタイプのものがよい．金属板下地に対してはエポキシ系のものが多く使われるが，下地を十分に剛につくり，たわみが多くならない構造とする必要がある．

床用接着工法に用いる接着剤は，JIS A 5536（床仕上げ用接着剤）に規定がある．この規格では，床タイル・床シート・タイルカーペット，単層又は複合フローリングの接着に用いる接着剤の種類が提示されているので，具体的な選定に役立つ．

なお，4.2.2項(2)に記したホルムアルデヒド放散区分ではF☆☆，F☆☆☆及びF☆☆☆☆の3等級が設けられている．

**(b) 内装壁・天井ボード用接着工法** 内装壁ボード張りに用いる材料は木質系では，合板類，繊維板類，無機質系では，石綿セメント板，フレキシブル板，パルプセメント板，石綿けい酸カルシウム板，石綿セメントパーライト板，せっこうボード，ロックウール板など各種のものがある．下地は主として木造

## 4.3 工事別に見たプラスチック材料

下地が多いが，最近では防火上の重要性から，せっこうボード下地とすることが多い．

壁の仕上げに最近では壁装材料を用いることが多くなってきているが，その種類にはビニル系，合成繊維などのプラスチック系壁紙のほかに，紙壁紙，麻壁紙，アスベスト壁紙など種類は多い．防火壁装仕上げとする場合は，下地は準不燃材以上で，接着剤は酢酸ビニル系エマルションタイプのもので直張りとする．下地がコンクリート系の場合は，その乾燥度合いに注意し，含水率が80%以下で施工することが望ましい．

酢酸ビニル系エマルションタイプの接着剤は，化粧面を汚染しにくく，使い方も平易なので最も多く用いられるが，初期の接着力の発現の度合いが急速ではないので，一般に仮止めを行い，接着剤の硬化を見計らって除去する方法を採用する．ボードを接着する場合の接着剤の品質は，JIS A 5538（壁・天井ボード用接着剤）にその種類とともに規定されている．また，壁・天井ボード用接着剤の接着強さ及びその接着工法の接着強さ試験方法については，JIS A 1612に規定されている．

天井仕上げ材には，インシュレーション板，鉱物質繊維板，石綿セメント板，軽量石綿板，ハードボード，せっこうボード，ガラス繊維板，発泡プラスチック板，合板など各種の材料がある．軽量鉄骨野縁，木造野縁，コンクリート，せっこうボード下地などがある．これらの接着剤には，酢酸ビニル系エマルションタイプ，溶剤タイプ及び合成ゴム系コンタクトタイプのものが使われている．最近，耐熱性のある接着剤が要求されてきているが，プラスチック系接着剤と無機系接着剤との混用タイプのものも出現してきている．その接着剤の品質については，前出のJIS A 5538に規定があり，また，その接着強さの試験方法は，JIS A 1612で定められている．

天井用の接着剤は，使い方として，接着剤のみで使用せず，接着剤とくぎとの併用によることが望ましい．

ホルムアルデヒド放散区分は前項(a)と同様に三つの等級が設定されている．

**(c) 陶磁器質タイル張用接着工法** 陶磁器質タイルは外壁など屋外に用いられるほか,室内用としても多く用いられている.プラスチック系接着剤は主として,室内用として使用され,外部用としては,その耐久性が明確でなかったため特殊な部分を除き用いられていなかったが,最近は外壁タイルを接着剤のみで施工する工法が開発され,これに対応した接着剤が市販されている.内壁用として JIS A 5548(陶磁器質タイル用接着剤)が定められている.

内壁タイル用接着剤 (JIS A 5548) は,その主成分によって次の4種に区分される.

① 合成ゴム系ラテックス形
② 合成樹脂系エマルション形
③ エポキシ変成合成ゴムラテックス形
④ エポキシ樹脂系反応硬化形

下地の状態と接着後の環境条件とによってタイプ I, II 及び III の3種があり,最も条件の厳しい場合にはエポキシ系又はエポキシ変成ゴムラテックス形,ほぼ乾燥している下地に接着後間欠的に水や温水の影響がある場合には合成樹脂系又はエポキシ変成のものを用い,乾燥下地の場合は合成ゴムラテックス形又は合成樹脂エマルション形の接着剤を選定する.

**(d) 壁紙張付け用接着工法** 建物の内部の壁,天井に仕上げ用として壁紙 (JIS A 6921) を張り付ける場合,現場で塗布して用いるでん粉系の接着剤があり,その品質等は JIS A 6922(壁紙施工用及び建具用でん粉系接着剤)に規定されている.この接着剤はでん粉が主成分で,これに増量剤,安定剤,防かび剤を配合して加熱して製造したもの(1種)と,これに合成樹脂エマルションを配合し,施工時に希釈して使用する(2種1号)ものと,施工時に希釈しないで使用する(2種2号)の三つの種類がある.

使用に当たっては,酢酸ビニル樹脂エマルション,エチレン酢ビエマルション,アクリル樹脂エマルションなどの各種接着剤と混合して用いられることが多いので,相互に相溶性がなければ JIS 製品として認められないこととなっている.

## 4.3 工事別に見たプラスチック材料

**表4.3.25** 壁紙施工用でん粉系接着剤の品質（JIS A 6922）

| 項　　目 | 性　　能 | | | | 適用試験簡条 |
|---|---|---|---|---|---|
| | 壁紙施工用でん粉系接着剤 | | | 建具用でん粉系接着剤 | |
| | 1種 | 2種1号 | 2種2号 | | |
| 接着強さ　　　　　　N/25 mm | 8以上 | 4以上 | 4以上 | — | 5.2 |
| かび抵抗性 | 0 | 0 | 0 | — | 5.3 |
| ホルムアルデヒド放散量　mg/l | 0.1以下 | 0.1以下 | 0.1以下 | 0.1以下 | 5.4 |
| 不揮発分　　　　　　　　　% | 18以上 | 18以上 | 12以上 | — | 5.5 |
| pH | 4～8 | 4～8 | 4～8 | — | 5.6 |
| 凍結融解安定性　　　N/25 mm | 8以上 | 4以上 | 4以上 | — | 5.7 |

備考　ホルムアルデヒド放散量が0.1mg/l以下のものを、F☆☆☆☆等級とし、その記号をF☆☆☆☆とする．

参考　ホルムアルデヒドは、水に吸着しやすい性質をもち、空気中及び天然物にも若干含まれていることもあるので、製造時にホルマリンを使用しなくても、ホルムアルデヒドの放散量が検出される場合がある．したがって、ホルムアルデヒド含有原料を使用しないことを前提とし、表中に示した数値以下と定めた．

品質規定を表4.3.25に示す．したがって、JIS A 6921での壁紙をA 6922に合致する接着剤で施工すれば、建築基準法での内装面積制限は受けない．

**(e)　木れんが用接着工法**　コンクリート下地に直接仕上げ材を取り付けることもできるが、一般に下地表面は不陸が多く、仕上がりが悪い．このため、木れんが（断面3×4 cm，長さ8 cm前後の寸法の木片）をコンクリート面に取り付け、これに胴縁などの下地材を取り付けてこれを足がかりに仕上げ材を取り付けることが普通である．この際、木れんがをコンクリート面に取り付ける方法として、酢酸ビニル系溶剤タイプの接着剤又はエポキシ系接着剤を使用するが、これらを一般に木れんが用接着剤と呼ぶ．

木れんが用接着剤の試験方法はJIS A 1611に、品質についてはA 5537に規定されている．木れんが用接着剤は木れんが用ばかりでなく、広く、コンクリート又はモルタルと木材との接着用として使用されるので、十分な性能を発揮するには丈夫で表面硬さのあるコンクリート面に十分な圧縮圧で接着する必要があり、また使用する木れんがは十分乾燥した、素性のよい木取りのものを用いなければならない．

ホルムアルデヒドの放散による区分はF☆☆，F☆☆☆及びF☆☆☆☆の3等級が設定されている．

**(f) 発泡プラスチック保温板接着工法** JIS A 9511による押出ポリスチレンフォーム保温板や硬質ウレタンフォーム保温板を壁・天井面に張り付ける場合，JIS A 5547（発泡プラスチック保温板用接着剤）が利用される．

この規格には，用途（内部・外部用），主成分（酢酸ビニル・ゴム・エポキシ樹脂系など）による区分のほか，表4.3.26に示す材料選定に有効な提示がなされている．

また，ホルムアルデヒド放散による区分については表4.3.27に示す四つの等級が設定されている．

**(2) 防火性能関連工事**

建物は，火災に対して安全でなければならないが，火災を外力として考えた場合，初期の火災，盛期の火災及び外部からの火災の3種に大別される．火災から人命と財産の安全を図るため，建物は防火設計と避難設計との総合的かつ合理的な設計が行えるよう，一連の規制が建築基準法等の法令により定められている．

初期火災に対する安全性を確保するため，防火材料を，不燃材料，準不燃材料及び難燃材料に区分して，それぞれを必要とする建物の部分を細かく法令によって定めている．

防火材料のうち，代表的なものについては建設省告示に例示されているが，これら以外の材料を防火材料として用いる場合は，火災時の発熱量と発熱速度を測定する発熱性試験や，燃焼により発生する煙・ガスの有害性を調べるガス有害性試験に合格し，国土交通大臣の認定を受けておかなければならない．ただし，建築物の外部の仕上げだけに用いる材料については，ガス有害性試験は免除される．

**(a) 不燃材料** コンクリート，繊維強化セメント板，金属板，ガラス，せっこうボード（厚さ12 mm以上），ロックウール，グラスウールなどが不燃材料として2000年建設省告示第1400号に例示されている．これらの材料からも分かるように，プラスチック材料単体で不燃材料としての性能を確保することは困難であるが，現在，不燃性の材料の表面をプラスチック系の薄いシート

4.3 工事別に見たプラスチック材料

やフィルム，塗料などで化粧した内・外装材が認定されている．例えば，塩化ビニル樹脂フィルムを金属板に張ったもの（塩ビ鋼板），プラスチック系壁紙を不燃材料（金属板及び不燃せっこうボードを除く）に張ったもの，ペイントやエナメルなどの塗料で種々の不燃材料を塗装したもの，吹付け材や繊維壁材

**表4.3.26** 発泡プラスチック保温板用接着剤の品質（JIS A 5547より抜粋）

| 試験項目 | | | 品　　質 | | | | |
|---|---|---|---|---|---|---|---|
| 用　途 | | | 内部用（壁及び天井） | | | | 外部用 |
| 接着強さ | 被着体 | 下地試料 | 木材，コンクリート，モルタル，コンクリートブロック，ALCパネル | せっこうボード | ポリスチレンフォーム保温板 | 硬質ウレタンフォーム保温板 | コンクリート,モルタル,コンクリートブロック，ALCパネル |
| | | 仕上試料（発泡プラスチック保温板） | ポリスチレンフォーム保温板，硬質ウレタンフォーム保温板 | ポリスチレンフォーム保温板 | 硬質ウレタンフォーム保温板 | | ポリスチレンフォーム保温板，硬質ウレタンフォーム保温板 |
| | 引張接着強さ[4] N/mm$^2$ | 標準条件 | 0.2 | | | | |
| | | 第一種特殊条件 高温状態 | 0.2 | | | | |
| | | 水中浸せき | 0.1 | — | 0.1 | 0.1 | 0.2 |
| | | 第二種特殊条件 低温状態 | 0.2 | | | | |
| 作業性 | | | 気泡を含まず，均一な塗膜で，表面に完全に密着している部分の長さが20cm以上あるものとする． | | | | |
| 垂れ[3] | | 標準状態 | 1mm以下 | | | | |
| | | 低温状態 | 1mm以下 | | | | |
| 密度　g/cm$^3$ | | | 表示項目 | | | | |
| 張合せ可能時間[5]　分 | | | | | | | |
| 可使時間[6]　分 | | | | | | | |
| 侵食性 | | | 溶解，膨潤，ひび割れなどの有害な異状が認められないものとする． | | | | |
| 耐熱クリープ | | | ずれ，はく離などの有害な異状が認められないものとする． | | | | |

注[3] 仮止めをしない内部用（天井）接着剤だけに適用する．
[4] 引張接着強さは，この数値未満でも，その破断位置が下地試料又は仕上試料である場合は合格とする．
[5] エポキシ樹脂系以外の接着剤に適用する．
[6] エポキシ樹脂系接着剤にだけ適用する．

**表4.3.27** 発泡プラスチック保温板用接着剤のホルムアルデヒド放散による区分（JIS A 5547）

単位 μg/(m²·h)

| 区 分 | 記 号 | 内 容 |
|---|---|---|
| F☆☆☆☆等級 | F☆☆☆☆ | ユリア樹脂，メラミン樹脂，フェノール樹脂，レゾルシノール樹脂，ホルムアルデヒド系防腐剤，メチロール基含有モノマー及びロンガリット系触媒のいずれをも使用してはならない． |
|  | F☆☆☆☆ | 放散速度が5以下のもの． |
| F☆☆☆等級 | F☆☆☆ | 放散速度が20以下のもの． |
| F☆☆等級 | F☆☆ | 放散速度が120以下のもの． |

（これらに含まれるプラスチック材料などの有機質材料の量に制限がある．）で不燃材料を仕上げたものなどがある．これらのうち，塩ビ鋼板は，表面のフィルムの厚さが厚くなるに従って準不燃材料，そして難燃材料へと防火性能が変わる．また，塗料，吹付け材及び繊維壁材は，基材（下地材）の防火性能に応じて基材を含めた全体の防火性能が変化し，基材が準不燃材料であれば準不燃材料に，難燃材料であれば難燃材料になる．壁紙も基材の防火性能に応じて全体の防火性能が変化するが，壁紙の種類や施工方法，あるいは基材がせっこうボードかそれ以外かによって，不燃材料や準不燃材料の基材に張っても，全体は準不燃材料又は難燃材料にしかならない場合があるので注意が必要である．

**(b) 準不燃材料** 2000年建設省告示第1401号に例示されている準不燃材料には，せっこうボード（厚さ9 mm以上），木毛セメント板（厚さ15 mm以上），硬質木片セメント板（厚さ9 mm以上），パルプセメント板（厚さ6 mm以上）などがあり，有機質材料と無機質材料の混合材料が多い．前記のように，塩ビ鋼板，塗料，吹付け材，繊維壁材及び壁紙では準不燃材料として認定されているものがある．また，着色亜鉛めっき鋼板，塗装ステンレス鋼板などの金属板に断熱・防露材としてポリエチレンフォーム，フェノールフォーム，イソシアヌレートフォームなどの発泡プラスチックを裏張りした外装材や屋根材が準不燃材料として多く認定されている．

**(c) 難燃材料** 難燃材料として，難燃合板（厚さ5.5 mm以上）とせっこ

うボード（厚さ7 mm以上）の二つを2002年国土交通省告示第1402号は例示している．前記の塩ビ鋼板，塗料，吹付け材，繊維壁材及び壁紙以外の既認定難燃材料では，難燃薬剤で処理した合板や木材が多い．プラスチック材料の認定例は少ないが，イソシアヌレートフォームの表裏面をアルミニウム箔などの不燃性材料で覆ったもの，ガラス繊維や水酸化アルミニウムを混入したアクリル樹脂板，ポリエステル樹脂板などがある．

**(3) プラスチック製建築物（構造物）**

プラスチックを構造材として建物を造るという発想は，ずいぶん昔からあり，事実，いくつもの試作が既に試みられてきた．

プラスチック製建物（構造物）といってもいくつかの種類があり，構造的な耐力は主として他の材料に依存し，外皮的な部分のみをプラスチックで構成するもの，他の一つは構造的な耐力を含めてほとんどプラスチック製の材料で構成されているものである．前者にはドーム形式，テント形式などがあり，主な用途は，展示場（館），集会場，屋内庭園，プール，シェルターなどがある．後者では住宅又は住宅のユニット，ドーム，展示場など多様なものがある．

## 4.4 室内空気汚染問題への対応

### 4.4.1 シックハウス問題

室内空気汚染に由来して体が不調となる，いわゆる「シックハウス症候群」が社会的な問題となっている．このような問題に対応して，厚生労働省では表4.4.1に示すような各種化学物質の濃度指針値を示している．表4.4.1から明らかなように，この濃度指針値は，例えば，表4.4.2に示すような労働安全衛生の観点から考えられる許容濃度と比較しても非常に低い値であり，建築内装に使用されるプラスチック系建築材料についても問題になると考えられる．

建築技術者や塗装業者は「労働安全衛生法・有機溶剤中毒予防規則」や「消防法」に由来する揮発性有機化合物の取扱いについては既に理解していると考えられる．しかし，更に「シックハウス問題」等の環境問題に対するより一層

の理解が求められている.

環境問題への対策は将来的な技術課題ではない.対策を急がれている緊急問題であり,「グリーン購入法」,「住宅性能表示制度」,「建築基準法改正」等にみられるような,使用者側からの具体的な誘導策や規制により,プラスチック系建築材料製造業者の開発・改良が加速されるものと期待される.

表4.4.1 各種化学物質に対する厚生労働省の室内濃度指針値

| 揮発性有機化合物 | 室内濃度指針値 | 設定日 |
| --- | --- | --- |
| ホルムアルデヒド | 100 μg/m$^3$ (0.08ppm) | 1977.6.13 |
| アセトアルデヒド | 48 μg/m$^3$ (0.03ppm) | 2002.1.22 |
| トルエン | 260 μg/m$^3$ (0.07ppm) | 2000.6.26 |
| キシレン | 870 μg/m$^3$ (0.20ppm) | 2000.6.26 |
| パラジクロロベンゼン | 240 μg/m$^3$ (0.04ppm) | 2000.6.26 |
| エチルベンゼン | 3 800 μg/m$^3$ (0.88ppm) | 2000.12.15 |
| スチレン | 220 μg/m$^3$ (0.05ppm) | 2000.12.15 |
| クロルピリホス | 1 μg/m$^3$ (0.07ppb)<br>ただし小児の場合は<br>0.1 μg/m$^3$ (0.007ppb) | 2000.12.15 |
| フタル酸ジ-$n$-ブチル | 220 μg/m$^3$ (0.02ppm) | 2000.12.15 |
| テトラデカン | 330 μg/m$^3$ (0.04ppm) | 2001.7.5 |
| フタル酸ジ-2-エチルヘキシル | 120 μg/m$^3$ (7.6ppb) | 2001.7.5 |
| ダイアジノン | 0.29 μg/m$^3$ (0.02ppb) | 2001.7.5 |
| フェノブカルブ | 33 μg/m$^3$ (3.8ppb) | 2002.1.22 |
| 総揮発性有機化合物量（TVOC） | 400 μg/m$^3$ (暫定目標値) | 2000.12.15 |

表4.4.2 作業環境における化学物質の許容濃度

| 化学物質名 | 日本産業衛生学会 | ACGIH<br>(米国産業衛生専門家会議) |
| --- | --- | --- |
| トルエン | 50 ppm | 50 ppm |
| キシレン | 100 ppm | 100 ppm |
| スチレン | 20 ppm | 20 ppm |

## 4.4 室内空気汚染問題への対応

**4.4.2 「住宅性能表示制度」及び「建築基準法」における室内空気汚染対策**

2000年4月に「住宅の品質確保の促進等に関する法律」が施行され，2001年8月及び2002年8月に改正された．この法律の主要な部分の一つに「住宅性能表示制度」がある．「住宅性能表示制度」は，住宅の性能の相互比較を可能にするため，住宅の性能の表示に関する共通ルールを設け，第三者機関により評価を実施し，評価に基づく性能評価書を発行する任意の制度である．この制度における住宅性能の中には「空気環境に関する性能」として「ホルムアルデヒド対策（内装）」及び「室内空気中の化学物質の濃度等」について示すこととなっている[25]．

また，2002年7月には「建築基準法」が改正され，（居室内における化学物質の発散に対する衛生上の措置）として，「第28条の2 居室を有する建築物は，その居室内において政令で定める化学物質の発散による衛生上の支障がないよう，建築材料及び換気設備について政令で定める技術的基準に適合するものとしなければならない．」が追加された．具体的な内容は政令に示されることとなる．その政令案の考え方については，国土交通省が明らかにして，2002年8月時点でパブリックコメントを求めていた[26]．その政令案の考え方によれば，以下のようになっている．

① 政令で定める化学物質としては，当面，ホルムアルデヒドとクロルピリホス（防蟻剤の成分）としている．

② クロルピリホスについては使用禁止としている．

③ ホルムアルデヒドについては，ホルムアルデヒドを発散するおそれがあるものとして指定した建築材料が内装に使用される場合について，28℃におけるホルムアルデヒド放散量を，おおよそ $5\,\mu g/m^2 \cdot h$ 以下，第3種ホルムアルデヒド発散建築材料（おおよそ $5\sim20\,\mu g/m^2 \cdot h$），第2種ホルム

---

25) 国土交通省住宅局住宅生産課，国土交通省国土技術政策総合研究所，独立行政法人建築研究所監修(2002)："住宅性能表示制度　日本住宅性能表示基準・評価方法基準　技術解説2002"，工学図書

26) 本橋健司(2002)："シンポジウム：化学物質過敏症とシックハウスの原因と対策"，(社)日本空気清浄学会

アルデヒド発散建築材料（20～120 μg/m$^2$·h），第1種ホルムアルデヒド発散建築材料（120 μg/m$^2$·h を超えるもの）の4種類に分類し，おおよそ5 μg/m$^2$·h 以下の場合は使用制限なし，第3種ホルムアルデヒド発散建築材料及び第2種ホルムアルデヒド発散等級では建築物の気密性，居室の種類，換気設備等により使用できる面積に制限が設けられる．また，第1種ホルムアルデヒド発散建築材料は内装仕上げとして使用禁止になる．

　このような政令案に準じて検討した場合，塗料，建築用仕上塗材，接着剤等を含めたプラスチック系建築材料の一部についてはホルムアルデヒド放散量が5 μg/m$^2$·h 以上になる製品も考えられる．したがって，現在，プラスチック系建築材料に関してもホルムアルデヒド放散に関して全面的な測定を実施し，ホルムアルデヒド放散のおそれがあるものについてはJISにおいてホルムアルデヒドの放散量を規定するよう改定作業が進行中である．

　なお，現在，ホルムアルデヒドを発散するおそれのある内装仕上げ材料としては表4.4.3に示すものが考えられている．

### 4.4.3　室内空気汚染問題に対応した塗料

　水系エマルション塗料中には樹脂原料であるモノマーがわずかではあるが残存している可能性があり，塗膜を形成するための成膜助剤，塗料の分散安定のための添加剤等はVOCとして検出されるおそれがある．表4.4.4は（社）日本塗料工業会が暫定的に提案している開発目標である[27]．すなわち，水系エマルション塗料ではTVOCを1%以下とし，更にその中の成分に着目し，比較的有害性の高い芳香族系溶剤は0.1%以下としている．また，アルデヒド類や重金属類等についても目標を設定している．一方，溶剤形塗料については，TVOCが高いのは避けられないとしても，芳香族系溶剤は1%以下とすることを目標としている．この開発目標は，塗料製造業者側から見れば，かなり厳しいものであり，現状の塗料が直ちに表4.4.4の目標基準に合致するというわけ

---

27)　（社）日本塗料工業会(2001)："室内における健康・安全・環境を考えた塗装設計・施工マニュアル第2版"，（社）日本塗料工業会

## 4.4 室内空気汚染問題への対応

**表4.4.3** ホルムアルデヒド発散建築材料になる可能性のある建築材料一覧

| 区　　分 | ホルムアルデヒド発散建築材料 |
|---|---|
| 合板 | 合板 |
| フローリング | フローリング |
| 構造用パネル | 構造用パネル |
| MDF | MDF（ミディアムデンシティファイバーボード） |
| パーティクルボード | パーティクルボード |
| その他の木質建材 | ひき板等をホルムアルデヒド系接着剤で板状に成型したもの |
| 壁紙 | 壁紙 |
| 塗料（現場施工用） | アルミニウムペイント，油性調合ペイント，合成樹脂調合ペイント，フタル酸樹脂ワニス，フタル酸樹脂エナメル，油性系下地塗料，一般用さび止めペイント，多彩模様塗料，家庭用屋内木床塗料，家庭用木部金属部塗料，建物用床塗料 |
| 接着剤（現場施工用） | 酢酸ビニル樹脂系溶剤形接着剤，ゴム系溶剤形接着剤，ビニル共重合樹脂系溶剤形接着剤，再生ゴム系溶剤形接着剤 |
| 接着剤（現場施工用，二次加工用等） | 壁紙施工用でん粉系接着剤，建具用でんぷん系接着剤，ユリア樹脂接着剤，メラミン樹脂接着剤，メラミン・ユリア共縮合樹脂接着剤，フェノール樹脂接着剤，レゾルシノール樹脂接着剤 |
| 建築用仕上塗材 | 内装合成樹脂エマルション系薄付け仕上塗材，内装合成樹脂エマルション系厚付け仕上塗材，軽量骨材仕上塗材，合成樹脂エマルション系複層仕上塗材，防水形合成樹脂エマルション系複層仕上塗材 |
| グラスウール製品 | グラスウール保温版，グラスウール波形保温版，グラスウール保温帯，グラスウール保温筒，浮き床用グラスウール緩衝材，グラスウール断熱材，吹込み用グラスウール断熱材 |
| ロックウール製品 | ロックウール保温版，ロックウールフェルト，ロックウール保温帯，ロックウール保温筒，浮き床用ロックウール緩衝材，ロックウール断熱材 |
| ユリア樹脂断熱材等 | ユリア樹脂断熱材，ユリア樹脂板 |
| メラミン樹脂断熱材 | メラミン樹脂断熱材 |
| メラミン・ユリア共縮合樹脂断熱材 | メラミン・ユリア共縮合樹脂断熱材 |
| フェノール樹脂断熱材 | フェノール樹脂断熱材 |

注　ホルムアルデヒド発散量がおおよそ$5\,\mu g/m^2 \cdot h$以下であればホルムアルデヒド発散建築材料の規制を受けない．

**表 4.4.4** 建築内装用塗料に対する（社）日本塗料工業会の暫定的目標基準値

| 化学物質の種類 | エマルション塗料 | 溶剤形塗料 |
|---|---|---|
| TVOC（全揮発性有機化合物） | 1%以下 | — |
| 芳香族系溶剤 | 0.1%以下 | 1%以下 |
| アルデヒド類 | 0.01%以下 | 0.01%以下 |
| 重金属類（鉛，クロム等） | 0.05%以下 | 0.05%以下 |
| 発がん性物質<br>生殖毒性物質<br>変異原性物質 | 0.1%以下 | 0.1%以下 |
| 感作性物質 | 0.1%以下 | 0.1%以下 |

にはいかない．また，耐久性，施工性等の塗料の性能にも影響を与えると考えられる．

しかし，例えば，水性エマルション粒子をコア・シェル型構造にする合成技術，モノマーを残存させないような合成技術等を応用して，VOCを含まない水性エマルション塗料も出現している[28]〜[30]．このような技術開発は今後も活発に行われるであろう．

一方，ホルムアルデヒド等による室内空気汚染問題に対応して新しい建築材料が市場に出現しつつある．すなわち，化学物質放散を低減した建築材料や気中濃度を低減する材料である．このような建築材料については第三者機関による認定や証明が（財）日本建築センター[31]や（財）ベターリビング[32]において開始されている．

塗料に関しても室内空気汚染問題に対応した製品が出現しているが，性能を

---

28) 田村昌隆(2002)：地球環境，Vol.33, p.110
29) 渋谷昭範(2002)：塗装技術，Vol.41, No.5, p.65
30) 今井誠弘，本橋健司，村江行忠，池田武史，古澤友介(2002)：日本建築学会大会学術講演梗概集（材料・施工），p.189
31) （財）日本建築センター(2001)：室内空気中の揮発性有機化合物汚染低減建材認定基準，（財）日本建築センター
32) （財）ベターリビング(2002)：化学物質放散量低減材料・気中濃度低減対策機材性能証明　試験要領Ver.2，（財）ベターリビング

## 4.4 室内空気汚染問題への対応

よく確認した上で利用することが重要である．その意味では，前述したような（社）日本塗料工業会の開発目標，（財）日本建築センターや（財）ベターリビングの認定や証明は参考となる．ここでは，塗料の特徴について述べ，同時に考えられる検討課題についても併せて述べておく．

**(a) 天然樹脂等の材料を使用した塗料** 天然材料が素材であり，有害な成分が除去されており，人体に対する安全性が高いとする塗料である[33]．周知のように，過去の塗料は天然系の油脂に天然の顔料を配合した塗料が使用されていた．例えば，ボイル油に顔料を混ぜた塗料や柿渋等が使用されていた．このような塗料は耐久性，意匠性，施工性等の点で劣るため徐々に使用されなくなって現在に至っているが，安全性の面から，もう一度見直す必要があるかもしれない．

しかし，天然材料だからといって，必ずしも，VOC（揮発性有機化合物）が少ないとか，アルデヒド類が含有されていないということではない．

**(b) シール形塗料** 下地材からホルムアルデヒドや有害成分が揮散するのを防止するため，遮へい性の高い塗料を塗装し，被覆しようとする考え方である．例えば，合板からのホルムアルデヒド放散低減，壁紙からの可塑剤放散防止等を意図した塗料が検討されている．化学物質の放散を低減するとしても完全に防止することは難しいであろう．また，耐久性が問題となる．

**(c) 吸着形塗料** 室内空気汚染物質を吸着する塗料であり広義には聚楽壁，けい藻土等の左官材料等も同じ機能を有すると考えられる．積極的に活性炭や化学吸着剤[34),35)]を混入した材料も開発されている．最も不明な点は効果の持続性や再放散性であろう．

**(d) 光触媒による汚染物質分解形塗料** 最近注目されている光触媒を応用して，室内空気汚染物質を分解しようとした材料である．同じような用途としては，例えば，自動車からのNOx等を低減する目的で道路資材にこの技術が

---

33) 濱田ゆかり(1998)：建築知識，No.504, p.98
34) 高野亮，塩野忠利(1999)：日本建築仕上学会学術講演会研究発表論文集，p.79
35) 原一男，神谷一先，大久保藤和，本橋健司(2001)：FINEX, Vol.13, No.75, p.19

試験的に利用されている[36), 37)]．問題は，やはり効率と耐久性である．また，有機系塗膜をマトリクスとして光触媒を利用する場合は，空気汚染物質のみではなく樹脂が劣化する可能性がある．

### 4.4.4 塗料から放散される揮発性有機化合物の測定

表4.4.5に示す各種建築用塗料を試験塗料として，発生する揮発性有機化合物の量をトルエン換算のTVOCとして測定した．これらの塗料は，代表的な配合により塗料製造業者が作成したモデル塗料である．各塗料を7×15 cmのアルミニウム板に$0.10 \sim 0.13$ kg/m$^2$の割合で2回塗り（24時間間隔）したものを試験体とした．養生は20℃，60%RHの恒温恒湿室で行っている．

表4.4.5 試験対象とした塗料

| 塗料名 | 固形分（%） |
|---|---|
| アクリル樹脂エナメル | 50.0 |
| フタル酸樹脂エナメル | 60.0 |
| 低臭型NAD樹脂塗料 | 70.8 |
| 合成樹脂エマルション樹脂塗料 | 60.0 |
| つやありエマルション樹脂塗料 | 50.0 |

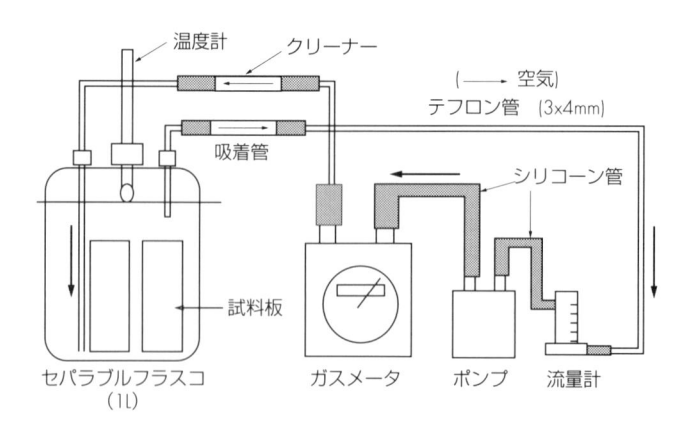

図4.4.1 フラスコ法装置図

## 4.4 室内空気汚染問題への対応

塗料から放出される揮発性有機化合物の捕集は，図4.4.1に示すフラスコ法により活性炭による吸着を行って，それをガスクロマトグラフィーで測定した．測定は，塗布後(1)，3, 7, 14, 28日後にそれぞれ実施した．

各塗料の揮発性有機化合物放散量を求めた結果を図4.4.2にまとめた．各塗膜から放散される揮発性有機化合物は，時間の経過とともにその放散量が減少していく傾向が認められた．

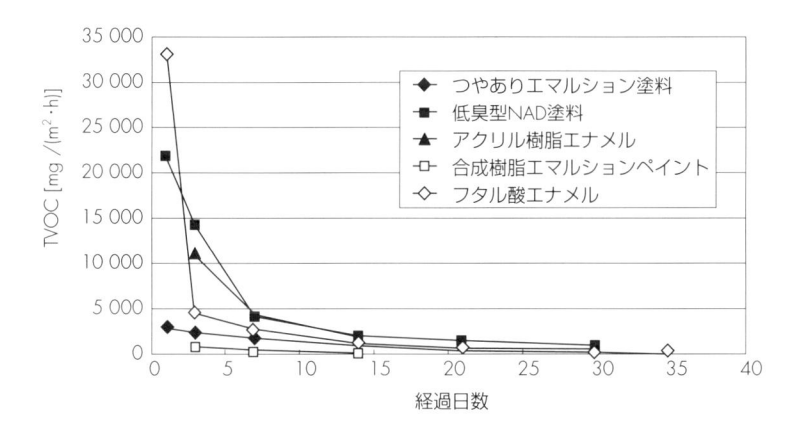

**図4.4.2** 各種塗料からのVOC放散量の経時変化

次に，得られた実測値をもとに各種塗料のVOC放散挙動のモデル化に関して検討した．モデル化の検討では，まず，各種塗料について溶媒が放散する場合の速度式を実測値からそれぞれ求める．このようにして得られたVOC放散速度式を用いて，換気量などの条件を設定し，室内汚染物質濃度の推定計算を行った．実際の室内環境中の空気汚染物質濃度はその室内で用いられている各種建築材料や居住者が持ち込んだ家具など，様々な部材から放散される汚染物質により成り立っている．また，部材によっては，空気中の汚染物質の吸放出などを行うことも考えられ，これら複数の要因が重なり合って汚染物質濃度を形成すると考えられる．今回の検討では，単純化し各種塗料からの揮発性有機

---

36) 小林秀紀，辻道万也，佐伯義光(2000)：日本建築仕上学会学術講演会研究発表論文集，p.209
37) 竹内浩士，根岸信彰，指宿堯嗣(2000)：会報光触媒，Vol.2, p.1

化合物の放散データをもとに，塗膜からの放散のみを考慮した室内濃度予測式について検討した．

例として室内で塗装による改修工事を行った場合の空気汚染物質濃度の経時変化を検討する．各塗膜から放散される揮発性有機化合物の経時放散量については，幾つかの実測値を得ることができたので，これらのデータにより塗膜からのVOC放散速度式を求めた．したがって，室内容積・塗装面積並びにその室内の換気率を決定することにより，塗膜から放散される揮発性有機化合物による室内濃度の推定が可能になる．

ここで，以下のように記号を定義する．

$C$：室内濃度（μg/m$^3$）
$V$：室内容積（m$^3$）
$r$：換気率（/h）
$A$：VOC放散量（μg/h）（$A = a \times S$）
$a$：単位面積当たりのVOC放散量（μg/m$^2$·h）
$S$：材料面積（m$^2$）

換気がない場合の気中濃度は，塗膜からの放散量を室内容積で割ったものとして求められる．これは換気を行っていない初期状態における気中濃度$C_0$である．

$$C_0 = \frac{A_0}{V}$$

続いて，初期$C_0$から1回換気が行われた$C_1$を考えると以下のようになる．このとき，換気はモデル式を簡便化するため断続的に1時間1回バッチで行われるとする．

$$C_1 = C_0(1-r) + \frac{A_1}{V}$$
$$= \frac{A_0}{V}(1-r) + \frac{A_1}{V}$$
$$= \frac{A_0(1-r) + A_1}{V}$$

## 4.4 室内空気汚染問題への対応

したがって，これを続けると$i$回換気後（$i$時間後）の室内濃度$C_i$は，以下のように求められる．

$$C_0 = \frac{A_0}{V}$$

$$C_1 = \frac{A_0(1-r) + A_1}{V}$$

$$C_2 = \frac{A_0(1-r)^2 + A_1(1-r) + A_2}{V}$$

$$C_i = \frac{A_0(1-r)^i + A_1(1-r)^{i-1} + \cdots + A_i}{V}$$

↓

$$\boxed{C_i = \sum_{n=0}^{i} \frac{A_{i-n}(1-r)^n}{V}}$$

例として，27 m³の室内で5 m²の改修塗装をした場合での，塗料による室内汚染物質の濃度予測を行った．換気率は0.5回/hとし，つやありエマルション樹脂塗料のVOC放散の近似曲線式を用いて，計算して図にしたものが図

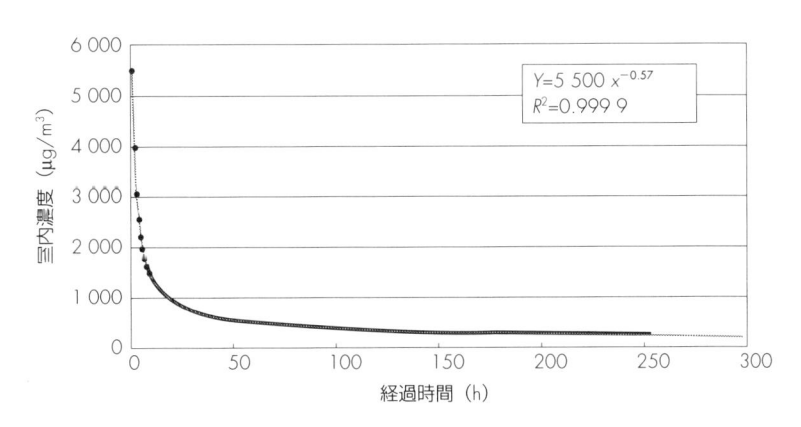

$Y = 5\,500\, x^{-0.57}$
$R^2 = 0.999\,9$

**図4.4.3** つやありエマルション樹脂塗料の場合の室内濃度の予測例

4.4.3 である. この結果より, 気中濃度 $C_i$ は以下の式で推定できることが示された.

$$C_i = 5\,500 \times i^{-0.57} \ (\mu g/m^3)$$

## 4.5 まとめ

　色彩が豊かで成形性に富み, 比較的軽量で接着性, 耐水性, 耐食性, 耐薬品性などに優れているなど, 他の建設材料では追随することのできない多くの特徴を持って出現したプラスチック材料は, 50年にも及ぶ厳しい選択の試練を受けた. その過酷な生存競争に打ち勝って生き残った材料は, ますますその特性がみがかれて, より良い建築のための材料として, 今後一層の進展が期待されている.

　建築物や土木構造物は, 社会のインフラストラクチャーの一つとして, 人命の安全確保, 健康の保持, 財産の保護という役割を強く要求される工作物なので, 安全性は特に強調される性能である. 安全性は火災に対する安全性と, 荷重・外力に対する安全性とがあるが, プラスチック材料がその組成上比較的引火点が低い割に発熱量が多いために, 火災時の加熱による損傷を与えやすく, また発生する多量の煙と含まれている有毒ガスによって緊急避難時の人命の安全を確保するための障害となっている. また, プラスチック部材の長期にわたる屋外暴露と長期載荷時における基本物性の劣化現象の不透明さの存在のため, 構造材料としての信頼性に不安感を抱かせていて, 荷重・外力に対する安全性を確保するための二つ目の障害となっている.

　プラスチック材料は既に述べたように, 建築・土木の分野で重要な役割をもつ材料として活用されているが, 火災に対する安全性と荷重・外力に対する安全性の確保に十分信頼のおける性能が与えられれば, プラスチック材料の建築・土木分野における活躍は飛躍的に増大して, プラスチック材料の第二の黄金時代を迎えることとなるであろう. 最近におけるエンジニアリングプラスチック材料の研究開発の進展にみられるようなプロダクツ・イノベーションと,

## 4.5 まとめ

他材料との積層化技術の進展によるプロセス・イノベーションの開発成果は，いずれ火災に対する安全性や荷重・外力に対する安全性の問題点を克服してくれる有力な手段のあることを示唆しているものであって，プラスチック材料の研究開発の成果に対して建設業界の熱い期待があることが感じられる．

今までも述べてきたように，建築・土木の分野での生産は，土地に定着している一品受注生産を基盤として産業が成り立っていて，他の工学分野での生産組織体制とは趣が全く異質である．設計が発注者（需要者）側の立場にあるため，設計と製造（施工）との間の情報の交換ができにくいことが近代化のネックであるが，それにもかかわらず，既に述べたようにプラスチック材料は建設の分野のいろいろな部位に活用されてきている．

すなわち，仕上げでは色彩の豊かさを生かして，床材料，壁材料，天井材料，吹付材料，塗装材料など，接着性，耐水性，耐食性，耐薬品性の良さを活用して，屋根材料，接着材料，補修材料，防水材料，設備用材料などが伸展してきていて，特に床材料，接着材料，防水材料及び補修材料の四つの分野では他材料の追随を許さない特徴を有しているので，今後ともこれらの分野での開発はますます活発となり，それにつれて設計も一層自由なものとなって，建設産業の発展に大きな貢献を果たすものと考えられる．

建設産業は，社会のさまざまな変化，例えば高度情報化，技術革新の進展，資源エネルギーの制約，国際化，モビリティの高まり，余暇の増大，人口・世帯構成の変化，価値観・意識の変化などに対応して急速な変化が求められ，社会的に信頼される産業の一つとして認められることを基盤にして，施工の合理化，建設分野以外の新技術との融合，エンジニアリング力の強化，受注分野の拡大，脱建設と拡建設の事業化など活発な事業展開を実施しているが，特にプラスチック材料分野では，新素材の開発と改修保全技術の確立が注目される．

新素材の分野では，プラスチック系新素材として高強度高分子，高吸水性高分子，透光性高分子，スーパーエンジニアリングプラスチックなどがあげられ，複合材料としては繊維強化プラスチック，繊維強化コンクリート，ポリマーコンクリートなどが検討されている．

これらの材料の応用として，超々高層化，大スパン構造物，橋梁構造物，大空間構造，地下空間の開発，地盤強化材などがあり，住宅分野では快適性，安全性の向上や空間の高度利用のための技術開発が求められている．快適性のためには発泡材料の性能向上のための微粒子化の技術や気泡成型のための新技術の向上が今後の課題であり，安全性の観点からは，防火性の向上や耐火材料の開発や，耐震，耐風性の向上のための免震構造やポリマーコンクリートや各種FRP材料の開発が課題となろう．また改修保全技術としては，メンテナンス技術の確立のためのプラスチック材料の材質改善，建設物の寿命延伸技術やメンテナンスフリーのための技術開発などが活発化されることとなろう．

建設産業におけるプラスチック材料の21世紀での飛躍的発展を目指して，新しい樹脂の開発ばかりでなく，他の材料との複合化，積層化を検討して，安全で快適な長持ちする構築物の建設に役立たせることが必要である．そのためにはプラスチック産業に存在するいろいろなレベルのシーズと，建設産業にある各種のニーズを十分にマッチングさせることが必要である．新素材プラスチックは高度な機能を有し，付加価値の高い材料であるが，少量生産品なのでより細かな市場開拓を行って，新しい市場を創出するようなアプローチを行うとともに，建設生産者に対してだけでなく，建設構築物の利用者へのアプローチも強力に行って，材料供給と材料活用と空間利用との三つの分野の情報を有機的に総合して新素材の開発と利用を進めることが必要であろう．

# プラスチック性能表

### 熱硬化性プラスチック
(1) ホルマリン系
　　フェノール樹脂成形材料 ……… 432
　　注型フェノール樹脂 …………… 433
　　ユリヤ樹脂成形材料 …………… 433
　　メラミン樹脂成形材料 ………… 433
(2) その他の熱硬化性プラスチック
　　アリル樹脂成形材料 …………… 433
　　フラン樹脂 ……………………… 433
　　不飽和ポリエステル …………… 434
　　エポキシ樹脂 …………………… 434
　　シリコーン樹脂 ………………… 435
　　ポリイミド ……………………… 435
　　ポリウレタン …………………… 435

### 熱可塑性プラスチック
(1) ビニル系プラスチック
　　ポリエチレン …………………… 436
　　ポリプロピレン ………………… 436
　　ポリブチレン …………………… 437
　　ポリメタクリル酸メチル ……… 437
　　ポリスチレン …………………… 437
　　共重合体 ………………………… 438
　　ABS樹脂 ………………………… 138
　　ビニル樹脂及びその共重合体 ‥ 439
(2) O, N, Sなどを主鎖にもつ樹脂
　　ポリアミド ……………………… 439
　　ポリアミドイミド ……………… 440
　　ポリエーテルイミド …………… 441
　　飽和ポリエステル樹脂 ………… 441
　　ポリカーボネート ……………… 441
　　ポリアセタール ………………… 441
　　アイオノマー樹脂 ……………… 442
　　ポリエーテルスルフォン ……… 442
　　ポリフェニレンオキシド
　　　(PPO) ………………………… 442
　　ポリフェニレンスルファイド
　　　(PPS) ………………………… 443
　　ポリアリレート ………………… 443
　　ポリエーテル・エーテルケトン ‥ 443
　　液晶プラスチック ……………… 443
　　ポリスルホン …………………… 443
　　ポリウレタン …………………… 443
(3) ふっ化樹脂
　　テトラフルオロエチレン樹脂
　　　(PTFE) ……………………… 444
　　トリフルオロエチレン樹脂
　　　(PCTFE) ……………………… 444
　　ポリふっ化ビニリデン ………… 444
(4) 繊維素系樹脂
　　エチルセルロース ……………… 445
　　酢酸セルロース ………………… 445
　　プロピオン酸セルロース ……… 445
　　硝酸セルロース ………………… 445

注　本表はModern Plastics Encyclopedia (1964〜1990), ASTM 08・01〜04・2002, JIS ハンドブックプラスチック（日本規格協会），日本化学便覧・基礎編1993-6, 1-556〜567（丸善）を参考に作成したものである．

| 各種性質 | No. | 特性項目 単位の換算：1 MPa=0.101 97 kgf/mm² 1 J=2.388×10⁻⁴ kcal | | 試験規格 JIS | 試験規格 ASTM | 熱硬化 ホルマ フェノール樹脂成形材料 無充てん | 木粉と綿ブロック充てん | アスベスト充てん | GF（glass fiber）充てん |
|---|---|---|---|---|---|---|---|---|---|
| 物理的性質 | 1 | 密度/g·cm⁻³ | | K 6911 K 7112 | D 792 | 1.21〜1.30 | 1.34〜1.45 | 1.45〜2.00 | 1.69〜1.95 |
| | 2 | 融点/°C | $\tau_m$（結晶性） | | | 熱硬化 | 熱硬化 | 熱硬化 | 熱硬化 |
| | 3 | | $\tau_g$（非晶性） | | D 3418 | | | | |
| | 4 | 透明さ | | | | 透明〜半透明 | 不透明 | 不透明 | 不透明 |
| | 5 | 吸水率（％）3 mm, 24 h | | K 6991 | D 570 | 0.1〜0.2 | 0.3〜1.2 | 0.1〜0.5 | 0.03〜1.2 |
| 成形特性 | 6 | 成形温度範囲/°C （C：圧縮，T：トランス，I：射出，E：押出） | | | | C, 150〜178 | C, 161〜211 | C, 161〜211 | 167〜211 |
| | 7 | 成形圧力範囲/MPa | | | | 14.1〜28.1 | 14.1〜35.2 | 14.1〜35.2 | 7.0〜42.0 |
| | 8 | 成形収縮率（％） | | | | 1〜1.2 | 0.4〜0.9 | 0.2〜0.9 | 0.0〜0.4 |
| 機械的性質 | 9 | 引張強さ/MPa | | K 6911 K 7113 | D 638 | 49〜56 | 35〜63 | 31〜52 | 35〜127 |
| | 10 | 最大伸び率（％） | | K 7113 | D 638 | 10〜15 | 4〜8 | 1.8〜5.0 | 2 |
| | 11 | 圧縮強さ（破壊，降伏）/MPa | | | D 695 | 70〜219 | 155〜253 | 141〜246 | 112〜492 |
| | 12 | 曲げ強さ（破壊，降伏）/MPa | | | D 790 | 84〜105 | 49〜98 | 149〜98 | 70〜422 |
| | 13 | 引張弾性率/MPa | | K 7113 | D 790 | 5 270〜7 030 | 5 620〜12 000 | 7 030〜21 100 | 13 400〜23 200 |
| | 14 | 圧縮弾性率/MPa | | | D 695 | | | | — |
| | 15 | 曲げ弾性率/MPa | | | D 790 | | 7 030〜8 440 | 7 030〜15 500 | 14 100〜23 200 |
| | 16 | アイゾット衝撃値/kJ/m² | | K 7110 K 7111 | D 256 | 1.0〜1.9 | 1.3〜3.2 | 1.4〜1.9 | 1.6〜98.0 |
| | 17 | 硬さ | ロックウェル | K 7202-2 | D 785 | M 124〜128 | M 100〜115 | M 105〜115 | E 54〜101 |
| | | | ショア | | D 2240 | | | | |
| 熱的性質 | 18 | 熱伝導率/10⁻²·W/m·K | | | C 177 | 12.6〜25.2 | 16.8〜34.4 | 25.2〜92 | 34〜145 |
| | 19 | 比熱/10³·J/kg·K | | | | 1.54〜1.75 | 1.33〜1.67 | 1.17〜1.33 | 1.00〜1.13 |
| | 20 | 線熱膨張率/10⁻⁵/K | | | D 696 | 2.5〜6.0 | 3.0〜4.5 | 0.8〜4.0 | 0.8〜2.0 |
| | 21 | 熱変形温度/°C | (18.6 kgf·cm⁻²) (4.6 kgf·cm⁻²) | K 7206 K 7191-1〜-3 | D 648 | 133〜144 | 167〜206 | 194〜278 | 194〜306 |
| 電気的性質 | 22 | 体積抵抗率/Ω·cm（RH：相対湿度） （23°C，50%RH） | | K 6911 | D 257 | $10^{11}\sim10^{12}$ | $10^9\sim10^{13}$ | $10^{10}\sim10^{13}$ | $10^{12}\sim10^{13}$ |
| | 23 | 絶縁強さ（短時間法） (3.18 mm)/kV·mm⁻¹ | | C 3005 C 6481 | D 149 | 11.8〜15.7 | 10.2〜15.7 | 7.8〜14.1 | 4.7〜15.7 |
| | 24 | 比誘電率 $\varepsilon_r$ | 60 Hz | C 3005 C 6481 | D 150 | 5.0〜6.5 | 5.0〜13.0 | 5.0〜20.0 | 5.0〜7.1 |
| | | | MHz | | | 4.5〜5.0 | 4.0〜6.0 | 5.0〜10.0 | 4.5〜6.6 |
| | 25 | 誘電正接 $\tan\delta$ | 60 Hz | C 3005 C 6481 | D 150 | 0.06〜0.10 | 0.05〜0.3 | 0.05〜0.20 | 0.04〜0.05 |
| | | | MHz | | | 0.015〜0.03 | 0.03〜0.07 | 0.35〜0.80 | 0.01〜0.02 |
| | 26 | 燃焼性，速度/mm·min⁻¹ | | | D 635 | | 27〜33 | 6.35〜9.65 | 3.3〜12.7 |
| 化学的性質 | 27 | 日光の影響 | | | | 表面暗色化 | 暗色化 | 暗色化 | 暗色化 |
| | 28 | 弱酸の影響 | | | D 543 | 無〜微小変化 | 同左 | 同左 | 同左 |
| | 29 | 強酸の影響 | | | D 543 | 酸化性酸に侵され有機酸にはわずか | 同左 | 同左 | 同左 |
| | 30 | 弱アルカリの影響 | | | D 543 | 微小変化 | アルカリ度により微小〜相当侵される | 同左 | 同左 |
| | 31 | 強アルカリの影響 | | | D 543 | 分解 | 侵される | 同左 | 同左 |
| | 32 | 有機溶剤の影響 | | | D 543 | 抵抗良 | 抵抗良 | 同左 | 同左 |

| 性 プラスチック | | | | | | | | |
|---|---|---|---|---|---|---|---|---|
| リン系 | | | | | | その他の熱硬化性プラスチック | | |
| 注型フェノール樹脂 | | ユリヤ樹脂成形材料 | メラミン樹脂成形材料 | | | アリル樹脂成形材料 | | フラン樹脂 |
| 無充てん | アスベスト充てん | α-セルロース充てん | 無充てん | α-セルロース充てん | GF充てん | 注型用アリルダイグリコール，カーボネート | DAP樹脂 GF充てん | アスベスト充てん |
| 1.23〜1.32 | 1.70 | 1.47〜1.52 | 1.48 | 1.47〜1.52 | 1.8〜2.0 | 1.30〜1.40 | 1.51〜1.78 | 1.75 |
| — | — | 熱硬化 | 熱硬化 | 熱硬化 | 熱硬化 | 熱硬化 | 熱硬化 | 熱硬化 |
| — | | | | | | | | |
| | 不透明 | 透明〜半透明 | 乳白色 | 半透明 | 不透明 | 半透明 | 不透明 | 不透明 |
| 0.2〜0.4 | | 0.4〜0.8 | 0.3〜0.5 | 0.1〜0.6 | 0.09〜0.21 | 0.2 | 0.12〜0.35 | 0.01〜0.20 |
| — | — | 153〜193 | 167〜183 | 156〜206 | 156〜189 | | C, 161〜211 | C, 153〜195 |
| — | — | 14.1〜56.2 | 14.1〜35.2 | 10.5〜56.2 | 14.1〜56.2 | | 35.2〜28.1 | 2.1〜3.5 |
| — | | 0.6〜1.4 | 1.1〜1.2 | 0.5〜1.5 | 0.1〜0.4 | | 0.1〜0.5 | — |
| 35 | 21〜42 | 38〜91 | — | 49〜91 | 35〜70 | 35〜42 | 42〜77 | 21〜31 |
| 15〜20 | — | 5〜10 | — | 6〜9 | — | — | — | — |
| 84〜105 | 73〜87 | 176〜316 | 281〜316 | 281〜316 | 141〜246 | 148〜162 | 176〜246 | 70〜91 |
| 77〜120 | 35〜56 | 70〜127 | 77〜98 | 70〜112 | 105〜162 | 42〜91 | 78 | 4.2〜63.3 |
| 2 810〜4 920 | 13 200 | 7 030〜10 500 | — | 8 440〜9 840 | 16 900 | 2 110 | 9 840〜15 500 | 11 100 |
| | | | | | | 2 110 | | |
| | | 9 140〜11 200 | | 7 800 | — | 1 760〜2 320 | 8 440〜10 500 | |
| 1.3〜2.1 | | 1.3〜2.1 | | 1.3〜1.9 | 3.2〜98 | 1.0〜2.1 | 2.1〜81.6 | |
| M 92〜120 | R 110 | M 110〜120 | | M 115〜125 | — | M 95〜100 | E 80〜87 | R 110 |
| 14.7 | 35.2 | 29〜42 | | 29〜42 | 48.3 | 20〜21 | 21〜63 | — |
| 1.25〜1.67 | 1.25 | 1.67 | | 1.67 | — | 2.3 | — | — |
| 6.8 | 3.3 | 2.2〜3.6 | | 4.0 | 1.5〜1.7 | 8.1〜14.3 | 1.0〜3.6 | — |
| 88.9 | 167 | 144〜161 | 166 | 194〜206 | 222 | 77〜106 | 183〜250 | |
| $10^{12}$〜$10^{13}$ | | $10^{12}$〜$10^{13}$ | | 0.8〜2×$10^{12}$ | 2×$10^{11}$ | >4×$10^{14}$ | $10^{13}$〜$10^{16}$ | |
| 9.8〜15.7 | 3.9〜9.8 | 11〜15.7 | | 9.4〜11.8 | 6.6×11.8 | 14.9 | 15.5〜17.7 | |
| 6.5〜17.5 | — | 7.0〜9.5 | | 7.9〜9.5 | 9.7〜11.1 | 4.4 | 4.3〜4.6 | |
| 4.0〜5.5 | — | 6.8 | | 7.2〜8.4 | 6.6〜7.5 | 3.5〜3.9 | 3.4〜4.5 | |
| 0.10〜0.15 | | 0.035〜0.048 | | 0.03〜0.08 | 0.14〜0.23 | 0.006〜0.019 | 0.03〜0.05 | |
| 0.04〜0.05 | | 0.025〜0.035 | | 0.026〜0.045 | 0.013〜0.015 | 0.04〜0.06 | 0.009〜0.014 | |
| — | | | | — | <0.16(FKgr) | 8.89 | — | — |
| 退色 | 少し暗色化 | 褐黒色化 | 退色 | 褐黒色化 | わずか | わずかに黄色化 | 無 | 無 |
| 無 | 無〜微小 | 侵される | 無 | 無 | 無 | 無 | 無 | 無〜わずか |
| 無 | 酸化剤に侵される | 分解〜表面侵される | — | 分解 | 分解 | 酸化性酸に分解 | わずか | 酸化性酸に侵される |
| ある程度〜無 | 無 | わずか〜相当 | 無 | 無 | 無 | 無 | 無〜わずか | 無 |
| 抵抗大 | 分解される | 分解 | — | 侵される | 無〜わずか | 無〜わずか | わずか | 無〜わずか |
| ある程度〜無 | 抵抗性あり | 無〜わずか | 無 | 無 | 無 | 耐える | 無 | 耐える |

| 各種性質 | No. | 特性項目 単位の換算：1 MPa=0.101 97 kgf/mm² 1 J=2.388×10⁻⁴ kcal | | 試験規格 JIS | 試験規格 ASTM | 熱硬化 不飽和ポリエステル 注型, 硬質 | 熱硬化 不飽和ポリエステル プリミックス GF充てん | 熱硬化 不飽和ポリエステル SMC (板状成形材料) | その他の熱硬化 注 無充てん |
|---|---|---|---|---|---|---|---|---|---|
| 物理的性質 | 1 | 密度/g·cm⁻³ | | K 6911 K 7112 | D 792 | 1.10～1.46 | 1.65～2.30 | 1.65～2.60 | 1.11～1.40 |
| | 2 | 融点/°C | $\tau_m$ (結晶性) | | | 熱硬化 | 熱硬化 | 熱硬化 | 熱硬化 |
| | 3 | | $t_g$ (非晶性) | | D 3418 | | | | |
| | 4 | 透明さ | | | | 透明～半透明 | 不透明 | 不透明 | 透明 |
| | 5 | 吸水率 (%) 3 mm, 24 h | | K 6991 | D 570 | 0.15～0.60 | 0.06～0.28 | 0.10～0.15 | 0.08～0.15 |
| 成形特性 | 6 | 成形温度範囲/°C (C：圧縮, T：トランス, I：射出, E：押出) | | | | — | C, 156～195 | C, 150～194 | — |
| | 7 | 成形圧力範囲/MPa | | | | — | 3.52～14.1 | 2.11～8.48 | — |
| | 8 | 成形収縮率 (%) | | | | 0.1～1.2 | 0.1～0.4 | 0.1～1.0 | |
| 機械的性質 | 9 | 引張強さ/MPa | | K 6911 K 7113 | D 638 | 42～91 | 21～70 | 56～141 | 28～91 |
| | 10 | 最大伸び率 (%) | | K 7113 | D 638 | <5.0 | 0.5 | — | 30～60 |
| | 11 | 圧縮強さ (破壊, 降伏)/MPa | | | D 695 | 91～211 | 141～211 | 105～211 | 105～176 |
| | 12 | 曲げ強さ (破壊, 降伏)/MPa | | | D 790 | 59～162 | 49～141 | 70～253 | 93～148 |
| | 13 | 引張弾性率/MPa | | K 7113 | D 790 | 2 110～4 500 | 7 030～17 600 | — | — |
| | 14 | 圧縮弾性率/MPa | | | D 695 | — | — | — | — |
| | 15 | 曲げ弾性率/MPa | | | D 790 | — | 7 030～14 080 | 7 030～15 500 | — |
| | 16 | アイゾット衝撃値/kJ/m² | | K 7110 K 7111 | D 256 | — | 8.1～87 | 38～120 | 1.0～5.4 |
| | 17 | 硬さ | ロックウェル | K 7202-2 | D 785 | M 70～115 | 50～80 (バーコール) | 50～70 (バーコール) | M 85～120 |
| | | | ショア | | D 2240 | | | | |
| 熱的性質 | 18 | 熱伝導率/10⁻²·W/m·K | | | C 177 | 16.8 | 42～67 | — | 16.8～21 |
| | 19 | 比熱/10³ J/kg·K | | | | — | 1.04 | — | 1.04 |
| | 20 | 線熱膨張率/10⁻⁵/K | | | D 696 | 5.5～10.0 | 2.0～3.3 | 2.0 | 4.5～6.5 |
| | 21 | 熱変形温度/°C (18.6 kgf·cm⁻²) (4.6 kgf·cm⁻²) | | K 7206 K 7191-1～-3 | D 648 | 60～204 | >222 | 208～278 | 139～306 |
| 電気的性質 | 22 | 体積抵抗率/Ω·cm (RH：相対湿度) (23°C, 50%RH) | | K 6911 | D 257 | $10^{15}$ | $10^{12}$～$10^{15}$ | $10^{14}$～$10^{15}$ | $10^{12}$～$10^{17}$ |
| | 23 | 絶縁強さ (短時間法) (3.18 mm)/kV·mm⁻¹ | | C 3005 C 6481 | D 149 | 15～16.5 | 13.5～19.6 | 14.9～17.7 | 11.8～19.6 |
| | 24 | 比誘電率 $\varepsilon_r$ | 60 Hz | C 3005 | D 150 | 3.0～4.3 | 5.3～7.3 | 4.4～6.3 | 3.5～5.0 |
| | | | MHz | C 6481 | | 2.8～4.1 | 5.2～6.4 | 4.2～5.8 | 3.33～4.0 |
| | 25 | 誘電正接 $\tan \delta$ | 60 Hz | C 3005 | D 150 | 0.003～0.028 | 0.01～0.04 | 0.007～0.02 | 0.002～0.010 |
| | | | MHz | C 6481 | | 0.006～0.026 | 0.008～0.02 | 0.016～0.02 | 0.03～0.05 |
| 化学的性質 | 26 | 燃焼性, 速度/mm·min⁻¹ | | | D 635 | — | — | — | — |
| | 27 | 日光の影響 | | | | わずか黄色化 | 着色依存 | わずか | 無 |
| | 28 | 弱酸の影響 | | | D 543 | | | | 無 |
| | 29 | 強酸の影響 | | | D 543 | | | | 少々侵される |
| | 30 | 弱アルカリの影響 | | | D 543 | | | | 無 |
| | 31 | 強アルカリの影響 | | | D 543 | | | | わずか |
| | 32 | 有機溶剤の影響 | | | D 543 | | | | 一般に耐える |

435

| 性 プラスチック | | | | | | | | |
|---|---|---|---|---|---|---|---|---|
| 熱硬化性プラスチック | | | | | | | | |
| エポキシ樹脂 | | | シリコーン樹脂 | | ポリイミド | | | ポリウレタン |
| 型 | 成形材料 | カプセル型 | 注型用 | 成形材料 | 縮重合 | GF充てん | グラファイト充てん | 注型用液状 |
| シリカ充てん | GF充てん | GF充てん | 可とう性 | GF充てん | | | | |
| 1.6～2.0 | 1.6～2.0 | 1.7～2.0 | 0.99～1.5 | 1.80～1.94 | 1.43～1.51 | 1.9 | 1.45 | 1.1～1.5 |
| 熱硬化 | 熱硬化 | 熱硬化 | — | — | 熱硬化 | 熱硬化 | 熱硬化 | 熱硬化 |
| 不透明 | 不透明 | 不透明 | 透明, グレード各種 | 不透明 | — | 不透明 | 不透明 | 透明～不透明 |
| 0.04～0.10 | 0.05～0.20 | 0.04～0.20 | 0.12 | 0.2 | 0.32 | 0.20 | 0.6 | 0.02～1.5 |
| — | C, 167～183 | Tr, 156～183 | — | C, 154～182 | — | C, 211～267 | C, 211～267 | C, 84～120 |
| — | 2.11～3.52 | 0.35～7.03 | — | — | — | 1.05～4.22 | 1.05～4.22 | 0.7～35.2 |
| 0.05～0.8 | 0.1～0.5 | 0.2～0.8 | 0～0.6 | — | — | 0.1～0.2 | 0.6 | 0～2.0 |
| 49～91 | 70～141 | 35～105 | 2.5～7 | 28～45 | 63 | 190 | 40 | 1.2～70 |
| 10～30 | 40 | — | 100～1 000 | — | 4～9 | <1 | <1 | 100～1 000 |
| 105～246 | 176～281 | 127～211 | 0.7 | 76～105 | — | 229 | 141 | 140 |
| 56～98 | 70～422 | 56～141 | — | 70～98 | — | 348 | 128 | 4.0～31 |
| — | 21 400 | — | 1.4 | — | 2 250～2 810 | 20 000 | — | 70～700 |
| — | — | — | — | — | — | 17 200 | — | 70～700 |
| — | 17 600～31 600 | — | — | 16.3 | — | 22 530 | 6 330 | 70～700 |
| 1.6～2.4 | 10.9～163 | 2.7～10.9 | — | 1.63～43.5 | 2.7～5.4 | 92.5 | 1.36 | 75～可とう |
| M 55～85 | M 100～110 | M 100～112 | — | M 80～90 | 32～58 | M 120 | M 110 | |
| | | | 15～65 (A) | | | | | 10 A～90 D |
| 42～84 | 16.8～42 | 16.8～42 | 14.7～31.3 | 29.4～37.8 | — | 50.4 | 14.7 | 21 |
| 0.83～1.09 | 0.79 | — | — | 0.79～0.92 | — | — | — | 1.75～1.84 |
| 2.0～4.0 | 1.1～3.5 | 3.0～5.0 | 8.0～30.0 | 2.0～5.0 | — | 1.5 | 1.5 | 10.0～20.0 |
| 139～306 | 139～278 | 125～250 | — | >500 | >261 | 367 | >306 | 広範囲 |
| $10^{13}$～$10^{16}$ | >$10^{14}$ | >$10^{14}$ | $10^{14}$～$10^{15}$ | $10^{15}$ | $10^{16}$×$10^{17}$ | 5×$10^{15}$ | 2×$10^{16}$ | 2×$10^{11}$～$10^{15}$ |
| 11.8～19.6 | 11.8～15.7 | 9.8～15.7 | 21.6 | 7.8～11.8 | 15.7 | 19.6 | — | 15.7～19.6 |
| 3.2～4.5 | 3.5～5.0 | 3.5～5.0 | 2.7～4.2 | 3.3～5.0 | — | 4.84 | — | 4.0～7.5 |
| 3.0～3.8 | 3.5～5.0 | 3.5～5.0 | 2.6～2.7 | 3.2～4.3 | — | 4.74 | — | 6.5～7.1 |
| 0.008～6.03 | 0.01 | 0.01 | 0.001～0.025 | 0.004～0.030 | — | 0.003 4 | — | 0.015～0.017 |
| 0.02～0.04 | 0.01 | 0.01 | 0.001～0.002 | 0.002～0.020 | — | 0.005 5 | — | — |
| — | — | — | — | — | — | — | — | — |
| 無 | わずか | わずか | 無 | 無 | — | — | — | 無～黄色化 |
| 無 | 無 | 無 | 少量～無 | 無～わずか | — | 抵抗 | 抵抗 | わずか |
| 少々侵される | 無視できる | わずか | わずか～著しい | わずか | — | 抵抗 | 抵抗 | 少し侵される |
| 無 | 無 | わずか | 少量～無 | 無～わずか | — | 少し侵される | 少し侵される | わずか |
| わずか | 無 | わずか | わずか～著しい | わずか～著しい | — | 侵される | 侵される | わずか～侵される |
| 一般に耐える | 無 | わずか | 無～ある種で侵される | ある種で侵される | — | 抵抗大 | 抵抗大 | 無～幾分 |

| 各種性質 | No. | 特性項目 単位の換算：1 MPa=0.101 97 kgf/mm² 1 J=2.388×10⁻⁴ kcal | | 試験規格 | | 熱可塑 ビニル系 オレフィ | | | | |
|---|---|---|---|---|---|---|---|---|---|---|
| | | | | JIS | ASTM | ポリエチレン | | | | ポリプロ |
| | | | | | | 低密度 | 高密度 | エチレン・酢酸ビニル共重合体 | 超高分子量 | 非変性 |
| 物理的性質 | 1 | 密度/g·cm⁻³ | | K 6911 K 7112 | D 792 | 0.91～0.92 | 0.94～0.965 | 0.92～0.95 | 0.94 | 0.90～0.91 |
| | 2 | 融点/℃ | $\tau_m$（結晶性） | | | 95～130 | 120～140 | 65～90 | 125～135 | 168 |
| | 3 | | $\tau_g$（非晶性） | | D 3418 | | | | | |
| | 4 | 透明さ | | | | 透明～不透明 | 透明～不透明 | 透明～不透明 | 透明～不透明 | 透明～不透明 |
| | 5 | 吸水率（％）3 mm, 24 h | | K 6991 | D 570 | ＜0.01 | ＜0.01 | 0.05～0.13 | ＜0.01 | ＜0.01～0.03 |
| 成形特性 | 6 | 成形温度範囲/℃ (C:圧縮, T:トランス, I:射出, E:押出) | | | | I, 148～315 | I, 148～315 | I, 120～220 | | I, 222～306 |
| | 7 | 成形圧力範囲/MPa | | | | 56.3～140.0 | 56.3～140.0 | 56.3～140.0 | | 70.4～141.0 |
| | 8 | 成形収縮率（％） | | | | 1.5～5.0 | 2.0～5.0 | 0.7～1.2 | | 1.0～2.5 |
| 機械的性質 | 9 | 引張強さ/MPa | | K 6911 K 7113 | D 638 | 4.2～16.1 | 21.8～38.7 | 10.1～19.7 | 17.6～24.6 | 30～38 |
| | 10 | 最大伸び率（％） | | K 7113 | D 638 | 90～600 | 20～1 300 | 550～900 | 300～500 | 200～700 |
| | 11 | 圧縮強さ（破壊, 降伏）/MPa | | | D 695 | — | 19～25 | — | — | 38～56 |
| | 12 | 曲げ強さ（破壊, 降伏）/MPa | | | D 790 | — | — | — | — | 42～56 |
| | 13 | 引張弾性率/MPa | | K 7113 | D 790 | 98～267 | 422～1 270 | 14～84 | 141～773 | 1 120～1 580 |
| | 14 | 圧縮弾性率/MPa | | | D 695 | | | | | 1 050～2 110 |
| | 15 | 曲げ弾性率/MPa | | | D 790 | 56.2～422 | 703～1 830 | 7～141 | 914～984 | 1 200～1 760 |
| | 16 | アイゾット衝撃値/kJ/m² | | K 7110 K 7111 | D 256 | 破断せず | 2.7～109 | 破断せず | 破断せず | 2.7～12.0 |
| | 17 | 硬さ | ロックウェル | K 7202-2 | D 785 | | | | | R 80～110 |
| | | | ショア | | D 2240 | D 41～50 | D 60～70 | D 17～45 | D 60～70 | |
| 熱的性質 | 18 | 熱伝導率/10⁻² W/m·K | | | C 177 | 33.6 | 46～53 | — | — | 11.7 |
| | 19 | 比熱/10³ J/kg·K | | | | 2.3 | 2.3 | 2.3 | — | 1.92 |
| | 20 | 線熱膨張率/10⁻⁵/K | | | D 696 | 10～22 | 11～13 | 16～20 | 7.2 | 5.8～10.2 |
| | 21 | 熱変形温度/℃ (18.6 kgf·cm⁻²) (4.6 kgf·cm⁻²) | | K 7206 K 7191-1～3 | D 648 | 50～58.3 | 61～72.2 | 51.7 | 58.3～66.7 | 69～77 |
| 電気的性質 | 22 | 体積抵抗率/Ω·cm（RH：相対湿度） (23℃, 50%RH) | | K 6911 | D 257 | ＞10¹⁶ | ＞10¹⁶ | 10¹⁵ | ＞10¹⁶ | ＞10¹⁶ |
| | 23 | 絶縁強さ（短時間法） (3.18 mm)/kV·mm⁻¹ | | C 3005 C 6481 | D 149 | 16.5～27.5 | 17.3～23.6 | 24.4～30.0 | 26.7 | ＞28 |
| | 24 | 比誘電率 $\varepsilon_r$ | 60 Hz | C 3005 C 6481 | D 150 | 2.25～2.35 | 2.30～2.35 | 2.50～3.16 | — | 2.2～2.6 |
| | | | MHz | | | 2.25～2.35 | 2.30～2.35 | 2.60～3.20 | 2.30 | 2.2～2.6 |
| | 25 | 誘電正接 tan δ | 60 Hz | C 3005 C 6481 | D 150 | ＜0.000 5 | ＜0.000 5 | 0.003～0.020 | — | ＜0.000 5 |
| | | | MHz | | | ＜0.000 5 | ＜0.000 5 | 0.03～0.05 | 0.000 2 | ＜0.000 5～0.001 8 |
| 化学的性質 | 26 | 燃焼性, 速度/mm·min⁻¹ | | | D 635 | 26.4 | 25.4～26.4 | | — | 19.1～21.1 |
| | 27 | 日光の影響 | | | | 白化 | 白化 | わずか黄色化 | — | 白化 |
| | 28 | 弱酸の影響 | | | D 543 | 抵抗 | 抵抗強 | 抵抗 | 抵抗大 | 無 |
| | 29 | 強酸の影響 | | | D 543 | 酸化性酸に侵される | 酸化性酸にわずか | 侵される | 酸化性酸に侵される | 酸化性酸に侵される |
| | 30 | 弱アルカリの影響 | | | D 543 | 抵抗 | 抵抗強 | 抵抗 | 抵抗強 | 無 |
| | 31 | 強アルカリの影響 | | | D 543 | 抵抗 | 抵抗大 | 抵抗 | 抵抗強 | 無 |
| | 32 | 有機溶剤の影響 | | | D 543 | 60℃以下で抵抗 | 80℃以下で抵抗 | 50℃以下で侵される | 80℃以下で抵抗 | 195～204℃以下で耐える |

| 性プラスチック | | | | | | | |
|---|---|---|---|---|---|---|---|
| プラスチック | | アクリル系樹脂 | | | | スチレン系樹脂 | |
| ン系 | ポリプチレン | ポリメタクリル酸メチル | | | | ポリスチレン | |
| ピレン GF充てん (40%) | 無充てん | 注型耐燃性 | 成形材料 | スチレン共重合体 | 耐衝撃性 | 無充てん汎用耐燃性 | GF充てん |
| 1.22~1.23 | 0.90~0.917 | 1.21~1.28 | 1.17~1.20 | 1.09 | 1.11~1.18 | 1.04~1.09 | 1.08 |
| 168 | 126 | — | — | — | — | — | — |
| — | — | 90~105 | 90~105 | 100~105 | 80~100 | 100 | — |
| 不透明 | 半透明 | 透明~不透明 | 透明~半透明~不透明 | | | 透明 | 半透明~不透明 |
| 0.01~0.05 | <0.01~0.026 | 0.3~0.4 | 0.1~0.4 | 0.15 | 0.2~0.8 | 0.03~0.10 | 0.05~0.10 |
| I, 222~306 | C, 148~178 I, 143~193 | — | C, 148~218 I, 162~259 | C, 148~210 I, 162~259 | C, 148~210 I, 200~259 | I, 162~260 | I, 232~329 |
| 70.3~141.0 | C, 3.5~7.0 I, 70.0~210.0 | — | C, 14.0~70.4 I, 70.4~140.0 | C, 7.0~56.0 I, 70.4~200.0 | C, 14.0~35.2 I, 70.4~140.0 | 70.3~211.0 | 105.0~281.2 |
| 0.2~0.8 | 0.3~2.6 | — | C, 0.1~0.4 I, 0.2~0.8 | C, 0.2~0.6 | C, 0.4~0.8 | C, 0.1~0.6 I, 0.2~0.6 | 0.1~0.2 |
| 42~102 | 26~30 | 56~88 | 49~77 | 70 | 35~63 | 35.2~84 | 59~141 |
| 2.0~3.6 | 300~380 | 3.8~5.1 | 2.0~10.0 | 3.0 | 20.0~70.0 | 1.0~2.5 | 1.1~3.8 |
| 38~49 | — | 77~84 | 84~127 | 77~105 | 28~98 | 80~112 | 155 |
| 49~77 | — | 84~126 | 91~134 | 112~134 | 49~91 | 56~98 | 155~183 |
| 3 160~6 330 | 183~352 | 2 460~3 430 | 3 800~4 500 | 4 300 | 2 400~4 000 | 2 810~3 510 | 5 900~9 070 |
| — | 218 | 3 160 | 2 600~3 230 | 1 690~2 600 | 1 690~2 600 | — | — |
| 2 670~5 980 | 345 | 2 460~3 160 | 2 950~3 230 | 1 830~2 670 | 1 410~2 670 | 2 810~3 300 | 6 620~12 700 |
| 5.4~27.2 | 破断せず | 1.6~2.1 | 1.6~2.7 | 1.63 | 4.3~13.6 | 1.32~2.18 | 2~22.5 |
| R 110 | — | M 61~100 | M 85~105 | M 75 | R 105~120 | M 65~80 | M 70~95 |
| — | D 55~65 | — | — | — | — | — | — |
| — | — | 16.8~25 | 16.8~25 | 16.8~21 | 16.8~21 | 10~13.8 | — |
| — | 1.88 | 1.46 | 1.46 | 1.42 | 1.42 | 1.33 | 0.96~1.13 |
| 2.9~5.2 | 15.0 | 7.7 | 5.0~9.0 | 6.0~8.0 | 5.0~8.0 | 6.0~8.0 | 1.8~4.5 |
| 128~167 | 54~60 101~112 | 68~95 76~93 | 72~98 79~107 | 95~100 — | 79~95 — | 104 | 90~104 |
| — | — | >$10^{16}$ | >$10^{14}$ | $10^{16}$ | >$10^{16}$ | >$10^{16}$ | 3.2~$10^{16}$ |
| — | — | 15.7~17.3 | 15.7~19.6 | 17.7 | 14.9~19.6 | 19.6~27.5 | 13.7~16.7 |
| 2.37 | 2.25 | 3.5~5.1 | 3.3~3.9 | 3.4 | 3.5~4.0 | 2.4~3.1 | — |
| 2.38 | 2.25 | 3.0~3.7 | 2.2~3.2 | 2.9 | 2.5~3.1 | 2.4~2.7 | — |
| 0.002 2 | 0.005 | 0.04~0.09 | 0.04~0.06 | 0.06 | 0.04~0.05 | 0.000 1~0.000 6 | 0.004~0.014 |
| 0.003 5 | 0.005 | 0.02~0.05 | 0.02~0.03 | 0.013 | 0.004~0.4 | 0.001~0.000 4 | 0.001~0.003 |
| 19.1~21.1 | 27.4 | — | 15.2~30.5 | — | 25.4~33.0 | <38 | 25.4 |
| 白化 | 直に白化 | 暗色化 | 無 | 無 | 無, 少し機械的強度劣化 | 黄色 (わずか) | 黄色 (わずか) |
| 無 | 抵抗 | — | 無 | 無 | 実際的無 | 無 | 無 |
| 酸化性酸に侵される | 酸化性酸に侵されない | — | 強酸化性酸に侵される | | | 酸化性酸に侵される | 酸化性酸に侵される |
| 無 | 抵抗大 | — | 無 | 無 | 実際的無 | 無 | 抵抗 |
| 無 | 抵抗大 | — | 侵される | 無 | 実際的無 | 無 | 表面だけ侵される |
| 80℃以下で耐える | — | — | ケトン, エステル, 炭化水素に可溶 | | | 60~93℃炭化水素に溶解 | 炭化水素に溶解 |

| 各種性質 | No. | 特性項目 単位の換算：1 MPa=0.101 97 kgf/mm² 1 J=2.388×10⁻⁴ kcal | | 試験規格 JIS | 試験規格 ASTM | 熱可塑ビニル系 スチレン系樹脂 共重合体 AS樹脂（アクリロニトリル-スチレン） | 熱可塑ビニル系 スチレン系樹脂 共重合体 BS樹脂（ブタジエン-スチレン） | 熱可塑ビニル系 ABS樹脂（アクリロニトリル-ブタジエン） 耐高衝撃性 | 熱可塑ビニル系 ABS樹脂（アクリロニトリル-ブタジエン） 耐燃性 |
|---|---|---|---|---|---|---|---|---|---|
| 物理的性質 | 1 | 密度/g·cm⁻³ | | K 6911 K 7112 | D 792 | 1.075～1.10 | 1.04～1.05 | 1.01～1.04 | 1.16～1.21 |
| | 2 | 融点/°C | $\tau_m$（結晶性） | | | — | — | — | — |
| | 3 | | $\tau_g$（非晶性） | | D 3418 | 115 | — | 100～110 | 100～125 |
| | 4 | 透明さ | | | | 透明 | — | 半透明～不透 | |
| | 5 | 吸水率（％）3 mm, 24 h | | K 6991 | D 570 | 0.2～0.3 | 0.8～0.9 | 0.2～0.45 | 0.2～0.6 |
| 成形特性 | 6 | 成形温度範囲/°C (C:圧縮, T:トランス, I:射出, E:押出) | | | | I, 190～301 | I, 232 | I, 193～273 | 193～260 |
| | 7 | 成形圧力範囲/MPa | | | | 70.3～232.0 | — | 56.2～175.8 | 56.2～175.8 |
| | 8 | 成形収縮率（％） | | | | 0.2～0.7 | | 0.4～0.9 | 0.4～0.8 |
| 機械的性質 | 9 | 引張強さ/MPa | | K 6911 K 7113 | D 638 | 63～84 | 23～28 | 30～52.7 | 35～50 |
| | 10 | 最大伸び率（％） | | K 7113 | D 638 | 1.5～3.7 | 15～100 | 5.0～70.0 | 5.0～25.0 |
| | 11 | 圧縮強さ（破壊, 降伏）/MPa | | | D 695 | 98～120 | — | 31.6～56.2 | 45～52 |
| | 12 | 曲げ強さ（破壊, 降伏）/MPa | | | D 790 | 98～134 | — | 42～77 | 56～98 |
| | 13 | 引張弾性率/MPa | | K 7113 | D 790 | 2 810～3 940 | 1 260～1 400 | 1 540～2 320 | 2 250～2 810 |
| | 14 | 圧縮弾性率/MPa | | | D 695 | 3 720 | — | 980～2 110 | 910～2 180 |
| | 15 | 曲げ弾性率/MPa | | | D 790 | 3 870 | — | 1 410～2 740 | 1 760～2 810 |
| | 16 | アイゾット衝撃値/kJ/m² | | K 7110 K 7111 | D 256 | 2.5～25 | 2.18 | 27～65 | 8.7～65 |
| | 17 | 硬さ | ロックウェル | K 7202-2 | D 785 | M 80～90 | — | R 85～105 | R 90～120 |
| | | | ショア | | D 2240 | | — | | |
| 熱的性質 | 18 | 熱伝導率/10⁻²·W/m·K | | | C 177 | 12.1 | — | 18.9～36 | 18.9～36 |
| | 19 | 比熱/10³·J/kg·K | | | | 1.33～1.42 | — | 1.25～1.67 | 1.25～1.67 |
| | 20 | 線熱膨張率/10⁻⁵/K | | | D 696 | 3.6～3.8 | — | 9.5～11.0 | 6.5～9.5 |
| | 21 | 熱変形温度/°C (18.6 kgf·cm⁻²) ( 4.6 kgf·cm⁻²) | | K 7206 K 7191-1~-3 | D 648 | 87～104 | 71 | 96～105 | 90～105 |
| 電気的性質 | 22 | 体積抵抗率/Ω·cm（RH：相対湿度）(23°C, 50%RH) | | K 6911 | D 257 | >10¹⁶ | — | 1～4.8×10¹⁶ | 1.4～1.6×10¹⁴ |
| | 23 | 絶縁強さ（短時間法） (3.18 mm)/kV·mm⁻¹ | | C 3005 C 6481 | D 149 | 11.8～23.6 | 11.8 | 17.3～17.7 | 14.5～17.3 |
| | 24 | 比誘電率 $\varepsilon_r$ | 60 Hz | C 3005 | D 150 | 2.6～3.4 | — | 2.4～5.6 | 2.4～5.0 |
| | | | MHz | C 6481 | | 2.4～3.8 | — | 2.4～3.8 | 2.4～3.8 |
| | 25 | 誘電正接 tan δ | 60 Hz | C 3005 | D 150 | 0.003～0.008 | — | 0.003～0.008 | 0.003～0.008 |
| | | | MHz | C 6481 | | 0.007～0.015 | — | 0.007～0.015 | 0.007～0.015 |
| 化学的性質 | 26 | 燃焼性, 速度/mm·min⁻¹ | | | D 635 | 15.2～25.4 | — | 15.2～25.4 | |
| | 27 | 日光の影響 | | | | 黄色（わずか） | | 無～わずか黄色化 | |
| | 28 | 弱酸の影響 | | | D 543 | 無 | — | 無 | 無 |
| | 29 | 強酸の影響 | | | D 543 | 酸化性酸に侵される | — | 濃酸化性酸に | |
| | 30 | 弱アルカリの影響 | | | D 543 | 無 | — | 無 | 無 |
| | 31 | 強アルカリの影響 | | | D 543 | 無 | — | 無 | 無 |
| | 32 | 有機溶剤の影響 | | | D 543 | 炭化水素に溶解 | — | ケトン, エステル, 炭化水素 | |

| 性 プラスチック | ビニル樹脂及びその共重合体 | | | | | O, N, Sなどを主鎖にもつ樹脂 | | | |
|---|---|---|---|---|---|---|---|---|---|
| プラスチック | | | | | | ポリアミド | | | |
| 脂ンースチレン) | VCとPVACとの成形材料 | ポリ塩化ビニリデン | 塩素化塩化ビニル | プロピレン塩ビ共重合体 | ナイロン6 | | ナイロン66 | |
| GF充てん | 硬質無充てん | 可とう無充てん | 成形材料 | 無充てん | 剛性 | 非変性 | GF充てん(30〜35%) | 非変性 | GF充てん(30%) |
| 1.23〜1.36 | 1.30〜1.58 | 1.16〜1.35 | 1.65〜1.72 | 1.49〜1.58 | 1.28〜1.40 | 1.12〜1.14 | 1.35〜1.42 | 1.13〜1.15 | 1.38 |
| | | | 210 | | | 225 | 225 | 265 | 265 |
| 110〜125 | 75〜105 | 75〜105 | | 110 | 70 | | | | |
| 明 | 透明〜不透明 | 透明〜不透明 | — | — | 透明〜不透明 | 半透明〜不透明 | | | |
| 0.18〜0.4 | 0.04〜0.4 | 0.15〜0.75 | 0.1 | 0.02〜0.15 | 0.07〜0.4 | 1.3〜1.9 | 1.2 | 1.5 | 1.0 |
| 260〜287 | I, 148〜212 | 157〜196 | 148〜204 | 218〜232 | 176〜204 | 226〜298 | 248〜298 | 271〜326 | 271〜304 |
| 105.4〜281.2 | 70.3〜281.6 | 56.2〜176.0 | 70.3〜211.6 | 100.5〜281.0 | 56.2〜141.0 | — | — | — | — |
| 0.1〜0.2 | 0.1〜0.5 | 1.0〜5.0 | 0.5〜2.5 | 0.3〜0.7 | 0.25〜0.35 | 0.6〜1.4 | 0.4 | 0.8〜1.5 | 0.5 |
| 59〜134 | 42〜52 | 10.5〜24.6 | 21〜35 | 52〜63 | 35〜56 | 70〜83 | 91〜176 | 77〜84 | 155〜197 |
| 2.5〜3.0 | 4.0〜8.0 | 200〜450 | <250 | 4.5〜6.5 | 100〜140 | 200〜300 | 3 | 60〜300 | 3〜5 |
| 84〜155 | 56〜91 | 6.3〜12.0 | 14.1〜19.0 | 63〜155 | 54〜82 | 91.4 | 134 | 105 | 207 |
| 112〜190 | 70〜112 | — | 29〜43 | 102〜120 | 70〜108 | 75〜98 | 126〜230 | 42〜119 | 288 |
| 4 150〜7 240 | 2 460〜4 220 | — | 350〜560 | 2 530〜3 340 | 2 460〜3 160 | 700〜2 670 | 5 620〜10 190 | — | — |
| | | | | 2 340〜4 210 | — | 1 750 | | | |
| 6 350〜9 140 | 2 100〜3 510 | — | — | 2 670〜3 160 | 2 470〜3 540 | 980〜2 740 | 5 620〜10 540 | 1 300〜2 950 | 9 140 |
| 5.4〜13.1 | 2.18〜109 | — | 1.63〜5.4 | 5.4〜30.5 | 1.9〜174 | 5.4〜16.3 | 16.3 | 5.4〜11.4 | 12.0〜14.2 |
| M 65〜100 | | | M 50〜65 | R 117〜122 | M 18〜55 | R 119 | M 101〜78 | R 120, M 63 | M 100 |
| | 65〜85 (D) | 50〜100 (A) | | | | | | | |
| 18.9〜36 | 14.7〜21 | 12.6〜16.8 | 12.6 | 13.8 | — | 24.3 | 24.3 | 24.3 | 21.4 |
| 1.25〜1.67 | 1.0〜1.46 | 1.25〜2.0 | 1.33 | 1.38 | — | 1.67 | 1.46〜2.0 | 1.67 | 1.25 |
| 2.9〜3.6 | 5〜10.0 | 7.0〜25.0 | 19.0 | 6.8〜7.6 | 10〜15 | 8.3 | 2.0〜3.0 | 8.0 | 1.5〜2.0 |
| 98〜115 | 60〜76.7 | — | 54〜65 | 94〜112 | 65〜76 | 67.7 | 210 | 74.8 | 251 |
| $7.2 \sim 16 \times 10^{14}$ | $>10^{16}$ | $10^{11}\sim10^{15}$ | $10^{14}\sim10^{16}$ | $10^{15}$ | $1\times10^{16}$ | $10^{11}$ | $5\times10^{11}$ | $10^{11}\sim10^{14}$ | $10^{11}\sim10^{14}$ |
| 15.3〜17.3 | 13.7〜19.6 | 11.8〜15.7 | 15.7〜2.3 | 48〜59 | — | 15.7 | 15.7 | 23.6 | — |
| 2.4〜5.0 | 3.2〜4.0 | 5.0〜9.0 | 4.5〜6.0 | 3.08 | 3.1〜3.7 | 3.8 | 4.2〜12.1 | 4.3〜5.3 | 4.1 |
| 2.4〜3.8 | 2.8〜3.1 | 3.3〜4.5 | 3.0〜4.0 | 3.2〜3.6 | 2.8〜3.3 | 3.4 | 3.9〜4.5 | — | 3.4〜4.0 |
| 0.003〜0.008 | 0.007〜0.02 | 0.08〜0.15 | 0.03〜0.045 | 0.018〜0.020 | 0.008〜0.010 | 0.01 | 0.01〜0.18 | 0.020 | 0.006 |
| 0.007〜0.015 | 0.006〜0.019 | 0.04〜0.14 | 0.05〜0.08 | 0.020 | 0.015〜0.025 | 0.03 | 0.023〜0.11 | 0.04 | 0.02〜0.1 |
| — | 38〜39 | 38〜39 | — | — | — | 0.6〜0.7 | | | 27.9 |
| ぜい化 | 形で変わる | 安定剤で変化 | わずか | わずか | わずか | 少しもろくなるが劣化比較的少ない | | | |
| 無 | 無 | 無 | 無 | 無 | 無 | 抵抗強 | 抵抗強 | 抵抗強 | 抵抗 |
| 侵される | 無〜わずか | 無〜わずか | 抵抗 | 無 | 無〜わずか | 侵される | 侵される | 侵される | 侵される |
| 無 | 無 | 無 | 抵抗 | 無 | 無 | 無 | 無 | 無 | 無 |
| 無 | 無 | 無 | 抵抗 | 無 | 無 | 抵抗 | 高温度に侵される | 抵抗 | |
| に溶解 | アルコール, 炭化水素ケトンなどに膨潤, 溶解 | 炭化水素ケトンなどに抵抗 | 無〜わずか | 抵抗〜溶解 | PVAと同じ | 一般溶剤に抵抗大, フェノール, ギ酸に溶ける | | | |

| 各種性質 | No. | 特性項目 単位の換算：1 MPa=0.101 97 kgf/mm² 1 J=2.388×10⁻⁴ kcal | | 試験規格 JIS | 試験規格 ASTM | 熱可塑 O, N, S ポリアミド ナイロン6/10 非変性 | 熱可塑 O, N, S ポリアミド ナイロン12 非変性 | 熱可塑 O, N, S ポリアミド 透明ナイロン 無充てん | 熱可塑 O, N, S ポリアミド 無充てん |
|---|---|---|---|---|---|---|---|---|---|
| 物理的性質 | 1 | 密度/g·cm⁻³ | | K 6911 K 7112 | D 792 | 1.07〜1.09 | 1.01〜1.02 | 1.06 | 1.41 |
| | 2 | 融点/°C | $\tau_{t_1}$ (結晶性) | | | 227 | 179 | | |
| | 3 | | $\tau_g$ (非晶性) | | D 3418 | | | 160 | 300 |
| | 4 | 透明さ | | | | 半透明〜不透明 | 透明 | 透明 | — |
| | 5 | 吸水率（%）3 mm, 24 h | | K 6991 | D 570 | 0.4 | 0.25 | 0.33 | 0.28 |
| 成形特性 | 6 | 成形温度範囲/°C (C：圧縮, T：トランス, I：射出, E：押出) | | | | I, 232〜288 | I, 182〜274 | I, 280〜300 | I, 357〜385 |
| | 7 | 成形圧力範囲/MPa | | | | — | — | 90〜130 | 127〜211 |
| | 8 | 成形収縮率（%） | | | | 1.2 | 0.3〜1.5 | 0.67〜0.8 | 0.6 |
| 機械的性質 | 9 | 引張強さ/MPa | | K 6911 K 7113 | D 638 | 49〜59 | 56〜65 | 76 | 93.5 |
| | 10 | 最大伸び率（%） | | K 7113 | D 638 | 85〜300 | 300 | 130 | 2.5 |
| | 11 | 圧縮強さ（破壊, 降伏）/MPa | | | D 695 | — | — | 95 | 246 |
| | 12 | 曲げ強さ（破壊, 降伏）/MPa | | | D 790 | — | — | 95 | 164 |
| | 13 | 引張弾性率/MPa | | K 7113 | D 790 | 1 970〜1 120 | 1 270 | 1 930 | |
| | 14 | 圧縮弾性率/MPa | | | D 695 | | | | |
| | 15 | 曲げ弾性率/MPa | | | D 790 | 1 970〜1 120 | 1 160 | — | 4 920 |
| | 16 | アイゾット衝撃値/kJ/m² | | K 7110 K 7111 | D 256 | 6.53 | 10.9〜30.0 | 6 | 5.44 |
| | 17 | 硬さ | ロックウェル | K 7202-2 | D 785 | R 111 | R 106〜109 | | E 104 |
| | | | ショア | | D 2240 | | | 84 (D) | |
| 熱的性質 | 18 | 熱伝導率/10⁻²·W/m·K | | | C 177 | 21.8 | 21.8 | 21.8 | |
| | 19 | 比熱/10³·J/kg·K | | | | 1.67 | 1.25 | — | — |
| | 20 | 線熱膨張率/10⁻⁵/K | | | D 696 | 9.0 | 10.0 | 7.8 | 3.4〜4.0 |
| | 21 | 熱変形温度/°C (18.6 kgf·cm⁻²) (4.6 kgf·cm⁻²) | | K 7206 K 7191-1〜-3 | D 648 | 82 | 82〜121 | 134 | 282 |
| 電気的性質 | 22 | 体積抵抗/Ω·cm（RH：相対湿度）(23°C, 50%RH) | | K 6911 | D 257 | $10^{12}$ | $10^{13}$ | $3×10^{13}$ | $0.8×10^{15}$ |
| | 23 | 絶縁強さ（短時間法）(3.18 mm)/kV·mm⁻¹ | | C 3005 C 6481 | D 149 | 15.7 | 17.7 | 50 | ＞15.7 |
| | 24 | 比誘電率 $\varepsilon_r$ | 60 Hz | C 3005 C 6481 | D 150 | 3.9 | 4.2 | — | — |
| | | | MHz | | | 3.5 | 2.1 | 3.0 | 3.8〜4.1 |
| | 25 | 誘電正接 tan δ | 60 Hz | C 3005 C 6481 | D 150 | 0.04 | 0.05 | — | 0.000 5〜0.000 7 |
| | | | MHz | | | 0.04 | 0.03 | 0.005 | |
| 化学的性質 | 26 | 燃焼性, 速度/mm·min⁻¹ | | | D 635 | — | — | 0.020 | |
| | 27 | 日光の影響 | | | | 長期間ではぜい化するが安定グレードは有効 | | | — |
| | 28 | 弱酸の影響 | | | D 543 | N 6, N 616より抵抗大 | | | 抵抗大 |
| | 29 | 強酸の影響 | | | D 543 | 侵される | 侵される | | 抵抗大 |
| | 30 | 弱アルカリの影響 | | | D 543 | 無 | 無 | | わずか |
| | 31 | 強アルカリの影響 | | | D 543 | 抵抗 | | | 侵される |
| | 32 | 有機溶剤の影響 | | | D 543 | 一般溶剤に不溶 フェノール, ギ酸に可溶 | | | 抵抗大 |

441

| 性プラスチックなどを主鎖にもつ樹脂 | | | | | | | | |
|---|---|---|---|---|---|---|---|---|
| イミド | ポリエーテルイミド | | 飽和ポリエステル樹脂 | | ポリカーボネート | | ポリアセタール | |
| ミネラル充てん | 無充てん | 30% GF充てん | PET | PBT | 無充てん | 10〜40% GF充てん | POM ホモポリマー | POM GF充てん (20%) |
| 1.86 | 1.27 | 1.51 | 1.34〜1.39 | 1.31〜1.38 | 1.2 | 1.24〜1.52 | 1.42 | 1.56 |
| | | | 245 | 232〜267 | | | 181 | 181 |
| 300 | 215〜217 | 215 | 73 | | 150 | 150 | — | — |
| — | | | | 不透明 | 透明〜不透明 | 半透明〜不透明 | 半透明〜不透明 | 不透明 |
| 0.24 | 0.25 | 0.16 | 0.1〜0.2 | 0.08〜0.09 | 0.15〜0.18 | 0.07〜0.20 | 0.25 | 0.25〜0.29 |
| I, 357〜385 | 337〜390 | 330〜390 | I, 240〜275 | 225〜270 | I, 248〜343 | 300〜343 | I, 193〜243 | I, 176〜249 |
| 141〜231 | 69〜140 | 69〜140 | 70.3〜140.6 | 28.1〜70.3 | 70.3〜140.6 | 105〜281.0 | 70.3〜141.0 | 70.3〜141.0 |
| 0.5 | 0.5〜0.7 | 0.1〜0.2 | 2〜2.5 | 1.5〜2.0 | 0.5〜0.7 | 0.1〜0.3 | 2.0〜2.5 | 0.9〜1.2 |
| 79.1 | 105 | 170 | 59〜73 | 57 | 56〜66 | 84〜176 | 70.3 | 59〜77 |
| 2.1 | 60 | 3 | 50〜300 | 50〜300 | 100〜130 | 0.9〜5.0 | 25〜75 | 2〜7 |
| 328 | 150 | 210 | 77〜105 | 60〜101 | 84 | 91〜148 | 127 (10%ひずみ) | 127 (10%ひずみ) |
| 161 | 150 | 230 | 98〜126 | 84〜117 | 94 | 120〜225 | 99.1 | 105 |
| — | 3 000 | 9 000 | 2 810〜4 210 | | 2 110〜2 460 | 3 520〜12 000 | 3 650 | 7 030 |
| — | 3 300 | 6 500 | — | | 2 430 | 3 520〜10 500 | 4 710 | |
| 7 950 | 3 300 | 9 000 | 2 450〜3 160 | 2 580〜3 140 | 2 250〜2 460 | 3 520〜9 840 | 2 880 | 6 180 |
| 2.72 | 5 | 4.3 | 1.0〜3.3 | 4.3〜5.4 | 65.3〜98.0 | 6.5〜218 | 7.62 | 4.35 |
| E 100 | M 109 | M 125 | M 94〜101 | M 67〜78 | M 70〜78 | M 88〜95 | M 94, R 120 | M 75〜90 |
| — | 6.7 | 25.2〜39 | 15.1 | 17.6〜29 | 19.3 | 20〜21.8 | 27 | — |
| — | | | | 1.17〜2.3 | 1.17〜1.25 | — | 1.46 | — |
| — | 4.7〜5.6 | 2.0〜2.1 | — | 6.0〜9.5 | 6.6 | 1.7〜4.0 | 8.5 | — |
| 283 | 200 210 | 210 212 | 37.7〜41 | 50〜85 | 129〜140 | 143〜149 | 123 | 157 |
| — | | | — | $10^{15}$〜$10^{16}$ | $2.1 \times 10^{16}$ | $4$〜$5 \times 10^{16}$ | $1 \times 10^{15}$ | $1.2 \times 10^{14}$ |
| — | 4.8 | 4.9 | — | 16.5〜21.8 | 14.9 | 17.7 | 14.9 | 22.8 |
| | | | — | 3.2〜3.3 | 2.9〜3.1 | 3.0〜3.5 | 3.7 | 3.9 |
| 4.1 | | | — | 3.1〜3.28 | 3.1 | 3.0〜3.4 | 3.7 | 3.9 |
| — | | | — | — | 0.009 | 0.009〜0.0013 | — | — |
| 0.008 | | | — | 0.0022〜0.03 | 0.010 | 0.0067〜0.0075 | 0.0048 | 0.005 |
| | | | — | 10.2 | | | 25.4〜27.9 | 20.3〜25.4 |
| — | | | — | わずか退色 | わずか退色 | わずか退色ぜい化 | わずかくもる | わずかくもる |
| 抵抗大 | | | — | 抵抗 | 無 | 無 | 抵抗 | 抵抗 |
| 抵抗大 | | | — | 酸化性酸に侵される | わずか | 酸化性酸に侵される | 侵される | 侵される |
| わずか | | | — | 抵抗 | | 制限抵抗 | 少し抵抗 | 少し抵抗 |
| 侵される | | | — | 侵される | 侵される | 侵される | 無 | 無 |
| 抵抗大 | | | — | 一般溶剤に不溶 | 一般溶剤に不溶 | 塩素化炭化水素に可溶 | 抵抗大 | 抵抗大 |

| 各種性質 | No. | 特性項目<br>単位の換算: 1 MPa=0.101 97 kgf/mm²<br>1 J=2.388×10⁻⁴ kcal | | 試験規格 JIS | 試験規格 ASTM | アイオノマー樹脂<br>無充てん | ポリエーテルスルフォン<br>無充てん | 熱可塑 O, N, S<br>ポリフェニレンオキシド (PPO)<br>非変性 | ポリフェニレンオキシド (PPO)<br>20～30%GF充てん |
|---|---|---|---|---|---|---|---|---|---|
| 物理的性質 | 1 | 密度/g·cm⁻³ | | K 6911<br>K 7112 | D 792 | 0.93～0.96 | 1.68 | 1.06～1.10 | 1.21～1.36 |
| | 2 | 融点/°C | $\tau_m$ (結晶性) | | | 90 | | | |
| | 3 | | $\tau_g$ (非晶性) | | D 3418 | | 230 | 105～120 | 105～120 |
| | 4 | 透明さ | | | | 透明 | 透明 | 不透明 | 不透明 |
| | 5 | 吸水率 (%) 3 mm, 24 h | | K 6991 | D 570 | 0.1～1.4 | 0.43 | 0.066 | 0.06 |
| 成形特性 | 6 | 成形温度範囲/°C<br>(C:圧縮, T:トランス, I:射出, E:押出) | | | | I, 148～288 | I, 310～398 | I, 218～315 | I, 260～343 |
| | 7 | 成形圧力範囲/MPa | | | | 14.1～141.0 | 70.3～140.0 | 98.4～140.5 | 105.0～281.0 |
| | 8 | 成形収縮率 (%) | | | | 0.3～2.0 | 0.7 | 1.06～1.10 | 0.6 |
| 機械的性質 | 9 | 引張強さ/MPa | | K 6911<br>K 7113 | D 638 | 24～35 | 85 | 54～80 | 102～120 |
| | 10 | 最大伸び率 (%) | | K 7113 | D 638 | 350～450 | 30～80 | 50～60 | 4.0～6.0 |
| | 11 | 圧縮強さ (破壊, 降伏)/MPa | | | D 695 | — | — | 112～115 | 124～126 |
| | 12 | 曲げ強さ (破壊, 降伏)/MPa | | | D 790 | 降伏せず | 131 | 90～94 | 130～141 |
| | 13 | 引張弾性率/MPa | | K 7113 | D 790 | 140～420 | 2 460～2 490 | 2 500～2 670 | 2 490～2 670 |
| | 14 | 圧縮弾性率/MPa | | | D 695 | — | — | 2 600 | 2 600 |
| | 15 | 曲げ弾性率/MPa | | | D 790 | 210～350 | 2 600～2 630 | 2 530～2 810 | 2 530～2 810 |
| | 16 | アイゾット衝撃値/kJ/m² | | K 7110<br>K 7111 | D 256 | 32.7～81.6 | 1.6 | 2.5 | 12.5 |
| | 17 | 硬さ | ロックウェル | K 7202-2 | D 785 | | M 88 | R 115～119 | L 106～108 |
| | | | ショア | | D 2240 | 50～65 (D) | | | |
| 熱的性質 | 18 | 熱伝導率/10⁻²·W/m·K | | | C 177 | 24.3 | 13.4～18.4 | 21.6 | 15.9 |
| | 19 | 比熱/10³·J/kg·K | | | | 2.3 | 0.26 | 1.33 | — |
| | 20 | 線熱膨張率/10⁻⁵/K | | | D 696 | 12.0 | 5.5 | 5.2 | 2.2 |
| | 21 | 熱変形温度/°C (18.6 kgf·cm⁻²)<br>( 4.6 kgf·cm⁻²) | | K 7206<br>K 7191-1～-3 | D 648 | 37～48 | 202 | 100～129 | 132～149 |
| 電気的性質 | 22 | 体積抵抗率/Ω·cm (RH:相対湿度)<br>(23°C, 50%RH) | | K 6911 | D 257 | $>10^{16}$ | $10^{17}$～$10^{18}$ | $>10^{16}$～$10^{17}$ | $>10^{17}$ |
| | 23 | 絶縁強さ (短時間法)<br>(3.18 mm)/kV·mm⁻¹ | | C 3005<br>C 6481 | D 149 | 35.4～43.7 | 15.7 | 15.7～19.5 | 16.5～23.5 |
| | 24 | 比誘電率 $\varepsilon_r$ | 60 Hz | C 3005<br>C 6481 | D 150 | 2.4～2.5 | 3.5 | 2.64 | 2.93 |
| | | | MHz | | | — | 3.5 | 2.64 | 2.92 |
| | 25 | 誘電正接 tan δ | 60 Hz | C 3005<br>C 6481 | D 150 | 0.001～0.003 | 0.001 | 0.000 4 | 0.000 9 |
| | | | MHz | | | 0.001 9 | 0.006 | 0.000 9 | 0.001 5 |
| 化学的性質 | 26 | 燃焼性, 速度/mm·min⁻¹ | | | D 635 | 25.4 | 42.0 | — | — |
| | 27 | 日光の影響 | | | | 要UV安定剤 | わずか黄色化 | 退色 | 退色 |
| | 28 | 弱酸の影響 | | | D 543 | 緩侵 | 無 | 無 | 無 |
| | 29 | 強酸の影響 | | | D 543 | 酸化性酸に侵される | 無 | 無 | 無 |
| | 30 | 弱アルカリの影響 | | | D 543 | 抵抗大 | 無 | 無 | 無 |
| | 31 | 強アルカリの影響 | | | D 543 | 抵抗大 | 無 | 無 | 無 |
| | 32 | 有機溶剤の影響 | | | D 543 | 23°C以下で抵抗大 | 特殊なものに可溶 | 脂肪酸に可溶 | 脂肪酸に可溶, アルコールに抵抗 |

| 性プラスチックなどを主鎖にもつ樹脂 | | | | | | | |
|---|---|---|---|---|---|---|---|
| ポリフェニレンスルファイド (PPS) | | ポリアリレート (PAR) | ポリエーテル・エーテルケトン (PEEK) | 液晶プラスチック (GLP) | | ポリスルホン | ポリウレタン |
| 無充てん | 40%GF充てん | | | ベクトラ | E 471 | 無充てん | エラストマー |
| 1.34 | 1.64 | 1.21 | 1.3 | 1.4 | 1.62 | 1.24 | 1.05〜1.25 |
| 290 | 290 | 250 | | | | 200 | 120〜160 |
| 不透明 | 不透明 | 透明〜半透明 | | | | 透明〜不透明 | 透明〜不透明 |
| 0.2 | 0.1 | 0.26 | | 0.03 | 0.05 | 0.22 | 0.7〜0.9 |
| I, 329〜371 | 325〜343 | | | | | I, 343〜399 | I, 176〜232 |
| 35.1〜105.0 | 70.3〜141.0 | | | | | 105.0〜141.0 | 7.0〜140.5 |
| 1.0 | 0.2 | 0.3 | 4.7 | | | 0.7 | 0.1〜3.0 |
| 70 | 164 | 70 | 100 | 210 | 215 | 71 | 14〜59 |
| 3 | 3 | 60 | 60 | 3.0 | 2.2 | 50〜100 | 100〜650 |
| — | — | | | | | 97 | 141 |
| 141 | 290 | 80 | 170 | | | 108 | 4.9〜63 |
| 3 370 | 7 800 | 2 100 | | 10 000 | 18 000 | 2 530 | 70〜2 460 |
| — | — | | | | | 2 600 | 70〜910 |
| 4 210 | 11 950 | | | 1 550 | 2 550 | 2 730 | 28〜63 |
| 1.63 | 4.35 | | | 440 | 140 | 7.0 | 破壊せず |
| R 124 | R 123 | R 125 | | M 66 | M 84 | M 69, R 120 | R 60 |
| — | — | | | | | | 65 A, 800 |
| 28.6 | — | | | | | 11.7 | 7.1〜31 |
| — | | | | | | 1.29 | 1.67〜1.88 |
| 5.5 | 4.0 | 2.5 | 7 | | | 5.2〜5.6 | 10.0〜20.0 |
| 136 | >218 | 175 | 156 | 190 | 240 | 174 | — |
| $10^{16}$ | $10^{16}$ | | | | | $5 \times 10^{16}$ | $2 \times 10^{11}$〜$1 \times 10^{13}$ |
| 23.4 | 17.7 | | | | | 16.7 | 12.9〜24.8 |
| 3.11 | 3.79 | | | | | 3〜3.1 | 5.4〜7.6 |
| — | — | | | | | 3〜3.1 | 4.2〜5.1 |
| 0.000 4 | 0.003 7 | | | | | 0.000 8 | 0.015〜0.048 |
| — | — | | | | | 0.003 4 | 0.05〜0.10 |
| — | — | | | | | — | わずか黄色化 強度劣化 |
| — | — | | | | | 無〜黄化 | |
| 無 | 無 | | | | | わずか | わずか分解 |
| 酸化性酸にゆっくり侵される | | | | | | 酸化性酸にゆっくり侵される | 少し分解 |
| 無 | 無 | | | | | わずか | わずか |
| 無 | 無 | | | | | 少し侵される | 少し |
| 200℃以下で抵抗大 | | | | | | 一般に抵抗大 | 一般に抵抗大 |

| 各種性質 | No. | 特性項目 単位の換算：1 MPa=0.101 97 kgf/mm² 1 J=2.388×10⁻⁴ kcal | | 試験規格 JIS | 試験規格 ASTM | 熱可塑性 ふっ化樹脂 テトラフルオロエチレン樹脂 (PTFE) 無充てん | 熱可塑性 ふっ化樹脂 トリフルオロエチレン樹脂 (PCTFE) 無充てん | 熱可塑性 ポリふっ化ビニリデン 無充てん |
|---|---|---|---|---|---|---|---|---|
| 物理的性質 | 1 | 密度/g·cm⁻³ | | K 6911 K 7112 | D 792 | 2.14～2.2 | 2.1～2.2 | 1.75～1.78 |
| | 2 | 融点/℃ | $\tau_m$（結晶性） | | D 2117 | 327 | 220 | 171 |
| | 3 | | $\tau_g$（非晶性） | | D 3418 | | | |
| | 4 | 透明さ | | | | 透明～不透明 | 不透明 | 透明～半透明 |
| | 5 | 吸水率（%）3 mm，24 h | | K 6991 | D 570 | 0.00 | 0.00 | 0.04 |
| 成形特性 | 6 | 成形温度範囲/℃ (C:圧縮，T:トランス，I:射出，E:押出) | | | | — | — | — |
| | 7 | 成形圧力範囲/MPa | | | | — | — | — |
| | 8 | 成形収縮率（%） | | | | — | 1.0～1.5 | 3.0 |
| 機械的性質 | 9 | 引張強さ/MPa | | K 6911 K 7113 | D 638 | 14～35 | 31～42 | 36～57 |
| | 10 | 最大伸び率（%） | | K 7113 | D 638 | 200～400 | 80～250 | 100～300 |
| | 11 | 圧縮強さ（破壊，降伏）/MPa | | | D 695 | 12 | 32～52 | 68 |
| | 12 | 曲げ強さ（破壊，降伏）/MPa | | | D 790 | — | 57～72 | — |
| | 13 | 引張弾性率/MPa | | K 7113 | D 790 | 408 | 1 050～2 110 | 848 |
| | 14 | 圧縮弾性率/MPa | | | D 695 | — | — | 844 |
| | 15 | 曲げ弾性率/MPa | | | D 790 | — | — | 1 410 |
| | 16 | アイゾット衝撃値/kJ/m² | | K 7110 K 7111 | D 256 | 16.3 | 13.6～14.7 | 19.6～21.8 |
| | 17 | 硬さ | ロックウェル | K 7202-2 | D 785 | | R 75～95 | |
| | | | ショア | | D 2240 | 50～55 (D) | | 80 (D) |
| 熱的性質 | 18 | 熱伝導率/10⁻²·W/m·K | | | C 177 | 25.2 | 19.7～22.2 | 12.4 |
| | 19 | 比熱/10³·J/kg·K | | | | 1.04 | 0.92 | 1.33 |
| | 20 | 線熱膨張率/10⁻⁵/K | | | D 696 | 10.0 | 4.5～7.0 | 8.5 |
| | 21 | 熱変形温度/℃（18.6 kgf·cm⁻²）（4.6 kgf·cm⁻²） | | K 7206 K 7191-1～-3 | D 648 | — | — | 90 |
| 電気的性質 | 22 | 体積抵抗率/Ω·cm（RH：相対湿度）（23℃，50%RH） | | K 6911 | D 257 | $>10^{18}$ | $1.2\times10^{18}$ | $2\times10^{14}$ |
| | 23 | 絶縁強さ（短時間法）（3.18 mm）/kV·mm⁻¹ | | C 3005 C 6481 | D 149 | 18.8 | 19.6～23.6 | 10.2 |
| | 24 | 比誘電率 $\varepsilon_r$ | 60 Hz | C 3005 C 6481 | D 150 | <2.1 | 2.2～2.8 | 8.4 |
| | | | MHz | | | <2.1 | 2.3～2.5 | 6.3 |
| | 25 | 誘電正接 $\tan\delta$ | 60 Hz | C 3005 C 6481 | D 150 | 0.000 2 | 0.001 2 | 0.040 |
| | | | MHz | | | 0.000 2 | 0.009 | 0.17 |
| | 26 | 燃焼性，速度/mm·min⁻¹ | | | D 635 | <4 | <4 | — |
| 化学的性質 | 27 | 日光の影響 | | | | 無 | 無 | 無 |
| | 28 | 弱酸の影響 | | | D 543 | 無 | 無 | 無 |
| | 29 | 強酸の影響 | | | D 543 | 無 | 無 | 特殊硫酸に侵される |
| | 30 | 弱アルカリの影響 | | | D 543 | 無 | 無 | 無 |
| | 31 | 強アルカリの影響 | | | D 543 | 無 | 無 | 無 |
| | 32 | 有機溶剤の影響 | | | D 543 | 無 | ハロゲン化合物でわずか膨張 | ほとんどに抵抗 |

| プラスチック | 繊維素系樹脂 | | | |
|---|---|---|---|---|
| | エチルセルロース | 酢酸セルロース | プロピオン酸セルロース | 硝酸セルロース |
| | 成形材料 | 成形品 | 成形材料 | 成形品 |
| | 1.09〜1.17 | 1.22〜1.34 | 1.17〜1.24 | 1.35〜1.40 |
| | 135〜240 | 230 | 190 | 171 |
| | 透明〜半透明〜不透明 | | | |
| | 0.8〜1.8 | 1.7〜6.5 | 1.2〜2.8 | 1.0〜2.0 |
| | I, 176〜260 | I, 168〜254 | I, 168〜268 | — |
| | 56.2〜225.0 | 56.2〜225.0 | 56.2〜225.0 | — |
| | 0.5〜0.9 | 0.3〜0.8 | 0.3〜0.6 | |
| | 14〜56 | 13〜63 | 14〜61 | 49〜56 |
| | 5〜40 | 6〜70 | 29〜100 | 40〜45 |
| | 70〜274 | 14〜282 | 18〜172 | 172〜246 |
| | 28〜94 | 14〜125 | 22〜89 | 63〜77 |
| | 700〜2 110 | 500〜2 810 | 420〜1 680 | 1 340〜1 720 |
| | — | — | — | — |
| | — | — | 1 050〜2 660 | — |
| | 10.9〜46.3 | 2.2〜28.3 | 2.7〜62.6 | 27〜38 |
| | R 50〜115 | R 34〜125 | R 10〜122 | R 95〜115 |
| | 16〜29 | 16.8〜33 | 16.8〜33 | 23.1 |
| | 1.25〜3.13 | 1.25〜1.75 | 1.25〜1.67 | 1.25〜1.67 |
| | 10〜20 | 8〜18 | 11〜17 | 8〜12 |
| | 45〜68 | 43〜90 | 43〜109 | 59〜70 |
| | $10^{12}〜10^{14}$ | $10^{10}〜10^{14}$ | $10^{12}〜10^{16}$ | $10〜15×10^{10}$ |
| | 13.7〜19.6 | 9.8〜23.6 | 11.8〜17.7 | 11.8〜23.6 |
| | 3.0〜4.2 | 3.5〜7.5 | 3.7〜4.3 | 7.0〜7.5 |
| | 2.8〜3.9 | 3.2〜7.0 | 3.3〜3.8 | 6.4 |
| | 0.005〜0.020 | 0.01〜0.06 | 0.01〜0.04 | 0.09〜0.12 |
| | 0.010〜0.060 | 0.01〜0.10 | 0.01〜0.05 | 0.06〜0.09 |
| | 変化したものがわずか | わずか | わずか | わずか |
| | わずか | わずか | わずか | わずか |
| | 分解 | 分解 | 分解 | 分解 |
| | わずか | わずか | わずか | わずか |
| | わずか | 膨張 | 分解 | 分解 |
| | 溶解 | 一般に溶解，軟化 | | |

JIS 使い方シリーズ
新版 プラスチック材料選択のポイント　第 2 版
定価：本体 3,700 円（税別）

| 1976 年 4 月 1 日 | 第 1 版第 1 刷発行 |
| 1982 年 9 月 16 日 | 改訂版第 1 刷発行 |
| 1991 年 3 月 20 日 | 新版第 1 刷発行 |
| 2003 年 9 月 24 日 | 新版第 2 版第 1 刷発行 |
| 2019 年 3 月 15 日 | 第 3 刷発行 |

権利者との協定により検印省略

編集委員長　山口　章三郎
発 行 者　　揖斐　敏夫
発 行 所　　一般財団法人 日本規格協会
　　　　　　〒108-0073　東京都港区三田 3 丁目 13-12　三田 MT ビル
　　　　　　http://www.jsa.or.jp/
　　　　　　振替　00160-2-195146

印刷・製本　三美印刷株式会社

© Yukisaburo Yamaguchi et al., 2003　　Printed in Japan
ISBN978-4-542-30396-6

● 当会発行図書，海外規格のお求めは，下記をご利用ください．
　販売サービスチーム：(03)4231-8550
　書店販売：(03)4231-8553　注文 FAX：(03)4231-8665
　JSA Webdesk：https://webdesk.jsa.or.jp/

## JIS 使い方シリーズ

### 新版 圧力容器の構造と設計
JIS B 8265:2017 及び JIS B 8267:2015

編集委員長　小林英男
A5 判・372 ページ
定価：本体 4,600 円（税別）

### レディーミクストコンクリート
[JIS A 5308:2014]
－発注，製造から使用まで－
改訂 2 版

編集委員長　辻　幸和
A5 判・376 ページ
定価：本体 4,500 円（税別）

### 詳解　工場排水試験方法
[JIS K 0102:2013]
改訂 5 版

編集委員長　並木　博
A5 判・596 ページ
定価：本体 6,200 円（税別）

### ステンレス鋼の選び方・使い方
[改訂版]

編集委員長　田中良平
A5 判・408 ページ
定価：本体 4,200 円（税別）

### 機械製図マニュアル
[第 4 版]

桑田浩志・徳岡直静　共著
B5 判・336 ページ
定価：本体 3,300 円（税別）

### 改訂 JIS 法によるアスベスト含有建材の最新動向と測定法

財団法人建材試験センター　編
編集委員長　名古屋俊士
A5 判・224 ページ
定価：本体 2,500 円（税別）

### 化学分析の基礎と実際

編集委員長　田中龍彦
A5 判・404 ページ
定価：本体 3,800 円（税別）

### 接着と接着剤選択のポイント
[改訂 2 版]

編集委員長　小野昌孝
A5 判・360 ページ
定価：本体 3,800 円（税別）

### リサイクルコンクリート JIS 製品

辻　幸和　著
A5 判・152 ページ
定価：本体 1,800 円（税別）

### シックハウス対策に役立つ小形チャンバー法 解説
[JIS A 1901]

監修　村上周三・編集委員長　田辺新一
A5 判・182 ページ
定価：本体 1,700 円（税別）

### ねじ締結体設計のポイント
[改訂版]

吉本　勇他　編著
A5 判・408 ページ
定価：本体 4,700 円（税別）

### 最新の雷サージ防護システム設計

黒沢秀行・木島　均　編
社団法人電子情報技術産業協会
雷サージ防護システム設計委員会　著
A5 判・232 ページ
定価：本体 2,600 円（税別）

日本規格協会　　https://webdesk.jsa.or.jp/